应用型本科院校"十三五"规划教材/数学类

主　编　朱志范　高　剑　高华

副主编　王晓春　王丽凤

高等数学

下册　　　　　　　（第2版）

Advanced Mathematics

哈尔滨工业大学出版社

内 容 简 介

本书是根据应用型专科院校的学生的实际情况编写的,全书分为上下两册。

上册内容包括一元函数、极限与连续、导数与微分、导数的应用、不定积分、定积分及其应用。

下册内容包括常微分方程、空间解析几何与向量代数、多元函数的微分学、重积分、曲线积分与曲面积分、无穷级数。

本书说理透彻,常借助几何图形进行启发,深入浅出,循序渐进。书中例题较多,注重解题训练;对一些易犯的错误进行分析,提示学生注意;每节后面都开设了一个百花园,加入了一些有趣的例题,供有志深造的学生浏览涉猎。书中配有大量习题,书后配有答案,每章末都有小结,便于学生自学。

图书在版编目(CIP)数据

高等数学.下册/朱志范,高剑,高华主编.—2 版.—哈尔滨:哈尔滨工业大学出版社,2013.6(2018.2 重印)

应用型本科院校"十三五"规划教材

ISBN 978 - 7 - 5603 - 3080 - 8

Ⅰ.①高… Ⅱ.①朱…②高…③高… Ⅲ.①高等数学-高等学校-教材 Ⅳ.①O13

中国版本图书馆 CIP 数据核字(2013)第 111815 号

策划编辑　赵文斌　杜　燕

责任编辑　尹　凡

出版发行　哈尔滨工业大学出版社

社　　址　哈尔滨市南岗区复华四道街 10 号　邮编150006

传　　真　0451 - 86414749

网　　址　http://hitpress.hit.edu.cn

印　　刷　哈尔滨久利印刷有限公司

开　　本　787mm×1092mm　1/16　印张 19　字数 445 千字

版　　次　2011 年 2 月第 1 版　2013 年 7 月第 2 版
　　　　　 2018 年 2 月第 2 次印刷

书　　号　ISBN 978 - 7 - 5603 - 3080 - 8

定　　价　70.00 元(上、下册)

序

哈尔滨工业大学出版社策划的《应用型本科院校"十三五"规划教材》即将付梓,诚可贺也。

该系列教材卷帙浩繁,凡百余种,涉及众多学科门类,定位准确,内容新颖,体系完整,实用性强,突出实践能力培养。不仅便于教师教学和学生学习,而且满足就业市场对应用型人才的迫切需求。

应用型本科院校的人才培养目标是面对现代社会生产、建设、管理、服务等一线岗位,培养能直接从事实际工作、解决具体问题、维持工作有效运行的高等应用型人才。应用型本科与研究型本科和高职高专院校在人才培养上有着明显的区别,其培养的人才特征是:①就业导向与社会需求高度吻合;②扎实的理论基础和过硬的实践能力紧密结合;③具备良好的人文素质和科学技术素质;④富于面对职业应用的创新精神。因此,应用型本科院校只有着力培养"进入角色快、业务水平高、动手能力强、综合素质好"的人才,才能在激烈的就业市场竞争中站稳脚跟。

目前国内应用型本科院校所采用的教材往往只是对理论性较强的本科院校教材的简单删减,针对性、应用性不够突出,因材施教的目的难以达到。因此亟须既有一定的理论深度又注重实践能力培养的系列教材,以满足应用型本科院校教学目标、培养方向和办学特色的需要。

哈尔滨工业大学出版社出版的《应用型本科院校"十三五"规划教材》,在选题设计思路上认真贯彻教育部关于培养适应地方、区域经济和社会发展需要的"本科应用型高级专门人才"精神,根据前黑龙江省委书记吉炳轩同志提出的关于加强应用型本科院校建设的意见,在应用型本科试点院校成功经验总结的基础上,特邀请黑龙江省9所知名的应用型本科院校的专家、学者联合编写。

本系列教材突出与办学定位、教学目标的一致性和适应性,既严格遵照学科体系的知识构成和教材编写的一般规律,又针对应用型本科人才培养目标及与之相适应的教学特点，精心设计写作体例，科学安排知识内容，围绕应用讲授理论，做到"基础知识够用、实践技能实用、专业理论管用"。同时注意适当融入新理论、新技术、新工艺、新成果，并且制作了与本书配套的 PPT 多媒体教学课件，形成立体化教材，供教师参考使用。

《应用型本科院校"十三五"规划教材》的编辑出版，是适应"科教兴国"战略对复合型、应用型人才的需求，是推动相对滞后的应用型本科院校教材建设的一种有益尝试，在应用型创新人才培养方面是一件具有开创意义的工作，为应用型人才的培养提供了及时、可靠、坚实的保证。

希望本系列教材在使用过程中，通过编者、作者和读者的共同努力，厚积薄发、推陈出新、细上加细、精益求精，不断丰富、不断完善、不断创新，力争成为同类教材中的精品。

第 2 版前言

为了适应高等应用型本科院校的蓬勃发展,为了更好的培养高等技术应用型人才,为了落实教育部关于抓好教材建设的指示,我们编写了这本"高等数学"教材。在编写中,依据教育部课程教学委员会提出的"高等数学教学基本要求",结合应用型本科院校的培养目标以及我们多年来的教学经验和体会,进行了以下几个方面的努力:

(1)文字通俗易懂,语言力求准确。

(2)有些定理、公式不加证明直接给出,让学生记住,会用就行了。

(3)书中的例题较多,注意了对解题方法的训练,讲课时,可以有选择的讲,其余的例题供学生自学用。

(4)在每节后都开辟了一个百花园,介绍了多种类型题,想给深造的学生开辟一个小小氧吧。

(5)每章末都有一个"本章小结",对本章知识进行归纳总结,使知识条理化,系统化。

本教材分上、下两册,上册共 7 章,第 1 章、第 2 章由张冬冬执笔,第 3 章由付吉丽执笔,第 6 章由高剑执笔,第 4 章、第 7 章由汪永娟执笔,第 5 章由朱志范执笔。

下册共 6 章、第 8 章由王晓春执笔,第 9 章、第 11 章由高华执笔,第 10 章由王丽凤执笔,第 12 章由朱志范执笔,第 13 章由高剑执笔,最后由朱志范统稿。每册书后附有自测题及习题答案与提示。

由于编者水平有限,书中一定存在疏漏和不足,敬请读者不吝指正。

编 者
2013 年 5 月

目　录

第 8 章

微 分 方 程

回顾一下,在上册里,我们讲了一元函数的微积分,即:已知一个函数,求其各种性质,求其导数,求其不定积分,求其定积分,这些问题在上册里已经圆满的解决了.

这章我们要研究一个新的课题:已知一个含有未知函数的导数的方程,如何求这个未知函数.这类问题在科学技术中随时可遇,处处可见,十分重要.

我们将这类问题叫做微分方程.

8.1　微分方程的基本概念

定义 8.1　含有未知函数的导数(或微分)的方程叫微分方程.

定义 8.2　未知函数是一元函数的微分方程叫常微分方程;未知函数是多元函数的微分方程叫偏微分方程.

本章研究的全是常微分方程,以后简称为方程.

定义 8.3　微分方程中未知函数的导数的最高阶数叫微分方程的阶.如

$$x^6 y''' + x^2 y' - 2xy' + y = x^2$$

是三阶微分方程.

一般地,n 阶微分方程的形式是

$$F(x, y, y', \cdots, y^{(n)}) = 0$$

如果能从上式中解出 $y^{(n)}$,则可得微分方程

$$y^{(n)} = f(x, y, y', \cdots, y^{(n-1)})$$

以后我们讨论的微分方程都是已解出最高阶导数的方程,或能解出最高阶导数的方程.

定义 8.4　满足微分方程的函数叫微分方程的解.

定义 8.5　如果微分方程的解中含有独立任意常数的个数与微分方程的阶数相同,这样的解叫微分方程的通解.

从微分方程的通解中,要想得到一个特殊的解,必须给出一组条件,来确定通解中的任意常数,这组条件叫做初始条件,由初始条件得出的解叫特解.

微分方程的解的图形是一条曲线,叫做微分方程的积分曲线.

例 1 指出下列微分方程的阶数.

(1) $y'' + 5x^4y' + y + (\sin x)''' = 0$

(2) $y^5y''' + 2xy^6y'' + 2y + x^7 = 0$

解 (1) 是二阶微分方程.

注 $\sin x$ 是已知函数,所以它的几阶导数不在考虑之列.

(2) 是三阶微分方程.

一定注意定义 8.3 中说的是未知函数的导数的最高阶数.

例 2 一条曲线上任一点处的切线斜率等于该点横坐标的 4 倍,并且通过点(1,2),求这条曲线方程.

解 由已知条件可知

$$y' = 4x \qquad (\text{这是一阶微分方程})$$

两边积分得

$$y = 2x^2 + C \qquad (\text{这是其通解})$$

又曲线过点(1,2) (初始条件)

将其代入通解得 $C = 0$

于是这条曲线方程 $y = 2x^2$ (这是其特解)

例 3 证明 $y = x\tan(x + c)$ 是方程 $x\dfrac{\mathrm{d}y}{\mathrm{d}x} = x^2 + y^2 + y$ 的通解;并求出满足初始条件 $y|_{x=1} = 1$ 的特解.

证
$$y' = \tan(x + c) + x\sec^2(x + c)$$
$$xy' = x\tan(x + c) + x^2\sec^2(x + c) =$$
$$y + x^2[\tan^2(x + c) + 1] =$$
$$x^2 + x^2\tan^2(x + c) + y =$$
$$x^2 + y^2 + y$$

又因为 $y = x\tan(x + c)$ 含有一个任意常数.

所以 $y = x\tan(x + c)$ 是一阶微分方程的通解.

由初始条件 $x = 1, y = 1$ 得 $c = \dfrac{\pi}{4} - 1$.

于是 $y = x\tan\left(x + \dfrac{\pi}{4} - 1\right)$ 为其特解.

例 4 验证:函数 $y = c_1\cos kx + c_2\sin kx$ 是满足微分方程 $\dfrac{\mathrm{d}^2y}{\mathrm{d}x^2} + k^2y = 0$ 的解.

证
$$\frac{\mathrm{d}y}{\mathrm{d}x} = -c_1k\sin kx + c_2k\cos kx$$

$$\frac{\mathrm{d}^2y}{\mathrm{d}x^2} = -c_1k^2\cos kx - c_2k^2\sin kx$$

把 $\dfrac{\mathrm{d}^2y}{\mathrm{d}x^2}$ 和 y 代入方程左边,得

$$-k^2(c_1\cos kx + c_2\sin kx) + k^2(c_1\cos kx + c_2\sin kx) \equiv 0$$

因此函数 $y = c_1\cos kx + c_2\sin kx$,是微分方程 $\dfrac{\mathrm{d}^2y}{\mathrm{d}x^2} + k^2y = 0$ 的解(而且是通解).

百 花 园

例5 已知一曲线上任一点的切线斜率等于该点横坐标平方的3倍,且该曲线通过点$(1,1)$,求该曲线方程.

解 设该曲线方程为$y = f(x)$,由已知条件,得

$$y' = 3x^2$$

两边积分,得

$$y = x^3 + C$$

又曲线通过点$(1,1)$,代入得$C = 0$,所以$y = x^3$为所求曲线方程.

例6 写出满足如下条件的微分方程:曲线上点$P(x,y)$处的法线与x轴的交点为Q,且线段PQ被y轴平分.

解 $P(x,y)$处的法线方程为

$$Y - y = -\frac{1}{y'}(X - x)$$

当$Y = 0$时,得$X = x + yy'$,于是点Q坐标为$(x + yy', 0)$,又PQ中点在y轴上,即

$$\frac{x + x + yy'}{2} = 0$$

于是所求的微分方程为$2x + yy' = 0$.

例7 求以圆族$x^2 + y^2 = cx$(c是任意常数)为积分曲线族的一阶微分方程.

解 方程两边对x求导,得

$$2x + 2yy' = c$$

将c代入圆族,得

$$x^2 + y^2 = (2x + 2yy')x$$

于是$y' = \dfrac{y^2 - x^2}{2xy}$.

习题 8.1

1.下列方程中,哪些是微分方程?哪些不是微分方程?

(1)$x\dfrac{dy}{dx} - y = e^x$;   (2)$dy = \sin x \cos x \, dx$;   (3)$x^2 dx + dy = de^x$;

(4)$(y')^2 + 5y = x$;   (5)$y^2 + y - x = 3$;   (6)$\dfrac{d^2 y}{dx^2} + y = x$.

2.指出下列微分方程的阶数.

(1)$(y')^5 + y = (\cos x)''$;   (2)$\dfrac{d^3 y}{dx^3} + 2x\left(\dfrac{d^2 y}{dx^2}\right)^4 + y^5 = 1$;

(3)$(y'')^3 - y^4 = (\ln x)^{(4)}$;   (4)$dy + 2x \, dx = 0$.

3.指出下列各题中的函数是否是所给微分方程的解:

(1)$xy' = 2y, \ y = 5x^2$;   (2)$y'' + y = 0, \ y = 3\sin x - 4\cos x$;

(3) $y'' - 2y' + y = 0, y = x^2 e^{-x}$;

(4) $y'' - (\lambda_1 + \lambda_2)y' + \lambda_1\lambda_2 y = 0, y = c_1 e^{\lambda_1 x} + c_2 e^{\lambda_2 x}$.

8.2　可分离变量的一阶微分方程

定义 8.6　如果一阶微分方程能写成如下形式

$$\frac{\mathrm{d}y}{\mathrm{d}x} = h(x)g(y) \tag{8.1}$$

其中 $h(x), g(y)$ 都是已知的连续函数,称之为一阶可分离变量的微分方程.

可分离变量的一阶微分方程的解法,步骤如下:

(1) $\mathrm{d}x, \mathrm{d}y$ 以分子的身份,分居到方程的两边;

(2) 含 x 的到 $\mathrm{d}x$ 一边,含 y 的到 $\mathrm{d}y$ 一边;

(3) 两边积分.

例 1　求微分方程 $\dfrac{\mathrm{d}y}{\mathrm{d}x} = -\dfrac{y}{x}$ 的通解.

解　分离变量

$$\frac{\mathrm{d}y}{y} = -\frac{\mathrm{d}x}{x}$$

两边积分

$$\int \frac{\mathrm{d}y}{y} = \int -\frac{1}{x}\mathrm{d}x$$

$$\ln|y| = -\ln|x| + C_1$$

$$|y| = e^{-\ln|x| + C_1} = e^{C_1} e^{\ln|x|^{-1}} = \frac{e^{C_1}}{|x|}$$

$$y = \pm\frac{e^{C_1}}{x}$$

令 $e^{C_1} = C_2, \pm C_2 = C, C$ 为任意常数,所以 $y = \dfrac{C}{x}, C$ 为任意常数.

以后再解这类题时,考虑到 C 任意性,在运算过程中,对数的真数就不加绝对值号了.

例 2　放射性元素铀由于不断地有原子放射出微粒子而变成其他元素,铀的含量就不断减少,这种现象叫衰变,由原子物理学知道,铀的衰变速度与未衰变的铀原子的含量 M 成正比,已知 $t = 0$ 时,铀的含量为 M,求在衰变过程中铀含量 $M(t)$ 随时间 t 变化的规律.

解　铀的衰变速度就是 $M(t)$ 对时间 t 的导数 $\dfrac{\mathrm{d}M}{\mathrm{d}t}$,由于铀的衰变速度与其含量成正比,于是

$$\frac{\mathrm{d}M}{\mathrm{d}t} = -\lambda M$$

(其中 $\lambda > 0$ 为常数,叫衰变系数),因为 M 随时间增加而减少,所以 $\dfrac{\mathrm{d}M}{\mathrm{d}t} < 0$,故前面乘上

$$(-\lambda) \quad (\lambda > 0)$$

分离变量

$$\frac{\mathrm{d}M}{M} = -\lambda \mathrm{d}t$$

两边积分

$$\int \frac{\mathrm{d}M}{M} = \int -\lambda \mathrm{d}t$$

$$\ln M = -\lambda t + C_1$$

$$M = C\mathrm{e}^{-\lambda t}$$

将 $t = 0, M = M_0$ 代入得

$$C = M_0$$

$$M(t) = M_0 \mathrm{e}^{-\lambda t} \tag{8.2}$$

利用铀的衰变规律可以估算地质的年代. 设某地质形成之日, 正是该地质中含铀开始之时, 若该地质形成时的含铀量为 M_0, 现在测出的含铀量为 M, 则由公式 $M = M_0\mathrm{e}^{-\lambda t}$ 可推出

$$t = \frac{1}{\lambda} \ln \frac{M_0}{M} \tag{8.3}$$

这就是估算地质年代的公式, 这样估算出的年代称为地质的同位素年代, 但开始时该地质的含量 M_0 是如何计算的呢? 原子物理学告诉我们, 放射性元素经过多次蜕变后, 最终变为铅, 只要测出该地质中的含铅量 P, 由 $M_0 = M + P$ 就可算出 M_0, 而常系数 λ, 可由半衰期算出.

每种放射性元素都有半衰期, 即多少年之后, 剩下的质量是原来的一半, 这个时间就是半衰期, 各种放射性元素的半衰期都有表可查.

将半衰期 t_0, 代入 (8.2) 得

$$\frac{1}{2} M_0 = M_0 \mathrm{e}^{-\lambda t_0}$$

所以

$$\lambda = \frac{\ln 2}{t_0}$$

代入 (8.3) 得

$$t = \frac{t_0}{\ln 2} \ln \frac{M_0}{M} \tag{8.4}$$

这就是估算地质年代的公式, 也称为地质的同位素年代.

例 3 求解方程 $y' = \dfrac{y}{1 + 16x^2}$.

解 当 $y \neq 0$ 时

$$\frac{\mathrm{d}y}{y} = \frac{\mathrm{d}x}{1 + 16x^2}$$

$$\int \frac{\mathrm{d}y}{y} = \int \frac{\mathrm{d}x}{1 + 16x^2}$$

$$\ln y = \frac{1}{4}\arctan 4x + C_1$$

$$y = Ce^{\frac{1}{4}\arctan 4x}$$

其中 $C = \pm e^{C_1} \neq 0$，上式就是原方程的通解.

显然 $y \equiv 0$，也是方程的一个解，如果允许 $C = 0$，则这个解就包括在 $y = Ce^{\frac{1}{4}\arctan 4x}$ 之内.

例 4 求解方程 $y' = y^3$.

解 当 $y \neq 0$ 时，原方程可写成

$$\frac{\mathrm{d}y}{y^3} = \mathrm{d}x$$

两边积分

$$-\frac{1}{2}y^{-2} = x + C$$

其中 C 是任意常数，这就是原方程的通解.

这里 $y \equiv 0$ 也是原方程的解，但它不包含在通解中，从以上两个例子可以看到，在求解可分离变量的方程时，由于方程的变形，常常有某些解不属于所求得的通解，一般说来解总是容易从方程直接看出的；而且有时，只要适当扩大通解中任意常数的取值范围，就可以把这些解包含进去.另一方面，在实际问题中，求解微分方程的主要目的在于寻找满足给定初始条件的特解.一般说来，这样的特解都可以从通解中得出，而在一些例外情形中，也不难直接从方程得出，所以今后我们在讨论微分方程的解法时，如果没有必要，将不再指出这些不属于通解的解；凡是可以在通解中包含进去的也都假定已经包含在内.

例 5 求 $2(xy + x)y' = y$ 的通解.

解 分离变量

$$2\frac{y+1}{y}\mathrm{d}y = \frac{\mathrm{d}x}{x}$$

两边积分得

$$2\int\left(1 + \frac{1}{y}\right)\mathrm{d}y = \int \frac{1}{x}\mathrm{d}x$$

$$2(y + \ln y) = \ln x + C_1$$

$$\ln \frac{y^2}{x} = C_1 - 2y \qquad \frac{y^2}{x} = e^{C_1 - 2y}$$

所以

$$y^2 e^{2y} = Cx \qquad C \text{ 为任意常数}$$

百 花 园

例 6 设降落伞从跳伞塔下落后所受空气阻力与速度成正比，并设降落伞离开跳塔时（$t = 0$）速度为零，求降落伞下落速度与时间的函数关系.

解 设降落伞下落速度为 $v(t)$，降落伞在空中下落时，受到两个力，一个是重力 $p = mg$ 方向与 v 相同，另一个是阻力 $R = kv$，方向与 v 相反，从而降落伞所受的外力 $F =$

$mg - kv$. 根据牛顿第二运动定律 $F = ma$, 于是有方程

$$\begin{cases} m\dfrac{\mathrm{d}v}{\mathrm{d}t} = mg - kv \\ v\big|_{t=0} = 0 \end{cases}$$

分离变量

$$\frac{\mathrm{d}v}{mg - kv} = \frac{\mathrm{d}t}{m}$$

两边积分

$$\int \frac{\mathrm{d}v}{mg - kv} = \int \frac{\mathrm{d}t}{m}$$

$$-\frac{1}{k}\ln(mg - kv) = \frac{t}{m} + C_1$$

即

$$mg - kv = \mathrm{e}^{-\frac{k}{m}t - kC_1}$$

所以

$$v(t) = \frac{mg}{k} + C\mathrm{e}^{-\frac{k}{m}t} \quad \left(C = -\frac{\mathrm{e}^{-kC_1}}{k} \right)$$

这就是原微分方程的通解.

将初始条件 $v\big|_{t=0} = 0$ 代入得

$$C = -\frac{mg}{k}$$

于是所求特解为 $v(t) = \dfrac{mg}{k}\left(1 - \mathrm{e}^{-\frac{k}{m}t}\right)$.

由此可见, 随时间 t 的增大, 速度 v 逐渐接近于常数 $\dfrac{mg}{k}$, 且不会超过 $\dfrac{mg}{k}$, 也就是说, 跳伞后开始阶段是加速运动, 但以后逐渐接近于等速运动.

例 7　一容器内盛有 100 L 盐水, 其中含盐 10 kg, 今用每分钟 2 L 的均匀速度把净水注入容器, 并以同样速度使盐水流出, 在容器内有一搅拌器在不停地搅拌着, 因此可以认为溶液的浓度在每一时刻都是均匀的, 试求容器内盐量随时间变化的规律.

分析: 前面的例题都是直接利用导数的概念来列方程, 但事物都有多面性, 有时这样做是困难的, 因此, 遇到这样情况, 我们用行之有效的微元法.

解　设 t 时刻溶液含盐量为 $Q(t)$, 当时间从 t 变到 $t + \mathrm{d}t$ 时, 容器内的含盐量由 Q 变到 $Q + \mathrm{d}Q$, 因而容器内含盐改变量为 $[Q - (Q + \mathrm{d}Q)] = -\mathrm{d}Q$.

这时, 从容器内流走的溶液量为 $2\mathrm{d}t$, 由于 $\mathrm{d}t$ 很小, 因而在 $\mathrm{d}t$ 时间内盐水的浓度可近似看作不变, 可看作 t 时刻的盐水浓度, 而 t 时刻盐水浓度为 $\dfrac{Q(t)}{100}$, 所以流出的盐量为

$$\frac{Q}{100} \cdot 2\mathrm{d}t$$

于是有

$$-\mathrm{d}Q = \frac{Q}{100} \cdot 2\mathrm{d}t$$

又知道

$$Q\big|_{t=0} = 10$$

分离变量

$$\frac{dQ}{Q} = \frac{-1}{50}dt$$

两边积分

$$\int \frac{dQ}{Q} = -\int \frac{1}{50}dt$$

$$\ln Q = -\frac{t}{50} + C_1$$

$$Q = ce^{-\frac{1}{50}t}$$

由 $Q|_{t=0} = 10$ 得 $C = 10$，所以 $Q(t) = 10e^{-\frac{t}{50}}$.

例 8　如图 8.1，高为 1 m 的半球形容器，水从它的底部小孔流出，小孔的截面面积为 1 cm²，开始时容器内盛满了水，求容器里水面的高度 h（水面与孔口中心间的距离）随时间 t 变化的规律，并求水流完所用的时间（可用公式 $Q = \frac{dv}{dt} = ks\sqrt{2gh}$，其中 Q 是从孔口流出的流量，$k = 0.62$，s 为孔口横截面积，g 为重力加速度，v 为容器中水的体积）.

解　设时刻 t，水面高为 $h(t)$，在 $t + dt$，水面高度为 $h + dh(dh < 0)$

$$dv = -\pi r^2 dh \qquad ①$$

$$r = \sqrt{1 - (1-h)^2} = \sqrt{2h - h^2}$$

所以　　　　$$dv = -\pi(2h - h^2)dh \qquad ②$$

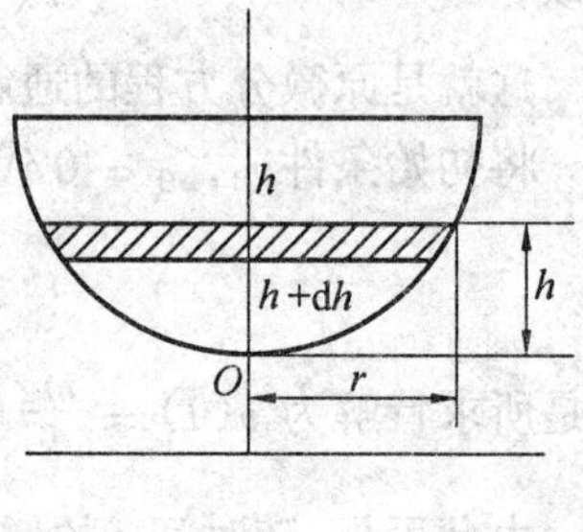

由前面所给出公式 $Q = \frac{dv}{dt} = ks\sqrt{2gh}$ 可知

$$dv = ks\sqrt{2gh}\,dt \qquad ③$$

图 8.1

比较式 ②，③，得

$$ks\sqrt{2gh}\,dt = -\pi(2h - h^2)dh$$

分离变量

$$dt = -\frac{\pi}{ks\sqrt{2g}}\left(2h^{\frac{1}{2}} - h^{\frac{3}{2}}\right)dh$$

两边积分，得

$$t = -\frac{\pi}{ks\sqrt{2g}}\left(\frac{4}{3}h^{\frac{3}{2}} - \frac{2}{5}h^{\frac{5}{2}} + C\right)$$

由初始条件 $h|_{t=0} = 1$，得

$$C = -\frac{4}{3} + \frac{2}{5} = -\frac{14}{15}$$

$$t = \frac{14\pi}{15ks\sqrt{2g}}\left(1 - \frac{10}{7}h^{\frac{3}{2}} + \frac{3}{7}h^{\frac{5}{2}}\right)$$

$$k = 0.62, s = 10^{-4}\ \text{m}^2, g = 9.8\ \text{m/s}^2$$

代入计算，得

$$t = 1.068 \times 10^4\left(1 - \frac{10}{7}h^{\frac{3}{2}} + \frac{3}{7}h^{\frac{5}{2}}\right)\ \text{s}$$

因此,水全部流出 $h = 0$ 所需时间
$$t = 1.068 \times 10^4 \, \mathrm{s} = 2\,\mathrm{h}\,58\,\mathrm{min}$$

例 9　证明利用变量代换将方程 $\dfrac{\mathrm{d}y}{\mathrm{d}x} = f(ax + by + c)$ 变成可分离变量的微分方程.

证明　设 $u = ax + by + c$,则
$$\frac{\mathrm{d}u}{\mathrm{d}x} = a + b\frac{\mathrm{d}y}{\mathrm{d}x}$$

代入原方程
$$\frac{\mathrm{d}u}{\mathrm{d}x} = a + b\frac{\mathrm{d}y}{\mathrm{d}x} = a + bf(u)$$

从而有
$$\frac{\mathrm{d}u}{a + bf(u)} = \mathrm{d}x$$

例 10　求解微分方程 $\dfrac{\mathrm{d}y}{\mathrm{d}x} = \dfrac{1}{(x + y)^2}$.

解　设 $u = x + y$,则
$$\frac{\mathrm{d}u}{\mathrm{d}x} = 1 + \frac{\mathrm{d}y}{\mathrm{d}x}$$
$$\frac{\mathrm{d}y}{\mathrm{d}x} = \frac{\mathrm{d}u}{\mathrm{d}x} - 1$$

代入原方程
$$\frac{\mathrm{d}u}{\mathrm{d}x} - 1 = \frac{1}{u^2}$$

分离变量
$$\frac{u^2}{u^2 + 1}\mathrm{d}u = \mathrm{d}x$$

两边积分 $\displaystyle\int \frac{u^2}{u^2 + 1}\mathrm{d}u = \int \mathrm{d}x$,得
$$u - \arctan u = x + C$$

即
$$y = \arctan(x + y) + C$$

习题 8.2

1.求解下列微分方程的通解:

(1) $y' = 3x^2(1 + y^2)$;　　　(2) $(y + x^2 y)\mathrm{d}y = (xy^2 - x)\mathrm{d}x$;

(3) $yy' = 2(xy + x)$;　　　(4) $y\mathrm{e}^{x+y}\mathrm{d}y = \mathrm{d}x$;　　　(5) $\dfrac{\mathrm{d}y}{\mathrm{d}x} = \left(\dfrac{y+1}{x+1}\right)^2$.

2.求下列微分方程满足初始条件的特解:

(1) $\sin y\cos x\,\mathrm{d}y = \cos y\sin x\,\mathrm{d}x$, $y|_{x=0} = \dfrac{\pi}{4}$;

(2) $\mathrm{d}y = x(2y\mathrm{d}x - x\mathrm{d}y)$, $y|_{x=1} = 4$;

(3) $y'\sin x = y\ln y$, $y|_{x=\frac{\pi}{2}} = e$;

(4) $y' + 2y = 0$, $y|_{x=0} = 100$.

3.一曲线经过点$(1,1)$,且曲线上的任意一点$M(x,y)$处的切线与原点O及点M的连线相重合,求该曲线方程.

4.求解微分方程:

$$y' = e^{2x+y-1} - 2$$

8.3　一阶齐次微分方程

定义 8.7　形如$\dfrac{dy}{dx} = f\left(\dfrac{y}{x}\right)$称为一阶齐次微分方程.

例如

$$\frac{dy}{dx} = \frac{2xy}{x^2 + y^2} = \frac{2\dfrac{y}{x}}{1 + \left(\dfrac{y}{x}\right)^2}$$

一阶齐次微分方程的解法:

设$\dfrac{y}{x} = u$,即$y = xu$,将$\dfrac{dy}{dx} = u + x\dfrac{du}{dx}$代入$\dfrac{dy}{dx} = f\left(\dfrac{y}{x}\right)$得

$$u + x\frac{du}{dx} = f(u)$$

分离变量

$$\frac{du}{f(u) - u} = \frac{dx}{x}$$

两边积分

$$\int \frac{du}{f(u) - u} = \int \frac{dx}{x}$$

求出积分后,再以$\dfrac{y}{x}$代替u,便得所给的齐次方程的通解.

例 1　求方程$x\dfrac{dy}{dx} = y\ln\dfrac{y}{x}$的通解.

解　将原方程化成

$$\frac{dy}{dx} = \frac{y}{x}\ln\frac{y}{x} \qquad ①$$

令

$$u = \frac{y}{x} \quad y = xu$$

$$\frac{dy}{dx} = u + x\frac{du}{dx}$$

代入①得

$$u + x\frac{du}{dx} = u\ln u$$

分离变量

$$\frac{du}{u(\ln u - 1)} = \frac{dx}{x}$$

两边积分

$$\int \frac{\mathrm{d}u}{u(\ln u - 1)} = \int \frac{\mathrm{d}x}{x}$$

得

$$\ln u - 1 = cx$$

$$\ln \frac{y}{x} = cx + 1$$

$$y = x\mathrm{e}^{cx+1}$$

例 2　解方程 $x\dfrac{\mathrm{d}y}{\mathrm{d}x} = y + x\tan\dfrac{y}{x}$.

解　将原方程化成

$$\frac{\mathrm{d}y}{\mathrm{d}x} = \frac{y}{x} + \tan\frac{y}{x} \qquad ②$$

令 $u = \dfrac{y}{x}$，即 $y = ux$.

$\dfrac{\mathrm{d}y}{\mathrm{d}x} = u + x\dfrac{\mathrm{d}u}{\mathrm{d}x}$ 代入 ② 得

$$u + x\frac{\mathrm{d}u}{\mathrm{d}x} = u + \tan u$$

分离变量

$$\frac{\mathrm{d}u}{\tan u} = \frac{\mathrm{d}x}{x}$$

两边积分

$$\ln \sin u = \ln x + C_1$$

$$\sin u = Cx$$

所以 $\sin\dfrac{y}{x} = Cx$ 即为原方程的通解.

百　花　园

例 3　求方程 $(x^2 - 2y^2)\mathrm{d}x + xy\mathrm{d}y = 0$ 的通解.

解　将原方程化成

$$\frac{\mathrm{d}y}{\mathrm{d}x} = \frac{2y^2 - x^2}{xy} = \frac{2\left(\dfrac{y}{x}\right)^2 - 1}{\dfrac{y}{x}} \qquad ③$$

设 $u = \dfrac{y}{x}$，即 $y = xu$

$$\frac{\mathrm{d}y}{\mathrm{d}x} = u + x\frac{\mathrm{d}u}{\mathrm{d}x}$$

代入 ③ 得

$$u + x\frac{\mathrm{d}u}{\mathrm{d}x} = \frac{2u^2 - 1}{u}$$

分离变量

$$\frac{u\,\mathrm{d}u}{u^2-1} = \frac{\mathrm{d}x}{x}$$

两边积分

$$\int \frac{u\,\mathrm{d}u}{u^2-1} = \int \frac{\mathrm{d}x}{x}$$

$$\frac{1}{2}\ln(u^2-1) = \ln x + C_1$$

$$u^2-1 = Cx^2$$

所以 $y^2 = x^2(1+Cx^2)$ 为原方程的通解.

例 4 可化为齐次的方程

$$\frac{\mathrm{d}y}{\mathrm{d}x} = \frac{ax+by+C}{a_1x+b_1y+C_1} \qquad\qquad ④$$

当 $C = C_1 = 0$ 时是齐次的,否则不是齐次的,在非齐次的情况下,可用变换化为齐次方程:令 $x = X + h, y = Y + k$,其中 h, k 是待定的常数,于是 $\mathrm{d}x = \mathrm{d}X, \mathrm{d}y = \mathrm{d}Y$.

方程 ④ 化成

$$\frac{\mathrm{d}Y}{\mathrm{d}X} = \frac{aX+bY+ah+bk+C}{a_1X+b_1Y+a_1h+b_1k+C_1}$$

如果 $\begin{cases} ah+bk+C=0 \\ a_1h+b_1k+C_1=0 \end{cases}$ 的系数行列式 $\begin{vmatrix} a & b \\ a_1 & b_1 \end{vmatrix} \neq 0$,即 $\dfrac{a_1}{a} \neq \dfrac{b_1}{b}$,那么可以求出 h 及 k,满足上述方程组.

方程 ④ 化成齐次方程

$$\frac{\mathrm{d}Y}{\mathrm{d}X} = \frac{aX+bY}{a_1X+b_1Y}$$

求出这齐次方程的通解后,在通解中以 $x-h$ 代 X,以 $y-k$ 代 Y,便得方程 ④ 的通解.

当 $\dfrac{a_1}{a} = \dfrac{b_1}{b}$ 时,h 及 k 无法求得,因此上述方法不能应用,但这时令 $\dfrac{a_1}{a} = \dfrac{b_1}{b} = \lambda$,从而方程 ④ 可写成

$$\frac{\mathrm{d}y}{\mathrm{d}x} = \frac{ax+by+C}{\lambda(ax+by)+C_1}$$

引入新变量 $u = ax+by$,则

$$\frac{\mathrm{d}u}{\mathrm{d}x} = a + b\frac{\mathrm{d}y}{\mathrm{d}x}$$

$$\frac{\mathrm{d}y}{\mathrm{d}x} = \frac{1}{b}\left(\frac{\mathrm{d}u}{\mathrm{d}x} - a\right)$$

于是方程 ④ 变成

$$\frac{1}{b}\left(\frac{\mathrm{d}u}{\mathrm{d}x} - a\right) = \frac{u+C}{\lambda u+C_1}$$

这是可分离变量的方程.

习题 8.3

1.求下列齐次方程的通解：

$(1) x^2 y' - 3xy - 2y^2 = 0;$　　　　$(2) x\sin\dfrac{y}{x}\dfrac{\mathrm{d}y}{\mathrm{d}x} = y\sin\dfrac{y}{x} + x;$

$(3) xy' - y - \sqrt{y^2 - x^2} = 0;$　　　$(4) (x^2 + y^2)\mathrm{d}x - xy\mathrm{d}y = 0.$

2.求下列齐次方程满足所给初始条件的特解：

$(1) y' = \dfrac{x}{y} + \dfrac{y}{x}, y|_{x=1} = 2; (2) (y^2 - 3x^2)\mathrm{d}y + 2xy\mathrm{d}x = 0, y|_{x=1} = 2.$

8.4　一阶线性微分方程

定义 8.8　形如 $y' + p(x)y = q(x)$，其中 $p(x), q(x)$ 为已知函数，称为一阶线性微分方程.

如果 $q(x) \equiv 0$，称 $y' + p(x)y = 0$ 为一阶线性齐次方程，否则称 $y' + p(x)y = q(x)$ 为一阶线性非齐次方程.

下面来讨论一阶线性微分方程的解法.

先来讨论一阶线性齐次微分方程的解法.

$$y' + p(x)y = 0$$

这是可分离变量的微分方程

$$\frac{\mathrm{d}y}{y} = -p(x)\mathrm{d}x$$

两边积分

$$\int \frac{\mathrm{d}y}{y} = -\int p(x)\mathrm{d}x$$

$$\ln y = -\int p(x)\mathrm{d}x + C_1$$

这里 $\displaystyle\int p(x)\mathrm{d}x$ 只表示 $p(x)$ 某一确定的原函数

$$y = Ce^{-\int p(x)\mathrm{d}x}$$

这就是一阶线性齐次微分方程的通解.

那么，一阶线性非齐次的通解如何求呢？

$y = Ce^{-\int p(x)\mathrm{d}x}$ 是齐次的通解，我们自然有如下的猜想，非齐次的通解和齐次的通解，应该是既有区别，又有联系，因此猜想非齐次的通解，可能是这种形式

$$y = c(x)e^{-\int p(x)\mathrm{d}x}$$

$c(x)$ 是一个待求的函数.此法亦称常数变易法.

我们不妨试一试

$$y' = c'(x)e^{-\int p(x)\mathrm{d}x} - c(x)p(x)e^{-\int p(x)\mathrm{d}x}$$

代入方程

$$y' + p(x)y = q(x)$$

中得

$$c'(x)e^{-\int p(x)dx} - c(x)p(x)e^{-\int p(x)dx} + p(x)c(x)e^{-\int p(x)dx} = q(x)$$

即

$$c'(x) = q(x)e^{\int p(x)dx}$$

所以

$$c(x) = \int q(x)e^{\int p(x)dx}dx + C$$

既然 $c(x)$ 已经求出,那么非齐次的通解为

$$y = e^{-\int p(x)dx}\left(\int q(x)e^{\int p(x)dx}dx + C\right) \tag{8.5}$$

这就是非齐次的通解.

注 (1) 公式(8.5)中的不定积分,不再加任意常数 C;

(2) 千万别把公式(8.5)中的括号丢掉;

(3) 括号外的指数有负号,括号内的指数为正号,简记为外负内正.

例1 求 $\dfrac{dy}{dx} + y = e^{-x}$ 的通解.

解 这是一阶线性非齐次微分方程

$$p(x) = 1, \quad q(x) = e^{-x}$$

由公式(8.5)有

$$y = e^{-\int p(x)dx}\left(\int q(x)e^{\int p(x)dx}dx + C\right) =$$

$$e^{-\int dx}\left(\int e^{-x}e^{\int dx}dx + C\right) =$$

$$e^{-x}\left(\int dx + C\right) = e^{-x}(x + C)$$

例2 求方程 $(x+1)\dfrac{dy}{dx} - 2y = (x+1)^{\frac{7}{2}}$ 的通解.

解 将微分方程变形为

$$\frac{dy}{dx} - \frac{2}{x+1}y = (x+1)^{\frac{5}{2}}$$

这是一阶线性非齐次微分方程,对应公式(8.5),p、q 依次为

$$p(x) = -\frac{2}{x+1}, \quad q(x) = (x+1)^{\frac{5}{2}}$$

故有

$$y = \left(\int q(x)e^{\int p(x)dx}dx + C\right)e^{-\int p(x)dx} =$$

$$\left(\int (x+1)^{\frac{5}{2}}e^{-\int \frac{2}{x+1}dx}dx + C\right)e^{\int \frac{2}{x+1}dx} =$$

$$\left(\int (x+1)^{\frac{5}{2}}e^{-2\ln(x+1)}dx + C\right)e^{2\ln(x+1)} =$$

$$(x+1)^2\left(\int \sqrt{x+1}dx + C\right) =$$

$$(x+1)^2 \left[\frac{2}{3}(x+1)^{\frac{3}{2}} + C \right]$$

例 3　求 $\dfrac{\mathrm{d}y}{\mathrm{d}x} + \dfrac{2y}{y^2 - 6x} = 0$ 的通解.

解　这是一阶微分方程,但它不是可分离变量的,也不是齐次的,而 y 作函数时,也不是一阶线性的,但是 x 作函数时,就是一阶线性微分方程了.

即
$$\frac{\mathrm{d}x}{\mathrm{d}y} = \frac{6x - y^2}{2y}$$

$$\frac{\mathrm{d}x}{\mathrm{d}y} - \frac{3}{y}x = -\frac{y}{2}$$

$$p(y) = -\frac{3}{y}, \quad q(y) = -\frac{y}{2}$$

由公式(8.5),有

$$x = \mathrm{e}^{-\int p(y)\,\mathrm{d}y} \left(\int q(y) \mathrm{e}^{\int p(y)\,\mathrm{d}y}\,\mathrm{d}y + C \right) =$$

$$\mathrm{e}^{\int \frac{3}{y}\,\mathrm{d}y} \left(\int -\frac{y}{2} \mathrm{e}^{-\int \frac{3}{y}\,\mathrm{d}y}\,\mathrm{d}y + C \right) =$$

$$\mathrm{e}^{3\ln y} \left(\int -\frac{y}{2} \mathrm{e}^{-3\ln y}\,\mathrm{d}y + C \right) =$$

$$y^3 \left(\int -\frac{1}{2y^2}\,\mathrm{d}y + C \right) = y^3 \left(\frac{1}{2y} + C \right) = \frac{y^2}{2} + cy^3$$

百　花　园

例 4　求一曲线的方程,这条曲线过原点,并且它在点 (x, y) 处的切线斜率等于 $2x + y$.

解　设曲线方程为 $y = f(x)$. 由题意可知
$$y' = 2x + y$$

即
$$\frac{\mathrm{d}y}{\mathrm{d}x} - y = 2x$$

这是一阶线性微分方程
$$p(x) = -1, \quad q(x) = 2x$$

由公式(8.5)有

$$y = \mathrm{e}^{-\int p(x)\,\mathrm{d}x} \left(\int q(x) \mathrm{e}^{\int p(x)\,\mathrm{d}x}\,\mathrm{d}x + C \right) =$$

$$\mathrm{e}^{\int \mathrm{d}x} \left(\int 2x \mathrm{e}^{-\int \mathrm{d}x}\,\mathrm{d}x + C \right) =$$

$$\mathrm{e}^{x} \left(\int 2x \mathrm{e}^{-x}\,\mathrm{d}x + C \right) =$$

$$\mathrm{e}^{x} (-2x \mathrm{e}^{-x} - 2\mathrm{e}^{-x} + C)$$

由 $y|_{x=0} = 0$,得 $c = 2$ 所以
$$y = 2(\mathrm{e}^{x} - x - 1)$$

例 5　设有一质量为 m 的质点作直线运动,从速度等于零的时刻起,有一个与运动方

向一致,大小与时间 t 成正比(比例系数 k_1)的力作用于它,此外还与速度 v 成正比(比例系数 k_2)的阻力作用,求质点运动的速度与时间的函数关系.

解 运动的合力 $F = k_1 t - k_2 v$,而 $F = ma = m\dfrac{dv}{dt}$,于是

$$m\frac{dv}{dt} + k_2 v = k_1 t$$

$$\frac{dv}{dt} + \frac{k_2}{m}v = \frac{k_1}{m}t$$

$$p(t) = \frac{k_2}{m} \qquad q(t) = \frac{k_1}{m}t$$

由公式(8.5)有

$$v = e^{-\int p(t)\,dt}\left(\int q(t)\,e^{\int p(t)\,dt}\,dt + C\right) =$$

$$e^{-\int \frac{k_2}{m}dt}\left(\int \frac{k_1}{m}t\,e^{\int \frac{k_2}{m}dt}\,dt + C\right) =$$

$$e^{-\frac{k_2}{m}t}\left(\int \frac{k_1}{m}t\,e^{\frac{k_2}{m}t}\,dt + C\right) =$$

$$\frac{k_1}{k_2}t - \frac{k_1 m}{k_2{}^2} + c\,e^{-\frac{k_2}{m}t}$$

由 $v\big|_{t=0} = 0$,得

$$c = \frac{k_1 m}{k_2{}^2}$$

所以

$$v = \frac{k_1}{k_2}t - \frac{k_1 m}{k_2{}^2}\left(1 - e^{-\frac{k_2}{m}t}\right)$$

例6 伯努利方程

$$\frac{dy}{dx} + p(x)y = q(x)y^n \quad (n \neq 0, 1) \tag{8.6}$$

叫伯努利方程,当 $n = 0$ 或 $n = 1$ 这是线性微分方程.

当 $n \neq 0, n \neq 1$ 时,方程不是线性的,但通过变换,便可把它化成线性的,可见数学中的变换是数学的灵魂和法宝.

将方程(8.6)两边除以 y^n,得

$$y^{-n}\frac{dy}{dx} + p(x)y^{1-n} = q(x) \tag{①}$$

令 $z = y^{1-n}$,那么

$$\frac{dz}{dx} = (1 - n)y^{-n}\frac{dy}{dx}$$

用 $(1 - n)$ 乘方程 ① 的两端,得

$$\frac{dz}{dx} + (1 - n)p(x)z = (1 - n)q(x)$$

求出这方程的通解后,以 y^{1-n} 代替 z,便得伯努利方程的通解.

例7 求 $\dfrac{dy}{dx} - 3xy = xy^2$ 的通解.

解 原方程变形为

$$y^{-2}\frac{\mathrm{d}y}{\mathrm{d}x} - \frac{3x}{y} = x$$

设

$$z = \frac{1}{y} \qquad \frac{\mathrm{d}z}{\mathrm{d}x} = -\frac{1}{y^2}\frac{\mathrm{d}y}{\mathrm{d}x}$$

$$\frac{\mathrm{d}z}{\mathrm{d}x} + 3xz = -x$$

$$z = \mathrm{e}^{-\int 3x\mathrm{d}x}\left(\int -x\mathrm{e}^{\int 3x\mathrm{d}x}\mathrm{d}x + C\right) =$$

$$\mathrm{e}^{-\frac{3}{2}x^2}\left(-\frac{1}{3}\mathrm{e}^{\frac{3}{2}x^2} + C\right) = -\frac{1}{3} + C\mathrm{e}^{-\frac{3}{2}x^2}$$

即

$$\frac{1}{y} = -\frac{1}{3} + C\mathrm{e}^{-\frac{3}{2}x^2}$$

例 8 用适当的变换,求方程$\frac{\mathrm{d}y}{\mathrm{d}x} = \frac{1}{x-y} + 1$的通解.

解 设 $u = x - y$,即

$$\frac{\mathrm{d}u}{\mathrm{d}x} = 1 - \frac{\mathrm{d}y}{\mathrm{d}x}$$

将$\frac{\mathrm{d}y}{\mathrm{d}x} = 1 - \frac{\mathrm{d}u}{\mathrm{d}x}$代入原方程,得

$$1 - \frac{\mathrm{d}u}{\mathrm{d}x} = \frac{1}{u} + 1$$

分离变量

$$u\mathrm{d}u = -\mathrm{d}x$$

$$\int u\mathrm{d}u = -\int \mathrm{d}x$$

$$\frac{1}{2}u^2 = -x + C_1$$

即

$$(x - y)^2 = -2x + C$$

例 9 已知$f(x) + \int_0^x f(t)\mathrm{d}t = -\mathrm{e}^{-x}$,求$f(x)$.

解 这是一个积分方程,但可以转化为微分方程来求解,两边对 x 求导,得

$$f'(x) + f(x) = \mathrm{e}^{-x}$$

便成了例1,故

$$f(x) = \mathrm{e}^{-x}(x + C)$$

要注意这样的积分方程,一定是求特解的,令 $x = 0$,得 $f(0) = -1$,得 $C = -1$.所以

$$f(x) = \mathrm{e}^{-x}(x - 1)$$

习题 8.4

1.求下列微分方程的通解:

(1)$y' + y\cos x = \mathrm{e}^{-\sin x}$;　　　　　　(2)$y' + y\tan x = \sin 2x$;

(3) $(x^2 - 1)y' + 2xy - \cos x = 0$; (4) $\dfrac{dy}{dx} + 2xy = 4x$.

2.求下列微分方程满足初始条件的特解:

(1) $\dfrac{dy}{dx} + \dfrac{y}{x} = \dfrac{\sin x}{x}$, $y\big|_{x=\pi} = 1$;　　(2) $y' + y = e^x$, $y\big|_{x=0} = 2$;

(3) $(1 + x^2)dy = (1 + xy)dx$, $y\big|_{x=1} = 0$.

3.求方程 $y^2dx + (3xy - 4y^3)dy = 0$ 的通解.(提示:把 x 当作因变量)

4.已知 $f(x) = 2\displaystyle\int_0^x tf(t)dt + e^{x^2}$, 求 $f(x)$.

5.如果 $y = f(x)$ 与 $y = g(x)$ 是方程 $\dfrac{dy}{dx} + p(x)y = q(x)$ 的两个不同的解.

证明: $y = f(x) - g(x)$ 一定是方程 $\dfrac{dy}{dx} + p(x)y = 0$ 的解.

6.设 $y = f_1(x)$ 与 $y = f_2(x)$ 分别是方程 $\dfrac{dy}{dx} + p(x)y = q_1(x)$ 与 $\dfrac{dy}{dx} + p(x)y = q_2(x)$ 的解.

证明: $y = f_1(x) + f_2(x)$ 是方程 $\dfrac{dy}{dx} + p(x)y = q_1(x) + q_2(x)$ 的解.

并用此结果解方程 $\dfrac{dy}{dx} + y = 2\sin x + 5\sin 2x$.

8.5　可降阶的高阶微分方程

前面几节,我们讨论的都是一阶微分方程,从这节开始我们将讨论二阶及二阶以上的微分方程,即所谓的高阶微分方程.

本节讨论可降阶的三种二阶特殊类型的微分方程

$$y'' = f(x, y, y') \qquad\qquad ①$$

8.5.1　右端只含有 x 的函数

$y'' = f(x)$, $f(x)$ 是已知函数.

先两边积分

$$y' = \int f(x)dx$$

然后再积分

$$y = \int\left(\int f(x)dx\right)dx$$

一般地说,如果 $y^{(n)} = f(x)$,连续积分 n 次,便求出 y 来.

例1　求 $y'' = 2x + \cos x$ 的通解.

解
$$y' = \int(2x + \cos x)dx = x^2 + \sin x + C_1$$

$$y = \int(x^2 + \sin x + C_1)dx = \frac{1}{3}x^3 - \cos x + C_1x + C_2$$

例 2 求 $y'' = e^x + 6x$ 的解,初始条件为 $y|_{x=0} = 0, y'|_{x=0} = 1$.

解
$$y' = \int (e^x + 6x)dx = e^x + 3x^2 + C_1$$

由 $y'|_{x=0} = 1$,得
$$C_1 = 0$$
$$y = \int (e^x + 3x^2)dx = e^x + x^3 + C_2$$

由 $y|_{x=0} = 0$,得 $C_2 = -1$.

所以 $y = e^x + x^3 - 1$ 即为所求.

8.5.2 右端不显含 y

$$y'' = f(x, y') \qquad\qquad ②$$

为了降阶,设 $y' = p$,则 $y'' = \dfrac{dp}{dx}$ 代入② 得 $\dfrac{dp}{dx} = f(x, p)$,这就是关于 p 的一阶微分方程了.

例 3 求微分方程 $(1 + x^2)y'' = 2xy'$.

解 设 $y' = p$,则
$$y'' = p'$$
$$(1 + x^2)p' = 2xp$$

分离变量
$$\frac{dp}{p} = \frac{2x}{1 + x^2}dx$$

两边积分
$$\int \frac{dp}{p} = \int \frac{2x}{1 + x^2}dx$$
$$\ln p = \ln(1 + x^2) + C_1$$

所以
$$p = C_1(1 + x^2)$$

于是
$$y = \int C_1(1 + x^2)dx = C_1\left(x + \frac{1}{3}x^3\right) + C_2$$

例 4 求方程 $y'' = \dfrac{1}{x}y' + xe^x$ 的解,初始条件为 $y|_{x=1} = 0, y'|_{x=1} = e$.

解 设 $y' = p$ 则,$y'' = p'$,于是
$$p' = \frac{1}{x}p + xe^x$$

即 $p' - \dfrac{1}{x}p = xe^x$,这是关于 p 的一阶线性微分方程,解之得
$$y' = p = x(e^x + C_1)$$

由 $y'|_{x=1} = e$,得
$$C_1 = 0$$
$$y = \int xe^x dx = (x - 1)e^x + C_2$$

由 $y|_{x=1} = 0$，得 $C_2 = 0$. 于是 $y = (x-1)e^x$.

8.5.3 右端不显含 x

$$y'' = f(y, y') \qquad ③$$

我们仍令 $y' = p$，但此时将 $y'' = p'$，代入③中，$\dfrac{dp}{dx} = f(y, p)$，出现了 p, x, y 三个变量，无法进行，因此就要另想办法

$$y'' = \frac{dp}{dx} = \frac{dp}{dy}\frac{dy}{dx} = p\frac{dp}{dy}$$

将其代入③得

$$p\frac{dp}{dy} = f(y, p)$$

这只有 p 与 y 两个变量的一阶微分方程了，便可解此一阶微分方程.

例5 求方程 $y'' = \dfrac{3}{2}y^2$ 的解，初始条件为 $y|_{x=3} = 1, y'|_{x=3} = 1$.

解 设 $y' = p$，则 $y'' = p\dfrac{dp}{dy}$ 代入原方程，得

$$p\frac{dp}{dy} = \frac{3}{2}y^2$$

$$2pdp = 3y^2dy$$

两边积分，得

$$p^2 = y^3 + C_1$$

由 $y|_{x=3} = 1, y'|_{x=3} = 1$，得 $C_1 = 0$，于是

$$p^2 = y^3$$

$$p = y^{\frac{3}{2}}(因为 y'|_{x=3} = 1 > 0, 取正号)$$

即 $\dfrac{dy}{dx} = y^{\frac{3}{2}}$ 分离变量，两边积分得

$$-2y^{-\frac{1}{2}} = x + C_2$$

由 $y|_{x=3} = 1$，得 $C_2 = -5$，代入上式整理，得

$$y = \frac{4}{(x-5)^2}$$

例6 求 $yy'' - (y')^2 - y' = 0$ 的通解.

解 设 $y' = p$，则 $y'' = p\dfrac{dp}{dy}$ 代入原方程，得

$$yp\frac{dp}{dy} - p^2 - p = 0$$

$$y\frac{dp}{dy} = p + 1$$

分离变量

$$\frac{dp}{p+1} = \frac{dy}{y}$$

两边积分

$$\int \frac{\mathrm{d}p}{p+1} = \int \frac{\mathrm{d}y}{y}$$

$$\ln(p+1) = \ln y + C$$

$$p + 1 = C_1 y$$

$$\frac{\mathrm{d}y}{\mathrm{d}x} = C_1 y - 1$$

$$\frac{\mathrm{d}y}{C_1 y - 1} = \mathrm{d}x$$

$$\frac{\mathrm{d}y}{C_1 y - 1} = \int \mathrm{d}x$$

$$\frac{1}{C_1} \ln(C_1 y - 1) = x + C_3$$

$$C_1 y - 1 = C_2 \mathrm{e}^{C_1 x}$$

于是 $C_1 y = C_2 \mathrm{e}^{C_1 x} + 1$ 就是原方程的通解.

百　花　园

例 7　设有一质量为 m 的物体,在空中由静止开始下落,如果空气阻力为 $R = cv$ (c 常数, v 速度),试求物体下落的距离 s 与时间 t 的函数关系.

解　设 $s = s(t)$,下落的力有重力 mg 与阻力 cv,其合力 $F = ma$,即

$$m \frac{\mathrm{d}^2 s}{\mathrm{d}t^2} = mg - c \frac{\mathrm{d}s}{\mathrm{d}t}$$

$$\frac{\mathrm{d}^2 s}{\mathrm{d}t^2} = g - \frac{c}{m} \frac{\mathrm{d}s}{\mathrm{d}t} \qquad s\big|_{t=0} = 0 \qquad \frac{\mathrm{d}s}{\mathrm{d}t}\bigg|_{t=0} = 0$$

令 $\dfrac{\mathrm{d}s}{\mathrm{d}t} = v$,则

$$\frac{\mathrm{d}^2 s}{\mathrm{d}t^2} = \frac{\mathrm{d}v}{\mathrm{d}t}$$

$$\frac{\mathrm{d}v}{\mathrm{d}t} = g - \frac{c}{m} v$$

分离变量,两边积分

$$\int \frac{\mathrm{d}v}{g - \dfrac{c}{m} v} = \int \mathrm{d}t$$

得

$$\ln\left(g - \frac{c}{m} v\right) = -\frac{c}{m} t + C_1$$

由 $v\big|_{t=0} = 0$,得 $C_1 = \ln g$,于是

$$v = \frac{\mathrm{d}s}{\mathrm{d}t} = \frac{mg}{c}\left(1 - \mathrm{e}^{-\frac{c}{m} t}\right)$$

积分得

$$s = \frac{mg}{c}\left(t + \frac{m}{c}e^{-\frac{c}{m}t}\right) + C_2$$

再由 $s|_{t=0} = 0$,得

$$C_2 = -\frac{m^2 g}{c^2}$$

故

$$s = \frac{mg}{c}t + \frac{m^2 g}{c^2}\left(e^{-\frac{c}{m}t} - 1\right)$$

例 8 设有一均匀、柔软的绳索,两端固定,绳索仅受重力的作用而下垂,试问该绳索在平衡状态时成何形状?

解 设绳索的最低点为 P_0(图 8.2),取 y 轴过点 P_0,垂直向上,并取 x 轴与 y 轴垂直,坐标原点与 P_0 的距离以后再定,由于绳索柔软,所以绳索上各点所受张力都沿绳索的切线方向,在绳索 $P_0 B$ 段上任取一点 P,考虑 $P_0 P$ 段,由于它不能伸长,可以假定它为刚体,设 $\overset{\frown}{P_0 P}$ 的弧长为 s,线密度为 ρ(常数) 那么 $\overset{\frown}{P_0 P}$ 的重量为 $\rho g s$,把点 P_0 处的水平张力记作: H,它是一个常量,点 P 处张力记作 T,那么,这段绳索在点 P_0 处与点 P 处的张力和该段绳索的自重三个力处于平衡状态.

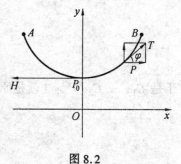

图 8.2

点 P 处的张力的水平分力与铅垂分力的大小分别为 $T\cos\varphi$ 与 $T\sin\varphi$,于是有

$$T\cos\varphi = H$$
$$T\sin\varphi = \rho g s$$

两式相除

$$\tan\varphi = \frac{\rho g}{H}s = \frac{s}{a} \qquad \left(a = \frac{H}{\rho g}\right)$$

设所设的曲线方程为 $y = f(x)$,则 $\tan\varphi = \dfrac{dy}{dx}$,于是

$$\frac{dy}{dx} = \frac{s}{a}$$

两边对 x 求导,得

$$\frac{d^2 y}{dx^2} = \frac{1}{a}\frac{ds}{dx}$$

但 $\dfrac{ds}{dx} = \sqrt{1 + y'^2}$,所以

$$\frac{d^2 y}{dx^2} = \frac{1}{a}\sqrt{1 + y'^2}$$

令 $y' = p$ 得

$$\frac{dp}{dx} = \frac{1}{a}\sqrt{1 + p^2}$$

分离变量

$$\frac{\mathrm{d}p}{\sqrt{1+p^2}} = \frac{\mathrm{d}x}{a}$$

两边积分得,它的通解

$$\ln\left(p + \sqrt{1+p^2}\right) = \frac{x}{a} + C_1$$

把 $y'|_{x=0} = p|_{x=0} = 0$ 代入得 $C_1 = 0$,所以

$$\ln\left(p + \sqrt{1+p^2}\right) = \frac{x}{a}$$

解得

$$p = \frac{1}{2}\left(e^{\frac{x}{a}} - e^{-\frac{x}{a}}\right)$$

所以

$$y = \frac{a}{2}\left(e^{\frac{x}{a}} + e^{-\frac{x}{a}}\right) + C_2$$

由 $y|_{x=0} = a$,得 $C_2 = 0$,于是该绳索的形状可由曲线方程 $y = \frac{a}{2}\left(e^{\frac{x}{a}} + e^{-\frac{x}{a}}\right)$ 来表示,此曲线被称之为悬链线.

习题 8.5

1.求下列各微分方程的通解:

(1) $y'' = x + \cos x$;　　　(2) $y'' = \dfrac{1}{1+x^2}$;　　　(3) $y'' = y' + x$;

(4) $xy'' + y' = 0$;　　　(5) $yy'' + 2y'^2 = 0$;　　(6) $y^3 y'' - 1 = 0$;

(7) $yy'' + y'^2 = y'$.

2.求下列各方程的特解:

(1) $(x^2 + 2y')y'' + 2xy' = 0$, $y|_{x=0} = 1$, $y'|_{x=0} = 0$;

(2) $y'' = 3\sqrt{y}$, $y|_{x=0} = 1$, $y'|_{x=0} = 2$.

8.6　高阶线性微分方程

上面几节介绍了几类微分方程,它们的解都能用初等函数来表示.

在下面的几节里,我们要介绍线性微分方程,它的解的结构是十分完美的,特别是常系数线性微分方程的求解,不用借助积分技巧,基本上可以用代数方法求出它的通解.

定义 8.9　形如 $y^{(n)} + p_1(x)y^{(n-1)} + \cdots + p_{n-1}(x)y' + p_n(x)y = Q(x)$,其中 $p_1(x), \cdots, p_n(x), Q(x)$ 都是已知函数,称为 n 阶线性微分方程.

如果 $Q(x) \equiv 0$ 时,称为 n 阶线性齐次方程.否则,称为线性非齐次的,应该指出这里的“齐次”与 8.3 节中的齐次不要混为一谈.

定义 8.10　设函数 $f(x)$ 与 $h(x)$ 在区间 I 上有定义,其中一个是另一个的常数倍,则称 $f(x)$ 与 $h(x)$ 在 I 上线性相关;否则称为线性无关或线性独立.

如 $f(x) = 2\cos 2x$ 与 $h(x) = 1 - 2\sin^2 x$ 在 $(-\infty, +\infty)$ 是线性相关的,再如 $f(x) = x$, $h(x) = x^2$,在 $(-\infty, +\infty)$ 是线性无关的.

下面仅就 $n = 2$ 的情形来讨论,因为在力学和电学中十分有用.

定理 8.1 设二阶线性齐次微分方程

$$y'' + p_1(x)y' + p_2(x)y = 0 \qquad ①$$

如果 y_1 与 y_2 是 ① 的解,则 $y = C_1 y_1 + C_2 y_2$ 仍是 ① 的解(C_1, C_2 任意常数).

定理 8.2 设 $y_1(x), y_2(x)$ 是方程 ① 在区间 I 上的两个线性无关的特解,则 $C_1 y_1(x) + C_2 y_2(x)$ 是它在 I 上的通解,C_1, C_2 任意常数.

上面两个定理介绍了线性齐次方程的解的结构,下面介绍线性非齐次方程解的结构.

定理 8.3 设二阶线性非齐次方程

$$y'' + p_1(x)y' + p_2(x)y = Q(x) \qquad ②$$

如果 $\bar{y}$ 是 ① 的一个特解,y_1 是 ② 的一个解,则 $y = \bar{y} + y_1$,仍是 ② 的解.

定理 8.4 y_1, y_2 是 ② 的两个解,则 $y = y_1 - y_2$ 是 ① 的解.

定理 8.5 设 y^* 是 $y'' + p_1(x)y' + p_2(x)y = Q(x)$ 的一个特解,而 y 是相应的齐次方程 $y'' + p_1(x)y' + p_2(x)y = 0$ 的通解,则 $y = y^* + y$ 是非齐次方程的通解.

即非齐次方程的通解 = 齐次方程通解 + 非齐次方程特解

定理 8.6 设二阶线性非齐次方程

$$y'' + p_1(x)y' + p_2(x)y = \lambda_1 Q_1(x) + \lambda_2 Q_2(x)$$

其中 λ_1, λ_2 常数,而 y_1 与 y_2 分别是方程

$$y'' + p_1(x)y' + p_2(x)y = Q_1(x), \quad y'' + p_1(x)y' + p_2(x)y = Q_2(x)$$

的特解.则 $\lambda_1 y_1 + \lambda_2 y_2$ 就是原方程的特解.

例 1 验证 $y = C_1 x^2 + C_2 x^2 \ln x$($C_1, C_2$ 是任意常数)是方程 $x^2 y'' - 3xy' + 4y = 0$ 的通解.

解 分别验证 $y_1 = x^2$ 与 $y_2 = x^2 \ln x$

$$y'_1 = 2x \quad y''_1 = 2$$

代入方程得

$$2x^2 - 3x(2x) + 4x^2 = 0$$

故 y_1 是其解

$$y'_2 = 2x\ln x + x \quad y''_2 = 2\ln x + 2 + 1 = 2\ln x + 3$$

代入方程,得

$$x^2(2\ln x + 3) - 3x(2x\ln x + x) + 4x^2 \ln x = 0$$

故 y_2 是其解.

又

$$\frac{y_2}{y_1} = \ln x \neq C$$

所以 y_1, y_2 线性无关,故 $y = C_1 x^2 + C_2 x^2 \ln x$ 是其通解.

例 2 验证 $y = C_1 e^x + C_2 e^{2x} + \dfrac{1}{12} e^{5x}$($C_1, C_2$ 是任意常数)是方程 $y'' - 3y' + 2y = e^{5x}$

的通解.

　　解　先验证 $y^* = \dfrac{1}{12}e^{5x}$ 是方程的特解,再验证 $y_1 = e^x, y_2 = e^{2x}$ 是相应齐次方程的解.

又
$$\frac{y_2}{y_1} = e^x \neq C$$

所以 y_1, y_2 线性无关.

　　验证开始:
$$(y^*)' = \frac{5}{12}e^{5x} \qquad (y^*)'' = \frac{25}{12}e^{2x}$$

代入原方程
$$\frac{25}{12}e^{5x} - \frac{15}{12}e^{5x} + \frac{2}{12}e^{5x} = e^{5x}$$

故 $y^* = \dfrac{1}{12}e^{5x}$ 是原方程的特解,又将
$$y'_1 = e^x \qquad y''_1 = e^x$$

代入齐次方程
$$e^x - 3e^x + 2e^x = 0$$
$$y'_2 = 2e^{2x} \qquad y''_2 = 4e^{2x}$$

代入齐次方程
$$4e^{2x} - 3(2e^{2x}) + 2e^{2x} = 0$$

所以 y_1, y_2 都是齐次方程的解.

故 $y = C_1 e^x + C_2 e^{2x} + \dfrac{1}{12}e^{5x}$ 是原方程的通解.

百 花 园

常数变易法

在解一阶非齐次线性方程时,我们用了常数变易法,下面就二阶线性方程来作讨论.

　　如果齐次方程 $y'' + p_1(x)y' + p_2(x)y = 0$ 的通解为 $y(x) = C_1 y_1(x) + C_2 y_2(x)$,则用常数变易法,求非齐次方程 $y'' + p_1(x)y' + p_2(x)y = Q(x)$ 的特解.令
$$\overline{y} = C_1(x)y_1(x) + C_2(x)y_2(x) \qquad ③$$
$$\overline{y}' = C'_1(x)y_1(x) + C_1(x)y'_1(x) + C'_2(x)y_2(x) + C_2(x)y'_2(x)$$

为了确定任意函数 $C_1(x), C_2(x)$,我们先简化 $\overline{y}'$,令
$$C'_1(x)y_1(x) + C'_2(x)y_2(x) = 0 \qquad (*)$$

这时
$$\overline{y}' = C_1(x)y'_1(x) + C_2(x)y'_2(x) \qquad ④$$

再两边对 x 求导,得
$$\overline{y}'' = C'_1(x)y'_1(x) + C_1(x)y''_1(x) + C'_2(x)y'_2(x) + C_2(x)y''_2(x) =$$

$$C_1(x)y''_1(x) + C_2(x)y'_2(x) + [C'_1(x)y'_1(x) + C'_2(x)y'_2(x)] \qquad ⑤$$

将③,④,⑤代入②整理后得

$$C_1(x)[y''_1(x) + p_1(x)y'_1 + p_2(x)y_1] +$$

$$C_2(x)[y''_2(x) + p_1(x)y'_2(x) + p_2(x)y_2(x)] +$$

$$C'_1(x)y'_1(x) + C'_2(x)y'_2(x) = Q(x)$$

因为 $y_1(x)$ 与 $y_2(x)$ 是齐次 $y'' + p_1(x)y' + p_2(x)y = 0$ 的解,所以上式变为

$$C'_1(x)y'_1(x) + C'_2(x)y'_2(x) = Q(x) \qquad (**)$$

为使 $\overline{y} = C_1(x)y_1(x) + C_2(x)y_2(x)$ 是②的一个特解,则 $C_1(x)$,$C_2(x)$ 应满足方程组

$$\begin{cases} C'_1(x)y_1(x) + C'_2(x)y_2(x) = 0 \\ C'_1(x)y'_1(x) + C'_2(x)y'_2(x) = Q(x) \end{cases} \qquad (***)$$

这是关于 $C'_1(x)$,$C'_2(x)$ 的线性方程组,由于 $y_1(x)$,$y_2(x)$ 是线性无关的,即 $\dfrac{y_1(x)}{y_2(x)} \neq C$ 所以

$$\begin{vmatrix} y_1(x) & y_2(x) \\ y'_1(x) & y'_2(x) \end{vmatrix} = y_1(x)y'_2(x) - y'_1(x)y_2(x) = -y_2^2(x)\left[\frac{y_1(x)}{y_2(x)}\right]' \neq 0$$

因此,方程组(* * *)有唯一解,解出 $C'_1(x)$ 与 $C'_2(x)$ 后,取积分就可定出 $C_1(x)$ 与 $C_2(x)$,从而 $\overline{y} = C_1(x)y_1(x) + C_2(x)y_2(x)$ 就是②的一个特解.

例3 已知齐次方程 $y'' - 3y' + 2y = 0$ 的通解为 $\overline{y} = C_1e^x + C_2e^{2x}$,求非齐次方程 $y'' - 3y' + 2y = xe^x$ 的通解.

解 由常数变易法,知

设非齐次方程的特解为

$$\overline{y} = C_1(x)e^x + C_2(x)e^{2x}$$

联立(*)与(* *)

$$\begin{cases} C'_1(x)e^x + C'_2(x)e^{2x} = 0 \\ C'_1(x)e^x + 2C'_2(x)e^{2x} = xe^x \end{cases}$$

解之得

$$C'_1(x) = -x$$

$$C'_2(x) = xe^{-x}$$

于是

$$C_1(x) = -\frac{1}{2}x^2 \qquad (常数取为 0)$$

$$C_2(x) = -(x+1)e^{-x} \qquad (常数取为 0)$$

所以非齐次方程的特解为

$$\overline{y} = -\frac{1}{2}x^2e^x - (x+1)e^x = -e^x\left(\frac{1}{2}x^2 + x + 1\right)$$

故原方程的通解为

$$y = \overline{y} + \overline{y} = -\left(\frac{1}{2}x^2 + x + 1\right)e^x + C_1e^x + C_2e^{2x}$$

习题 8.6

1. 下列函数组在其定义区间内哪些是线性无关的:

(1) $2x$, x^2;

(2) $\sin 2x$, $\cos x \sin x$;

(3) e^{-x}, e^x;

(4) e^{x^2}, xe^{x^2};

(5) $2x$, $(\sin^2 x + \cos^2 x)x$;

(6) $\ln(x + \sqrt{x^2 + 1})$, $\ln(\sqrt{x^2 + 1} - x)$.

2. 验证 $y_1 = e^{x^2}$ 及 $y_2 = xe^{x^2}$ 都是方程 $y'' - 4xy' + (4x^2 - 2)y = 0$ 的解, 并写出该方程的通解.

3. 验证 $y = C_1 x^5 + \dfrac{C_2}{x} - \dfrac{x^2}{9}\ln x$ (C_1, C_2 是任意常数) 是方程 $xy'' + 2y' - xy = e^x$ 的通解.

8.7　常系数齐次线性微分方程

本节讨论一种常见而且十分重要的形式:常系数齐次线性微分方程,它的二阶形式为

$$y'' + py' + qy = 0, \text{其中 } p, q \text{ 为常数} \qquad ①$$

由于指数函数 e^{rx} 的 n 阶导数为 $r^n e^{rx}$,因此可以猜想常系数齐次线性微分方程,可能有 e^{rx} 这样的解.

下面我们来验证

$$y' = re^{rx}$$
$$y'' = r^2 e^{rx} \qquad y'' = r^2 e^{rx}$$

代入 ①

$$r^2 e^{rx} + pre^{rx} + qe^{rx} = 0$$

由于 $e^{rx} \neq 0$,所以

$$r^2 + pr + q = 0 \qquad ②$$

由此可见,只要 r 满足代数方程 ②,函数 $y = e^{rx}$ 就是微分方程 ① 的解,将一元二次方程 ② 叫微分方程 ① 的特征方程.

特征方程 ② 是一个一元二次方程,其中 r^2, r 的系数及常数项恰好依次是微分方程 ① 中及 y 的系数.

特征方程 ② 的两个根,有三种不同情形:

1. 两个不同实根 r_1 与 r_2,且 $r_1 \neq r_2$,我们得到两个解 $e^{r_1 x}$ 与 $e^{r_2 x}$,由于 $\dfrac{e^{r_1 x}}{e^{r_2 x}} = e^{(r_1 - r_2)x} \neq C$ 常数,所以两个解线性无关,从而得方程 ① 的通解为

$$y = C_1 e^{r_1 x} + C_2 e^{r_2 x} \qquad (8.7)$$

其中 C_1, C_2 为任意常数.

2. 有两个相等的实根 $r_1 = r_2 = -\dfrac{p}{2}$,从而有一个解 $y_1 = e^{-\frac{p}{2}x}$,为了得到与 y_1 线性无

关的另一个解 y_2,应要求 $\dfrac{y_2}{y_1} = h(x) \neq C$ 常数.

$y_2 = h(x)y_1$,求导

$$y'_2 = h'y_1 + hy'_1 \qquad y''_2 = h''y_1 + 2h'y'_1 + hy''_1$$

代入 ①

经过整理,得

$$y_1 h'' + (2y'_1 + py_1)h' + h(x)(y''_1 + py'_1 + qy_1) = 0$$

因 y_1 是 ① 的解;$y'_1 = -\dfrac{p}{2}e^{-\frac{p}{2}x}$,即

$$2y'_1 + py_1 = 0$$

故有

$$h''(x) = 0$$

因此可知,只需取一个满足此式的 $h(x)$ 即可,因此取 $h(x) = x$,于是 $y_2 = xe^{rx}$,这里 $r = -\dfrac{p}{2}$,所以 ① 的通解为

$$y = (C_1 + C_2 x)e^{-\frac{p}{2}x} \tag{8.8}$$

3.特征方程有一对共轭复根

$$r_1 = \alpha + i\beta \qquad r_2 = \alpha - i\beta$$

方程 ① 有两个线性无关的解

$$y_1 = e^{(\alpha+i\beta)x} \qquad y_2 = e^{(\alpha-i\beta)x}$$

在实数范围内,我们想利用上述两个线性无关的解,得到两个实数范围的解.

利用欧拉公式 $e^{i\theta} = \cos\theta + i\sin\theta$ 将两个解改写成

$$y_1 = e^{\alpha x}(\cos\beta x + i\sin\beta x) \qquad y_2 = e^{\alpha x}(\cos\beta x - i\sin\beta x)$$

由上节的定理 8.1 和 8.2 可知

$$\frac{1}{2}(y_1 + y_2) = e^{\alpha x}\cos\beta x$$

$$\frac{1}{2i}(y_1 - y_2) = e^{\alpha x}\sin\beta x$$

仍是方程 ① 的解,且这两个解线性无关,所以得 ① 的通解

$$y = e^{\alpha x}(C_1\cos\beta x + C_2\sin\beta x) \tag{8.9}$$

C_1, C_2 为任意常数.

本节解题方法的思想是由大数学家欧拉给出的,他的才华横溢,被誉为数学界的莎士比亚.

综上所述,求解二阶常系数线性齐次微分方程

$$y'' + py' + qy = 0$$

的通解步骤如下:

(1) 写出特征方程

$$r^2 + pr + q = 0$$

(2) 求解特征方程的两个根 r_1, r_2.

(3) 根据两个根的三种不同情况,写出其通解.

列表8.1如下:

表 8.1

特征方程 $r^2 + pr + q = 0$ 两根 r_1, r_2	微分方程 $y'' + py' + qy = 0$ 的通解
两个不等的实根 r_1, r_2	$y = C_1 e^{r_1 x} + C_2 e^{r_2 x}$
两个相等的实根 $r_1 = r_2$	$y = (C_1 + C_2 x) e^{r_1 x}$
一对共轭复根 $r_{1,2} = \alpha \pm i\beta$	$y = e^{\alpha x}(C_1 \cos \beta x + C_2 \sin \beta x)$

例1 求微分方程 $y'' - 5y' + 6y = 0$ 的通解.

解 其特征方程为

$$r^2 - 5r + 6 = 0$$

解得
$$r_1 = 2, r_2 = 3$$

因此所求通解为

$$y = C_1 e^{2x} + C_2 e^{3x}$$

例2 求微分方程 $y'' + 2y' + y = 0$ 的通解及满足初始条件 $y|_{x=0} = 0, y'|_{x=0} = 1$ 的特解.

解 其特征方程

$$r^2 + 2r + 1 = 0$$

解之得
$$r_{1,2} = -1$$

因此微分方程的通解为

$$y = (C_1 + C_2 x) e^{-x}$$

再由初始条件
$$y|_{x=0} = 0 \text{ 得 } C_1 = 0$$
$$y'|_{x=0} = 1 \text{ 得 } C_2 = 1$$

于是所求特解为 $y = x e^{-x}$.

例3 求微分方程 $y'' + 2y' + 5y = 0$ 的通解.

解 其特征方程

$$r^2 + 2r + 5 = 0$$

解之得

$$r_{1,2} = -1 \pm 2i$$

因此其通解为

$$y = e^{-x}(C_1 \cos 2x + C_2 \sin 2x)$$

例4 求微分方程 $y'' - 2y' = 0$ 的通解.

解 其特征方程 $r^2 - 2r = 0$.

解之得 $r_1 = 0, r_2 = 2$,因此其通解为 $y = C_1 + C_2 e^{2x}$.

例5 求微分方程 $y'' + y = 0$ 的通解.

解 其特征方程 $r^2 + 1 = 0$

解之得 $r_{1,2} = \pm i$ 因此其通解为

$$y = C_1 \sin x + C_2 \cos x$$

百 花 园

例6 一个单位质量的质点在数轴上运动,开始时质点在原点 O 处,且速度为 v_0,在运动过程中,它受到一个力的作用,这个力的大小与质点到原点的距离成正比(比例系数 $k_1 > 0$),而方向与初速度一致,又介质的阻力与速度成正比(比例系数 $k_2 > 0$),求质点的运动规律.

解 设数轴为 x 轴,质点运动到 x 处,受力 $F_1 = k_1 x$,阻力 $F_2 = -k_2 v = -k_2 \dfrac{\mathrm{d}x}{\mathrm{d}t}$

$$合力 \quad F = ma = \frac{\mathrm{d}^2 x}{\mathrm{d}t^2} \quad (m = 1)$$

由题意得

$$\frac{\mathrm{d}^2 x}{\mathrm{d}t^2} = k_1 x - k_2 \frac{\mathrm{d}x}{\mathrm{d}t}$$

即

$$\frac{\mathrm{d}^2 x}{\mathrm{d}t^2} + k_2 \frac{\mathrm{d}x}{\mathrm{d}t} - k_1 x = 0$$

其特征方程 $r^2 + k_2 r - k_1 = 0$

$$r_{1,2} = \frac{-k_2 \pm \sqrt{k_2^2 + 4k_1}}{2}$$

则

$$x = C_1 \exp\left(\frac{-k_2 + \sqrt{k_2^2 + 4k_1}}{2}\right)t + C_2 \exp\left(\frac{-k_2 - \sqrt{k_2^2 + 4k_1}}{2}\right)t$$

其中

$$\exp(x) = \mathrm{e}^x$$

由 $t = 0, x = 0, x'|_{t=0} = v_0$ 得

$$C_1 = \frac{v_0}{\sqrt{k_2^2 + 4k_1}} \qquad C_2 = \frac{-v_0}{\sqrt{k_2^2 + 4k_1}}$$

所以

$$x = \frac{v_0}{\sqrt{k_2^2 + 4k_1}} \mathrm{e}^{-\frac{k_2}{2}t} \left(\mathrm{e}^{\frac{\sqrt{k_2^2 + 4k_1}}{2}t} - \mathrm{e}^{-\frac{\sqrt{k_2^2 + 4k_1}}{2}t}\right)$$

例7 设圆柱形浮筒,直径为 $0.5\,\mathrm{m}$,铅直放在水中,当稍向下压后,突然放开,浮筒在水中上,下振动的周期为 $2(\mathrm{s})$,求浮筒的质量.

解 圆柱筒的底面积 $S = \pi r^2 = \pi \times (0.25)^2 (\mathrm{m}^2)$

静止时,水面与圆柱形中心交点为原点 O(图8.3),下压位移为 x,则浮筒所受合力

$$f = -\rho g s x \quad (\rho \ 水密度)$$

又

$$f = ma = m\frac{\mathrm{d}^2 x}{\mathrm{d}t^2}$$

于是

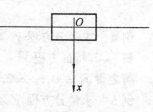

图8.3

$$m\frac{\mathrm{d}^2 x}{\mathrm{d}t^2} + \rho g s x = 0$$

解之得

$$x = A\sin\left(\sqrt{\frac{\rho g s}{m}}t + \varphi\right)$$

振动周期为

$$\frac{2\pi}{\sqrt{\dfrac{\rho g x}{m}}} = 2$$

$$m = \frac{pgs}{\pi^2} = \frac{1\ 000 \times 9.8 \times (0.25)^2 \pi}{\pi^2} \approx 195\ (\text{kg})$$

习题 8.7

1.求下列二阶常系数线性齐次微分方程的通解:

(1)$y'' - y' - 2y = 0$;　　　(2)$y'' - y = 0$;　　　(3)$y'' + 2y' = 0$;

(4)$y'' - 4y' + 4y = 0$;　　　(5)$y'' - 4y' + 5y = 0$;　(6)$3y'' - 2y' - 8y = 0$;

(7)$4y'' - 8y' + 5y = 0$.

2.求下列微分方程满足初始条件的特解:

(1)$y'' - 4y' + 3y = 0$, $y|_{x=0} = 2$, $y'|_{x=0} = 4$;

(2)$y'' - 6y' + 9y = 0$, $y|_{x=0} = 0$, $y'|_{x=0} = 1$;

(3)$y'' + 4y = 0$, $y|_{x=\frac{\pi}{4}} = 1$, $y'|_{x=\frac{\pi}{4}} = 2$;

(4)$y'' - 2y' + 2y = 0$, $y|_{x=\frac{\pi}{2}} = e^{\frac{\pi}{2}}$, $y'|_{x=\frac{\pi}{2}} = 3e^{\frac{\pi}{2}}$.

8.8　常系数非齐次线性微分方程

上节讨论了二阶常系数齐次线性微分方程,本节要进一步讨论二阶常系数非齐次线性微分方程的解法.

由 8.6 节的定理 8.5 知道

非齐次通解 = 齐次通解 + 非齐次特解

而齐次通解在上节中我们已经讨论过,因此本节的重点就是要求非齐次的线性微分方程一个特解.

二阶常系数非齐次线性微分方程的一般形式是

$$y'' + py' + qy = f(x) \qquad p, q\ \text{常数} \tag{①}$$

本节介绍方程 ① 中的 $f(x)$ 两种常见形式时,其特解 y^* 的求法

$$f(x) = e^{\lambda x}p_m(x) \qquad \text{其中 } p_m(x) \text{ 是 } m \text{ 次多项式}$$

因为多项式与指数函数的乘积求导后形式不变,故可设方程 ① 的特解为

$$y^* = p(x)e^{\lambda x} \qquad \text{其中 } p(x) \text{ 为待定的 } n \text{ 次多项式}$$

$$(y^*)' = \lambda e^{\lambda x}p(x) + [p(x)]'e^{\lambda x} = e^{\lambda x}\{\lambda p(x) + [p(x)]'\}$$

$$(y^*)'' = \lambda e^{\lambda x}\{\lambda p(x) + [p(x)]'\} + e^{\lambda x}\{\lambda[p(x)]' + [p(x)]''\} =$$

$$e^{\lambda x}\{\lambda^2 p(x) + 2\lambda[p(x)]' + [p(x)]''\}$$

将 $y^*,(y^*)',(y^*)''$ 代入方程 ① 得

$$e^{\lambda x}\{\lambda^2 p(x) + 2\lambda[p(x)]' + [p(x)]''\} +$$
$$e^{\lambda x}\{p\lambda p(x) + p[p(x)]'\} + qp(x)e^{\lambda x} = e^{\lambda x}p_m(x)$$

约去 $e^{\lambda x}$,整理得

$$(\lambda^2 + p\lambda + q)p(x) + (2\lambda + p)[p(x)]' + [p(x)]'' = p_m(x) \qquad ②$$

(1) 当 λ 不是特征方程 $r^2 + pr + q = 0$ 的根时,即

$$\lambda^2 + p\lambda + q \neq 0$$

令 $p(x)$ 的次数与 $p_m(x)$ 的次数相同

$$p(x) = a_0 x^m + a_1 x^{m-1} + \cdots + a_m$$

代入方程 ②,即可定出 $m+1$ 个未知系数

$$a_i(i = 0,1,\cdots,m)$$

这样就得到了所求特解 $y^* = p(x)e^{\lambda x}$.

(2)λ 是特征方程的单根,即

$$\lambda^2 + p\lambda + q = 0$$

这时,由方程 ② 可知 $p'(x)$ 必须是 m 次多项式,因此可令 $p(x) = x\varphi_m(x)$,$\varphi_m(x)$ 是 m 次多项式,同样可定出 $\varphi_m(x)$ 的 $m+1$ 个系数.

(3)λ 是特征方程的重根,即

$$\lambda^2 + p\lambda + q = 0 \text{且} 2\lambda + p = 0$$

由方程 ② 可知 $p''(x)$ 是 m 次多项式,因此可令

$$p(x) = x^2 \varphi_m(x)$$

然后再定 $\phi_m(x)$ 中的各系数.

把上述三种情况归纳一下,可知所求的特解具有形式

$$y^* = x^k \varphi_m(x)e^{\lambda x} \qquad ③$$

其中 $\varphi_m(x)$ 与 $p_m(x)$ 为同次多项式,而 $k = 0,1,2$ 要看 λ 是不是特征方程的根,是单根或是重根而定,根据以上讨论,作为 $f(x) = e^{\lambda x}p_m(x)$ 两个常见的特例.

分别介绍如下:

① $f(x) = ae^{\lambda x}$ 即 $p_m(x)$ 是零次多项式,此时

(i) 当 λ 不是特征方程的根时,可设 $y^* = Ae^{\lambda x}$;

(ii) 当 λ 是特征方程的单根时,可设 $y^* = Axe^{\lambda x}$;

(iii) 当 λ 是特征方程的重根时,可设 $y^* = Ax^2 e^{\lambda x}$.

② $f(x) = p_m(x)$ 即 $\lambda = 0$ 时

(i) 当 $q \neq 0$,即 $\lambda = 0$ 不是特征方程的根时,可设

$$y^* = a_0 x^m + a_1 x^{m-1} + \cdots + a_m$$

(ii) 当 $q = 0, p \neq 0$ 时,即 $\lambda = 0$ 是特征方程的单根时,可设

$$y^* = x(a_0 x^m + a_1 x^{m-1} + \cdots + a_m)$$

(iii) 当 $q = 0, p = 0$,即 $\lambda = 0$ 是特征方程的重根时,可设

$$y^* = x^2(a_0 x^m + a_1 x^{m+1} + \cdots + a_m)$$

由于此时原方程为 $y'' = f(x)$，显然，可直接积分求通解.

例 1　求方程 $y'' + y' - 2y = e^{3x}$ 的通解.

解　先求齐次方程 $y'' + y' - 2y = 0$ 的通解.

其特征方程 $r^2 + r - 2 = 0$ 解之得

$$r_1 = -2, r_2 = 1$$

齐通　　　　　　$$\bar{y} = C_1 e^{-2x} + C_2 e^x$$

非齐特:因为 $\lambda = 3$ 不是特征方程的根

所以　　　　　　$$y^* = A e^{3x}$$

$$(y^*)' = 3A e^{3x}, (y^*)'' = 9A e^{3x}$$

代入原方程

$$9A e^{3x} + 3A e^{3x} - 2A e^{3x} = e^{3x}$$

得　　　　　　　$$A = \frac{1}{10}$$

所以　　　　　　$$y^* = \frac{1}{10} e^{3x}$$

于是,非齐通

$$y = \bar{y} + y^* = C_1 e^{-2x} + C_2 e^x + \frac{1}{10} e^{3x}$$

例 2　求方程 $y'' - 4y' + 3y = e^x$ 的通解.

解　先求齐次方程 $y'' - 4y' + 3y = 0$ 的通解.

其特征方程 $r^2 - 4r + 3 = 0$ 解之得

$$r_1 = 1, r_2 = 3$$

齐通　　　　　　$$\bar{y} = C_1 e^x + C_2 e^{3x}$$

非齐特:因为 $\lambda = 1$ 恰是特征方程的一单根

所以　　　　　　$$y^* = A x e^x$$

$$(y^*)' = A e^x + A x e^x = A e^x (x + 1)$$

$$(y^*)'' = A e^x (x + 1) + A e^x = A e^x (x + 2)$$

代入原方程

$$A e^x (x + 2) - 4A e^x (x + 1) + 3A x e^x = e^x$$

解得

$$A = -\frac{1}{2}$$

所以　　　　　　$$y^* = -\frac{1}{2} x e^x$$

于是,非齐通

$$y = \bar{y} + y^* = C_1 e^x + C_2 e^{3x} - \frac{1}{2} x e^x$$

例 3　求方程 $y'' - 5y' + 6y = 2x^2 - x + 1$.

解　先求齐次方程 $y'' - 5y' + 6y = 0$ 的通解,其特征方程

$$r^2 - 5r + 6 = 0$$

解之得

$$r_1 = 2, r_2 = 3$$

齐通

$$\overline{y} = C_1 e^{2x} + C_2 e^{3x}$$

非齐特:因为 $\lambda = 0$ 不是特征方程的根

所以

$$y^* = a_0 x^2 + a_1 x + a_2$$

$$(y^*)' = 2a_0 x + a_1 \qquad (y^*)'' = 2a_0$$

代入原方程

$$2a_0 - 5(2a_0 x + a_1) + 6(a_0 x^2 + a_1 x + a_2) = 2x^2 - x + 1$$

即

$$6a_0 x^2 + (6a_1 - 10a_0) x_1 + (2a_0 - 5a_1 + 6a_2) = 2x^2 - x + 1$$

$$\begin{cases} 6a_0 = 2 \\ 6a_1 - 10a_0 = -1 \\ 2a_0 - 5a_1 + 6a_2 = 1 \end{cases}$$

解得

$$\begin{cases} a_0 = \dfrac{1}{3} \\ a_1 = \dfrac{7}{18} \\ a_2 = \dfrac{41}{108} \end{cases}$$

所以

$$y^* = \frac{1}{3} x^2 + \frac{7}{18} x + \frac{41}{108}$$

于是,非齐通

$$y = \overline{y} + y^* = C_1 e^{2x} + C_2 e^{3x} + \frac{1}{3} x^2 + \frac{7}{18} x + \frac{41}{108}$$

例4 求方程 $y'' + y' = x + 1$ 的通解.

解 先求齐次方程 $y'' + y' = 0$ 的通解.

其特征方程 $r^2 + r = 0$,解得

$$r_1 = 0, r_2 = -1$$

齐通

$$\overline{y} = C_1 + C_2 e^{-x}$$

非齐特:因为 $\lambda = 0$ 是特征方程的单根

所以

$$y^* = x(ax + b)$$

$$(y^*)' = 2ax + b \qquad (y^*)'' = 2a$$

代入原方程

$$2a + 2ax + b = x + 1$$

解得

$$a = \frac{1}{2}, b = 0$$

所以

$$y^* = \frac{1}{2} x^2$$

于是非齐通

$$y = \overline{y} + y^* = C_1 + C_2 e^{-x} + \frac{1}{2} x^2$$

例 5　求方程 $y'' - 5y' + 6y = xe^{2x}$ 的通解.

解　先求齐次方程 $y'' - 5y' + 6y = 0$ 的通解,其特征方程 $r^2 - 5r + 6 = 0$,得

$$r_1 = 2, r_2 = 3$$

齐通　　　　　　　　　$\bar{y} = C_1 e^{2x} + C_2 e^{3x}$

非齐特:$\lambda = 2$ 是特征方程的单根,所以其特解

$$y^* = (ax + b)xe^{2x}$$

$$(y^*)' = (2ax + b)e^{2x} + 2x(ax + b)e^{2x} = e^{2x}[2ax^2 + (2a + 2b)x + b]$$

$$(y^*)'' = 2e^{2x}[2ax^2 + (2a + b)x + b] + e^{2x}[4ax + 2a + 2b] =$$
$$e^{2x}[4ax^2 + (8a + 4b)x + 4b + 2a]$$

代入原方程,消去 e^{2x} 得

$$4ax^2 + (8a + 4b)x + 2a + 4b - [10ax^2 + (10a + 10b)x + 5b] + 6x(ax + b) = x$$

即　　　　　　　　　　$-2ax + 2a - b = x$

故有　　　　　　　　　$a = -\dfrac{1}{2}, b = -1$

所以　　　　　　　　　$y^* = x\left(-\dfrac{1}{2}x - 1\right)e^{2x}$

于是,非齐通　　　$y = \bar{y} + y^* = C_1 e^{2x} + C_2 e^{3x} + x\left(-\dfrac{1}{2}x - 1\right)e^{2x}$

设 $f(x) = e^{\lambda x}(A\cos wx + B\sin wx)$,其中 λ, w, A, B 为常数.我们直接给出以下结论

(1)当 $\lambda \pm wi$ 不是特征根时,其特解

$$y^* = e^{\lambda x}(A_1\cos wx + A_2\sin wx)$$

A_1, A_2 为待定系数.

(2)当 $\lambda \pm wi$ 是特征根时,其特解

$$y^* = xe^{\lambda x}(A_1\cos wx + A_2\sin wx)$$

下面通过例题说明解题方法.

例 6　求方程 $y'' - y' - 12y = 170\sin x$ 的通解.

解　先求齐次方程 $y'' - y' - 12y = 0$ 的通解,其特征方程 $r^2 - r - 12 = 0$,解得

$$r_1 = -3, r_2 = 4$$

齐通　　　　　　　　　$\bar{y} = C_1 e^{-3x} + C_2 e^{4x}$

非齐特:因为 $\lambda \pm wi = 0 \pm i$ 不是特征方程的根,所以

$$y^* = A\sin x + B\cos x$$
$$(y^*)' = A\cos x - B\sin x$$
$$(y^*)'' = -A\sin x - B\cos x$$

代入原方程

$$-A\sin x - B\cos x - A\cos x + B\sin x - 12A\sin x - 12B\cos x = 170\sin x$$

即　　　　$(-13A + B)\sin x + (-A - 13B)\cos x = 170\sin x$

$$\begin{cases} -13A + B = 170 \\ -A - 13B = 0 \end{cases}$$

解得

$$\begin{cases} A = -13 \\ B = 1 \end{cases}$$

特解 $\qquad\qquad\qquad y^* = -13\sin x + \cos x$

于是,非齐通 $\qquad y = \overline{y} + y^* = C_1 e^{-3x} + C_2 e^{4x} - 13\sin x + \cos x$

例7 求方程 $y'' - 4y' + 13y = 145\sin 2x$ 通解.

解 先求齐次方程 $y'' - 4y' + 13y = 0$ 的通解.

其特征方程 $r^2 - 4r + 13 = 0$,解得

$$r_{1,2} = 2 \pm 3i$$

齐通 $\qquad\qquad\qquad \overline{y} = e^{2x}(C_1\cos 3x + C_2\sin 3x)$

非齐特:所以 $0 \pm 2i$ 不是特征根,所以非齐特

$$y^* = A_1\cos 2x + A_2\sin 2x$$
$$(y^*)' = -2A_1\sin 2x + 2A_2\cos 2x$$
$$(y^*)'' = -4A_1\cos 2x - 4A_2\sin 2x$$

代入原方程,整理得

$$(9A_1 - 8A_2)\cos 2x + (8A_1 + 9A_2)\sin 2x = 145\sin 2x$$

故有 $\qquad\qquad\qquad \begin{cases} 9A_1 - 8A_2 = 0 \\ 8A_1 + 9A_2 = 145 \end{cases}$

解得 $\qquad\qquad\qquad \begin{cases} A_1 = 8 \\ A_2 = 9 \end{cases}$

所以非齐特

$$y^* = 8\cos 2x + 9\sin 2x$$

于是,非齐通

$$y = \overline{y} + y^* = (C_1\cos 3x + C_2\sin 3x)e^{2x} + 8\cos 2x + 9\sin 2x$$

百 花 园

例8 求方程 $y'' - 2y' + y = 12xe^x$ 的通解.

解 先求齐次方程 $y'' - 2y' + y = 0$ 的通解.

其特征方程 $r^2 - 2r + 1 = 0$,解得

$$r_{1,2} = 1$$

齐通 $\qquad\qquad\qquad \overline{y} = (C_1 + C_2 x)e^x$

非齐特: $\lambda = 1$ 是特征方程的重根,所以非齐特

$$y^* = x^2(ax + b)e^x$$
$$(y^*)' = (3ax^2 + 2bx)e^x + x^2(ax + b)e^x = e^x[ax^3 + (3a + b)x^2 + 2bx]$$
$$(y^*)'' = e^x[ax^3 + (3a + b)x^2 + 2bx] + e^x[3ax^2 + 2(3a + b)x + 2b] =$$
$$e^x[ax^3 + (6a + b)x^2 + (6a + 4b)x + 2b]$$

代入原方程,消去 e^x,整理得

$$6ax + 2b = 12x$$

解得 $a = 2, b = 0$. 所以

$$y^* = 2x^3 e^x$$

于是,非齐通

$$y = \bar{y} + y^* = (C_1 + C_2 x)e^x + 2x^3 e^x = e^x(C_1 + C_2 x + 2x^3)$$

注 (1)上面介绍的二阶常系数线性微分方程的解法,可推广到 n 阶常系数线性微分方程.

(2)我们将求特解列表 8.2 如下:

表 8.2 $y'' + py' + qy = f(x)$ 的特解形式表

$f(x)$ 的类型	λ 条件	特解 y^* 的形式
$f(x) = e^{\lambda x} p_m(x)$	λ 不是特征根	$y^* = e^{\lambda x} \varphi_m(x)$
	λ 是单特征根	$y^* = x e^{\lambda x} \varphi_m(x)$
	λ 是重特征根	$y^* = x^2 e^{\lambda x} \varphi_m(x)$
$f(x) = e^{\lambda x}(A\cos wx + B\sin wx)$ λ, w, A, B 常数	$\lambda \pm w\mathrm{i}$ 不是特征根	$y^* = e^{\lambda x}(A_1\cos wx + A_2\sin wx)$
	$\lambda \pm w\mathrm{i}$ 是特征根	$y^* = x e^{\lambda x}(A_1\cos wx + A_2\sin wx)$
注	$p_m(x)$ 是已知的 m 次多项式 $\varphi_m(x)$ 是待定的 m 次多项式	

如果有的同学觉得,上述表中的内容不好记,实际上只要记住以下原则即可:

特解 $y^* = h(x)$ 与 $f(x)$ 具有相同的结构形式,并将 $h(x)$ 代入方程,如果遇到麻烦(不能确定 $h(x)$ 中的待定系数),则改设特解 $y^* = xh(x)$ 再代入方程,若仍遇到麻烦,则再改设特解为 $y^* = x^2 h(x)$,代入方程,必能确定特解.

例9 一链条悬挂在一钉子上,起动时一端离开钉子 8 m,另一端离开钉子 12 m,分别在以下两种情况下,求链条滑下来所需要的时间:

(1)若不计钉子对链条所产生的摩擦力;

(2)若摩擦力的大小等于 1 m 长的链条所受重力的大小.

解 设链条的线密度为 $\rho(\mathrm{kg/m})$,则链条的质量为 $20\rho(\mathrm{kg})$,设在 t 时刻,链条的一端离钉子 $x = x(t)\mathrm{m}$,另一端离钉子 $(20-x)\mathrm{m}$(图 8.4),当 $t = 0$ 时,$x = 12\,\mathrm{m}$.

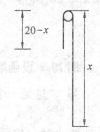

(1)不计摩擦力,在 t 时刻链条所受力的大小为 $\rho[x-(20-x)]g$,它应等于

$$ma = 20\rho \frac{\mathrm{d}^2 x}{\mathrm{d}t^2}$$

即

$$20\rho \frac{\mathrm{d}^2 x}{\mathrm{d}t^2} = \rho g(2x - 20)$$

图 8.4

化简 $\dfrac{\mathrm{d}^2 x}{\mathrm{d}t^2} - \dfrac{g}{10}x = -g$,且有初始条件

$$x\big|_{t=0} = 12 \qquad x'\big|_{t=0} = 0$$

齐次的特征方程

$$r^2 - \frac{g}{10} = 0$$

$$r_{1,2} = \pm\sqrt{\frac{g}{10}}$$

非齐特 $x^* = A$ 代入原方程 $A = 10$

非齐特 $x^* = 10$

非齐通

$$y = C_1 e^{\sqrt{\frac{g}{10}}t} + C_2 e^{-\sqrt{\frac{g}{10}}t} + 10$$

代入初始条件,得

$$C_1 = 1, C_2 = 1$$

于是

$$x = e^{\sqrt{\frac{g}{10}}t} + e^{-\sqrt{\frac{g}{10}}t} + 10 = 2ch\left(\sqrt{\frac{g}{10}}t\right) + 10$$

链条滑下即 $x = 20$ 代入,解得

$$t = \sqrt{\frac{10}{g}}\ln(5 + 2\sqrt{6})(s)$$

(2)摩擦力为 1 m 长链条的质量即 ρg,则运动过程中链条所受力的大小为 $[x - (20 - x)]\rho g - \rho g$ 按牛顿定律有

$$20\rho \frac{d^2 x}{dt^2} = [x - (20 - x)]\rho g - \rho g$$

即

$$\frac{d^2 x}{dt^2} - \frac{g}{10}x = -\frac{21}{20}g \qquad x\big|_{t=0} = 12 \qquad x'\big|_{t=0} = 0$$

满足初始条件的特解为

$$x = \frac{3}{4}\left(e^{\sqrt{\frac{g}{10}}t} + e^{-\sqrt{\frac{g}{10}}t}\right) + \frac{21}{2}$$

取 $x = 20$,解得

$$t = \sqrt{\frac{10}{g}}\ln\left(\frac{19}{3} + \frac{4}{3}\sqrt{22}\right)(s)$$

例 10 设函数 $f(x)$ 连续,且满足 $f(x) = e^x + \int_0^x tf(t)dt - x\int_0^x f(t)dt$,求 $f(x)$.

解 这是一个积分方程,显然

$$f(0) = 1$$

两边对 x 求导

$$f'(x) = e^x + xf(x) - \int_0^x f(t)dt - xf(x) = e^x - \int_0^x f(t)dt \quad f'(0) = 1$$

两边再对 x 求导

$$f''(x) = e^x - f(x)$$

即
$$y'' + y = e^x$$

解得
$$f(x) = C_1\cos x + C_2\sin x + \frac{1}{2}e^x$$

由初始条件 $f(0) = 1, f'(0) = 1$，得
$$C_1 = C_2 = \frac{1}{2}$$

于是 $f(x) = \frac{1}{2}(\cos x + \sin x + e^x)$.

习题 8.8

1.求下列各微分方程的通解：

(1) $y'' - 2y' + 2y = 2x^2$;　　　　(2) $2y'' + y' - y = 2e^x$;

(3) $y'' + 3y' + 2y = 3xe^{-x}$;　　　(4) $y'' - 2y' + 5y = e^x\sin 2x$.

2.求下列微分方程的特解：

(1) $y'' - 4y' + 3y = 8e^{5x}$, $y(0) = 3, y'(0) = 9$;

(2) $y'' - 8y' + 16y = e^{4x}$, $y(0) = 0, y'(0) = 1$;

(3) $y'' + y = \cos 3x, y\left(\frac{\pi}{2}\right) = 4, y'\left(\frac{\pi}{2}\right) = -1$;

(4) $y'' - 3y' + 2y = 5$, $y(0) = 1, y'(0) = 2$.

本 章 小 结

本章知识网络图

基本概念(解,阶,通解,初始条件,特解)

一阶微分方程
- 基本类型
  - 可分离变量的方程
  - 一阶线性方程
- 可化为基本类型的
  - 齐次方程
  - 伯努利方程
- 可用简单的变量代换求解的某些方程

二阶微分方程
- 可降阶的类型
  - $y'' = f(x)$
  - $y'' = f(x, y')$
  - $y'' = f(y, y')$
- 线性微分方程的性质
  - 解的叠加原理
  - 通解的结构
- 二阶常系数线性微分方程
  - 齐次
  - 非齐次
- 可化为微分方程(含变限的积分方程)

简单应用
- 几何上的应用
- 物理上的应用
- 化学上的应用
- 生物学上的应用
- 经济中的应用

解微分方程,先应识别它是哪一类型的,然后再用这一类型的方法去解,有些方程既属于这一类型,又属于另一类型,如$\dfrac{dy}{dx} - y = 1$,它既是线性方程,也是可分离变量的方程

$$\frac{dy}{y + 1} = dx$$

我们学习的主要精力应放在求解各种类型的方程上,通过做题来熟练掌握.

有关应用题,能看懂书中的例题,会作一些有关几何,物理方面的简单实际问题即可.下面再举一些有关几何物理方面的实际问题,以示微分方程的广泛应用.

弹簧振动

设有一弹簧,它的上端固定,下端挂一个质量为 m 的物体,当物体处于静止状态时,作用在物体上的重力与弹力大小相等,方向相反,这个位置就是物体的平衡位置(图8.5),x 轴铅直向下,并取物体的平衡位置为坐标原点.

如果给物体加一个外力 $h(t)$,那么物体便离开平衡位置,并在平衡位置上下振动,在物体的振动过程中,物体的位置 x 随时间 t 变化,$x = x(t)$,我们就要求出 $x = x(t)$,为了求出 $x = x(t)$,我们对物体处在任一位置时,作用在它上面的各种力进行分析.

规定当力的方向与 x 轴的正向一致时为正,相反时为负.

(1)重力 w,方向向下所以为正 $w = mg$.

(2)弹性恢复力 $f = -Kx - mg$,因为平衡位置时 $x = 0$,恢复力与重力平衡.

(3)阻力 R,由实验可知阻力 R 的方向,总与运动方向相反,当运动速度不大时,其大小与运动速度成正比,比例系数为 μ,则有

$$R = -\mu v = -\mu \frac{dx}{dt}$$

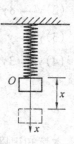

图8.5

(4)外力 $h(t)$

由牛顿第二定律知,物体受到的合力

$$F = w + f + R + h$$

即

$$m \frac{d^2x}{dt^2} = mg - kx - mg - \mu \frac{dx}{dt} + h(t)$$

$$m \frac{d^2x}{dt^2} + \mu \frac{dx}{dt} + kx = h(t)$$

如果 $h(t) \equiv 0$ 称为物体自由振动的微分方程.

如果 $\mu = 0$ 称为无阻尼运动.

简单电路

我们介绍一个由电动势 E,电阻,电感和电容等元件组成的串联电路(图8.6).

我们简单回忆一下电学知识:

(1)电动势为 E 的电源,能推动电荷产生电流 I,电源 E 可能是时间 t 的函数,如交流电源也可能是常数,如电池.

(2)电阻为 R 的电阻器,它能产生数值为 RI 的电压降而阻挡电流.

(3)电感为 L 的电感器,它能产生数值为 $L \dfrac{dI}{dt}$ 的电压降而阻挡电流的变动.

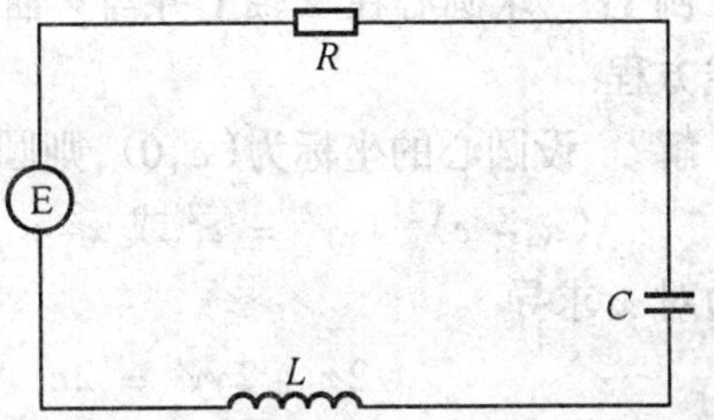

（4）电容为 C 的电容器，它能储存电荷，它所储存的电荷能产生数值为 $\dfrac{Q}{C}$ 的电压降而阻挡电荷的进一步流入，记作：$u_c = \dfrac{Q}{C}$.

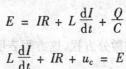

图 8.6

电荷量 Q 的变化速率为电流强度，即

$$\frac{\mathrm{d}Q}{\mathrm{d}t} = I$$

此外，还要知道电学中的基尔霍夫定律：一个闭合电路上的电动势等于电路上各部分电压降的和，即

$$E = IR + L\frac{\mathrm{d}I}{\mathrm{d}t} + \frac{Q}{C}$$

$$L\frac{\mathrm{d}I}{\mathrm{d}t} + IR + u_c = E$$

这是简单电路中电流所遵循的微分方程.

因为

$$\frac{\mathrm{d}Q}{\mathrm{d}t} = I = C\frac{\mathrm{d}u_c}{\mathrm{d}t}$$

$$\frac{\mathrm{d}I}{\mathrm{d}t} = C\frac{\mathrm{d}^2 u_c}{\mathrm{d}t^2}$$

代入，得

$$LC\frac{\mathrm{d}^2 u_c}{\mathrm{d}t^2} + RC\frac{\mathrm{d}u_c}{\mathrm{d}t} + u_c = E$$

若电源为交流电，则

$$E = E_m \sin wt$$

或写成

$$\frac{\mathrm{d}^2 u_c}{\mathrm{d}t^2} + 2\beta\frac{\mathrm{d}u_c}{\mathrm{d}t} + w_0^2 u_c = \frac{E_m}{LC}\sin wt$$

式中 $\beta = \dfrac{R}{2L}$，$w_0 = \dfrac{1}{\sqrt{LC}}$ 这就是串联电路的振荡方程.

如果电容器经充电后撤去外电源（$E = 0$），则方程成为

$$\frac{\mathrm{d}^2 u_c}{\mathrm{d}t^2} + 2\beta\frac{\mathrm{d}u_c}{\mathrm{d}t} + w_0^2 u_c = 0$$

虽然弹簧振动与简单电路是两个不同的实际问题，但刻画这两个问题的内在的本质性数学方程却是一样的. 这正是数学的魅力所在.

正交轨线　为了说明正交轨线的涵义，先来看两族曲线：

圆族：$x^2 + y^2 = c^2$　　c 为参数

直线族：$y = ax$　　a 为参数

两族曲线的图形如图 8.7 所示（在图中直线族用虚线画出），它们之间有如下的性质：任一族曲线中的每一条曲线都和另一族曲线中的每一条曲线正交（即互相垂直）.

如果两族曲线之间具有这种关系，就称为每族曲线是另一族曲线的正交轨线.

例 11　求圆心在 x 轴上并与 y 轴相切的圆族的正交轨线方程.

解　设圆心的坐标为 $(c,0)$,则圆族的方程为

$$(x-c)^2 + y^2 = c^2 \quad \text{或} \quad x^2 + y^2 = 2cx$$

两边对 x 求导

$$2x + 2yy' = 2c$$

两边乘以 x 得

$$2x^2 + 2yxy' = 2cx$$

由

$$2cx = x^2 + y^2$$

得

$$y' = \frac{y^2 - x^2}{2xy}$$

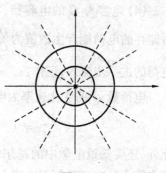

图 8.7

它是给定的圆族为积分曲线的微分方程,这方程表明在给定圆族中任一条曲线上的任一点 (x,y) 处,切线的斜率为 $\frac{y^2-x^2}{2xy}$,根据正交轨线的定义,可知经过 (x,y) 与圆族正交轨线在点 (x,y) 处的切线斜率为 $-\frac{2xy}{y^2-x^2}$,从而得正交轨线族的微分方程为

$$\frac{\mathrm{d}y}{\mathrm{d}x} = -\frac{2xy}{y^2 - x^2}$$

这是一个一阶齐次方程,设 $y = xu$,解得

$$x^2 + y^2 - 2cy = 0 \quad \text{或} \quad x^2 + (y-c)^2 = c^2$$

这就是所求的正交轨线族的方程,它是圆心为 y 轴上并与 x 轴相切于原点的圆族.

正交轨线在科学技术中有许多应用,例如,气象图上的等温线是表示热流方向的流线的正交轨线.又如在磁场的影响下,运动的带电粒子经过的曲线是每一条磁力线的正交轨线.

例 12　求抛物线族 $y = cx^2$ 的正交轨线族的方程.

解　两边对 x 求导

$$\frac{\mathrm{d}y}{\mathrm{d}x} = 2cx$$

将其与 $y = cx^2$ 联立,消去 c,得

$$\frac{\mathrm{d}y}{\mathrm{d}x} = \frac{2y}{x}$$

这是抛物线族 $y = cx^2$,应满足的微分方程,所求的与之正交的轨线的斜率为其负倒数,即

$$\frac{\mathrm{d}y}{\mathrm{d}x} = -\frac{x}{2y}$$

这是与抛物线族 $y = cx^2$,正交的轨线所满足的微分方程,解之得

$$2y^2 + x^2 = R^2$$

复习题八

1.填空题

(1) 方程 $2y'' - 6y' + 5y = 0$ 的通解为_____.

(2) 微分方程 $2xy\mathrm{d}x - (1 + x^2)\mathrm{d}y = 0$ 满足条件 $y|_{x=0} = 1$ 的特解是_____.

(3) 设 $y = f(x)$ 满足 $x\mathrm{d}y = y\mathrm{d}x$,且 $f(1) = 2$,则 $y =$ _____.

(4) $y'' + y = 0$ 的通解是_____.

(5) $y' = \cos(x - y)$ 的通解是_____.

(6) $\dfrac{1}{y}\mathrm{d}x + \dfrac{1}{x}\mathrm{d}y = 0$ 的通解是_____.

(7) $4y'' + 8y' + 3y = 0$ 的通解是_____.

(8) $y' + y = 1$ 的通解是_____.

(9) 若 $f(x) = 1 + 2\displaystyle\int_0^x f(t)\mathrm{d}t$,则 $f(x) =$ _____.

2.单项选择题

(1) 方程 $\dfrac{\mathrm{d}y}{\mathrm{d}x} + 5y = 0$ 的通解是( )

A. $y = e^{-5x} + C$ B. $y = Ce^{-5x}$ C. $y = e^{-5cx}$ D. $y = (Ce)^{-5x}$

(2) 下列方程中( )是二阶齐次线性微分方程.

A. $\dfrac{\mathrm{d}^2 y}{\mathrm{d}x^2} + y' = y$ B. $(y'')^2 = x + y'$

C. $y'' = x^2 + yy'$ D. $y'' = y(y')^2 + x$

(3) 设 y_1, y_2 是二阶线性齐次微分方程 $y'' + p(x)y' + q(x)y = 0$ 的两个解,则 $y = C_1 y_1 + C_2 y_2(C_1, C_2$ 是任意常数) 必是该方程的( )

A.解 B.特解 C.通解 D.全部解

(4) 下列函数中( )是微分方程 $\dfrac{\mathrm{d}x}{y} + \dfrac{\mathrm{d}y}{x} = 0$ 的满足初始条件 $y|_{x=2} = -1$ 的特解.

A. $y = \sqrt{5 - x^2}$ B. $y = -\sqrt{5 - x^2}$

C. $y = \pm\sqrt{5 - x^2}$ D. $x^2 + y^2 = 5$

(5) 微分方程 $y'' + y' = e^{-x}$ 在初始条件 $y(0) = 1, y'(0) = -1$ 下的特解是( )

A. $y = C_1 - C_2 x e^{-x}$ B. $y = -xe^{-x}$

C. $y = 1 - 2xe^{-x}$ D. $y = 1 - xe^{-x}$

(6) 下列方程中,( )是二阶线性微分方程.

A. $xy' + \dfrac{2y}{x} = x\cos x$ B. $xy'' + x^2 y' + e^x y = \cos x$

C. $(x + y)\mathrm{d}y + y\mathrm{d}x = 0$ D. $y'' + 2y^2 = 5ye^x$

(7) $(y')^2 + (y'')^3 y + xy^4 = 0$ 的阶是( )

A.4阶 B.3阶 C.2阶 D.1阶

(8) 以下函数(　　) 可以看作某个二阶方程的通解.

A. $y = C_1 x^2 + C_2 x + C_3$　　　　　　　　B. $x^2 + y^2 = C$

C. $y = \ln(C_1 x) + \ln(C_2 \sin x)$　　　　　D. $y = C_1 \sin^2 x + C_2 \cos^2 x$

3. 求方程 $x\mathrm{d}y - y\mathrm{d}x = y^2 \mathrm{e}^y \mathrm{d}y$ 的通解.

4. 求方程 $y' = \dfrac{\mathrm{e}^{x^2}}{2xy\mathrm{e}^{x^2} + 4y}$ 的通解.

5. 可微函数 $f(x)$ 满足关系式 $f(x) - 1 = \displaystyle\int_0^x [2f(t) - 1]\mathrm{d}t$，求 $f(x)$.

6. 解微分方程 $\begin{cases} x\mathrm{d}y + (y - 3)\mathrm{d}x = 0 \\ y|_{x=1} = 0 \end{cases}$.

7. 设可导函数 $f(x)$ 满足方程，$f(x) = \displaystyle\int_0^x f(t)\mathrm{d}t + \mathrm{e}^x$，求 $f(x)$.

8. 求方程 $y'' - 4y' + 4y = \mathrm{e}^{2x}$ 的通解.

9. 求 $\dfrac{\mathrm{d}y}{\mathrm{d}x} + y = \mathrm{e}^{-x}$ 的通解.

10. 求解方程 $\begin{cases} (x + y)\mathrm{d}x + x\mathrm{d}y = 0 \\ y|_{x=1} = 0 \end{cases}$.

11. 求 $xy' + y = x\mathrm{e}^x$ 满足 $y(1) = 1$ 的特解.

12. 求方程 $x\mathrm{d}y - y\mathrm{d}x = y^2 \mathrm{e}^y \mathrm{d}y$ 满足条件 $y(\mathrm{e}) = 1$ 的特解.

第9章

向量代数与空间解析几何

我们知道学习一元函数微积分需要平面解析几何知识,而学习多元函数微积分也需要空间解析几何知识,向量代数又是学习空间解析几何的重要工具.

9.1 向量及其线性运算

9.1.1 向量及其线性运算

1.向量的概念

我们知道物理量有两种:

一种是只具有大小的量,称为数量(或称标量),如时间、温度、功等;

另一种是不仅具有大小而且还有方向的量,称为向量(或称矢量),如速度、加速度、力、电场强度等.

在数学上,向量可用空间的一个有向线段来表示,它的长度表示向量的大小,它的方向表示向量的方向.如果一个向量的起点与终点分别记作:A,B,那么这个向量记作:$\overrightarrow{AB}$,有时为了方便,往往只用一个字母上面加上箭头来表示,如 $\vec{a},\vec{r}$ 等,或用黑体字母 a 代替 $\vec{a}$.

向量的长度称为向量的模或绝对值,记作:$|\vec{a}|$ 或 $|a|$,长度为 1 的向量叫单位向量,模等于 0 的向量称为零向量,记作 $\vec{0}$ 或 $\mathbf{0}$,零向量的方向不确定.

本章研究的向量是指可在空间作自由平行移动的向量,它的起点可以是空间的任意一点,我们称这种向量为自由向量.

长度相等,方向相同的两个向量 a 与 b,看作是相等的向量,记作:$a = b$.设有两个非零向量 a,b,任取空间一点 O,记 $\overrightarrow{OA} = a$,$\overrightarrow{OB} = b$,规定不超 π 的 $\angle AOB = \varphi(0 \leqslant \varphi \leqslant \pi)$ 称为向量 a 与 b 的夹角,记作:$(a\overset{\wedge}{,}b)$ 或 $(b\overset{\wedge}{,}a)$.

如果向量 a 与 b 中有一个是零向量,规定它们的夹角可以是 0 到 π 之间的任意值,如果 $(a\overset{\wedge}{,}b) = 0$ 或 π,则称向量 a 与 b 平行,记作:$a \mathbin{/\mkern-5mu/} b$;如果 $(a\overset{\wedge}{,}b) = \dfrac{\pi}{2}$,则称向量 a 与 b

垂直,记作:$a \perp b$.因此,可以说零向量与任何向量都平行,也可以认为零向量与任何向量都垂直.

两个向量平行,又称两向量共线.

如果有 n 个向量,把它们的起点放在同一点上,n 个终点和公共起点在一个平面上,则称这 n 个向量共面.

2.向量的线性运算

数学依靠公理、定理和运算来揭示自然界的奥秘.因此数学中引进一个概念后,首先要考虑它是否具有运算性质,向量的加法、减法以及向量与数的乘法,称为向量的线性运算.

(1) 向量的加法与减法

向量的加法运算规定如下:

设有两个向量 a 与 b,任取空间一点 A,作 $\overrightarrow{AB} = a$,再以 B 为起点作 $\overrightarrow{BC} = b$,连接 AC(图9.1),那么向量 $\overrightarrow{AC} = c$ 称为向量 a 与 b 的和,记作:$a + b$.即

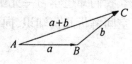

图9.1

$$c = a + b$$

上述做出两向量之和的方法叫做向量相加的三角形法则.

物理中力学上求合力的平行四边行法则,实质上与三角形法则相同.

向量的加法有如下运算律:

(i) 交换律:$a + b = b + a$

(ii) 结合律:$(a + b) + c = a + (b + c)$

设 a 为一向量,与 a 的模相同而方向相反的向量叫做 a 的负向量,记作:$-a$.

由此规定两个向量 b 与 a 的差

$$b - a = b + (-a)$$

即把向量 $-a$ 加到向量 b 上(图9.2(a)).

特别地,当 $b = a$ 时

$$b - a = a - a = 0$$

由图9.2(a) 我们立即得出

$$\overrightarrow{OC} = \overrightarrow{AB}$$

因此,再求 $b - a$,只须把 a 与 b 的起始点放在一起,记为 O,从 a 的终点 A 向 b 的终点 B 所引向量 $\overrightarrow{AB}$ 便是向量 b 与 a 的差 $b - a$(图9.2(b)).

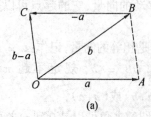

(a)

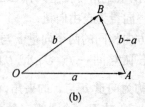

(b)

图9.2

由三角形两边之和大于第三边,有

$$|a + b| \leqslant |a| + |b| \text{ 及 } |a - b| \leqslant |a| + |b|$$

其中等号在 a 与 b 同向或反向时成立.

(2) 向量与数的乘积

向量 a 与实数 λ 的乘积,记作:λa,规定 λa 为一个向量,它的模 $|\lambda a| = |\lambda| |a|$.

它的方向当 $\lambda > 0$ 时与 a 相同,当 $\lambda < 0$ 时与 a 相反,当 $\lambda = 0$ 时,$\lambda a = 0$,当 $\lambda = \pm 1$ 时,$1a = a$,$(-1)a = -a$.

向量与数的乘积满足下列运算规律:

(i) 结合律 $\lambda(\mu a) = \mu(\lambda a) = (\lambda\mu)a$

(ii) 分配律 $(\lambda + \mu)a = \lambda a + \mu a, \lambda(a + b) = \lambda a + \lambda b$

其中 λ, μ 为实数.

9.1.2 向量在空间有向直线上的投影

上面我们从几何的角度对向量及其线性运算进行了讨论,为了要用代数的方法对向量进行研究,需要引入向量坐标这一概念,建立这一概念,要引入向量在有向直线上的投影.

设向量 $a = \overrightarrow{AB}$,u 为一条有向直线,过点 A 与 B 分别作 u 的垂直平面 α, β 交 u 于 A',B',点 A',B' 分别称为点 A 与 B 在 u 上的投影,$\overrightarrow{A'B'}$ 的长度为 $|\overrightarrow{A'B'}|$,我们规定向量 a 在有向直线 u 上的投影为一个数,记作:$(a)_u = a_u$ 或 $P_{rju}a$.

$$a_u = \begin{cases} |\overrightarrow{A'B'}| & \overrightarrow{A'B'} \text{ 与 } u \text{ 同向} \\ -|\overrightarrow{A'B'}| & \overrightarrow{A'B'} \text{ 与 } u \text{ 反向} \end{cases}$$

定理 9.1 向量 a 在有向直线 u 上的投影

$$a_u = |a|\cos\varphi$$

其中 φ 为向量 a 与有向直线 u 的夹角

定理 9.2 有限个向量的和在有向直线 u 上的投影等于每个向量在 u 上的投影和,即

$$(a_1 + a_2 + \cdots + a_k)_u = (a_1)_u + (a_2)_u + \cdots + (a_k)_u$$

9.1.3 空间直角坐标系

描述空间中一点位置的方法很多,空间直角坐标系,便是最常用的一种.在空间中取定一点 O 和过点 O 的三个两两垂直的数轴 Ox, Oy 与 Oz,它们有相同的长度单位.Ox 轴称为横轴,与 Ox 轴方向一致的单位向量用 i 表示,Oy 轴称为纵轴,与 Oy 轴方向一致的单位向量用 j 表示,Oz 轴称为竖轴,与 Oz 轴方向一致的单位向量用 k 表示.它们的正向通常符合右手法则(图 9.3),当右手的四个手指从正向 x 轴以 $\frac{\pi}{2}$ 角度转向正向 y 轴时,大拇指的指向就是 Oz 轴的正向.三条坐标轴中的任意两条可以确定一个平面,这样定出的三个平面统称为坐标面.三个坐标面把空间分

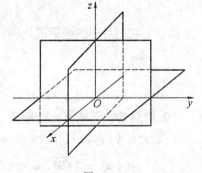

图 9.3

成八个部分,每部分叫做一个卦限,含 x 轴、y 轴、z 轴正半轴的那个卦限叫做第一卦限,其他依次为第二,第三,第四卦限(在 xOy 面上方,按逆时针方向确定),在 xOy 面下方,第一卦限之下的是第五卦限,按逆时针方向依次为第六卦限,第七卦限,第八卦限,这八个卦限以后分别用罗马数字 Ⅰ、Ⅱ、Ⅲ、Ⅳ、Ⅴ、Ⅵ、Ⅶ、Ⅷ 表示.

任给一个向量 a,有对应点 M,使 $\overrightarrow{OM} = a$,以 OM 为对角线,三条坐标轴为棱作长方体(图 9.4)有

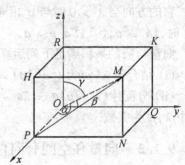

$$a = \overrightarrow{OM} = \overrightarrow{OP} + \overrightarrow{PN} + \overrightarrow{NM} = \overrightarrow{OP} + \overrightarrow{OQ} + \overrightarrow{OR}$$

设 $\overrightarrow{OP} = x\boldsymbol{i}, \overrightarrow{OQ} = y\boldsymbol{j}, \overrightarrow{OR} = z\boldsymbol{k}$,则

$$a = \overrightarrow{OM} = x\boldsymbol{i} + y\boldsymbol{j} + z\boldsymbol{k}$$

上式称为向量 a 的坐标分解式 $x\boldsymbol{i}, y\boldsymbol{j}, z\boldsymbol{k}$ 称为向量 a 沿三个坐标轴方向的分向量(x, y, z 分别是向量 a 在 x 轴、y 轴、z 轴上的投影).

图 9.4

显然,向量 a 与三个有序数 x, y, z 之间有一一对应的关系,记作:$a = \{x, y, z\}$,即给定向量 a,就确定了点 M.因此有序数 x, y, z 也称为点 M 的坐标,记作:$M(x, y, z)$.

9.1.4 利用坐标作向量的线性运算

1.向量的线性运算

利用向量的坐标,可得向量的加、减及数乘的运算如下:

设 $$a = \{a_x, a_y, a_z\} \qquad b = \{b_x, b_y, b_z\}$$

则 $$a + b = \{a_x + b_x, a_y + b_y, a_z + b_z\}$$

$$a - b = \{a_x - b_x, a_y - b_y, a_z - b_z\}$$

$$\lambda a = \{\lambda a_x, \lambda a_y, \lambda a_z\}$$

由此可见,对向量进行加、减与数乘运算,只需对向量的各个坐标分别进行相应的数量运算就行了.

当向量 a 与向量 b 平行时,相当于

$$a = \lambda b$$

$$\{a_x, a_y, a_z\} = \lambda\{b_x, b_y, b_z\}$$

这相当于它们对应的坐标成比例

$$\frac{a_x}{b_x} = \frac{a_y}{b_y} = \frac{a_z}{b_z}$$

如 $b_x = 0$ 时,则 $a_x = 0$.

2.向量的模与两点间的距离

设 $a = \{x, y, z\}$,作 $\overrightarrow{OM} = a$,由图 9.4 可知

$$|a| = |\overrightarrow{OM}| = \sqrt{|OP|^2 + |OQ|^2 + |OR|^2} = \sqrt{x^2 + y^2 + z^2}$$

设有点 $A(x_1, y_1, z_1)$ 和 $B(x_2, y_2, z_2)$,则点 A 与点 B 间的距离 $|AB|$ 就是向量 $\overrightarrow{AB}$ 的

模,由
$$\overrightarrow{AB} = \overrightarrow{OB} - \overrightarrow{OA} = \{x_2, y_2, z_2\} - \{x_1, y_1, z_1\} = \{x_2 - x_1, y_2 - y_1, z_2 - z_1\}$$
即 AB 两点间的距离
$$|AB| = |\overrightarrow{AB}| = \sqrt{(x_2 - x_1)^2 + (y_2 - y_1)^2 + (z_2 - z_1)^2}$$

3. 方向角与方向余弦

非零向量 a 与三条坐标轴正向的夹角 α, β, γ 称为向量 a 的方向角(图 9.4).

设 $\overrightarrow{OM} = a = \{x, y, z\}$,由于 x 是有向线段 $\overrightarrow{OP}$ 的值,$MP \perp OP$,故
$$\cos \alpha = \frac{x}{|\overrightarrow{OM}|} = \frac{x}{|a|} = \frac{x}{\sqrt{x^2 + y^2 + z^2}}$$

类似可知
$$\cos \beta = \frac{y}{|a|} = \frac{y}{\sqrt{x^2 + y^2 + z^2}} \qquad \cos \gamma = \frac{z}{|a|} = \frac{z}{\sqrt{x^2 + y^2 + z^2}}$$

从而
$$\{\cos \alpha, \cos \beta, \cos \gamma\} = \left\{\frac{x}{|a|}, \frac{y}{|a|}, \frac{z}{|a|}\right\} = \frac{1}{|a|}\{x, y, z\} = \frac{a}{|a|}$$
由此可知
$$\cos^2 \alpha + \cos^2 \beta + \cos^2 \gamma = 1$$

4. 定比分点

设在连接 $P_1(x_1, y_1, z_1)$ 与 $P_2(x_2, y_2, z_2)$ 两点的直线上
另有一点 $P(x, y, z)$(图 9.5),使得有向线段 $\overrightarrow{P_1 P}$ 与 $\overrightarrow{PP_2}$ 满足
$$\overrightarrow{P_1 P} = \lambda \overrightarrow{PP_2}$$
$$\lambda \neq 1$$

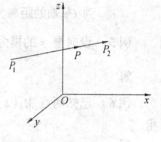

图 9.5

由于 $\overrightarrow{P_1 P} = \lambda \overrightarrow{PP_2}$,于是有
$$x - x_1 = \lambda(x_2 - x)$$
$$y - y_1 = \lambda(y_2 - y)$$
$$z - z_1 = \lambda(z_2 - z)$$

解出
$$x = \frac{x_1 + \lambda x_2}{1 + \lambda} \qquad y = \frac{y_1 + \lambda y_2}{1 + \lambda} \qquad z = \frac{z_1 + \lambda z_2}{1 + \lambda}$$

当 $\lambda = 1$ 时,$P_1 P = PP_2$,即 P 为线段 $P_1 P_2$ 的中点,它的坐标为
$$x = \frac{x_1 + x_2}{2}, y = \frac{y_1 + y_2}{2}, z = \frac{z_1 + z_2}{2}$$

例 1　利用线性运算化简下列各式.

$(1) a - b + 2\left(-\dfrac{1}{4}b + \dfrac{b - a}{2}\right)$.

$(2)(m - n)(a + b) - (m + n)(a - b)$,其中 m, n 为实数.

解　$(1) a - b + 2\left(-\dfrac{1}{4}b + \dfrac{b - a}{2}\right) = a - b - \dfrac{b}{2} + b - a = -\dfrac{b}{2}$.

$(2)(m - n)(a + b) - (m + n)(a - b) = ma - na + mb - nb - (ma + na - mb - nb) = -2na + 2mb$.

例2 已知两点 $M_1(0,1,2)$, $M_2(1,-1,0)$, 试用坐标表示式表示向量 $\overrightarrow{M_1M_2}$ 及 $-3\overrightarrow{M_1M_2}$.

解
$$\overrightarrow{M_1M_2} = \overrightarrow{OM_2} - \overrightarrow{OM_1} = \{1,-1,0\} - \{0,1,2\} = \{1,-2,-2\}$$
$$-3\overrightarrow{M_1M_2} = -3\{1,-2,-2\} = \{-3,6,6\}$$

例3 求平行于向量 $a = \{7,-6,6\}$ 的单位向量.

解
$$|a| = \sqrt{7^2 + (-6)^2 + 6^2} = 11$$
与 a 平行的单位向量有
$$\frac{a}{|a|} = \left\{\frac{7}{11}, \frac{-6}{11}, \frac{6}{11}\right\} \text{和} \frac{-a}{|a|} = \left\{\frac{-7}{11}, \frac{6}{11}, \frac{-6}{11}\right\}$$

例4 求点 $M(4,-3,5)$ 到各坐标面及各坐标轴的距离.

解 显然到 xOy 面的距离为 $|z| = 5$;

到 yOz 面的距离为 $|x| = 4$;

到 xOz 面的距离为 $|y| = 3$;

到 Ox 轴的距离为 $\sqrt{y^2 + z^2} = \sqrt{(-3)^2 + 5^2} = \sqrt{34}$;

到 Oy 轴的距离为 $\sqrt{x^2 + z^2} = \sqrt{4^2 + 5^2} = \sqrt{41}$;

到 Oz 轴的距离为 $\sqrt{x^2 + y^2} = \sqrt{4^2 + (-3)^2} = 5$.

例5 设向量 γ 的模为4,它与 u 轴的夹角为 $\frac{\pi}{3}$, 求 $P_{rj_u}\gamma$

解
$$P_{rj_u}\gamma = |\gamma|\cos\frac{\pi}{3} = 4 \times \frac{1}{2} = 2$$

例6 已知两点 $M_1(4,\sqrt{2},1)$ 和 $M_2(3,0,2)$, 计算向量 $\overrightarrow{M_1M_2}$ 的模,方向余弦和方向角.

解
$$\overrightarrow{M_1M_2} = \{-1,-\sqrt{2},1\}$$
所以
$$|\overrightarrow{M_1M_2}| = \sqrt{1+2+1} = 2$$

方向余弦: $\cos\alpha = -\frac{1}{2}$　　$\cos\beta = -\frac{\sqrt{2}}{2}$　　$\cos\gamma = \frac{1}{2}$

方向角:　　　与 x 轴正向的夹角为 $\alpha = \frac{2}{3}\pi$

与 y 轴正向的夹角为 $\beta = \frac{3}{4}\pi$

与 z 轴正向的夹角为 $\gamma = \frac{\pi}{3}$

例7 一向量的终点为 $B(2,-1,7)$, 它在 x 轴, y 轴, z 轴上的投影依次为4, -4 和7,求这向量的起点 A 的坐标.

解 设起点 $A(x,y,z)$, 则
$$\overrightarrow{AB} = \{2-x,-1-y,7-z\}$$
所以
$$2-x = 4,\ -1-y = -4,\ 7-z = 7$$
$$x = -2, y = 3, z = 0$$

即起点 $A(-2,3,0)$.

例8 已知向量 $m = 3i + 5j + 8k, n = 2i - 4j - 7k$ 和 $p = 5i + j - 4k$. 求向量 $a = 4m + 3n - p$ 在 x 轴上的投影及在 y 轴上的分向量.

解 $a = 4m + 3n - p = 4\{3,5,8\} + 3\{2, -4, -7\} - \{5,1, -4\} = \{13,7,15\}$

则
$$a_x = 13$$

a 在 y 轴上分向量为 $\{0,7,0\}$.

例9 试证明以三点 $A(4,1,9), B(10, -1,6), C(2,4,3)$ 为顶点的三角形是等腰直角三角形.

解 $|\overrightarrow{AB}| = \sqrt{(10-4)^2 + (-1-1)^2 + (6-9)^2} = 7$

$|\overrightarrow{BC}| = \sqrt{(2-10)^2 + (4+1)^2 + (3-6)^2} = 7\sqrt{2}$

$|\overrightarrow{AC}| = \sqrt{(2-4)^2 + (4-1)^2 + (3-9)^2} = 7$

知
$$|\overrightarrow{AB}| = |\overrightarrow{AC}| \text{且} |\overrightarrow{AB}|^2 + |\overrightarrow{AC}|^2 = |\overrightarrow{BC}|^2$$

故 $\triangle ABC$ 是等腰直角三角形.

百 花 园

例10 设点 A 在 x 轴上, 且它到点 $B(0,\sqrt{2},3)$ 的距离为到点 $C(0,1, -1)$ 的距离的 2 倍, 求点 A 的坐标.

解 设 $A(x,0,0)$
$$|\overrightarrow{AB}| = \sqrt{(x-0)^2 + (0-\sqrt{2})^2 + (0-3)^2} = \sqrt{x^2 + 11}$$
$$|\overrightarrow{AC}| = \sqrt{(x-0)^2 + (0-1)^2 + (0+1)^2} = \sqrt{x^2 + 2}$$

由题意知 $\sqrt{x^2 + 11} = 2\sqrt{x^2 + 2}$, 解得 $x = \pm 1$.

所以在 x 轴上符合题意的点有 $(1,0,0)$ 和 $(-1,0,0)$.

例11 已知两点 $P_1(-2,5,9)$ 与 $P_2(7, -7, -12)$, 求 $P_1 P_2$ 上两个三等分点的坐标.

解 设两个三等分点为 T_1 与 T_2(图 9.6), 由题意知

$$\frac{|P_1 T_2|}{|T_2 P_2|} = 2 = \lambda, 设 T_2(x,y,z), 代入公式$$

$$x = \frac{x_1 + \lambda x_2}{1 + \lambda} = \frac{-2 + 2 \times 7}{3} = 4$$

$$y = \frac{y_1 + \lambda y_2}{1 + \lambda} = \frac{5 + 2 \times (-7)}{3} = -3$$

$$z = \frac{z_1 + \lambda z_2}{1 + \lambda} = \frac{9 + 2 \times (-12)}{3} = -5$$

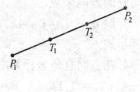

图 9.6

于是 T_2 的坐标为 $(4, -3, -5)$.

又 T_1 是线段 $P_1 T_2$ 的中点, 设 T_1 的坐标为 (a,b,c), 则

$$a = \frac{-2 + 4}{2} = 1$$

$$b = \frac{5-3}{2} = 1$$

$$c = \frac{9-5}{2} = 2$$

所以 T_1 的坐标为 $(1,1,2)$.

例12 证明 $P_1(1,2,3)$, $P_2(2,3,1)$, $P_3(3,1,2)$ 为等边三角形的三个顶点.

解
$$|\overrightarrow{P_1P_2}| = \sqrt{(2-1)^2 + (3-2)^2 + (1-3)^2} = \sqrt{6}$$

$$|\overrightarrow{P_1P_3}| = \sqrt{(3-1)^2 + (1-2)^2 + (2-3)^2} = \sqrt{6}$$

$$|\overrightarrow{P_2P_3}| = \sqrt{(3-2)^2 + (1-3)^2 + (2-1)^2} = \sqrt{6}$$

所以 $\triangle P_1P_2P_3$ 为等边三角形.

例13 已知三角形的三个顶点为 $P_1(2,5,0)$, $P_2(11,3,8)$, $P_3(5,1,12)$, 求三角形重心的坐标.

解 线段 P_2P_3 的中点 P_0 坐标为 $(8,2,10)$, 设 $\triangle P_1P_2P_3$ 的重心 $H(x,y,z)$

$$\overrightarrow{P_1H} = 2\overrightarrow{HP_0}$$

所以
$$\begin{cases} \dfrac{x-2}{8-x} = \dfrac{2}{1} \\ \dfrac{y-5}{2-y} = \dfrac{2}{1} \\ \dfrac{z-0}{10-z} = \dfrac{2}{1} \end{cases}, \quad 得 \begin{cases} x = 6 \\ y = 3 \\ z = \dfrac{20}{3} \end{cases}$$

所以重心 $H\left(6,3,\dfrac{20}{3}\right)$.

习题 9.1

1.什么是向量 a 的方向余弦?与 a 的坐标的关系如何?

2.设有向量 $a = 7i - 4j + 4k$, 已知它的终点为 $(1,2,3)$, 求起点的坐标, 并求出 a 的模与它的方向余弦.

3.设 $a = i - j + 4k$, $b = 2i + 3j - k$, $c = 5j - 3k$, 试写出 $5a - 2j + 3b - c$ 的坐标表示式.

4.在空间直角坐标系中, 指出下列各点在哪个卦限?

A. $(2, -1, 1)$　　B. $(1, 1, -2)$　　C. $(2, -1, -5)$　　D. $(-1, -2, 1)$

5.在坐标面上和坐标轴上的点的坐标各有什么特征?指出下列各点的位置.

A. $(1, 1, 0)$　　B. $(0, 1, 2)$　　C. $(5, 0, 0)$　　D. $(0, -2, 0)$

6.求点 (a,b,c) 关于(1) 各坐标面;(2) 各坐标轴;(3) 坐标原点的对称点的坐标.

7.求点 $M(5, -4, 3)$ 到各坐标轴的距离.

8.在 yOz 面上, 求与三点 $A(3,1,2)$, $B(4, -2, -2)$ 和 $C(0,5,1)$ 等距离的点.

9.已知点 $P_1(2,3, -1)$ 和 $P_2(2,0,3)$, 计算向量 $\overrightarrow{P_1P_2}$ 的模, 方向余弦和方向角.

10. 设向量 γ 的模是 6,它与 u 轴的夹角是 $\dfrac{\pi}{3}$,求 γ 在 u 轴上的投影.

11. 一向量的终点是 $B(2,-1,7)$,它在 x 轴,y 轴和 z 轴上的投影依次为 2,5 和 -2,求这向量的起点 A 的坐标.

12. 设 $m = 3i + 5j + 8k, n = 2i - 4j - 7k$ 和 $p = 5i + j - 4k$,求向量 $a = 4m - 3n + p$ 在 x 轴上的投影及在 y 轴上的分向量.

9.2 数量积 向量积

9.2.1 两向量的数量积

由中学物理中常力作功问题知道,一常力 F,使物体沿直线从点 M_1 移动到 M_2,力 F 所作的功为

$$W = |F||\overrightarrow{M_1M_2}|\cos\theta$$

其中 θ 为力 F 与 $\overrightarrow{M_1M_2}$ 的夹角.

由此,我们引进两向量的数量积的概念.

定义 9.1 两个向量 a 与 b 的数量积,记作:$a \cdot b$,规定

$$a \cdot b = |a||b|\cos\theta$$

其中 θ 是向量 a 与 b 的夹角

于是功

$$W = F \cdot \overrightarrow{M_1M_2}$$

数量积又称为内积或点积.

当 $a \neq 0$ 时

$$|b|\cos\theta = P_{j_a}b$$

所以

$$a \cdot b = |a|P_{j_a}b$$

同理当 $b \neq 0$ 时,有

$$a \cdot b = |b|P_{j_b}a$$

由数量积的定义,可知

(i) $a \cdot a = |a|^2$,此时 $\theta = 0$;

(ii) 对于两个非零向量 a,b,如果 $a \cdot b = 0$,那么 $a \perp b$;反之,如果 $a \perp b$,那么 $a \cdot b = 0$.

数量积符合下列运算规律:

(i) 交换律 $\qquad a \cdot b = b \cdot a$

(ii) 分配律 $\qquad (a + b) \cdot c = a \cdot c + b \cdot c$

(iii) $(\lambda a) \cdot b = \lambda(a \cdot b)$,其中 λ 为实数

根据数量积的定义,可知空间直角坐标系中的基本单位向量 i,j,k 满足下列关系

$$i \cdot j = j \cdot k = k \cdot i = 0$$

$$i \cdot i = j \cdot j = k \cdot k = 1$$

下面推导数量积的坐标表示式,设

$$a = a_x i + a_y j + a_z k, \quad b = b_x i + b_y j + b_z k$$

按数量积的运算规律可得

$$a \cdot b = (a_x i + a_y j + a_z k) \cdot (b_x i + b_y j + b_z k) =$$
$$a_x i \cdot (b_x i + b_y j + b_z k) + a_y j \cdot (b_x i + b_y j + b_z k) + a_z k \cdot (b_x i + b_y j + b_z k) =$$
$$a_x b_x i \cdot i + a_x b_y i \cdot j + a_x b_z i \cdot k + a_y b_x j \cdot i + a_y b_y j \cdot j + a_y b_z j \cdot k + a_z b_x k \cdot i +$$
$$a_z b_y k \cdot j + a_z b_z k \cdot k =$$
$$a_x b_x + a_y b_y + a_z b_z$$

这就是两个向量的数量积的坐标表示式.

由于 $a \cdot b = |a||b| \cos\theta$,所以当 a, b 都不是零向量时,有

$$\cos\theta = \frac{a \cdot b}{|a||b|} = \frac{a_x b_x + a_y b_y + a_z b_z}{\sqrt{a_x^2 + a_y^2 + a_z^2}\sqrt{b_x^2 + b_y^2 + b_z^2}}$$

例1 已知三点 $A(1,2,2)$,$P(1,1,1)$,$B(2,2,1)$,求 $\angle APB$.

解 由已知得

$$\overrightarrow{PA} = \{0,1,1\} \quad \overrightarrow{PB} = \{1,1,0\}$$
$$|\overrightarrow{PA}| = \sqrt{2} \quad |\overrightarrow{PB}| = \sqrt{2}$$
$$\overrightarrow{PA} \cdot \overrightarrow{PB} = 0 \times 1 + 1 \times 1 + 1 \times 0 = 1$$

所以
$$\cos\angle APB = \frac{\overrightarrow{PA} \cdot \overrightarrow{PB}}{|\overrightarrow{PA}||\overrightarrow{PB}|} = \frac{1}{\sqrt{2}\sqrt{2}} = \frac{1}{2}$$

由此得
$$\angle APB = \frac{\pi}{3}$$

例2 已知 $a = \{4, -1, -1\}$,$b = \{2, -2, 1\}$,求:

(1)$a \cdot b$;(2)a 与 b 的夹角;(3)a 在 b 上的投影 a_b.

解 (1)$a \cdot b = 4 \times 2 + (-1)(-2) + (-1) \times 1 = 9$

(2)$\cos\theta = \frac{a \cdot b}{|a||b|} = \frac{9}{\sqrt{4^2 + (-1)^2 + (-1)^2}\sqrt{2^2 + (-2)^2 + 1^2}} = \frac{1}{\sqrt{2}}$

$$\theta = \frac{\pi}{4}$$

(3)$a \cdot b = |a||b|\cos\theta = |b|a_b$

$$a_b = \frac{a \cdot b}{|b|} = \frac{9}{3} = 3$$

例3 求使 $i - 2j + 4k$ 与 $2i + mj - k$ 互相垂直的 m 值.

解 $(i - 2j + 4k) \cdot (2i + mj - k) = 2 - 2m - 4 = 0 \Rightarrow m = -1$

例4 设 $a = 2i + j + k$,$b = i - 2j + 2k$,$c = 3i - 4j + 2k$,求 $a + b$ 在 c 上的投影.

解
$$a + b = 3i - j + 3k$$
$$(a + b)_c = \frac{(a + b) \cdot c}{|c|} = \frac{3 \times 3 + (-1)(-4) + 3 \times 2}{\sqrt{3^2 + (-4)^2 + 2^2}} = \frac{19}{\sqrt{29}}$$

9.2.2　两向量的向量积

两个向量的另一种常用的运算称为向量积.

定义 9.2　两个向量 a 与 b 的向量积,记作:$a \times b$,它是另一个向量 c,即 $c = a \times b$. 它的模 $|c| = |a||b|\sin\theta$,其中 θ 是 a 与 b 的夹角.

它的方向同时垂直于 a 与 b,且 a,b,c 构成右手系,即当右手的四个指头从 a 以不超过 π 的角转向 b 握拳时,大拇指的指向就是 c 的方向. 向量积又称外积或叉积.

向量积 $a \times b$ 的模,等于以 a,b 为邻边的平行四边形的面积.

由向量积的定义可以推得:

(i) $a \times a = 0$;

(ii) 两个非零向量 a,b,如果 $a \times b = 0$,那么 $a /\!/ b$;反之,如果 $a /\!/ b$,那么 $a \times b = 0$.

向量 $a /\!/ b$ 的充分必要条件是 $a \times b = 0$;

向量积符合下列运算规律:

(i) $a \times b = -b \times a$;

(ii) 分配律 $(a + b) \times c = a \times c + b \times c$;

(iii) $(\lambda a) \times b = a \times (\lambda b) = \lambda(a \times b)$. 其中 λ 为实数.

在空间直角坐标系中,基本单位向量 i,j,k 满足下列关系

$$i \times i = j \times j = k \times k = 0$$
$$i \times j = k, \quad j \times k = i, \quad k \times i = j, \quad j \times i = -k$$
$$k \times j = -i, \quad i \times k = -j$$

下面推导向量积的坐标表示式

设
$$a = a_x i + a_y j + a_z k \quad b = b_x i + b_y j + b_z k$$

$$a \times b = (a_x i + a_y j + a_z k) \times (b_x i + b_y j + b_z k) =$$
$$a_x i \times (b_x i + b_y j + b_z k) + a_y j \times (b_x i + b_y j + b_z k) + a_z k(b_x i + b_y j + b_z k) =$$
$$a_x b_x i \times i + a_x b_y i \times j + a_x b_z i \times k + a_y b_x j \times i + a_y b_y j \times j + a_y b_z j \times k +$$
$$a_z b_x k \times i + a_z b_y k \times j + a_z b_z k \times k =$$
$$(a_y b_z - a_z b_y)i + (a_z b_x - a_x b_z)j + (a_x b_y - a_y b_x)k$$

为了帮助记忆,利用三阶行列式,上式可写成

$$a \times b = \begin{vmatrix} i & j & k \\ a_x & a_y & a_z \\ b_x & b_y & b_z \end{vmatrix}$$

例 5　设 $a = \{1,2,1\}, b = \{-1,1,2\}$,计算 $a \times b$.

解
$$a \times b = \begin{vmatrix} i & j & k \\ 1 & 2 & 1 \\ -1 & 1 & 2 \end{vmatrix} = 3i - 3j + 3k$$

例 6　已知 $\triangle ABC$ 的顶点分别是 $A(1,1,1), B(1,2,3), C(3,2,1)$,求 $S_{\triangle ABC}$.

解 $$\overrightarrow{AB} = \{0,1,2\} \qquad \overrightarrow{AC} = \{2,1,0\}$$

$$\overrightarrow{AB} \times \overrightarrow{AC} = \begin{vmatrix} i & j & k \\ 0 & 1 & 2 \\ 2 & 1 & 0 \end{vmatrix} = -2i + 4j - 2k$$

于是 $$S_{\triangle ABC} = \frac{1}{2}|\overrightarrow{AB} \times \overrightarrow{AC}| = \frac{1}{2}\sqrt{(-2)^2 + 4^2 + (-2)^2} = \sqrt{6}$$

百 花 园

例 7 证明向量 c 与向量 $(a \cdot c)b - (b \cdot c)a$ 垂直.

证 $[(a \cdot c)b - (b \cdot c)a] \cdot c = (a \cdot c)(b \cdot c) - (b \cdot c)(a \cdot c) = 0$

所以 $$c \perp [(a \cdot c)b - (b \cdot c)a]$$

例 8 设 $a = \{1,2,2\}, b = \{-2,1,2\}$,求

(1) $a \cdot b$ 及 $a \times b$.

(2) a 与 b 的夹角余弦.

(3) a_b.

解 (1) $a \cdot b = 1 \times (-2) + 2 \times 1 + 2 \times 2 = 4$

$$a \times b = \begin{vmatrix} i & j & k \\ 1 & 2 & 2 \\ -2 & 1 & 2 \end{vmatrix} = 2i - 6j + 5k$$

(2) $\cos\theta = \dfrac{a \cdot b}{|a||b|} = \dfrac{4}{3 \times 3} = \dfrac{4}{9}$;

(3) $a_b = |a|\cos\theta = 3 \times \dfrac{4}{9} = \dfrac{4}{3}$.

例 9 设 a,b,c 为单位向量,且满足 $a + b + c = 0$,求 $a \cdot b + b \cdot c + c \cdot a$.

解 $$a + b = -c$$

所以 $$b \cdot c + c \cdot a = (b + a) \cdot c = -c \cdot c = -1$$

同理 $$(a \cdot b + b \cdot c) = (a + c) \cdot b = -b \cdot b = -1$$

$$a \cdot b + c \cdot a = (b + c) \cdot a = -a \cdot a = -1$$

上面三式相加,得

$$2(a \cdot b + b \cdot c + c \cdot a) = -3$$

所以 $$a \cdot b + b \cdot c + c \cdot a = -\frac{3}{2}$$

例 10 设 $a + 3b$ 和 $7a - 5b$ 垂直,$a - 4b$ 和 $7a - 2b$ 垂直,求非零向量 a 与 b 的夹角.

解 由 $(a + 3b) \perp (7a - 5b)$,则

$$(a + 3b) \cdot (7a - 5b) = 7|a|^2 + 16a \cdot b - 15|b|^2 = 0 \qquad ①$$

又由 $$(a - 4b) \perp (7a - 2b)$$

有

$$(a - 4b) \cdot (7a - 2b) = 7|a|^2 - 30a \cdot b + 8|b|^2 = 0 \qquad ②$$

①－②得

$$46a \cdot b - 23|b|^2 = 0$$

即

$$a \cdot b = \frac{1}{2}|b|^2$$

将其代入式①,得$|a| = |b|$从而

$$a \cdot b = \frac{1}{2}|a||b|$$

$$\cos\theta = \frac{a \cdot b}{|a||b|} = \frac{1}{2}$$

因此

$$\theta = (\overset{\wedge}{a,b}) = \frac{\pi}{3}$$

例 11　已知 $A(1,0,1)$, $B(2,1,2)$, $C(-1,2,3)$, 求与 $\overrightarrow{AB}$, $\overrightarrow{AC}$ 同时垂直的单位向量.

解　$\overrightarrow{AB} = \{1,1,1\}$　$\overrightarrow{AC} = \{-2,2,2\}$

$$n = \overrightarrow{AB} \times \overrightarrow{AC} = \begin{vmatrix} i & j & k \\ 1 & 1 & 1 \\ -2 & 2 & 2 \end{vmatrix} = 0i - 4j + 4k$$

所求的单位向量

$$e_n = \pm\frac{n}{|n|} = \pm\left\{0, -\frac{1}{\sqrt{2}}, \frac{1}{\sqrt{2}}\right\}$$

例 12　已知 $|a| = 2$, $|b| = 4$, $|a \times b| = 4$, 求 $a \cdot b$.

解　由 $|a \times b| = |a||b|\sin(\overset{\wedge}{a,b})$, 得

$$\sin(\overset{\wedge}{a,b}) = \frac{|a \times b|}{|a||b|} = \frac{1}{2}$$

$$\cos(\overset{\wedge}{a,b}) = \pm\frac{\sqrt{3}}{2}$$

$$a \cdot b = |a||b|\cos(\overset{\wedge}{a,b}) = \pm 4\sqrt{3}$$

例 13　设 $a = \{2,-3,1\}$, $b = \{-1,3,2\}$, $c = \{3,2,1\}$, 求同时垂直 a 和 b 且在向量 c 上的投影是 10 的向量 d.

解　设 $d = \lambda(a \times b) = \lambda\begin{vmatrix} i & j & k \\ 2 & -3 & 1 \\ -1 & 3 & 2 \end{vmatrix} = (-9i - 5j + 3k)\lambda = $

$$\{-9\lambda, -5\lambda, 3\lambda\}$$

又

$$P_{rj_c}d = \frac{d \cdot c}{|c|} = \frac{-27\lambda - 10\lambda + 3\lambda}{\sqrt{14}} = 10$$

$$\lambda = -\frac{10\sqrt{14}}{34} = -\frac{5\sqrt{14}}{17}$$

所求向量

$$d = -\frac{5}{17}\sqrt{14}\{-9,-5,3\} = \left\{\frac{45}{17}\sqrt{14}, \frac{25}{17}\sqrt{14}, -\frac{15}{17}\sqrt{14}\right\}$$

例 14 向量 a,b,c 两两构成的角都是 $\frac{\pi}{3}$,且 $|a| = 2,|b| = 4,|c| = 6$,求向量 $a + b + c$ 的长度.

解

$$(a + b + c) \cdot (a + b + c) = a \cdot a + b \cdot b + c \cdot c + 2(a \cdot b + a \cdot c + b \cdot c) =$$
$$|a|^2 + |b|^2 + |c|^2 + |a||b| + |a||c| + |b||c| =$$
$$100$$

所以
$$|a + b + c| = 10$$

例 15 向量的混合积

已知向量 a,b,c,称 $(a \times b) \cdot c$ 为向量 a,b,c 的混合积,记作:$[a,b,c]$.

设 $a = \{a_x,a_y,a_z\},b = \{b_x,b_y,b_z\},c = \{c_x,c_y,c_z\}$,则

$$[a,b,c] = \begin{vmatrix} a_x & a_y & a_z \\ b_x & b_y & b_z \\ c_x & c_y & c_z \end{vmatrix}$$

向量混合积是这样一个数,它的绝对值表示以向量 a,b,c 为棱的平行六面体的体积,如果向量 a,b,c 组成右手系,那么混合积的符号为正;如果 a,b,c 组成左手系,那么混合积的符号为负.

三向量 a,b,c 共面的充分必要条件是混合积 $[a,b,c] = 0$.

例 16 已知 $|a| = 2,|b| = 6,|c| = 3,(a\overset{\wedge}{,}b) = \frac{\pi}{6}$,且 $c \perp a$,$c \perp b$,求 $[a,b,c]$.

解 $|a \times b| = |a||b|\sin(a\overset{\wedge}{,}b) = 2 \times 6 \times \frac{1}{2} = 6$

又
$$c \perp a \quad c \perp b$$

所以
$$c \,/\!/\, (a \times b)$$

从而 c 与 $a \times b$ 的夹角 $\theta = 0$ 或 $\theta = \pi$,于是
$$[a,b,c] = (a \times b) \cdot c = |a \times b||c|\cos\theta = 6 \times 3 \times (\pm 1) = \pm 18$$

例 17 试用向量方法证明正弦和余弦定理:

(1) $\dfrac{a}{\sin A} = \dfrac{b}{\sin B} = \dfrac{c}{\sin C}$.

(2) $c^2 = a^2 + b^2 - 2ab\cos C$.

证 如图 9.7 所示.

(1) $(\overrightarrow{AC} + \overrightarrow{CB}) \times \overrightarrow{AB} = \mathbf{0}$

所以
$$\overrightarrow{AC} \times \overrightarrow{AB} = -\overrightarrow{CB} \times \overrightarrow{AB} = -\overrightarrow{BC} \times \overrightarrow{BA} = \overrightarrow{BA} \times \overrightarrow{BC}$$

两边取向量的模
$$|\overrightarrow{AC} \times \overrightarrow{AB}| = |\overrightarrow{AC}||\overrightarrow{AB}|\sin A = bc\sin A = |\overrightarrow{BA} \times \overrightarrow{BC}| =$$
$$|\overrightarrow{BA}||\overrightarrow{BC}|\sin B = ca\sin B$$

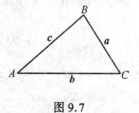

图 9.7

于是
$$\frac{a}{\sin A} = \frac{b}{\sin B}$$

同理等于 $\dfrac{c}{\sin C}$

(2) $\overrightarrow{AB} \cdot \overrightarrow{AB} = (\overrightarrow{AC} + \overrightarrow{CB}) \cdot (\overrightarrow{AC} + \overrightarrow{CB}) =$

$\overrightarrow{AC} \cdot \overrightarrow{AC} + \overrightarrow{CB} \cdot \overrightarrow{CB} + 2\overrightarrow{AC} \cdot \overrightarrow{CB} =$

$b^2 + a^2 - 2\overrightarrow{CA} \cdot \overrightarrow{CB} = a^2 + b^2 - 2ab\cos C$

习题 9.2

1. 设 u 轴的正向与三坐标轴的正向构成相等的锐角, 向量 $a = \{4, -3, 2\}$, 求:

(1) 向量 a 在 u 轴上的投影;

(2) 向量 a 与 u 轴的夹角 θ.

2. 求向量 $a = \{4, -3, 4\}$ 在向量 $b = \{2, 2, 1\}$ 上的投影.

3. 设 $a = \{2, -1, 1\}$, $b = \{1, 2, 1\}$, 求

(1) $a \cdot b$;

(2) $a \times b$;

(3) a 与 b 夹角的余弦.

4. 设 $a = \{3, 5, -2\}$, $b = \{2, 1, 4\}$, 问 λ 与 μ 满足什么关系时, 能使 $\lambda a + \mu b$ 与 z 轴垂直.

5. 已知向量 $a = \{2, -3, 1\}$, $b = \{1, -1, 3\}$, $c = \{1, -2, 0\}$, 计算

(1) $(a \cdot b)c - (a \cdot c)b$;

(2) $(a + b) \times (b + c)$;

(3) $(a \times b) \cdot c$.

6. 已知 $\overrightarrow{OA} = \{1, 0, 3\}$, $\overrightarrow{OB} = \{0, 1, 3\}$, 求 $\triangle OAB$ 的面积.

7. 试用向量证明不等式

$$\sqrt{a_1^2 + a_2^2 + a_3^2}\sqrt{b_1^2 + b_2^2 + b_3^2} \geqslant \left| a_1 b_1 + a_2 b_2 + a_3 b_3 \right|$$

其中 $a_1, a_2, a_3, b_1, b_2, b_3$ 为任意实数, 并指出等号成立的条件.

9.3　平面及其方程

在空间直角坐标系中, 我们以向量为工具, 讨论最简单, 但也是最重要的曲面 —— 平面.

9.3.1　平面及其方程

1. 平面的点法式方程

如果一个非零向量垂直于平面, 这个向量就叫做该平面的法线向量, 简称法向量. 显然, 平面上的任一向量均与该平面的法线向量垂直. 设平面 Π, 已知其上一点 $P_0(x_0, y_0, z_0)$ 及其法向量 $n = \{A, B, C\}$, 求平面 Π 的方程.

解　设点 $P(x, y, z)$ 是平面 Π 上的任意一点, 则向量 $\overrightarrow{P_0P} = \{x - x_0, y - y_0, z - z_0\}$

与法向量 $n = \{A, B, C\}$ 垂直,即

$$\{x - x_0, y - y_0, z - z_0\} \cdot \{A, B, C\} = 0$$

从而得

$$A(x - x_0) + B(y - y_0) + C(z - z_0) = 0 \qquad (9.1)$$
$$A^2 + B^2 + C^2 \neq 0$$

式(9.1)称为平面的点法式方程.

例1 求过点$(1, -2, 3)$且以$\{2, -3, 1\}$为法向量的平面方程.

解 由式(9.1)得所求平面方程为

$$2(x - 1) - 3(y + 2) + (z - 3) = 0$$

即

$$2x - 3y + z = 11$$

例2 已知一平面通过三点 $A(2, 3, 1), B(3, 4, -1), C(5, 1, 2)$,求这个平面方程.

解 $\overrightarrow{AB} = \{1, 1, -2\}$ $\quad \overrightarrow{AC} = \{3, -2, 1\}$

法向量

$$n = \overrightarrow{AB} \times \overrightarrow{AC} = \begin{vmatrix} i & j & k \\ 1 & 1 & -2 \\ 3 & -2 & 1 \end{vmatrix} = -3i - 7j - 5k$$

由式(9.1)得

$$-3(x - 2) - 7(y - 3) - 5(z - 1) = 0$$

即

$$3x + 7y + 5z = 32$$

2. 平面的一般式方程

我们把式(9.1)改写成

$$Ax + By + Cz + D = 0 \quad (A^2 + B^2 + C^2 \neq 0) \qquad (9.2)$$

其中 x, y, z 的系数$\{A, B, C\}$就是平面法线的方向数.

下面讨论几个特殊位置的平面方程

(1) 通过原点

点$(0, 0, 0)$在平面上,代入(9.2)得 $D = 0$,因此通过原点的平面方程为

$$Ax + By + Cz = 0$$

(2) 平行于坐标轴

设平面(9.2)平行于 x 轴,那么由于法向量 $n = \{A, B, C\}$与$i = \{1, 0, 0\}$互相垂直 $n \cdot i = 0$,即 $A = 0$.因此,平行于 x 轴的平面方程为

$$By + Cz + D = 0$$

同理平行 y 轴、z 轴的平面方程分别为

$$Ax + Cz + D = 0$$
$$Ax + By + D = 0$$

(3) 通过坐标轴

由(1),(2)可知,通过 x 轴,y 轴,z 轴的平面方程分别为

$$By + Cz = 0, \quad Ax + Cz = 0, \quad Ax + By = 0$$

(4) 垂直于坐标轴

设式(9.2)垂直于 x 轴,那么由于法向量 $n = \{A, B, C\}$与$i = \{1, 0, 0\}$平行,所以

$B = C = 0$.

因此垂直于 x 轴的平面方程 $Ax + D = 0$

同理垂直于 y 轴，z 轴的平面方程分别为

$$By + D = 0, Cz + D = 0$$

由此可见 xOy 平面的方程为 $\qquad z = 0$

zOx 平面的方程为 $\qquad y = 0$

yOz 平面的方程为 $\qquad x = 0$

例3 求从平面 $Ax + By + Cz + D = 0$ 外一点 $P_0(x_0, y_0, z_0)$ 到平面的距离 d.

解 在平面上任取一点 $P_1(x_1, y_1, z_1)$，那么 d 就是向量 $\overrightarrow{P_1P_0} = \{x_0 - x_1, y_0 - y_1, z_0 - z_1\}$ 在平面法向量 $\boldsymbol{n} = \{A, B, C\}$ 上投影的绝对值，即 $d = \left| |\overrightarrow{P_1P_0}| \cos\theta \right|$. 由数量积的定义，有

$$\left| \overrightarrow{P_1P_0} \cdot \boldsymbol{n} \right| = \left| |\overrightarrow{P_1P_0}| |\boldsymbol{n}| \cos\theta \right| = |\boldsymbol{n}| d$$

而

$$\left| \overrightarrow{P_1P_0} \cdot \boldsymbol{n} \right| = \left| A(x_0 - x_1) + B(y_0 - y_1) + C(z_0 - z_1) \right| = \left| Ax_0 + By_0 + Cz_0 + D \right|$$

所以

$$d = \frac{\left| Ax_0 + By_0 + Cz_0 + D \right|}{\sqrt{A^2 + B^2 + C^2}}$$

例4 求由点 $P(2,5,1)$ 到平面 $2x + y + 3z + 10 = 0$ 的距离 d.

解 $d = \dfrac{|2 \times 2 + 1 \times 5 + 3 \times 1 + 10|}{\sqrt{2^2 + 1^2 + 3^2}} = \dfrac{22}{\sqrt{14}}$.

3. 平面的截距式方程

例5 设一平面与 x 轴，y 轴，z 轴的交点依次为 $P_1(a,0,0)$，$P_2(0,b,0)$，$P_3(0,0,c)$ 三点，求这平面方程($abc \neq 0$).

解 设所求平面的方程为

$$Ax + By + Cz + D = 0$$

因 $P_1(a,0,0)$，$P_2(0,b,0)$，$P_3(0,0,c)$ 三点都在平面上，故有

$$\begin{cases} aA + D = 0 \\ bB + D = 0 \\ cC + D = 0 \end{cases}$$

$$A = -\frac{D}{a}, \quad B = -\frac{D}{b}, \quad C = -\frac{D}{c}$$

代入所设方程，化简整理得

$$\frac{x}{a} + \frac{y}{b} + \frac{z}{c} = 1 \tag{9.3}$$

称(9.3)为平面的截距式方程，a, b, c 依次叫做平面在 x, y, z 轴上的截距.

9.3.2　两平面的夹角

两平面的法向量的夹角(锐角)称为两平面的夹角.

设平面 α 的法向量为 $\boldsymbol{n}_1 = \{A_1, B_1, C_1\}$，设平面 β 的法向量为 $\boldsymbol{n}_2 = \{A_2, B_2, C_2\}$，则 α

与 β 的夹角 θ 的余弦为

$$\cos\theta = \frac{|\mathbf{n}_1 \cdot \mathbf{n}_2|}{|\mathbf{n}_1||\mathbf{n}_2|} = \frac{|A_1A_2 + B_1B_2 + C_1C_2|}{\sqrt{A_1^2 + B_1^2 + C_1^2}\sqrt{A_2^2 + B_2^2 + C_2^2}} \tag{9.4}$$

从两向量垂直、平行的充分必要条件立即推得下列结论

$$\alpha \perp \beta \Leftrightarrow A_1A_2 + B_1B_2 + C_1C_2 = 0$$

$$\alpha /\!/ \beta(包括重合) \Leftrightarrow \frac{A_1}{A_2} = \frac{B_1}{B_2} = \frac{C_1}{C_2}$$

例6 求两平面 $x + 2y + z + 8 = 0$ 和 $-x + y + 2z - 10 = 0$ 的夹角.

解 由式(9.4)有

$$\cos\theta = \frac{|1\times(-1) + 2\times1 + 1\times2|}{\sqrt{1^2 + 2^2 + 1^2}\sqrt{1^2 + 1^2 + 2^2}} = \frac{1}{2}$$

所以 $\theta = \dfrac{\pi}{3}$.

例7 求通过两点 $P_1(1, -1, 2)$, $P_2(2, 1, 0)$ 且与平面 $x + y - z + 6 = 0$ 垂直的平面方程.

解 **法1** 设所求平面方程为 $Ax + By + Cz + D = 0$,由于通过两点 P_1, P_2,所以有

$$A - B + 2C + D = 0$$

$$2A + B + D = 0$$

又由该平面与平面 $x + y - z + 6 = 0$ 垂直,所以有

$$A + B - C = 0$$

上面三式解得 $A = 0, B = C = -D$,代入得 $y + z - 1 = 0$.

法2 设所求平面的一个法向量为 $\{A, B, C\}$,因 $\overrightarrow{P_1P_2} = \{1, 2, -2\}$ 在所求的平面上,它必与法向量垂直,所以有

$$A + 2B - 2C = 0$$

又所求平面与平面 $x + y - z + 6 = 0$ 垂直,又有

$$A + B - C = 0$$

由上两式解得 $B = C, A = 0$.

法向量为 $\{0, B, B\}$,令 $B = 1$,由平面的点法式方程可知,所求平面方程为 $(y + 1) + (z - 2) = 0$,即

$$y + z - 1 = 0$$

百 花 园

例8 求经过点 $(2, 1, -1)$ 且与平面 $\alpha: x - y + z - 7 = 0$ 和 $\beta: 3x + 2y - 12z + 5 = 0$ 垂直的平面方程.

解 **法1** 设所求的平面法向量为 $\mathbf{n}$,平面 α, β 的法向量分别为 $\mathbf{n}_1, \mathbf{n}_2$,则 $\mathbf{n} \perp \mathbf{n}_1$,

$n \perp n_2$，$\{1, -1, 1\} \times \{3, 2, -12\} = \{10, 15, 5\}$.

由题可知 $n \mathbin{/\!/} \{10, 15, 5\}$

即向量 $\{2, 3, 1\}$ 可作为一个法向量由点法式方程可知，所求方程为

$$2(x - 2) + 3(y - 1) + (z + 1) = 0$$

即

$$2x + 3y + z - 6 = 0$$

法 2　设平面方程为 $A(x - 2) + B(y - 1) + C(z + 1) = 0$，由条件

$$\begin{cases} \{A, B, C\} \cdot \{1, -1, 1\} = 0 \\ \{A, B, C\} \cdot \{3, 2, -12\} = 0 \end{cases}$$

即

$$\begin{cases} A - B + C = 0 \\ 3A + 2B - 12C = 0 \end{cases}$$

解之得

$$B = \frac{3}{2}A, \quad C = \frac{A}{2}$$

令 $A = 2$，则 $B = 3$，$C = 1$，故所求平面方程为

$$2(x - 2) + 3(y - 1) + (z + 1) = 0$$

即

$$2x + 3y + z - 6 = 0$$

例 9　试求经过点 $(1, 1, 1)$ 与 x 轴的平面方程.

解　设平面方程为 $By + Cz = 0$，又过点 $(1, 1, 1)$

$$B + C = 0 \quad 令 B = 1，则 C = -1$$

所以所求平面方程为 $y - z = 0$.

例 10　求两平行平面

$$\alpha: 8x + 19y - 4z + 9 = 0$$
$$\beta: 8x + 19y - 4z + 51 = 0$$

的距离.

解　在平面 α 上找一点 $P(1, 1, 9)$，写出点 P 到平面 β 的距离

$$d = \frac{|8 + 19 - 36 + 51|}{\sqrt{8^2 + 19^2 + (-4)^2}} = 2$$

例 11　设一平面经过原点及点 $(6, -3, 2)$ 且与平面 $4x - y + 2z = 9$ 垂直，求此平面方程.

解　经过原点，该平面方程为 $Ax + By + Cz = 0$，由已知得

$$\begin{cases} 6A - 3B + 2C = 0 \\ \{A, B, C\} \cdot \{4, -1, 2\} = 0 \end{cases}$$

即

$$\begin{cases} 6A - 3B + 2C = 0 \\ 4A - B + 2C = 0 \end{cases}$$

解得 $A = B$，$C = -\frac{3}{2}B$，令 $B = 2$，得

$$A = 2, \quad C = -3$$

所以所求平面方程为

$$2x + 2y - 3z = 0$$

例 12 求两平行平面 $\alpha : Ax + By + Cz + D_1 = 0$ 与 $\beta : Ax + By + Cz + D_2 = 0$ 之间的距离.

解 在平面 α 上任找一点 $P(x, y, z)$,则 $Ax + By + Cz + D_1 = 0$

写出点 P 到 β 的距离

$$d = \frac{|Ax + By + Cz + D_2|}{\sqrt{A^2 + B^2 + C^2}} = \frac{|D_2 - D_1|}{\sqrt{A^2 + B^2 + C^2}}$$

例 13 设有平面 $\dfrac{x}{a} + \dfrac{y}{b} + \dfrac{z}{c} = 1$,它与 x, y, z 轴的交点分别为 A, B, C,试用 a, b, c 表示 $\triangle ABC$ 的面积($a > 0, b > 0, c > 0$).

解 **法 1** 设 O 为坐标原点,则四面体 $OABC$ 的体积为 $V = \dfrac{1}{6} abc$,设 $\triangle ABC$ 的面积为 S,原点到该平面距离为 d,则

$$V = \frac{1}{3} S \cdot d$$

原点到平面 $\dfrac{x}{a} + \dfrac{y}{b} + \dfrac{z}{c} = 1$ 的距离为

$$d = \frac{\left| \dfrac{0}{a} + \dfrac{0}{b} + \dfrac{0}{c} - 1 \right|}{\sqrt{\dfrac{1}{a^2} + \dfrac{1}{b^2} + \dfrac{1}{c^2}}} = \frac{abc}{\sqrt{a^2 b^2 + a^2 c^2 + b^2 c^2}}$$

所以

$$S = \frac{3V}{d} = \frac{1}{2} abc \cdot \frac{1}{\dfrac{abc}{\sqrt{a^2 b^2 + a^2 c^2 + b^2 c^2}}} = \frac{1}{2} \sqrt{a^2 b^2 + a^2 c^2 + b^2 c^2}$$

法 2 $\qquad S = \dfrac{1}{2} |\overrightarrow{AB} \times \overrightarrow{AC}| = \dfrac{1}{2} \sqrt{a^2 b^2 + a^2 c^2 + b^2 c^2}$

习题 9.3

1. 求过点 $P_0(1, 2, 1)$ 且与 P_0 和原点连线相垂直的平面方程.

2. 求过点 $(3, 0, 1), (1, 2, 3), (-1, 0, 0)$ 的平面方程.

3. 求过点 $(-1, -1, 0)$ 且与平面 $3x - 7y + 5z - 12 = 0$ 平行的平面方程.

4. 求平面 $2x - 2y + z + 5 = 0$ 与各坐标面的夹角的余弦.

5. 一平面过点 $(1, -1, 2)$ 且平行于向量 $\boldsymbol{a} = \{1, 2, 3\}$ 和 $\boldsymbol{b} = \{-1, 1, 2\}$,试求此平面方程.

6. 求三平面 $x + 3y + z = 1, 2x - y - z = 0, -x + 2y + 2z = 3$ 的交点.

9.4　空间直线及其方程

9.4.1　空间直线方程

1. 空间直线的一般方程

空间直线 L 可以看做是两个平面 α 与 β 的交线

$$\begin{cases} \alpha: A_1 x + B_1 y + C_1 z + D_1 = 0 \\ \beta: A_2 x + B_2 y + C_2 z + D_2 = 0 \end{cases} \tag{9.5}$$

方程组 (9.5) 叫做空间直线的一般方程.

通过空间一直线 L 的平面有无限多个, 只要在这无限多个平面中, 任意选取两个, 把它们的方程联立起来, 所得的方程组就表示空间直线 L.

2. 空间直线的对称式 (点向式) 方程

如果一个非零向量平行于一条已知直线, 这个向量就叫做这条直线的方向向量, 记作

$$a = \{m, n, k\}$$

已知直线 L 过点 $P_0(x_0, y_0, z_0)$ 及其方向向量 $\{m, n, k\}$, 我们可以写出其方程.

设 $P(x, y, z)$ 是直线 L 上任意一点, 则向量 $\overrightarrow{P_0 P} = \{x - x_0, y - y_0, z - z_0\}$ 一定与方向向量 $\{m, n, k\}$ 平行, 因此它们的坐标对应成比例

$$\frac{x - x_0}{m} = \frac{y - y_0}{n} = \frac{z - z_0}{k} \tag{9.6}$$

称 (9.6) 为直线的对称式 (点向式) 方程, 当 m, n, k 中有为 0 时, 如 $m = 0$ 上式应理解为

$$x - x_0 = 0 \text{ 且} \frac{y - y_0}{n} = \frac{z - z_0}{k}$$

3. 空间直线的参数方程

令

$$\frac{x - x_0}{m} = \frac{y - y_0}{n} = \frac{z - z_0}{k} = t$$

有

$$\begin{cases} x = x_0 + mt \\ y = y_0 + nt \\ z = z_0 + kt \end{cases} \tag{9.7}$$

称 (9.7) 为直线的参数方程.

例 1　化直线的一般方程 $\begin{cases} x + y - z - 3 = 0 \\ x + 2y + z - 7 = 0 \end{cases}$ 为对称式方程.

解　为了求直线上的任意一点, 令 $z = 1$, 解 $x = 2, y = 2$, 这样点 $(2, 2, 1)$ 便为所求的点, 再求直线的方向向量, 由于两平面的交线与这两平面的法线向量 $\{1, 1, -1\}$, $\{1, 2, 1\}$ 都垂直, 所以可取

$$a = \{1, 1, -1\} \times \{1, 2, 1\} = \{3, -2, 1\}$$

因此所求的对称式方程为

$$\frac{x-2}{3} = \frac{y-2}{-2} = \frac{z-1}{1}$$

9.4.2　两直线的夹角

两直线的方向向量的夹角(指锐角或直角)叫两直线的夹角.

设直线　　　　　$L_1 : \dfrac{x-x_1}{m_1} = \dfrac{y-y_1}{n_1} = \dfrac{z-z_1}{k_1}$

直线　　　　　　$L_2 : \dfrac{x-x_2}{m_2} = \dfrac{y-y_2}{n_2} = \dfrac{z-z_2}{k_2}$

因此 L_1 与 L_2 的夹角余弦为

$$\cos\theta = \frac{|m_1 m_2 + n_1 n_2 + k_1 k_2|}{\sqrt{m_1^2 + n_1^2 + k_1^2}\sqrt{m_2^2 + n_2^2 + k_2^2}} \tag{9.8}$$

由此可推出 L_1 与 L_2 互相垂直的充分必要条件是

$$m_1 m_2 + n_1 n_2 + k_1 k_2 = 0$$

L_1 与 L_2 互相平行或重合的充分必要条件是

$$\frac{m_1}{m_2} = \frac{n_1}{n_2} = \frac{k_1}{k_2}$$

例2　求直线 $L_1 : \dfrac{x-2}{4} = \dfrac{y-1}{-1} = \dfrac{z+5}{1}$ 和 $L_2 : \dfrac{x-3}{2} = \dfrac{y-4}{-2} = \dfrac{z-5}{-1}$ 的夹角.

解　　　　　　　　L_1 的方向向量为$\{4, -1, 1\}$

L_2 的方向向量为$\{2, -2, -1\}$

L_1 与 L_2 的夹角余弦为

$$\cos\theta = \frac{|4\times2 + (-1)\times(-2) + 1\times(-1)|}{\sqrt{4^2 + (-1)^2 + 1^2}\sqrt{2^2 + (-2)^2 + (-1)^2}} = \frac{9}{\sqrt{18}\sqrt{9}} = \frac{\sqrt{2}}{2}$$

所以　　　　　　　　　　　$\theta = \dfrac{\pi}{4}$

9.4.3　直线与平面的夹角

当直线与平面不垂直时,直线和它在平面上的投影直线的夹角 $\varphi\left(0 \leqslant \varphi \leqslant \dfrac{\pi}{2}\right)$ 称为直线与平面的夹角.

当直线与平面垂直时,规定直线与平面的夹角为 $\dfrac{\pi}{2}$.

设直线的方向向量为 $\boldsymbol{a} = \{m, n, k\}$,平面的法线向量为 $\boldsymbol{n} = \{A, B, C\}$,直线与平面的夹角为 θ,则

$$\theta = \left| \frac{\pi}{2} - (\overset{\wedge}{\boldsymbol{a}, \boldsymbol{n}}) \right|$$

因此　　　　　　　　　$\sin\theta = \left| \cos(\overset{\wedge}{\boldsymbol{a}, \boldsymbol{n}}) \right|$

所以

$$\sin \theta = \left| \cos(\overset{\wedge}{\boldsymbol{a}, \boldsymbol{n}}) \right| = \frac{|Am + Bn + Ck|}{\sqrt{A^2 + B^2 + C^2}\sqrt{m^2 + n^2 + k^2}} \qquad (9.9)$$

直线与平面垂直相当于直线的方向向量与平面的法线向量平行,所以直线与平面垂直的充分必要条件是

$$\frac{m}{A} = \frac{n}{B} = \frac{k}{C}$$

直线与平面平行或直线在平面上相当于直线的方向向量与平面的法线向量垂直,因此直线与平面平行的充分必要条件是

$$mA + nB + kC = 0$$

例3　求过点$(1,2,1)$且与平面$3x - y + z + 9 = 0$垂直的直线方程,并求直线与平面的交点.

解　已知直线垂直于平面,所以可取平面的法线向量$\{3, -1, 1\}$为直线的方向向量,故直线方程为

$$\frac{x - 1}{3} = \frac{y - 2}{-1} = \frac{z - 1}{1}$$

设其比值为t,得直线的参数方程

$$\begin{cases} x = 3t + 1 \\ y = -t + 2 \\ z = t + 1 \end{cases}$$

代入平面方程

$$3(3t + 1) - (-t + 2) + (t + 1) + 9 = 0$$

解得$t = -1$,代入参数方程得交点为$(-2, 3, 0)$.

例4　求直线$\dfrac{x + 3}{2} = \dfrac{y - 1}{-2} = \dfrac{z}{1}$和平面$4x - y - z + 4 = 0$的夹角和交点.

解　直线方向向量为$\{2, -2, 1\}$,平面的法向量为$\{4, -1, -1\}$

设夹角为θ,由公式(9.9)得

$$\sin \theta = \frac{|2 \times 4 + (-2) \times (-1) + 1 \times (-1)|}{\sqrt{2^2 + (-2)^2 + 1}\sqrt{4^2 + (-1)^2 + (-1)^2}} = \frac{\sqrt{2}}{2}$$

所以

$$\theta = \frac{\pi}{4}$$

令$\dfrac{x + 3}{2} = \dfrac{y - 1}{-2} = \dfrac{z}{1} = t$,则$x = 2t - 3, y = -2t + 1, z = t$,代入平面方程

$$4(2t - 3) - (-2t + 1) - t + 4 = 0 \Rightarrow t = 1$$

$$x = -1, y = -1, z = 1$$

所以交点为$(-1, -1, 1)$.

9.4.4　杂例

例5　求过点$(1,1,1)$且与直线$\dfrac{x - 1}{4} = \dfrac{y + 1}{2} = \dfrac{z - 18}{-1}$垂直相交的直线方程.

解　先作一平面过点$(1,1,1)$且垂直于直线$\dfrac{x - 1}{4} = \dfrac{y + 1}{2} = \dfrac{z - 18}{-1}$,则这平面方程

为

$$4(x-1) + 2(y-1) - (z-1) = 0$$

再求直线 $\dfrac{x-1}{4} = \dfrac{y+1}{2} = \dfrac{z-18}{-1}$ 与这平面的交点.

直线的参数方程为 $x = 4t+1, y = 2t-1, z = -t+18$, 代入平面方程得 $16t + 2(2t-2) - (-t+17) = 0$, 解得 $t = 1$, 从而得交点 $(5,1,17)$.

以点 $(1,1,1)$ 为起点, 以点 $(5,1,17)$ 为终点的向量为 $\{4,0,16\}$, 这是所求直线的方向向量. 故所求直线方程为

$$\frac{x-1}{4} = \frac{y-1}{0} = \frac{z-1}{16} \quad \text{或} \quad \begin{cases} \dfrac{x-1}{4} = \dfrac{z-1}{16} \\ y-1 = 0 \end{cases}$$

例 6 求过点 $(2,1,1)$ 且与直线 $\begin{cases} x+y+z+1 = 0 \\ x-2y+3z+2 = 0 \end{cases}$ 平行的直线方程.

解 直线的方向向量是 $a = \{1,1,1\} \times \{1,-2,3\} = \{5,-2,-3\}$

因此所求直线方程为

$$\frac{x-2}{5} = \frac{y-1}{-2} = \frac{z-1}{-3}$$

例 7 求过点 $P_1(-1,2,2)$, $P_2(1,1,2)$ 且与平面 $x+y+z+4 = 0$ 垂直的平面方程.

解 设所求平面方程为 $Ax + By + Cz + D = 0$, 经过点 P_1, P_2 有

$$\begin{cases} -A + 2B + 2C + D = 0 \\ A + B + 2C + D = 0 \end{cases}$$

由于这平面与平面 $x+y+z+4 = 0$ 垂直, 因此有

$$A + B + C = 0$$

由上三式解得

$$B = 2A, C = -3A, D = 3A$$

令 $A = 1$, 代入 $Ax + By + Cz + D = 0$, 得

$$x + 2y - 3z + 3 = 0$$

例 8 求过点 $P(1,2,-1)$ 并与两直线 $\dfrac{x+2}{3} = \dfrac{y-1}{2} = \dfrac{z+1}{-1}, \dfrac{x}{2} = \dfrac{y+1}{-1} = \dfrac{z-1}{2}$ 平行的平面方程.

解 平面与两直线平行, 因此平面的法向量为

$$\{3,2,-1\} \times \{2,-1,2\} = \{3,-8,-7\}$$

由点法式方程可知, 所求平面方程为

$$3(x-1) - 8(y-2) - 7(z+1) = 0$$

即

$$3x - 8y - 7z + 6 = 0$$

注 有时用平面束的方程解题很方便, 下面我们介绍过一条直线 L 的平面束的方程.

设直线 L 由两平面交线确定 $\begin{cases} A_1x + B_1y + C_1z + D_1 = 0 \\ A_2x + B_2y + C_2z + D_2 = 0 \end{cases}$, 其中系数 A_1, B_1, C_1 与

A_2, B_2, C_2 不成比例, 我们称

$$A_1 x + B_1 y + C_1 z + D_1 + \lambda(A_2 x + B_2 y + C_2 z + D_2) = 0 \qquad (9.10)$$

为通过直线 L 的平面束的方程(λ 为任意常数).

它表示通过定直线 L 的所有平面(只缺少平面 $A_2 x + B_2 y + C_2 z + D_2 = 0$).

例 9 求过平面 $x + 2y - 3z + 1 = 0$ 与 $2x - y + z - 4 = 0$ 的交线, 且与平面 $3x + y - 2z + 5 = 0$ 垂直的平面方程.

解 写出过交线的平面束的方程

$$x + 2y - 3z + 1 + \lambda(2x - y + z - 4) = 0$$

即

$$(1 + 2\lambda)x + (2 - \lambda)y + (-3 + \lambda)z + 1 - 4\lambda = 0$$

它与平面 $3x + y - 2z + 5 = 0$ 垂直, 有

$$3(1 + 2\lambda) + (2 - \lambda) - 2(-3 + \lambda) = 0$$

解得

$$\lambda = -\frac{11}{3}$$

所以所求的平面方程为 $x + 2y - 3z + 1 - \dfrac{11}{3}(2x - y + z - 4) = 0$

即

$$19x - 17y + 20z - 47 = 0$$

例 10 求直线 $\begin{cases} 2x + y + z + 3 = 0 \\ x + y - z + 1 = 0 \end{cases}$ 在平面 $-x + 2y + 3z + 1 = 0$ 上的投影直线的方程.

解 过直线 $\begin{cases} 2x + y + z + 3 = 0 \\ x + y - z + 1 = 0 \end{cases}$ 的平面束的方程为

$$(2x + y + z + 3) + \lambda(x + y - z + 1) = 0$$

即

$$(2 + \lambda)x + (1 + \lambda)y + (1 - \lambda)z + 3 + \lambda = 0$$

这平面与平面 $-x + 2y + 3y + 1 = 0$ 垂直

所以有 $-(2 + \lambda) + 2(1 + \lambda) + 3(1 - \lambda) = 0$, 得

$$\lambda = \frac{3}{2}$$

得投影平面的方程为

$$\frac{7}{2}x + \frac{5}{2}y - \frac{1}{2}z + \frac{9}{2} = 0$$

即

$$7x + 5y - z + 9 = 0$$

所以投影直线的方程为

$$\begin{cases} 7x + 5y - z + 9 = 0 \\ -x + 2y + 3z + 1 = 0 \end{cases}$$

百 花 园

例 11 已知一直线通过点 $P(1, 2, 3)$, 且与两直线

$$L_1: \frac{x - 2}{1} = \frac{y - 1}{2} = \frac{z}{-2}, \quad L_2: \frac{x + 1}{2} = \frac{y - 2}{-1} = \frac{z - 1}{3}$$

相交,求此直线的方程.

解 过点 P 与 L_1 作平面 Π_1.

取 L_1 上的一点 $P_1(2,1,0)$,则

$$\overrightarrow{PP_1} = \{1, -1, -3\}$$

L_1 的方向向量为 $\{1,2,-2\}$

则平面 Π_1 的法向量为

$$\{1, -1, -3\} \times \{1,2,-2\} = \{8, -1,3\}$$

平面 Π_1 方程为

$$8(x-1) - (y-2) + 3(z-3) = 0$$

即

$$8x - y + 3z - 15 = 0$$

再求直线 L_2 与 Π_1 的交点 M

L_2 的参数方程

$$x = 2t - 1, y = -t + 2, z = 3t + 1$$

代入 Π_1

$$8(2t-1) - (-t+2) + 3(3t+1) - 15 = 0$$

得

$$t = \frac{11}{13}$$

于是

$$M\left(\frac{9}{13}, \frac{15}{13}, \frac{46}{13}\right)$$

$$\overrightarrow{PM} = \left\{-\frac{4}{13}, -\frac{11}{13}, \frac{7}{13}\right\}$$

所以所求直线方程为

$$\frac{x-1}{-\dfrac{4}{13}} = \frac{y-2}{-\dfrac{11}{13}} = \frac{z-3}{\dfrac{7}{13}}$$

即

$$\frac{x-1}{-4} = \frac{y-2}{-11} = \frac{z-3}{7}$$

例 12 在平面 $\Pi: x - y + 2z + 4 = 0$ 内作直线 L,使之通过已知直线 $L_1: \dfrac{x-1}{3} = \dfrac{y+1}{2} = \dfrac{z}{1}$ 与平面 Π 的交点 M,并且垂直于 L_1,求直线 L 的方程.

解 先求 L_1 与平面 Π 的交点 M

L_1 的参数方程为

$$x = 3t + 1, y = 2t - 1, z = t$$

代入 Π

$$(3t+1) - (2t-1) + 2t + 4 = 0$$

得

$$t = -2$$

所以点 $M(-5, -5, -2)$

又直线 L 在 Π 内且与直线 L_1 垂直,所以直线 L 的方向向量为

$$\{1, -1, 2\} \times \{3, 2, 1\} = \{-5, 5, 5\}$$

所以 L 的方程为

$$\frac{x+5}{-1} = \frac{y+5}{1} = \frac{z+2}{1}$$

例 13 设平面 Π_1 通过点 $P(1, -2, 1)$ 且与平面 $\Pi_2, 2x - y + z + 3 = 0$ 垂直,又与直线 $\dfrac{x-1}{2} = \dfrac{y+1}{-2} = \dfrac{z}{-1}$ 平行,求平面 Π_1 的方程.

解 平面 Π_1 与 Π_2 垂直又与直线 $\dfrac{x-1}{2} = \dfrac{y+1}{-2} = \dfrac{z}{-1}$ 平行

所以 Π_1 的法向量为

$$\{2, -1, 1\} \times \{2, -2, -1\} = \{3, 4, -2\}$$

所以 Π_1 的方程为

$$3(x-1) + 4(y+2) - 2(z-1) = 0$$

即

$$3x + 4y - 2z + 7 = 0$$

例 14 求点 $M(2, -1, 1)$ 到直线 $L: \dfrac{x-1}{2} = \dfrac{y-2}{1} = \dfrac{z-3}{-2}$ 的距离 d.

解 法1 过点 M 作垂直于直线 L 的平面 Π:

$$2(x-2) + (y+1) - 2(z-1) = 0$$

即

$$2x + y - 2z - 1 = 0$$

再求直线 L 与平面 Π 的交点 P

L 的参数方程 $x = 2t+1, y = t+2, z = -2t+3$ 代入平面 Π,得

$$t = \frac{1}{3}$$

$$P\left(\frac{5}{3}, \frac{7}{3}, \frac{7}{3}\right)$$

$$d = |\overrightarrow{MP}| = \sqrt{\left(\frac{5}{3} - 2\right)^2 + \left(\frac{7}{3} + 1\right)^2 + \left(\frac{7}{3} - 1\right)^2} = \frac{\sqrt{117}}{3}$$

法2 在直线 L 上找两点 $P_1(1, 2, 3), P_2(3, 3, 1)$,向量

$$\overrightarrow{P_1 M} = \{1, -3, -2\}, \overrightarrow{P_1 P_2} = \{2, 1, -2\}$$

则以 $\overrightarrow{P_1 M}, \overrightarrow{P_1 P_2}$ 为邻边的平行四边形的面积为

$$d \cdot |\overrightarrow{P_1 P_2}| = |\overrightarrow{P_1 M} \times \overrightarrow{P_1 P_2}|$$

所以

$$d = \frac{|\overrightarrow{P_1 M} \times \overrightarrow{P_1 P_2}|}{|\overrightarrow{P_1 P_2}|} = \frac{|\{8, -2, 7\}|}{\sqrt{2^2 + 1^2 + (-2)^2}} = \frac{\sqrt{117}}{3}$$

例 15 求两直线 $L_1: \begin{cases} x + y + z + 1 = 0 \\ 2x - y + z + 3 = 0 \end{cases}$ 与 $L_2: \begin{cases} 2x + y - 3z + 4 = 0 \\ x + 2y - z + 1 = 0 \end{cases}$ 之间的距离 d.

解 作过直线 L_1 的平面束的方程

$$x + y + z + 1 + \lambda(2x - y + z + 3) = 0$$

即

$$(1 + 2\lambda)x + (1 - \lambda)y + (1 + \lambda)z + 1 + 3\lambda = 0$$

求与直线 L_2 平行的平面 Π 方程,则 L_2 上任一点到平面 Π 的距离就是两直线 L_1 与

L_2 之间的距离.

L_2 的方向向量

$$a = \begin{vmatrix} i & j & k \\ 2 & 1 & -3 \\ 1 & 2 & -1 \end{vmatrix} = 5i - j + 3k$$

它与平面束的法向量 $\{(1+2\lambda),(1-\lambda),(1+\lambda)\}$ 垂直,故

$$5(1+2\lambda) - (1-\lambda) + 3(1+\lambda) = 0$$

得

$$\lambda = -\frac{1}{2}$$

于是平面束中与 L_2 平行平面的方程为

$$0x + \frac{3}{2}y + \frac{1}{2}z - \frac{1}{2} = 0$$

即

$$3y + z - 1 = 0$$

在 L_2 上任取一点,令 $z = 2$ 得

$$x = 1, y = 0$$

于是点 $(1,0,2)$ 到平面 $3y + z - 1 = 0$ 的距离为

$$d = \frac{|2-1|}{\sqrt{3^2 + 1^2}} = \frac{\sqrt{10}}{10}$$

习题 9.4

1.化直线方程 $\begin{cases} 3x + y - 2z - 4 = 0 \\ 2x - 3y + z - 5 = 0 \end{cases}$ 为对称式.

2.求过两点 $P_1(-6,0,-4)$, $P_2(3,-2,9)$ 且与平面 $2x - y + 4z - 8 = 0$ 垂直的平面方程.

3.求经过点 $P(2,0,-1)$ 且与直线 $L: \begin{cases} 4x - 2y + 3z + 9 = 0 \\ 2x - 3y + z - 6 = 0 \end{cases}$ 平行的直线方程.

4.求经过点 $P(3,2,-4)$ 并与二直线 $L_1: \dfrac{x-1}{5} = \dfrac{y-2}{3} = \dfrac{z}{-2}$, $L_2: \dfrac{x+3}{4} = \dfrac{y}{2} = \dfrac{z-1}{3}$ 平行的平面方程.

5.求过平面 $x + y + z = 0$ 与 $2x - 3y - z + 1 = 0$ 的交线,且与第一个平面垂直的平面方程.

6.求直线 $\dfrac{x+1}{2} = \dfrac{y}{3} = \dfrac{z-3}{6}$ 与平面 $10x + 2y - 11z - 3 = 0$ 的夹角和交点.

7.求过点 $(4,-1,3)$ 且平行于直线 $\dfrac{x-3}{2} = \dfrac{y}{1} = \dfrac{z-1}{5}$ 的直线方程.

8.求过点 $(2,0,-3)$ 且与直线 $\begin{cases} x - 2y + 4z - 7 = 0 \\ 3x + 5y - 2z + 1 = 0 \end{cases}$ 垂直的平面方程.

9.求直线 $\begin{cases} 5x - 3y + 3z - 9 = 0 \\ 3x - 2y + z - 1 = 0 \end{cases}$ 与直线 $\begin{cases} 2x + 2y - z + 23 = 0 \\ 3x + 8y + z - 18 = 0 \end{cases}$ 的夹角余弦.

10. 求点 $(1,2,1)$ 在平面 $x + y + z + 2 = 0$ 上的投影.

11. 求过点 $(1,2,1)$ 且平行于直线 $L_1:\begin{cases} x + 2y - z + 1 = 0 \\ x - y + z - 1 = 0 \end{cases}$ 和 $L_2:\begin{cases} 2x - y + z = 0 \\ x - y + z = 0 \end{cases}$ 的平面方程.

12. 求过点 $(0,2,4)$ 且与两平面 $x + 2z = 1$ 和 $y - 3z = 2$ 平行的直线方程.

9.5　曲面、空间曲线及其方程

9.5.1　常见的曲面

一般地 $F(x,y,z) = 0$ 表示一张曲面, 当 $F(x,y,z) = 0$ 是三元二次方程时, 表示的曲面称为二次曲面.

1. 旋转曲面

一条平面曲线绕其平面上的一条定直线旋转一周所成的曲面叫旋转曲面, 平面曲线叫旋转曲面的母线, 定直线叫轴.

设在 yOz 坐标面上有一条已知曲线 L, 其方程为

$$f(y,z) = 0$$

把这曲线绕 z 轴旋转一周, 得到一个以 z 轴为轴的旋转曲面, 它的方程我们这样求得:

设 $P_1(0, y_1, z_1)$ 为曲线 L 上的任意一点, 那么有

$$f(y_1, z_1) = 0 \tag{9.11}$$

当曲线 L 绕 z 轴旋转时, 点 P_1 绕 z 轴转到另一点 $P(x,y,z)$, 这时 $z = z_1$, 且点 P 到 z 轴的距离

$$d = \sqrt{x^2 + y^2} = |y_1|$$

将 $z_1 = z, y_1 = \pm\sqrt{x^2 + y^2}$ 代入式(9.11)式, 有

$$f(\pm\sqrt{x^2 + y^2}, z) = 0 \tag{9.12}$$

这就是所求的旋转曲面的方程.

由此可知, 在曲线 L_1 的方程 $f(y,z) = 0$ 中, 将 y 改成 $\pm\sqrt{x^2 + y^2}$, 便得到曲线 L 绕 z 轴旋转所成的旋转曲面的方程.

同理, 曲线 L 绕 y 轴旋转一周, 所成的旋转曲面的方程为

$$f(y, \pm\sqrt{x^2 + z^2}) = 0 \tag{9.13}$$

例 1　将 xOz 坐标面上的双曲线 $\dfrac{x^2}{a^2} - \dfrac{z^2}{c^2} = 1$, 分别绕 z 轴和 x 轴旋转一周, 求所生成的旋转曲面的方程.

解　绕 z 轴旋转所成的旋转曲面叫旋转单叶双曲面(如图 9.8), 它的方程为

$$\frac{x^2 + y^2}{a^2} - \frac{z^2}{c^2} = 1$$

绕 x 轴旋转所成的旋转曲面叫旋转双叶双曲面,它的方程为 $\dfrac{x^2}{a^2} - \dfrac{y^2 + z^2}{c^2} = 1$(如图9.9).

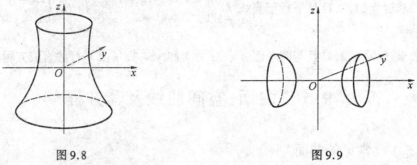

图9.8   图9.9

例2 求将 xOz 面上的椭圆 $\dfrac{x^2}{a^2} + \dfrac{z^2}{c^2} = 1$ 绕 z 轴旋转生成的曲面方程.

解 绕 z 轴旋转所成的旋转曲面叫旋转椭球面,其方程为 $\dfrac{x^2 + y^2}{a^2} + \dfrac{z^2}{c^2} = 1$(图9.10).

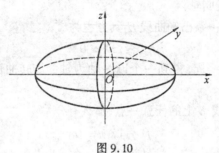

图9.10

2.柱面

一条直线 L,沿定曲线 C 平行移动形成的曲面叫柱面,定曲线 C 叫柱面的准线,动直线 L 叫柱面的母线,一般情况,我们常见的柱面方程,都是缺少一个变量的方程,如 $F(x,y) = 0$,表示在空间直角坐标系中,母线平行于 z 轴的柱面,其准线是 xOy 面上的曲线 $C:F(x,y) = 0$.类似可知,方程 $G(x,z) = 0, H(y,z) = 0$ 分别表示母线平行于 y 轴和 x 轴的柱面.

例3 $x^2 + y^2 = R^2$,表示什么曲面.

解 缺少变量 z,这是一个母线平行于 z 轴的柱面方程,在 xOy 面上,它是一个圆心在原点,半径为 R 的圆,这是准线,因此在空间直角坐标系中,它表示的是一个圆柱面(如图9.11).

类似的,方程 $y^2 = x$ 表示母线平行于 z 轴,准线在 xOy 面上的抛物线 $y^2 = x$,该曲面叫抛物柱面(图9.12).

例如方程 $x - y = 0$,表示一张平面,母线平行 z 轴.

即通过 z 轴的一张平面.

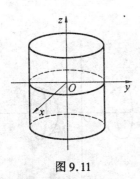

图 9.11

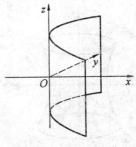

图 9.12

3. 二次曲面

（1）椭圆锥面

$$\frac{x^2}{a^2} + \frac{y^2}{b^2} = z^2$$

要想刻画它的图形，我们采用截痕法.

令 $z = c$，垂直于 z 轴的平面，留下的截痕

$$\frac{x^2}{(ac)^2} + \frac{y^2}{(bc)^2} = 1$$

即在 $z = c$ 上的截痕为椭圆，当 $c = 0$，通过原点，c 值大，椭圆大，不难想像，其图形为（图 9.13）

同样可令

$$x = c, y = c$$

（2）椭球面 $\dfrac{x^2}{a^2} + \dfrac{y^2}{b^2} + \dfrac{z^2}{c^2} = 1$　（图 9.14）

当 $a = b = c$ 时，椭圆球面成为球面 $x^2 + y^2 + z^2 = a^2$，即为球心在原点，半径为 a 的球面，显然球面是椭球面的特殊情形.

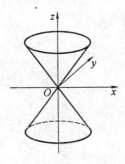

图 9.13

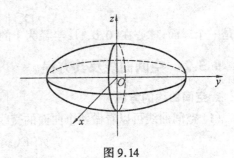

图 9.14

（3）单叶双曲面（图 9.15）

$$\frac{x^2}{a^2} + \frac{y^2}{b^2} - \frac{z^2}{c^2} = 1$$

（4）双叶双曲面（图 9.16）

$$\frac{x^2}{a^2} - \frac{y^2}{b^2} - \frac{z^2}{c^2} = 1$$

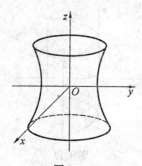

图 9.15

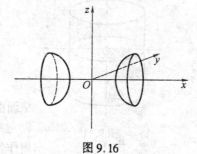

图 9.16

(5)椭圆抛物面(图 9.17)

$$\frac{x^2}{a^2} + \frac{y^2}{b^2} = z$$

(6)双曲抛物面(图 9.18)

$$\frac{x^2}{a^2} - \frac{y^2}{b^2} = z$$

也称鞍面

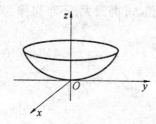

图 9.17

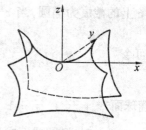

图 9.18

例 4 $x^2 + y^2 + z^2 = 2z$ 表示什么曲面.

解 移项配方

$$x^2 + y^2 + (z-1)^2 = 1$$

它是一个球面,球心在$(0,0,1)$,半径为 1 的球面.

9.5.2 空间曲线及其方程

1. 空间曲线的方程

(1)空间曲线可以看做两个曲面的交线

$$\begin{cases} F(x,y,z) = 0 \\ G(x,y,z) = 0 \end{cases} \tag{9.14}$$

方程(9.14)称为空间曲线的一般方程.

例 5 $\begin{cases} x^2 + y^2 + z^2 = 1 \\ z = 0 \end{cases}$ 表示一条什么曲线.

解 $x^2 + y^2 + z^2 = 1$ 是一个球面,其球心在原点,半径为 1,而 $z = 0$ 是一张平面,即 xOy 平面.因此它们的交线为在 xOy 面上的一个圆

$$\begin{cases} z = 0 \\ x^2 + y^2 = 1 \end{cases}$$

(2) 空间曲线的参数方程

$$\begin{cases} x = x(t) \\ y = y(t) \\ z = z(t) \end{cases} \tag{9.15}$$

这样的参数方程可以说是平面曲线参数方程的自然推广.

常见的空间曲线的参数方程,首推为螺旋线.

设动点 P 沿半径为 R 的圆周作匀速运动,而圆周所在的平面同时在空间移动,使得圆心沿着一条通过中心而与这平面垂直的直线作匀速运动,那么动点 P 的轨迹称为螺旋线.

设动点 P 开始圆周的中心为原点,圆周所在的平面为 xOy 面,通过中心的垂线为 z 轴.

设 P 点转动的角速度为 ω,圆周所在的平面沿 z 轴移动的速度为 v,而动点 P 最初位置在 $P_0(R,0,0)$,于是经过时间 t 后,动点 P 在 xOy 面上的投影 P',已沿圆周转过了角度 ωt,同时 P 在 z 轴方向上升距离为 vt,因此在 t 时刻,动点 P 的坐标为

$$x = R\cos(\omega t), y = R\sin(\omega t), z = vt$$

令 $\theta = \omega t$,得

$$x = R\cos\theta, y = R\sin\theta, z = k\theta$$

其中 $k = \dfrac{v}{\omega}$

这就是螺旋线的参数方程.

螺旋线是常用的曲线,平头螺丝钉的外缘曲线就是螺旋线.

2. 空间曲线在坐标面上的投影曲线

设通过空间曲线 C 作母线平行于 z 轴(x 轴或 y 轴)的柱面,那么这个柱面与 $xOy(yOz$ 或 zOx)坐标面的交线 C' 称为曲线 C 在 $xOy(yOz$ 或 zOx)坐标面上的投影曲线.

现在我们求投影曲线 C' 的方程.

设曲线 C 由方程

$$\begin{cases} F(x,y,z) = 0 \\ G(x,y,z) = 0 \end{cases} \quad ①$$

给出.

从 ① 中消去变量 z,得方程 $H(x,y) = 0$,那么这个方程表示母线平行于 z 轴的一个柱面,这个柱面称为曲线 C 在 xOy 面上的投影柱面,所以曲线 C 在 xOy 面上的投影曲线 C' 的方程为

$$\begin{cases} H(x,y) = 0 \\ z = 0 \end{cases}$$

同理可得在 xOy 及 zOx 面上的投影曲线方程.

例 6　设曲线方程为 $\begin{cases} 2x^2 + 4y + z^2 = 4z \\ x^2 - 8y + 3z^2 = 12z \end{cases}$,求它在三个坐标面上的投影曲线方程.

解 通过配方,将上述方程组变形为
$$\begin{cases} 2x^2 + 4y + (z-2)^2 = 4 \\ x^2 - 8y + 3(z-2)^2 = 12 \end{cases}$$

在 xOy 面上的投影方程为(消去 z)
$$\begin{cases} x^2 + 4y = 0 \\ z = 0 \end{cases}$$

在 xOz 面上的投影方程为(消去 y)
$$\begin{cases} x^2 + z^2 = 4z \\ y = 0 \end{cases}$$

在 yOz 面上的投影方程为(消去 x)
$$\begin{cases} z^2 - 4y = 4z \\ x = 0 \end{cases}$$

例7 求曲线 $\begin{cases} x^2 + y^2 + z^2 = 1 \\ z = \dfrac{1}{2} \end{cases}$ 在各坐标面上的投影曲线方程.

解 在 xOy 面上投影曲线的方程(消去 z)
$$\begin{cases} x^2 + y^2 = \dfrac{3}{4} \\ z = 0 \end{cases}$$

在 yOz 面上的投影曲线的方程

因为 $z = \dfrac{1}{2}$,所以在 yOz 面上的投影曲线只能是一条直线段.
$$\begin{cases} x = 0 \\ z = \dfrac{1}{2} \end{cases} \quad |y| \leqslant \dfrac{\sqrt{3}}{2}$$

同理,在 xOz 面上的投影曲线也只能是一条直线段 $\begin{cases} y = 0 \\ z = \dfrac{1}{2} \end{cases} \quad |x| \leqslant \dfrac{\sqrt{3}}{2}$

注 若求 $\begin{cases} F(x,y) = 0 \\ G(x,y,z) = 0 \end{cases}$ 交线在 xOy 上的投影,因为 $F(x,y) = 0$ 是母线平行 Oz 轴的柱面方程,所以其交线在 xOy 面上的投影为
$$\begin{cases} F(x,y) = 0 \\ z = 0 \end{cases}$$

例8 求曲线 $\begin{cases} x^2 + y^2 = 1 \\ x + z = 1 \end{cases}$ 在各坐标面上的投影方程.

解 在 xOy 面上的投影为
$$\begin{cases} x^2 + y^2 = 1 \\ z = 0 \end{cases}$$

在 yOz 面上的投影为

$x = 1 - z$ 代入 $x^2 + y^2 = 1$ 中

得 $\begin{cases} (1-z)^2 + y^2 = 1 \\ x = 0 \end{cases}$

在 zOx 面上的投影为

$$\begin{cases} x + z = 1 \\ y = 0 \end{cases} \quad |x| \leqslant 1$$

百　花　园

例 9　曲面 $z = 6 - x^2 - y^2$ 与 $z = \sqrt{x^2 + y^2}$ 围成一个空间区域,作它的简图.

解　曲面 $z = 6 - x^2 - y^2$ 是旋转抛物面,开口向下,顶点在

$(0,0,6)$ 处曲面 $z = \sqrt{x^2 + y^2}$ 是上半圆锥面,开口向上,两个曲

面的交线 $\begin{cases} z = 6 - x^2 - y^2 \\ z = \sqrt{x^2 + y^2} \end{cases}$ 解得 $z = 2$, 于是交线是

$\begin{cases} x^2 + y^2 = 4 \\ z = 2 \end{cases}$ (如简图 9.19)

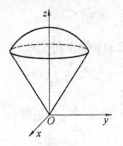

图 9.19

例 10　指出方程组 $\begin{cases} x^2 + \dfrac{y^2}{4} = 1 \\ y = 2 \end{cases}$ 在 xOy 平面上,在空间中

分别表示什么图形.

解　在 xOy 平面上,表示一个点 $(0,2)$;在空间直角坐标系中,表示的一条直线

$\begin{cases} x = 0 \\ y = 2 \end{cases}$

例 11　分别求母线平行于 x 轴及 y 轴,而且通过曲线

$$\begin{cases} 2x^2 + y^2 + z^2 = 16 \\ x^2 - y^2 + z^2 = 0 \end{cases}$$

的柱面方程.

解　消去 x 得

$$3y^2 - z^2 = 16$$

即母线平行于 x 轴的双曲柱面方程;

消去 y 得

$$3x^2 + 2z^2 = 16$$

即母线平行于 y 轴的椭圆柱面方程.

例 12　求球面 $x^2 + y^2 + z^2 = 9$ 与平面 $x + z = 1$ 的交线在 xOy 面上的投影方程.

解　$z = 1 - x$ 消去 z,代入球面方程

$$\begin{cases} x^2 + y^2 + (1-x)^2 = 9 \\ z = 0 \end{cases}$$

例 13　求上半球 $0 \leqslant z \leqslant \sqrt{a^2 - x^2 - y^2}$ 与圆柱体 $x^2 + y^2 \leqslant ax (a > 0)$ 的公共部分在 xOy 面和 xOz 面上的投影.

解 注意,这是两个体(即上半球体与圆柱体)的公共部分在 xOy 面和 xOz 面上的投影先求在 xOy 面上的投影曲线:

$$\begin{cases} z = \sqrt{a^2 - x^2 - y^2} \\ x^2 + y^2 = ax \end{cases}$$

$$\begin{cases} x^2 + y^2 = ax \\ z = 0 \end{cases}$$

于是立体公共部分在 xOy 面上投影区域为

$$\begin{cases} x^2 + y^2 \leqslant ax \\ z = 0 \end{cases}$$

$$z = \sqrt{a^2 - x^2 - y^2}$$

在 xOz 面上的交线

$$\begin{cases} z = \sqrt{a^2 - x^2} \\ y = 0 \end{cases}$$

由 $x^2 + y^2 \leqslant ax$,知 $x \geqslant 0$,于是立体公共部分投影到 xOz 面上的投影为

$$0 \leqslant z \leqslant \sqrt{a^2 - x^2}, x \geqslant 0$$

即

$$\begin{cases} x^2 + z^2 \leqslant a^2 \\ x \geqslant 0, z \geqslant 0 \end{cases}$$

例 14 求螺旋线 $\begin{cases} x = a\cos\theta \\ y = a\sin\theta \\ z = b\theta \end{cases}$ 在各坐标面上的投影.

解 由 $\quad x^2 + y^2 = a^2\cos^2\theta + a^2\sin^2\theta = a^2$

可知在 xOy 面上的投影为

$$\begin{cases} x^2 + y^2 = a^2 \\ z = 0 \end{cases}$$

在 yOz 面上的投影为

$$\begin{cases} y = a\sin\dfrac{z}{b} \quad \left(\theta = \dfrac{z}{b}\right) \\ x = 0 \end{cases}$$

在 zOx 面上的投影为

$$\begin{cases} x = a\cos\dfrac{z}{b} \\ y = 0 \end{cases}$$

习题 9.5

1. 曲面上任一点到坐标原点的距离等于它到点 $(2,3,4)$ 的距离的一半,求曲面方程.

2. 求过点 $(-1, -2, -5)$ 且和三个坐标面都相切的球面方程.

3.求 xOy 坐标面上的椭圆 $4x^2 + 9y^2 = 36$ 绕 y 轴旋转生成的旋转曲面方程.

4.求 xOy 面上的直线 $y = kx$ 绕 x 轴旋转生成的旋转曲面方程.

5.求曲线 $\begin{cases} z = x^2 + y^2 \\ x + y + z = 1 \end{cases}$ 在平面 $z = 2$ 上的投影方程.

6.求曲线 $L: \begin{cases} x^2 + y^2 + z^2 = 1 \\ x^2 + (y - 1)^2 + (z - 1)^2 = 1 \end{cases}$ 在 xOy 面上的投影.

7.求 xOy 面上的曲线 $\begin{cases} y = e^x \\ z = 0 \end{cases}$ 绕 x 轴旋转所生成的旋转曲面方程.

本　章　小　结

本章由向量代数和空间解析几何两部分组成.

一、向量代数

向量代数的内容包含向量的概念与向量的运算.

(1)向量的概念

具有大小和方向的量称为向量(本章讨论的向量都是自由向量);向量 a 的长度称为向量的模,记作: $|a|$,模等于 1 的向量称为单位向量; x 轴, y 轴, z 轴正向的单位向量 i, j, k 称为基本单位向量;两个向量的正向之间不大于 π 的角称为两向量的夹角;向量 a 的正向分别与 x 轴, y 轴, z 轴的正向之间的夹角 α, β, γ 称为向量 a 的方向角,方向角的余弦 $\cos \alpha, \cos \beta, \cos \gamma$ 称为向量 a 的方向余弦

$$\cos^2 \alpha + \cos^2 \beta + \cos^2 \gamma = 1$$

过向量 $a = \overrightarrow{AB}$ 的端点 A 与 B 分别作垂直于有向直线 L (或向量 b)的平面,交 L (或 b)于 A' 与 B' ,则有向线段 $A'B'$ 的值称为 a 在 L (或 b)上的投影.记作: $a_L = P_{rj_L}a$ (或 a_b).注意:投影是一个数;向量 a 分别在 x 轴, y 轴, z 轴上的投影 a_x, a_y, a_z 称为向量 a 的坐标,记作: $a = \{a_x, a_y, a_z\}$.

(2)向量的基本公式

名称	公式
基本单位向量	$i = \{1,0,0\}, j = \{0,1,0\}, k = \{0,0,1\}$
向量 a 的表示式	$a = \{a_x, a_y, a_z\} = a_x i + a_y j + a_z k$
向量 $\overrightarrow{AB}, A = (a_x, a_y, a_z),$ $B = (b_x, b_y, b_z)$	$\overrightarrow{AB} = \{(b_x - a_x), (b_y - a_y), (b_z - a_z)\} =$ $(b_x - a_x)i + (b_y - a_y)j + (b_z - a_z)k$
向量 a 的模(长度)	$|a| = \sqrt{a_x^2 + a_y^2 + a_z^2}$
向量 a 的方向余弦	$\cos \alpha = \dfrac{a_x}{|a|}, \cos \beta = \dfrac{a_y}{|a|}, \cos \gamma = \dfrac{a_z}{|a|},$ $\cos^2 \alpha + \cos^2 \beta + \cos^2 \gamma = 1$
向量 a 在向量 b 上的投影	$(a)_b = a_b = P_{rj_b}a = |a| \cos \theta, \theta = (\overset{\wedge}{a, b})$

(3) 向量的线性运算

名称	运算规律	公式
加法 $a + b$	$a + b = b + a$ $a + (b + c) = (a + b) + c$	$a + b = \{a_x + b_x, a_y + b_y, a_z + b_z\}$
减法 $a - b =$ $a + (-b)$		$a - b = \{a_x - b_x, a_y - b_y, a_z - b_z\}$
数积 λa	$\lambda(\mu a) = (\lambda \mu) a$ $(\lambda + \mu) a = \lambda a + \mu a$ $\lambda(a + b) = \lambda a + \lambda b$	$\lambda a = \{\lambda a_x, \lambda a_y, \lambda a_z\}$

(4) 向量的数量积

定义	$a \cdot b = \|a\| \|b\| \cos \theta \quad 0 \leqslant \theta \leqslant \pi$
运算规律	$a \cdot b = b \cdot a$ $a \cdot (b + c) = a \cdot b + a \cdot c$ $\lambda(a \cdot b) = (\lambda a) \cdot b = a \cdot (\lambda b)$
公式	$a \cdot b = a_x b_x + a_y b_y + a_z b_z$ $a \cdot a = \|a\|^2 = a_x^2 + a_y^2 + a_z^2$ $i \cdot i = j \cdot j = k \cdot k = 1, i \cdot j = j \cdot k = k \cdot i = 0$

a 与 b 的夹角

$$\cos \theta = \frac{a \cdot b}{\|a\| \|b\|}$$

$a \perp b$ 的充要条件:$a \cdot b = 0$

(5) 向量的向量积

定义	$a \times b$ 是一个垂直 a 与 b 的向量 $\quad \|a \times b\| = \|a\| \|b\| \sin \theta, 0 \leqslant \theta \leqslant \pi$ 其方向与 a, b 构成右手系
公式	$a \times b = \begin{vmatrix} i & j & k \\ a_x & a_y & a_z \\ b_x & b_y & b_z \end{vmatrix} = (a_y b_z - a_z b_y) i + (a_z b_x - a_x b_z) j + (a_x b_y - a_y b_x) k$ $i \times i = j \times j = k \times k = 0, i \times j = k, j \times k = i, k \times i = j$
运算规律	$a \times b = - b \times a$ $a \times (b + c) = a \times b + a \times c$ $\lambda(a \times b) = (\lambda a) \times b = a \times (\lambda b)$

a 与 b 的夹角:$\sin \theta = \dfrac{\|a \times b\|}{\|a\| \|b\|}$

$a \,/\!/\, b$ 的充要条件:$a \times b = 0$

(6) 两个重要公式

(i) 两点间距离公式. 若 $A(x_1, y_1, z_1)$, $B(x_2, y_2, z_2)$, 则

$$|\overrightarrow{AB}| = \sqrt{(x_2 - x_1)^2 + (y_2 - y_1)^2 + (z_2 - z_1)^2}$$

（ii）定比分点公式

$$P_1(x_1, y_1, z_1), P_2(x_2, y_2, z_2), P(x, y, z)\left(\frac{\overrightarrow{P_1P}}{\overrightarrow{PP_2}} = \lambda\right)(\lambda \neq -1)$$

则

$$x = \frac{x_1 + \lambda x_2}{1 + \lambda}, y = \frac{y_1 + \lambda y_2}{1 + \lambda}, z = \frac{z_1 + \lambda z_2}{1 + \lambda}$$

二、空间解析几何

一般地，一个三元方程 $F(x, y, z) = 0$ 代表一张曲面，空间曲面有以下几种重要类型.

1.旋转曲面

一条平面曲线 C，绕同一平面内的一条直线 L 旋转一周所生成的曲面，称为旋转曲面，L 称为旋转面的轴，曲线 C 称为旋转面的母线，特别是直线 L 是坐标轴时，更是常见的情况.

如在 yOz 平面，曲线 C 的方程为 $f(y, z) = 0$，绕 z 轴旋转生成的曲面方程为

$$f(\pm\sqrt{x^2 + y^2}, z) = 0 \text{ 等.}$$

2.柱面

我们常见的柱面方程是缺少一个变量的方程.

如 $x^2 + y^2 = 1$，缺少变量 z，其母线平行 z 轴，称为圆柱面

3.二次曲面

（1）椭圆锥面

$$\frac{x^2}{a^2} + \frac{y^2}{b^2} = z^2$$

（2）椭球面

$$\frac{x^2}{a^2} + \frac{y^2}{b^2} + \frac{z^2}{c^2} = 1$$

（3）单叶双曲面

$$\frac{x^2}{a^2} + \frac{y^2}{b^2} - \frac{z^2}{c^2} = 1$$

（4）双叶双曲面

$$\frac{x^2}{a^2} - \frac{y^2}{b^2} - \frac{z^2}{c^2} = 1$$

（5）椭圆抛物面

$$z = \frac{x^2}{a^2} + \frac{y^2}{b^2}$$

（6）双曲抛物面

$$\frac{x^2}{a^2} - \frac{y^2}{b^2} = z \qquad （鞍面）$$

4.平面

平面是柱面的一种特殊形式,但它是非常重要的.

平面方程

名称		表达式	系数的意义	说　明
平面方程	点法式	$A(x-x_0)+$ $B(y-y_0)+$ $C(z-z_0)=0$	$P_0(x_0,y_0,z_0)$ 为平面上的一个已知点 $\boldsymbol{n}=\{A,B,C\}$ 为平面的法向量	A,B,C 有为 0 的,如 $A=0$,平面平行 x 轴
	一般式	$Ax+By+Cz+D=0$	$\boldsymbol{n}=\{A,B,C\}$ 为平面的法向量	缺少哪个变量平面平行哪个轴
	截距式	$\dfrac{x}{a}+\dfrac{y}{b}+\dfrac{z}{c}=1$	a,b,c 分别为平面在 x,y,z 轴上的截距	由于 $abc\neq0$,故过原点的平面不能写成这种形式

两平面的夹角

定义	公式	说明
两平面法向量的夹角(指锐角或直角)称为两平面的夹角 θ	$\cos\theta=$ $\dfrac{\lvert A_1A_2+B_1B_2+C_1C_2\rvert}{\sqrt{A_1^2+B_1^2+C_1^2}\sqrt{A_2^2+B_2^2+C_2^2}}$	1.两平面相互垂直相当于 $A_1A_2+B_1B_2+C_1C_2=0$ 2.两平面平行或重合相当 $\dfrac{A_1}{A_2}=\dfrac{B_1}{B_2}=\dfrac{C_1}{C_2}$

5.空间曲线

两个空间曲面的交线,就是一个空间曲线

即
$$\begin{cases} H_1(x,y,z)=0 \\ H_2(x,y,z)=0 \end{cases}$$

空间曲线在坐标面上的投影:

如在 xOy 面上的投影曲线,就是将 z 消去
$$\begin{cases} G(x,y)=0 \\ z=0 \end{cases}$$

6.空间直线

空间直线与平面是这一章核心

空间直线方程

名称		方程的形式	系数的意义	说　　明
直线方程	对称式	$\dfrac{x-x_0}{m}=\dfrac{y-y_0}{n}=\dfrac{z-z_0}{k}$	$P_0(x_0,y_0,z_0)$ 为直线一点 $s=\{m,n,k\}$ 为直线的方向向量	当 $m=0$ 时，则 $\begin{cases} x=x_0 \\ \dfrac{y-y_0}{n}=\dfrac{z-z_0}{k} \end{cases}$
	参数方程	$\begin{cases} x=mt+x_0 \\ y=nt+y_0 \\ z=kt+z_0 \end{cases}$	$P_0(x_0,y_0,z_0)$ 为直线上一点 $s=\{m,n,k\}$ 为直线的方向向量	$P(x,y,z)$ 为直线上任一点，则 $\overrightarrow{P_0P}=ts$
	一般方程	$\begin{cases} A_1x+B_1y+C_1z+D_1=0 \\ A_2x+B_2y+C_2z+D_2=0 \end{cases}$	这是将直线写成两个平面的交线形式	直线的方向向量 $s=\{A_1,B_1,C_1\}\times\{A_2,B_2,C_2\}$

两直线的夹角

定义	公式	说明
两直线的夹角 规定 $0\leqslant\theta\leqslant\dfrac{\pi}{2}$ $\theta=0$ 平行 $\theta=\dfrac{\pi}{2}$ 垂直	$L_1:\dfrac{x-x_1}{m_1}=\dfrac{y-y_1}{n_1}=\dfrac{z-z_1}{k_1}$ $L_2:\dfrac{x-x_2}{m_2}=\dfrac{y-y_2}{n_2}=\dfrac{z-z_2}{k_2}$ $\cos\theta=$ $\dfrac{\lvert m_1m_2+n_1n_2+k_1k_2\rvert}{\sqrt{m_1^2+n_1^2+k_1^2}\sqrt{m_2^2+n_2^2+k_2^2}}$	1. $L_1\perp L_2\Leftrightarrow m_1m_2+n_1n_2+k_1k_2=0$ 2. $L_1\ /\!/\ L_2\Leftrightarrow\dfrac{m_1}{m_2}=\dfrac{n_1}{n_2}=\dfrac{k_1}{k_2}$ 3. L_1,L_2 共面的条件是 $\overrightarrow{P_1P_2}\cdot(a\times b)=0$ $P_1(x_1,y_1,z_1),P_2(x_2,y_2,z_2)$ $a=\{m_1,n_1,k_1\},b=\{m_2,n_2,k_2\}$

直线与平面的夹角

定义	公式	说明
当直线与平面不垂直时，直线和它在平面上的投影直线的夹角 $\theta\left(0\leqslant\theta\leqslant\dfrac{\pi}{2}\right)$ 称为直线与平面的夹角，当直线垂直平面时，规定夹角为 $\dfrac{\pi}{2}$	平面 $\Pi:A_1x+B_1y+C_1z+D_1=0$ 直线 $L:\dfrac{x-x_1}{m}=\dfrac{y-y_1}{n}=\dfrac{z-z_1}{k}$ $\sin\theta=$ $\dfrac{\lvert A_1m+B_1n+C_1k\rvert}{\sqrt{A_1^2+B_1^2+C_1^2}\sqrt{m^2+n^2+k^2}}$	1. $L\perp\Pi:\dfrac{A_1}{m}=\dfrac{B_1}{n}=\dfrac{C_1}{k}$ 2. $L\ /\!/\ \Pi:A_1m+B_1n+C_1k=0$ 3. 过直线 $L\begin{cases} A_1x+B_1y+C_1z+D_1=0 \\ A_2x+B_2y+C_2z+D_2=0 \end{cases}$ 的平面束方程为： $\lambda(A_1x+B_1y+C_1z+D_1)+\mu(A_2x+B_2y+C_2z+D_2)=0$ $(\lvert\lambda\rvert+\lvert\mu\rvert\neq 0)$

距离公式

1.点到平面的距离

设点 $P_0(x_0, y_0, z_0)$ 及平面 $Ax + By + Cz + D = 0$,则 P_0 到平面的距离为 $d = \dfrac{|Ax_0 + By_0 + Cz_0 + D|}{\sqrt{A^2 + B^2 + C^2}}$

2.点到直线的距离

设点 $P_0(x_0, y_0, z_0)$ 和直线 $L: \dfrac{x - x_1}{m} = \dfrac{y - y_1}{n} = \dfrac{z - z_1}{k}$,则点 P_0 到直线 L 的距离为

$d = \dfrac{|\overrightarrow{P_0 P_1} \times s|}{|s|}, P_1(x_1, y_1, z_1), s = \{m, n, k\}$

3.两直线的距离

$L_1: \dfrac{x - x_1}{m_1} = \dfrac{y - y_1}{n_1} = \dfrac{z - z_1}{k_1}, L_2: \dfrac{x - x_2}{m_2} = \dfrac{y - y_2}{n_2} = \dfrac{z - z_2}{k_2}$

$P_1(x_1, y_1, z_1), P_2(x_2, y_2, z_2), s_1 = \{m_1, n_1, k_1\}, s_2 = \{m_2, n_2, k_2\}$

L_1 与 L_2 的距离 $d = \dfrac{|(s_1 \times s_2) \cdot \overrightarrow{P_1 P_2}|}{|s_1 \times s_2|}$

复习题九

1.填空题

(1) 点 $P_0(x_0, y_0, z_0)$ 关于坐标原点的对称点坐标是_____关于 x 轴对称点的坐标是_____;关于 xOy 平面的对称点坐标是_____;

(2) 若 $|a| = 13, |b| = 19, |a - b| = 22$,则 $|a + b| =$ _____.

(3) $a = \{2, -3, 1\}, b = \{1, -1, 3\}, c = \{1, -2, 0\}$,则 $(a \times b) \cdot c =$ _____.

(4) 若两非零向量 a, b 的方向余弦分别为 $\cos \alpha_1, \cos \beta_1, \cos \gamma_1$ 和 $\cos \alpha_2, \cos \beta_2, \cos \gamma_2$,则 $\cos(\overset{\wedge}{a, b}) =$ _____.

(5) $a = \{3, 5, -2\}, b = \{2, 1, 4\}$,问 λ 与 μ 满足什么条件_____,才有 $\lambda a + \mu b$ 与 Oz 轴垂直.

(6) 设一平面经过原点及点 $(6, -3, 2)$,且与平面 $4x - y + 2z - 9 = 0$ 垂直,则此平面方程为_____.

(7) 直线 $\begin{cases} 2x + 5z + 3 = 0 \\ x - 3y + z + 2 = 0 \end{cases}$ 的对称式方程是_____.

(8) 点 $P_0(-1, 2, 0)$ 在平面 $\Pi: x + 2y - z + 1 = 0$ 上的投影点坐标是_____,关于平面 Π 的对称点是_____.

(9) 点 $(3, -4, 4)$ 到直线 $\dfrac{x - 4}{2} = \dfrac{y - 5}{-2} = \dfrac{z - 2}{1}$ 的距离_____.

(10) 两平行平面 $2x + 2y - z - 1 = 0$ 与 $2x + 2y - z + 5 = 0$ 之间的距离_____.

(11) 直线 $L_1: \dfrac{x - 1}{1} = \dfrac{y - 5}{-2} = \dfrac{z + 8}{1}$ 与 $L_2: \begin{cases} x - y - 6 = 0 \\ 2y - z - 3 = 0 \end{cases}$ 的夹角_____.

(12) 过点 $P_0(1,2,-1)$ 且与直线 $\dfrac{x-2}{-1} = \dfrac{y+4}{3} = \dfrac{z+1}{1}$ 垂直的平面方程是 _____.

(13) 如果点 $P(2,-1,-1)$ 关于平面 Π 的对称点 $P'(-2,3,11)$，则平面 Π 的方程为 _____.

(14) 与原点距离为 6，且在坐标轴上的截距之比为 $a:b:c = 1:3:2$ 的平面方程是 _____.

(15) 经过点 $P_0(0,-3,-2)$ 且与两条直线 $L_1 : \dfrac{x+1}{2} = \dfrac{y-5}{-4} = \dfrac{z-2}{3}$，$L_2 : \dfrac{x-3}{3} = \dfrac{y-2}{2} = z-1$ 都垂直的直线方程是 _____.

(16) 两条直线 $L_1 : \dfrac{x-1}{0} = \dfrac{y}{1} = \dfrac{z}{1}$ 和 $L_2 : \dfrac{x}{2} = \dfrac{y}{-1} = \dfrac{z+2}{0}$ 间最短距离为 _____.

(17) 曲线 $c : \begin{cases} z = x^2 + 2y^2 \\ z = 2 - x^2 \end{cases}$ 关于 xOy 平面的投影柱面方程是 _____；投影曲线方程是 _____；

2.单项选择题

(1) 设非零向量 a,b，且 $a \perp b$，则必有（　　）

A.$|a+b| = |a| + |b|$　　　　　　B.$|a-b| = |a| - |b|$

C.$a+b = a-b$　　　　　　　　　D.$|a-b| = |a+b|$

(2) 向量 a,b，$|a| = 4$，$|b| = 2$，且 $a \cdot b = 4\sqrt{2}$，则 $|a \times b| = （　　）$

A.$\dfrac{\sqrt{2}}{2}$　　　　B.$2\sqrt{2}$　　　　C.$4\sqrt{2}$　　　　D.2

(3) 若 $a \times b + b \times c + c \times a = \mathbf{0}$，则有（　　）

A.a,b,c 为异面向量　　　　　　B.a,b,c 中至少有一个零向量

C.a,b,c 一定共面　　　　　　　D.a,b,c 可构成一个三角形

(4) a,b,c 满足 $a+b+c = 0$，则 $a \times b = （　　）$

A.$b \times c$　　　　B.$c \times b$　　　　C.$a \times c$　　　　D.$b \times a$

(5) 设向量 a,b,c 满足 $a \times b = c \times a$，则有（　　）

A.$(b+c) // a$　　B.$(b-c) // a$　　C.$(b+c) \perp a$　　D.$(b-c) \perp a$

(6) 设向量 α 与三个坐标面 xOy, yOz, zOx 的夹角分别为 $\alpha, \beta, \gamma \left(0 \leqslant \alpha, \beta, \gamma \leqslant \dfrac{\pi}{2}\right)$，则 $\cos^2\alpha + \cos^2\beta + \cos^2\gamma = （　　）$

A.1　　　　B.2　　　　C.3　　　　D.4

(7) 设直线 $L : \begin{cases} x + 3y + 2z + 1 = 0 \\ 2x - y - 10z + 3 = 0 \end{cases}$ 及平面 $\Pi : 4x - 2y + z - 2 = 0$，则 L（　　）

A.与 Π 斜交　　　　　　　　　B.垂直于 Π

C.在 Π 上　　　　　　　　　　D.平行于 Π

(8) 平行平面 $\Pi_1 : x - 2y + z - 2 = 0$ 和 $\Pi_2 : x - 2y + z - 6 = 0$ 之间的距离 $d = （　　）$

A.4　　　　B.2　　　　C.$\dfrac{8}{\sqrt{6}}$　　　　D.$\dfrac{4}{\sqrt{6}}$

(9) 直线 $L_1:\begin{cases} x+2y-z-7=0 \\ -2x+y+z-7=0 \end{cases}$ 与 $L_2:\begin{cases} 3x+6y-3z-8=0 \\ 2x-y-z=0 \end{cases}$ 之间的关系是

（　　）

A. $L_1 \perp L_2$　　　　　　　　　　B. $L_1 /\!/ L_2$

C. L_1 与 L_2 相交,但不垂直　　　　D. L_1 与 L_2 为异面直线

(10) 曲线 $\Gamma:\begin{cases} \dfrac{x^2}{16}+\dfrac{y^2}{4}-\dfrac{z^2}{5}=1 \\ x-2z+3=0 \end{cases}$ 在 xOy 平面上投影曲线的方程是(　　　)

A. $x^2+20y^2-24x-116=0$

B. $4y^2+4z^2-12z-7=0$

C. $\begin{cases} x^2+20y^2-24x-116=0 \\ z=0 \end{cases}$

D. $\begin{cases} 4y^2+4z^2-12z-7=0 \\ x=0 \end{cases}$

(11) 平面曲线 $\begin{cases} y^2+3=z \\ x=0 \end{cases}$ 绕 y 轴旋转的旋转曲面是(　　　)

A. $(y^2+3)^2=x^2+z^2$　　　　　　B. $\begin{cases} y^2+3=\pm\sqrt{x^2+z^2} \\ x=0 \end{cases}$

C. $x^2+y^2+3=z$　　　　　　　　D. $y^2+3=\sqrt{x^2+z^2}$

3. 计算题

(1) a,b,c 为三个非零向量, $a \perp b$, $(\stackrel{\wedge}{a,c})=\dfrac{\pi}{3}$, $(\stackrel{\wedge}{c,b})=\dfrac{\pi}{6}$ 且 $|a|=1$, $|b|=2$, $|c|=3$, 求 $|a+b+c|$.

(2) 设 $a=\{2,-3,1\}$, $b=\{1,-2,3\}$, $c=\{2,1,2\}$ 向量 γ 满足 $\gamma \perp a$, $\gamma \perp b$, $P_{rj_c}\gamma=14$, 求 γ.

(3) $a=\{2,-2,1\}$, $b=\{-1,2,-2\}$, $c=\{1,1,1\}$, 求 $P_{rj_c}a \times b=?$

4. 计算题

(1) 求平行于直线 $L_1:\dfrac{x+2}{2}=\dfrac{y-1}{1}=\dfrac{z}{1}$ 且通过直线 $L_2:\dfrac{x-1}{1}=\dfrac{y-2}{0}=\dfrac{z-3}{1}$ 的平面方程.

(2) 求过点 $(0,1,2)$ 且与直线 $\dfrac{x-1}{1}=\dfrac{y-1}{-1}=\dfrac{z}{2}$ 垂直相交的直线方程.

(3) 求平面 $x-2y+2z+21=0$ 与平面 $7x+24z-5=0$ 的角平分面的平面方程.

(4) 求通过直线 $L:\begin{cases} 2x+y-z-2=0 \\ 3x-2y-2z+1=0 \end{cases}$ 且与平面 $\Pi:3x+2y+3z-6=0$ 垂直的平面方程.

(5) 一条直线在平面 $x+2y=0$ 上,且与两直线 $\dfrac{x}{1}=\dfrac{y}{4}=\dfrac{z-1}{-1}$ 及 $\dfrac{x-4}{2}=\dfrac{y-1}{0}=\dfrac{z-2}{1}$ 都相交,求该直线方程.

第10章

多元函数微分法及其应用

在上册书中，我们研究的函数都是一个自变量的一元函数，但在工程技术和自然科学中，很多问题都由多个因素决定的，因此需要多个变量来描述，这就是多元函数，多元函数的微分学与积分学是在一元函数的微分学和积分学的基础上发展起来的，从一元函数到二元函数，自变量由一个增加到两个，往往产生许多新的问题，而从二元函数到 n 元函数，再没有本质差别了，因此我们研究多元函数以二元函数为主.

10.1 多元函数的概念及偏导数

我们知道长方体的体积 V，三边长为 a,b,c，则
其体积为

$$V = abc$$

其全面积
$$S = 2(ab + ac + bc)$$

这里体积 V 及全面积 S 都依赖于变量 a,b,c.

本章我们以二元函数为主，因此先介绍平面区域.

10.1.1 平面区域

只研究 xOy 平面上的点集 E

1.平面邻域

记作：$U(P_0,\delta)$

$$U(P_0,\delta) = \left\{(x,y) \,\middle|\, \sqrt{(x-x_0)^2 + (y-y_0)^2} < \delta\right\}$$

而去心邻域

记作：$\overset{\centerdot}{U}(P_0,\delta)$

$$\overset{\centerdot}{U}(P_0,\delta) = \left\{(x,y) \,\middle|\, 0 < \sqrt{(x-x_0)^2 + (y-y_0)^2} < \delta\right\}$$

也可简记为 $\overset{\centerdot}{U}(P_0)$

几何上 $U(P_0,\delta)$ 就是在 xOy 平面上，以点 $P_0(x_0,y_0)$ 为中心，$\delta > 0$ 为半径的圆内部的点的全体.

2. 内点

如果存在点 P 的某个邻域 $U(P)$ ，使得 $U(P) \subset E$ ，则称 P 为点集 E 的内点.

3. 边界点

如果点 P 的任一邻域内，既含有属于 E 的点，又含有不属于 E 的点，则称 P 为 E 的边界点.

E 的边界点的全体，称为 E 的边界，记作 ∂E .

注意： E 的边界点可能属于 E ，也可能不属于 E .

4. 开集

如果点集 E 的点都是 E 的内点，则称 E 为开集.

5. 闭集

如果点集 E 的边界 $\partial E \subset E$ ，则称 E 为闭集.

6. 连通集

如果点集 E 内任意两点都可以用属于 E 的折线联结起来，则称 E 为连通集.

7. 区域(或开区域)

连通的开集称为区域或开区域.

8. 闭区域

开区域连同它的边界一起构成的点集称为闭区域.

9. 有界集

点集 E ，如果存在某一正数 γ ，使得 $E \subset U(O, \gamma)$

其中 O 是坐标原点，则称 E 为有界集，否则无界集.

10.1.2 多元函数

定义 10.1 如果当两个独立变量 x 和 y 在其给定的集合 D 中，任取一组值时，第三个变量 z 就依某一确定的法则 f 有确定的值与其对应，那么变量 z 称为变量 x 与 y 的二元函数，记作：

$$z = f(x, y)$$

其中 x 与 y 称为自变量，函数 z 叫因变量.

自变量 x 与 y 的变化集合 D ，叫函数 z 的定义域， z 的取值的集合叫函数的值域，记作： $f(D)$

类似地可以定义三元函数，四元函数乃至 n 元函数.

二元函数 $z = f(x, y)$ 几何表示，它通常代表一张曲面而定义域 D 就是此曲面在 xOy 平面上的投影.

例如 $z = \sqrt{1 - x^2 - y^2}$ 上半球面 （如图 10.1).

10.1.3 二元函数极限

在一元函数中，我们讨论过极限即 $\lim\limits_{x \to x_0} f(x) = A$ ，那时 $x \to x_0$ ，只是在 x 轴上从左方、右方趋向 x_0 .

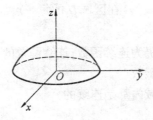

图 10.1

对于二元函数 $z = f(x, y)$，同样可以讨论自变量 x 与 y 趋向于点 (x_0, y_0) 时，函数 $z = f(x, y)$ 的变化趋势.

但是，二元函数的情况要比一元函数复杂得多，因为在平面 xOy 上，点 (x, y) 趋向 (x_0, y_0) 的方式可以是多种多样的.

定义 10.2　如果当点 (x, y) 以任意方式趋向点 (x_0, y_0) 时，函数 $f(x, y)$ 总是趋向一个确定的常数 A，那么就称 A 是二元函数 $f(x, y)$，当 $(x, y) \to (x_0, y_0)$ 时的极限，这种极限通常称为二重极限，记作：$\lim\limits_{(x,y) \to (x_0, y_0)} f(x, y) = A$ 或 $\lim\limits_{\substack{x \to x_0 \\ y \to y_0}} f(x, y) = A$ 也可记作：

$$(x, y) \to (x_0, y_0) 时, f(x, y) \to A$$

如果当 (x, y) 以不同的方式趋于 (x_0, y_0) 时，函数 $f(x, y)$ 趋于不同的数，则我们可以断定 $f(x, y)$ 没有极限.

例 1　$f(x, y) = \dfrac{xy}{x^2 + y^2}(x^2 + y^2 \neq 0)$.

当 (x, y) 沿 x 轴或 y 轴趋于 $(0, 0)$，有

$$\lim\limits_{\substack{x = 0 \\ y \to 0}} f(x, y) = 0 \ 及 \lim\limits_{\substack{x \to 0 \\ y = 0}} \frac{xy}{x^2 + y^2} = 0$$

再沿 $y = x$ 趋于 $(0, 0)$

$$\lim\limits_{\substack{x \to 0 \\ y = x}} \frac{xy}{x^2 + y^2} = \frac{1}{2}$$

所以 $\lim\limits_{\substack{x \to 0 \\ y \to 0}} \dfrac{xy}{x^2 + y^2}$ 不存在.

与一元函数一样，二重极限也有类似地运算法则：

如果　　　　　$(x, y) \to (x_0, y_0)$ 时, $f(x, y) \to A$　$g(x, y) \to B$

则 (1) $f(x, y) \pm g(x, y) \to A \pm B$

(2) $kf(x, y) \to kA$　　k 为常数

(3) $f(x, y) \cdot g(x, y) \to A \cdot B$

(4) $B \neq 0, \dfrac{f(x, y)}{g(x, y)} \to \dfrac{A}{B}$

10.1.4　二元函数的连续性

定义 10.3　如果函数 $z = f(x, y)$ 满足 $\lim\limits_{(x,y) \to (x_0, y_0)} f(x, y) = f(x_0, y_0)$ 称 $f(x, y)$ 在

(x_0, y_0)连续,如果函数 $z = f(x, y)$ 在区域 D 的每一点都连续,称函数 $f(x, y)$ 在区域 D 连续.

多元连续函数的和,差,积仍为连续函数;连续函数的商在分母不为零处仍连续;多元连续函数的复合函数也是连续函数.

多元初等函数在其定义区域内都是连续的.

例 2　求 $\lim\limits_{\substack{x \to 1 \\ x \to 2}} \dfrac{2xy}{x^2 + y^2 + 1}$.

解　函数 $f(x, y) = \dfrac{2xy}{x^2 + y^2 + 1}$ 是初等函数.

它的定义域为整个实平面,所以

$$\lim_{\substack{x \to 1 \\ y \to 2}} f(x, y) = f(1, 2) = \frac{2}{3}$$

与闭区间上一元连续函数的性质类似,在有界闭区域 D 上的连续的多元函数具有如下性质:

性质 1　(有界性与最大值、最小值定理)在有界闭区域 D 上的多元连续函数,必定在 D 上有界,且能取得它的最大值和最小值.

性质 2　(介值定理)在有界闭区域 D 上的多元连续函数必取得介于最小值和最大值之间的任何值.

10.1.5　偏导数

一元函数的导数是刻画函数对自变量的瞬时变化率而建立起来的,多元函数也有类似的问题,对于二元函数 $z = f(x, y)$,由于多了一个自变量,研究这类问题也是十分复杂的,因为点 (x, y) 可以由许多不同的方式趋于点 (x_0, y_0),其中一个比较简单而自然可行的办法是把函数的一个自变量固定,去讨论函数对另一个自变量的瞬时变化率.

定义 10.4　设二元函数 $z = f(x, y)$ 在区域 D 内有定义,点 $P_0(x_0, y_0) \in D$,如果 $\lim\limits_{\Delta x \to 0} \dfrac{f(x_0 + \Delta x, y_0) - f(x_0, y_0)}{\Delta x}$ 存在,称此极限为函数 $z = f(x, y)$ 在点 (x_0, y_0) 处对 x 的偏导数,记作:

$$\frac{\partial z}{\partial x}\bigg|_{\substack{x = x_0 \\ y = y_0}}, \frac{\partial f}{\partial x}\bigg|_{\substack{x = x_0 \\ y = y_0}}, Z_x\bigg|_{\substack{x = x_0 \\ y = y_0}}, f_x(x_0, y_0) \text{ 或 } f'_x(x_0, y_0)$$

类似的 $f_y(x_0, y_0) = \lim\limits_{\Delta y \to 0} \dfrac{f(x_0, y_0 + \Delta y) - f(x_0, y_0)}{\Delta y}$ 称为函数 $z = f(x, y)$ 在点 (x_0, y_0) 处对 y 的偏导数.

如果函数 $z = f(x, y)$ 在区域 D 内每一点 (x, y) 处,对 x 的偏导数都存在,那么这个偏导数就是 x, y 的函数,它就称为函数 $z = f(x, y)$ 对自变量 x 的偏导函数,记作:$\dfrac{\partial z}{\partial x}, \dfrac{\partial f}{\partial x}, z_x$ 或 $f_x(x, y)$.

类似的,可定义函数 $z = f(x, y)$ 对自变量 y 的偏导函数,记作:$\dfrac{\partial z}{\partial y}, \dfrac{\partial f}{\partial y}, z_y$ 或 $f_y(x, y)$.

由偏导函数的概念可知,$f(x,y)$ 在点 (x_0,y_0) 处对 x 的偏导数 $f_x(x_0,y_0)$,显然就是偏导函数 $f_x(x,y)$ 在 (x_0,y_0) 处的函数值,以后在不至于混淆的地方,也把偏导函数简称偏导数. 当函数 $z=f(x,y)$ 在点 (x_0,y_0) 有偏导数 $f_x(x_0,y_0)$ 与 $f_y(x_0,y_0)$ 时,我们称 $f(x,y)$ 在 (x_0,y_0) 可导.

既然偏导数实质上就是把一个自变量固定而将二元函数 $z=f(x,y)$ 看成是另一个自变量的一元函数的导数,可知一元函数的求导方法完全适用于求偏导数,只要记住对一个自变量求导时,把另一个自变量看作常量就行了.

例 3　求 $z=x^2y^3$ 的偏导数.

解　求 $\frac{\partial z}{\partial x}$ 时把 y 看作常数,求 $\frac{\partial z}{\partial y}$ 时,把 x 看作常量,因此

$$\frac{\partial z}{\partial x}=2xy^3,\frac{\partial z}{\partial y}=3x^2y^2$$

例 4　求 $z=x^y$ 的偏导数.

解
$$\frac{\partial z}{\partial x}=yx^{y-1}$$
$$\frac{\partial z}{\partial y}=x^y\ln x$$

例 5　求 $z=y^2\sin x$ 在点 $\left(\frac{\pi}{2},1\right)$ 处的偏导数.

解
$$\frac{\partial z}{\partial x}=y^2\cos x \quad \left.\frac{\partial z}{\partial x}\right|_{\left(\frac{\pi}{2},1\right)}=0$$
$$\frac{\partial z}{\partial y}=2y\sin x \quad \left.\frac{\partial z}{\partial y}\right|_{\left(\frac{\pi}{2},1\right)}=2$$

例 6　$f(x,y)=\begin{cases}\dfrac{2xy}{x^2+y^2} & x^2+y^2\neq 0 \\ 0 & x^2+y^2=0\end{cases}$,求 $f_x(0,0)$ 及 $f_y(0,0)$.

解
$$f_x(0,0)=\lim_{\Delta x\to 0}\frac{f(0+\Delta x,0)}{\Delta x}=\lim_{\Delta x\to 0}\frac{0-0}{\Delta x}=0$$
同理
$$f_y(0,0)=\lim_{\Delta y\to 0}\frac{f(0,0+\Delta y)-f(0,0)}{\Delta y}=0$$
三元函数及三元以上的函数的偏导数可以类似地来定义.
如
$$u=f(x,y,z)$$
$$\frac{\partial u}{\partial x}=\lim_{\Delta x\to 0}\frac{f(x+\Delta x,y,z)-f(x,y,z)}{\Delta x}$$

例 7　求 $u=x^2+y^2+z^2$ 的偏导数.

解
$$\frac{\partial u}{\partial x}=2x,\frac{\partial u}{\partial y}=2y,\frac{\partial u}{\partial z}=2z$$

10.1.6　高阶偏导数,求导次序的无关性

设 $z=f(x,y)$ 在区域 D 内具有偏导数
$$\frac{\partial z}{\partial x}=f_x(x,y),\frac{\partial z}{\partial y}=f_y(x,y)$$

那么在 D 内 $f_x(x,y)$, $f_y(x,y)$ 都是 x,y 的函数,如果这两个函数的偏导数也存在,则称它们是函数 $z=f(x,y)$ 的二阶偏导数.

$$\frac{\partial}{\partial x}\left(\frac{\partial z}{\partial x}\right) = \frac{\partial^2 z}{\partial x^2} = f_{xx}(x,y)$$

$$\frac{\partial}{\partial x}\left(\frac{\partial z}{\partial y}\right) = \frac{\partial^2 z}{\partial y \partial x} = f_{yx}(x,y)$$

$$\frac{\partial}{\partial y}\left(\frac{\partial z}{\partial x}\right) = \frac{\partial^2 z}{\partial x \partial y} = f_{xy}(x,y)$$

$$\frac{\partial}{\partial y}\left(\frac{\partial z}{\partial y}\right) = \frac{\partial^2 z}{\partial y^2} = f_{yy}(x,y)$$

其中第二、三两个偏导数称为混合偏导数,同样可得三阶,四阶以至 n 阶偏导数,二阶及二阶以上的偏导数统称为高阶偏导数.

例 8 $z = x^3 y^2 - 2xy^3$

求 $\dfrac{\partial^2 z}{\partial x^2}, \dfrac{\partial^2 z}{\partial x \partial y}, \dfrac{\partial^2 z}{\partial y \partial x}, \dfrac{\partial^2 z}{\partial y^2}$ 及 $\dfrac{\partial^3 z}{\partial x^3}$.

解
$$\frac{\partial z}{\partial x} = 3x^2 y^2 - 2y^3, \frac{\partial^2 z}{\partial x^2} = 6xy^2$$

$$\frac{\partial^2 z}{\partial x \partial y} = \frac{\partial}{\partial y}\left(\frac{\partial z}{\partial x}\right) = 6x^2 y - 6y^2$$

$$\frac{\partial^2 z}{\partial y \partial x} = \frac{\partial}{\partial y}\left(\frac{\partial z}{\partial y}\right) = \frac{\partial}{\partial x}(2x^3 y - 6xy^2) = 6x^2 y - 6y^2$$

$$\frac{\partial^2 z}{\partial y^2} = \frac{\partial}{\partial y}(2x^3 y - 6xy^2) = 2x^3 - 12xy$$

$$\frac{\partial^3 z}{\partial x^3} = \frac{\partial}{\partial x}(6xy^2) = 6y^2$$

由此例看到 $\dfrac{\partial^2 z}{\partial x \partial y} = \dfrac{\partial^2 z}{\partial y \partial x}$ 这不是偶然的.

我们有如下定理:

定理 10.1 如果函数 $z = f(x,y)$ 的两个二阶混合偏导数 $\dfrac{\partial^2 z}{\partial x \partial y}, \dfrac{\partial^2 z}{\partial y \partial x}$ 在区域 D 内连续,那么在该区域内这两个混合偏导数必相等.

例 9 验证函数 $z = \ln\sqrt{x^2 + y^2}$ 满足方程 $\dfrac{\partial^2 z}{\partial x^2} + \dfrac{\partial^2 z}{\partial y^2} = 0$.

证
$$\frac{\partial z}{\partial x} = \frac{x}{x^2 + y^2}, \frac{\partial z}{\partial y} = \frac{y}{x^2 + y^2}$$

$$\frac{\partial^2 z}{\partial x^2} = \frac{(x^2 + y^2) - x \cdot 2x}{(x^2 + y^2)^2} = \frac{y^2 - x^2}{(x^2 + y^2)^2}$$

$$\frac{\partial^2 z}{\partial y^2} = \frac{(x^2 + y^2) - y \cdot 2y}{(x^2 + y^2)^2} = \frac{x^2 - y^2}{(x^2 + y^2)^2}$$

因此
$$\frac{\partial^2 z}{\partial x^2} + \frac{\partial^2 z}{\partial y^2} = \frac{y^2 - x^2}{(x^2 + y^2)^2} + \frac{x^2 - y^2}{(x^2 + y^2)^2} = 0$$

上述方程叫拉普拉斯方程,是数学物理方程中的一种很重要的方程.

百　花　园

例 10　设函数 $f(x,y) = \begin{cases} \dfrac{xy^2}{x^2+y^4} & (x,y) \neq (0,0) \\ 0 & (x,y) = (0,0) \end{cases}$，求

(1) $f_x(0,0)$，$f_y(0,0)$.

(2) $f(x,y)$ 在 $(0,0)$ 处是否连续？

解(1)　$f_x(0,0) = \lim\limits_{\Delta x \to 0} \dfrac{f(0+\Delta x,0)-f(0,0)}{\Delta x} = \lim\limits_{\Delta x \to 0} \dfrac{0-0}{\Delta x} = 0$

$f_x(0,0) = \lim\limits_{\Delta y \to 0} \dfrac{f(0,0+\Delta y)-f(0,0)}{\Delta y} = \lim\limits_{\Delta y \to 0} \dfrac{0-0}{\Delta y} = 0$

(2) 因为 $\lim\limits_{\substack{y \to 0 \\ x=ky^2}} \dfrac{xy^2}{x^2+y^4} = \lim\limits_{y \to 0} \dfrac{ky^2 \cdot y^2}{(ky^2)^2+y^4} = \dfrac{k}{1+k^2}$

其极限随 k 的不同而改变，所以 $\lim\limits_{\substack{x \to 0 \\ y \to 0}} f(x,y)$ 不存在，因而函数 $f(x,y)$ 在点 $(0,0)$ 处不

连续.

而 $f_x(0,0)$ 与 $f_y(0,0)$ 都存在，由此可见多元函数的复杂性.

例 11　设 $f\left(x+y, \dfrac{y}{x}\right) = x^2 - y^2$，求 $f(x,y)$ 及 $f_x(x,y)$，$f_y(x,y)$.

解　设

$$x+y = u, \frac{y}{x} = v$$

则

$$x = \frac{u}{1+v}, y = \frac{uv}{1+v}$$

所以

$$f(u,v) = \left(\frac{u}{1+v}\right)^2 - \left(\frac{uv}{1+v}\right)^2 = \frac{u^2(1-v)}{1+v}$$

$$f(x,y) = \frac{x^2(1-y)}{1+y}$$

$$f_x(x,y) = \frac{2x(1-y)}{1+y}$$

$$f_y(x,y) = -\frac{2x^2}{(1+y)^2}$$

例 12　$u = x^{y^z}$ 求 $\dfrac{\partial u}{\partial x}, \dfrac{\partial u}{\partial y}, \dfrac{\partial u}{\partial z}$.

解

$$\frac{\partial u}{\partial x} = y^z x^{y^z-1}$$

$$\frac{\partial u}{\partial y} = x^{y^z} \ln x (zy^{z-1})$$

$$\frac{\partial u}{\partial z} = x^{y^z} \ln x (y^z \ln y)$$

例 13　证明函数 $u = \dfrac{1}{r}$ 其中 $r = \sqrt{x^2+y^2+z^2}$，满足方程

$$\frac{\partial^2 u}{\partial x^2} + \frac{\partial^2 u}{\partial y^2} + \frac{\partial^2 u}{\partial z^2} = 0$$

证
$$\frac{\partial u}{\partial x} = -\frac{1}{r^2}\frac{\partial r}{\partial x} = -\frac{1}{r^2}\cdot\frac{x}{r} = -\frac{x}{r^3}$$

$$\frac{\partial^2 u}{\partial x^2} = -\frac{1}{r^3} + \frac{3x}{r^4}\frac{\partial r}{\partial x} = -\frac{1}{r^3} + \frac{3x^2}{r^5}$$

由于函数关于自变量的对称性,所以

$$\frac{\partial^2 u}{\partial y^2} = -\frac{1}{r^3} + \frac{3y^2}{r^5}$$

$$\frac{\partial^2 u}{\partial z^2} = -\frac{1}{r^3} + \frac{3z^2}{r^5}$$

于是
$$\frac{\partial^2 u}{\partial x^2} + \frac{\partial^2 u}{\partial y^2} + \frac{\partial^2 u}{\partial z^2} = -\frac{3}{r^3} + \frac{3r^2}{r^5} = 0$$

这个方程也叫拉普拉斯方程.

例 14 设 $f(x,y) = x + (y^2 - 1)\arctan\sqrt{x^2 y - 1}$,求 $f_x(x,1)$.

解 先将 $f(x,y)$ 中的 y 代 1

得
$$f(x,1) = x$$

所以
$$f_x(x,1) = 1$$

例 15 $z = (x^2 + y^2 + 1)^{xy}$ 求 z_x, z_y

解
$$z = e^{xy\ln(x^2+y^2+1)}$$

$$z_x = e^{xy\ln(x^2+y^2+1)}\left[y\ln(x^2+y^2+1) + \frac{2x^2 y}{x^2+y^2+1}\right] =$$

$$(x^2+y^2+1)^{xy}\left[y\ln(x^2+y^2+1) + \frac{2x^2 y}{x^2+y^2+1}\right]$$

$$z_y = (x^2+y^2+1)^{xy}\left[x\ln(x^2+y^2+1) + \frac{2xy^2}{x^2+y^2+1}\right]$$

习题 10.1

1.求下列函数的偏导数:

(1) $z = (1 + xy)^y$;

(2) $z = \dfrac{x}{\sqrt{x^2 + y^2}}$;

(3) $z = xy + \dfrac{x}{y}$;

(4) $z = \arctan\dfrac{x + y}{1 - xy}$.

2.求下列函数的二阶偏导数:

(1) $z = \sin^2(ax + by)$

(2) $z = \arctan\dfrac{y}{x}$.

3. $f(x,y) = \dfrac{(x-1)e^{y^2}}{x^2 + y^2 + 1} + 2x^3 y^2$,求 $f_y(1,y)$.

4. $r = \sqrt{x^2 + y^2 + z^2}$ 证明: $\dfrac{\partial^2 r}{\partial x^2} + \dfrac{\partial^2 r}{\partial y^2} + \dfrac{\partial^2 r}{\partial z^2} = \dfrac{2}{r}$.

5.已知 $f(x+y, x-y) = x^2 - y^2$,求

(1)$f(x,y)$;　　(2)$f_x(x,y), f_y(x,y)$;　　(3)$f_{xy}(x,y)$.

10.2　多元复合函数求导法则

在一元函数中,我们知道,复合函数的求导法,即链锁规则是求导的关键方法,对于多元函数也是如此,下面先对二元函数的复合函数进行讨论.

设,由二元函数

$$z = f(u,v), u = u(x,y), v = v(x,y)$$

复合函数为

$$z = f[u(x,y), v(x,y)]$$

我们把各变量之间的联系用下图表示:

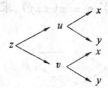

于是有

定理 10.2　如果函数 $u = u(x,y)$, $v = v(x,y)$ 都在点 (x,y) 具有对 x 及对 y 的偏导数, 函数 $z = f(u,v)$ 在对应点 (u,v) 具有连续偏导数, 则复合函数 $z = f[u(x,y), v(x,y)]$ 在点 (x,y) 处的两个偏导数都存在,且有

$$\frac{\partial z}{\partial x} = \frac{\partial z}{\partial u}\frac{\partial u}{\partial x} + \frac{\partial z}{\partial v}\frac{\partial v}{\partial x}$$

$$\frac{\partial z}{\partial y} = \frac{\partial z}{\partial u}\frac{\partial u}{\partial y} + \frac{\partial z}{\partial v}\frac{\partial v}{\partial y}$$

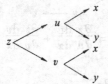

这个公式很容易记忆,只须自己会把上面各变量之间的关系图画出,z 对 x 求偏导时,终端找到 x,从起点 z 到 x,有两条路线,第一条路线为 $z - u - x$,可写成 $\frac{\partial z}{\partial u} \cdot \frac{\partial u}{\partial x}$

第二条路线为 $z - v - x$,可写成 $\frac{\partial z}{\partial v}\frac{\partial v}{\partial x}$

于是两条路线相加,即得

$$\frac{\partial z}{\partial x} = \frac{\partial z}{\partial u}\frac{\partial u}{\partial x} + \frac{\partial z}{\partial v}\frac{\partial v}{\partial x}$$

同理

$$\frac{\partial z}{\partial y} = \frac{\partial z}{\partial u}\frac{\partial u}{\partial y} + \frac{\partial z}{\partial v}\frac{\partial v}{\partial y}$$

类似的

$$z = f(u,v,\omega)$$

$$u = u(x,y), v = v(x,y), \omega = \omega(x,y)$$

其关系图为

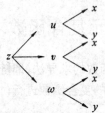

有三条路线(以后假设涉及的函数,都具有连续各阶偏导数)

于是

$$\frac{\partial z}{\partial x} = \frac{\partial z}{\partial u}\frac{\partial u}{\partial x} + \frac{\partial z}{\partial v}\frac{\partial v}{\partial x} + \frac{\partial z}{\partial \omega}\frac{\partial \omega}{\partial x}$$

$$\frac{\partial z}{\partial y} = \frac{\partial z}{\partial u}\frac{\partial u}{\partial y} + \frac{\partial z}{\partial v}\frac{\partial v}{\partial y} + \frac{\partial z}{\partial \omega}\frac{\partial \omega}{\partial y}$$

例1 $z = f(u,v)$ $u = u(x), v = v(x,y)$,求 $\frac{\partial z}{\partial x}, \frac{\partial z}{\partial y}$.

解 先画出关系图

$$z \begin{cases} u \longrightarrow x \\ v \begin{cases} x \\ y \end{cases} \end{cases}$$

$$\frac{\partial z}{\partial x} = \frac{\partial z}{\partial u}\frac{\mathrm{d}u}{\mathrm{d}x} + \frac{\partial z}{\partial v}\frac{\partial v}{\partial x}$$

$$\frac{\partial z}{\partial y} = \frac{\partial z}{\partial v}\frac{\partial v}{\partial y}$$

例2 $z = f(u,v)$ $u = u(x), v = v(x)$ 求 $\frac{\mathrm{d}z}{\mathrm{d}x}$.

解 关系图

$$z \begin{cases} u \longrightarrow x \\ v \longrightarrow x \end{cases}$$

$$\frac{\mathrm{d}z}{\mathrm{d}x} = \frac{\partial z}{\partial u}\frac{\mathrm{d}u}{\mathrm{d}x} + \frac{\partial z}{\partial v}\frac{\mathrm{d}v}{\mathrm{d}x}$$

以后称这种导数为全导数.

例3 $z = f[x, v(x,y)]$ 求 $\frac{\partial z}{\partial x}, \frac{\partial z}{\partial y}$.

解 关系图

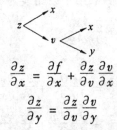

$$\frac{\partial z}{\partial x} = \frac{\partial f}{\partial x} + \frac{\partial z}{\partial v}\frac{\partial v}{\partial x}$$

$$\frac{\partial z}{\partial y} = \frac{\partial z}{\partial v}\frac{\partial v}{\partial y}$$

这里出现 $\frac{\partial z}{\partial x}$ 与 $\frac{\partial f}{\partial x}$,两者的含义是不同的.

$\dfrac{\partial z}{\partial x}$ 是把 $z = f[x, v(x, y)]$ 中的 y 看做常量，而对 x 的偏导数，而 $\dfrac{\partial f}{\partial x}$ 是把 $z = f[x, v(x, y)]$ 的 v 看做常量而对 x 的偏导数.

　　为了不易混淆，以后我们引入以下记号

$$f'_1(u, v) = f_u(u, v), \quad f''_{12}(u, v) = f_{uv}(u, v)$$

这里下标 1 表示对第一个变量 u，求偏导数，下标 2 表示对第二个变量 v，求偏导数.

　　于是例 3 可写成

$$\frac{\partial z}{\partial x} = f'_1 + f'_2 \frac{\partial v}{\partial x}$$

这样就不能混淆了.

　　例 4　$\omega = f(x^2 + y^2 + z^2, xyz)$ 求 $\dfrac{\partial \omega}{\partial x}$ 及 $\dfrac{\partial^2 \omega}{\partial x \partial z}$（假设函数 ω 具有二阶连续偏导）.

　　解　设 $u = x^2 + y^2 + z^2$　$v = xyz$

$$\frac{\partial \omega}{\partial x} = \frac{\partial \omega}{\partial u} \frac{\partial u}{\partial x} + \frac{\partial \omega}{\partial v} \frac{\partial v}{\partial x} = 2x f'_1 + yz f'_2$$

要记住

$$\frac{\partial^2 \omega}{\partial x \partial z} = 2x \left[f''_{11} \cdot \frac{\partial u}{\partial z} + f''_{12} \cdot \frac{\partial v}{\partial z} \right] + y f'_2 + yz \left[f''_{21} \cdot \frac{\partial u}{\partial z} + f''_{22} \cdot \frac{\partial v}{\partial z} \right] =$$

$$2x [2z f''_{11} + xy f''_{12}] + y f'_2 + yz [2z f''_{21} + xy f''_{22}] =$$

$$y f'_2 + 4xz f''_{11} + xy^2 z f''_{22} + 2y(x^2 + z^2) f''_{12}$$

　　例 5　设 $u = u(x^2 + y^2)$，求证 $x \dfrac{\partial u}{\partial y} - y \dfrac{\partial u}{\partial x} = 0$.

$$\frac{\partial u}{\partial x} = \frac{\partial u}{\partial v} \frac{\partial v}{\partial x} = 2x \frac{\partial u}{\partial v}$$

$$\frac{\partial u}{\partial y} = \frac{\partial u}{\partial v} \frac{\partial v}{\partial y} = 2y \frac{\partial u}{\partial v}$$

所以　　　　　　　$$x \frac{\partial u}{\partial y} - y \frac{\partial u}{\partial x} = 2xy \frac{\partial u}{\partial v} - 2xy \frac{\partial u}{\partial v} = 0$$

　　例 6　$z = f\left(\dfrac{x}{y}, \dfrac{y}{x}\right)$，求 $x \dfrac{\partial z}{\partial x} + y \dfrac{\partial z}{\partial y}$.

解 设 $u = \dfrac{x}{y}$ $v = \dfrac{y}{x}$

$$\frac{\partial z}{\partial x} = \frac{\partial z}{\partial u}\frac{\partial u}{\partial x} + \frac{\partial z}{\partial v}\frac{\partial v}{\partial x} = \frac{1}{y}\frac{\partial z}{\partial u} - \frac{y}{x^2}\frac{\partial z}{\partial v}$$

$$\frac{\partial z}{\partial y} = \frac{\partial z}{\partial u}\frac{\partial u}{\partial y} + \frac{\partial z}{\partial v}\frac{\partial v}{\partial y} = -\frac{x}{y^2}\frac{\partial z}{\partial u} + \frac{1}{x}\frac{\partial z}{\partial v}$$

所以 $$x\frac{\partial z}{\partial x} + y\frac{\partial z}{\partial y} = \frac{x}{y}\frac{\partial z}{\partial u} - \frac{y}{x}\frac{\partial z}{\partial v} - \frac{x}{y}\frac{\partial z}{\partial u} + \frac{y}{x}\frac{\partial z}{\partial v} = 0$$

百 花 园

例 7 设 $u = f(x,y)$ 具有二阶连续偏导,把 $\left(\dfrac{\partial u}{\partial x}\right)^2 + \left(\dfrac{\partial u}{\partial y}\right)^2$ 转换为极坐标系中的形式.

解 直角坐标系与极坐标间的关系是

$$x = \rho\cos\theta, y = \rho\sin\theta$$

$$u = f(x,y) = f(\rho\cos\theta,\rho\sin\theta) = g(\rho,\theta)$$

现在要将 $\dfrac{\partial u}{\partial x}, \dfrac{\partial u}{\partial y}$ 用 ρ, θ 及函数 $u = g(\rho,\theta)$,对 ρ, θ 的偏导数来表达

$$\rho = \sqrt{x^2 + y^2}, \theta = \arctan\frac{y}{x}$$

$$\frac{\partial u}{\partial x} = \frac{\partial u}{\partial \rho}\frac{\partial \rho}{\partial x} + \frac{\partial u}{\partial \theta}\frac{\partial \theta}{\partial x} = \frac{x}{\rho}\frac{\partial u}{\partial \rho} - \frac{y}{\rho^2}\frac{\partial u}{\partial \theta} = \frac{\partial u}{\partial \rho}\cos\theta - \frac{\partial u}{\partial \theta}\cdot\frac{\sin\theta}{\rho}$$

$$\frac{\partial u}{\partial y} = \frac{\partial u}{\partial \rho}\frac{\partial \rho}{\partial y} + \frac{\partial u}{\partial \theta}\frac{\partial \theta}{\partial y} = \frac{\partial u}{\partial \rho}\frac{y}{\rho} + \frac{\partial u}{\partial \theta}\frac{x}{\rho^2} = \frac{\partial u}{\partial \rho}\sin\theta + \frac{\partial u}{\partial \theta}\cdot\frac{\cos\theta}{\rho}$$

所以 $$\left(\frac{\partial u}{\partial x}\right)^2 + \left(\frac{\partial u}{\partial y}\right)^2 = \left(\frac{\partial u}{\partial \rho}\right)^2 + \frac{1}{\rho^2}\left(\frac{\partial u}{\partial \theta}\right)^2$$

例 8 $z = f(x,v,u), v = v(x,y,u), u = u(x,y)$,求 $\dfrac{\partial z}{\partial x}, \dfrac{\partial z}{\partial y}$.

解 关系图

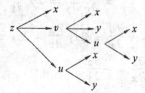

$$\frac{\partial z}{\partial x} = f'_1 + f'_2\left[\frac{\partial v}{\partial x} + \frac{\partial v}{\partial u}\frac{\partial u}{\partial x}\right] + f'_3\frac{\partial u}{\partial x}$$

$$\frac{\partial z}{\partial y} = f'_2\left[\frac{\partial v}{\partial y} + \frac{\partial v}{\partial u}\frac{\partial u}{\partial y}\right] + f'_3 \cdot \frac{\partial u}{\partial y}$$

例 9 设 $z = xyf(x^2 + y^2, x^2 - y^2)$, 求 $\frac{\partial z}{\partial x}, \frac{\partial z}{\partial y}$.

解
$$\frac{\partial z}{\partial x} = yf + xy[f'_1 \cdot 2x + f'_2 \cdot 2x] = yf + 2x^2 y(f'_1 + f'_2)$$

$$\frac{\partial z}{\partial y} = xf + xy[f'_1 \cdot 2y - f'_2 \cdot 2y] = xf + 2xy^2(f'_1 - f'_2)$$

例 10 设函数 $z = f(x, y)$ 各偏导连续, 且 $f(1,1) = 1, \frac{\partial z}{\partial x}\Big|_{(1,1)} = 2, \frac{\partial z}{\partial y}\Big|_{(1,1)} = 3$,

$\varphi(x) = f[x, f(x,x)]$ 求 $\frac{d\varphi}{dx}\Big|_{x=1}$.

解 关系图

$$\frac{d\varphi}{dx} = f'_1[x, f(x,x)] + f'_2(x, f(x,x))[f'_1(x,x) + f'_2(x,x)]$$

所以
$$\frac{d\varphi}{dx}\Big|_{x=1} = f'_1(1,1) + f'_2(1,1)[f'_1(1,1) + f'_2(1,1)] = 2 + 3(2 + 3) = 17$$

习题 10.2

1. $z = u^2 + v^2, u = x + y, v = x - y$, 求 $\frac{\partial z}{\partial x}, \frac{\partial z}{\partial y}$.

2. $z = \arctan\frac{x}{y}, x = u + v, y = u - v$, 求 $\frac{\partial z}{\partial u} + \frac{\partial z}{\partial v}$.

3. $z = \arctan(xy), y = e^x$, 求 $\frac{dz}{dx}$.

4. $z = (3x^2 + y^2)^{4x+2y}$, 求 $\frac{\partial z}{\partial x}, \frac{\partial z}{\partial y}$.

5. $z = u^2\ln v, u = \frac{x}{y}, v = 3x - 2y$, 求 $\frac{\partial z}{\partial x}, \frac{\partial z}{\partial y}$.

6. $u = f(x, xy, xyz)$, 求 $\frac{\partial u}{\partial x}, \frac{\partial u}{\partial y}, \frac{\partial u}{\partial z}$.

7. $z = \frac{y}{f(x^2 - y^2)}$, 验证 $\frac{1}{x}\frac{\partial z}{\partial x} + \frac{1}{y}\frac{\partial z}{\partial y} = \frac{z}{y^2}$.

8. $z = xy + xF(u), u = \frac{y}{x}$, 证明: $x\frac{\partial z}{\partial x} + y\frac{\partial z}{\partial y} = z + xy$.

9. $z = f(xy, y)$, 求 $\frac{\partial^2 z}{\partial x^2}, \frac{\partial^2 z}{\partial x \partial y}, \frac{\partial^2 z}{\partial y^2}$.

10.3　隐函数的求导公式

在一元函数中,我们已经提出了隐函数的概念,并讨论了不经过显化直接由方程 $F(x,y) = 0$,求它所确定的隐函数的导数的方法.

设　函数 $F(x,y)$ 有连续的一阶偏导数,$F(x_0,y_0) = 0$ 而且 $F_y(x_0,y_0) \neq 0$,可以证明(略),方程 $F(x,y) = 0$ 在 x_0 的一个邻域内确定了 x 的一个单值可导函数 $y = f(x)$,把它代入方程

$$F(x,f(x)) \equiv 0$$

$$F \Big\langle \begin{array}{l} x \\ f \longrightarrow x \end{array}$$

两边对 x 求导

$$F_x + F_y \frac{\mathrm{d}y}{\mathrm{d}x} = 0$$

所以　　　　　　　　　　　　$$\frac{\mathrm{d}y}{\mathrm{d}x} = -\frac{F_x}{F_y}$$　　　　　①

如果 $F(x,y)$ 二阶偏导也都连续,对 ① 两边关于 x 求导,但要记住

$$F_x \Big\langle \begin{array}{l} x \\ f \longrightarrow x \end{array} \qquad F_y \Big\langle \begin{array}{l} x \\ f \longrightarrow x \end{array}$$

$$\frac{\mathrm{d}^2 y}{\mathrm{d}x^2} = -\frac{\left(F_{xx} + F_{xy}\dfrac{\mathrm{d}y}{\mathrm{d}x}\right)F_y - F_x\left[F_{yx} + F_{yy}\dfrac{\mathrm{d}y}{\mathrm{d}x}\right]}{F_y^2} =$$

$$-\frac{\left(F_{xx} - \dfrac{F_x F_{xy}}{F_y}\right)F_y - F_x\left[F_{yx} - \dfrac{F_x F_{yy}}{F_y}\right]}{F_y^2} =$$

$$-\frac{F_{xx}F_y^2 - 2F_{xy}F_x F_y + F_{yy}F_x^2}{F_y^3}$$

例 1　由方程 $x^2 + y^2 = 1$ 确定的函数 $y = f(x)$,求 $\dfrac{\mathrm{d}y}{\mathrm{d}x}$ 与 $\dfrac{\mathrm{d}^2 y}{\mathrm{d}x^2}$.

解　设 $F(x,y) = x^2 + y^2 - 1$

由公式　　　　$$\frac{\mathrm{d}y}{\mathrm{d}x} = -\frac{F_x}{F_y} = -\frac{2x}{2y} = -\frac{x}{y} \qquad (-1 < x < 1)$$

两边再对 x 求导

$$\frac{\mathrm{d}^2 y}{\mathrm{d}x^2} = -\frac{y - xy'}{y^2} = -\frac{y - x\left(-\dfrac{x}{y}\right)}{y^2} = -\frac{y^2 + x^2}{y^3} = -\frac{1}{y^3}$$

注　在 $-1 < x < 1$,方程 $x^2 + y^2 = 1$ 确定了函数 y 的两个单值支,即 $y = \sqrt{1 - x^2}$ 与 $y = -\sqrt{1 - x^2}$,因而 $\dfrac{\mathrm{d}y}{\mathrm{d}x} = -\dfrac{x}{y}$ 与 $\dfrac{\mathrm{d}^2 y}{\mathrm{d}x^2} = -\dfrac{1}{y^3}$,实际上都表示分别对应于这两个单值支

的两个导数,隐函数概念可以推广:

一个三元方程 $F(x,y,z)=0$ 应当有可能确定一个二元隐函数. 如果 $F(x,y,z)$ 有连续的一阶偏导数, $F(x_0,y_0,z_0)=0$,而且 $F_z(x_0,y_0,z_0)\neq0$,则方程 $F(x,y,z)=0$ 就确定了 (x,y) 的一个单值可导函数 $z=f(x,y)$

将其代入方程,结果是恒等式

$$F[x,y,f(x,y)]\equiv0$$

$$F \begin{cases} \to x \\ \to y \\ \to z \begin{cases} \to x \\ \to y \end{cases} \end{cases}$$

两边分别对 x,y 求导得

$$F_x + F_z\frac{\partial z}{\partial x} = 0$$

$$F_y + F_z\frac{\partial z}{\partial y} = 0$$

从而有

$$\frac{\partial z}{\partial x} = -\frac{F_x}{F_z} \qquad \frac{\partial z}{\partial y} = -\frac{F_y}{F_z} \qquad\qquad ②$$

例 2　求由方程 $x^2+y^2+z^2=1$ 所确定的函数 $z=f(x,y)$ 的一阶偏导数及 $\frac{\partial^2 z}{\partial x^2}$.

解　设 $F(x,y,z)=x^2+y^2+z^2-1$
由公式 ② 得

$$\frac{\partial z}{\partial x} = -\frac{F_x}{F_z} = -\frac{x}{z}$$

$$\frac{\partial z}{\partial y} = -\frac{F_y}{F_z} = -\frac{y}{z} \qquad (x^2+y^2<1)$$

$$\frac{\partial^2 z}{\partial x^2} = -\frac{z-x\dfrac{\partial z}{\partial x}}{z^2} = -\frac{z-x\left(-\dfrac{x}{z}\right)}{z^2} = -\frac{z^2+x^2}{z^3}$$

例 3　设 $x-az=f(y-bz)$,证明: $a\dfrac{\partial z}{\partial x}+b\dfrac{\partial z}{\partial y}=1$.

证　**法 1**　令 $F(x,y,z)=f(y-bz)-x+az$
则

$$F_x=-1 \quad F_y=f'(y-bz) \quad F_z=f'(y-bz)(-b)+a=a-bf'(y-bz)$$

所以
$$\frac{\partial z}{\partial x} = -\frac{F_x}{F_z} = \frac{1}{a-bf'(y-bz)}$$

$$\frac{\partial z}{\partial y} = -\frac{F_y}{F_z} = -\frac{f'(y-bz)}{a-bf'(y-bz)}$$

所以
$$a\frac{\partial z}{\partial x} + b\frac{\partial z}{\partial y} = \frac{a}{a-bf'(y-bz)} + b\frac{-f'(y-bz)}{a-bf'(y-bz)} = 1$$

法 2　方程两边对 x 求导

$$1 - a\frac{\partial z}{\partial x} = f'(y - bz)\left(-b\frac{\partial z}{\partial x}\right) \Rightarrow \frac{\partial z}{\partial x} = \frac{1}{a - bf'(y - bz)}$$

方程两边对 y 求导

$$-a\frac{\partial z}{\partial y} = f'(y - bz)\left(1 - b\frac{\partial z}{\partial y}\right) \Rightarrow \frac{\partial z}{\partial y} = \frac{-f'(y - bz)}{a - bf'(y - bz)}$$

所以
$$a\frac{\partial z}{\partial x} + b\frac{\partial z}{\partial y} = 1$$

例 4 设 $\phi(u,v)$ 具有连续偏导数,证明由方程 $\phi(cx - az, cy - bz) = 0$ 所确定的函数 $z = f(x,y)$,满足 $a\frac{\partial z}{\partial x} + b\frac{\partial z}{\partial y} = c$.

证明 **法 1** 方程 $\phi(cx - az, cy - bz) = 0$ 两边对 x 求导,得

$$\phi'_1 \cdot \left(c - a\frac{\partial z}{\partial x}\right) + \phi'_2 \cdot \left(-b\frac{\partial z}{\partial x}\right) = 0 \qquad \frac{\partial z}{\partial x} = \frac{c\phi'_1}{a\phi'_1 + b\phi'_2}$$

方程两边对 y 求导

$$\phi'_1 \cdot \left(-a\frac{\partial z}{\partial y}\right) + \phi'_2 \cdot \left(c - b\frac{\partial z}{\partial y}\right) = 0 \qquad \frac{\partial z}{\partial y} = \frac{c\phi'_2}{a\phi'_1 + b\phi'_2}$$

所以
$$a\frac{\partial z}{\partial x} + b\frac{\partial z}{\partial y} = c$$

法 2 由公式 $\frac{\partial z}{\partial x} = -\frac{\phi'_x}{\phi'_z} = -\frac{\phi'_u \cdot c}{\phi'_u \cdot (-a) + \phi'_v \cdot (-b)}$

$$\frac{\partial z}{\partial y} = -\frac{\phi'_y}{\phi'_z} = -\frac{\phi_v \cdot c}{\phi'_u \cdot (-a) + \phi'_v \cdot (-b)}$$

所以
$$a\frac{\partial z}{\partial x} + b\frac{\partial z}{\partial y} = c$$

百 花 园

例 5 求由方程组 $\begin{cases} z = x^2 + y^2 \\ x^2 + 2y^2 + 3z^2 = 10 \end{cases}$ 所确定的函数 $y = y(x), z = z(x)$ 的导数.

解 第一个方程两边对 x 求导,得

$$\frac{\mathrm{d}z}{\mathrm{d}x} = 2x + 2y\frac{\mathrm{d}y}{\mathrm{d}x}$$

第二个方程,两边对 x 求导得

$$2x + 4y\frac{\mathrm{d}y}{\mathrm{d}x} + 6z\frac{\mathrm{d}z}{\mathrm{d}x} = 0$$

将两个方程整理联立得

$$\begin{cases} 2y\dfrac{\mathrm{d}y}{\mathrm{d}x} - \dfrac{\mathrm{d}z}{\mathrm{d}x} = -2x \\[3mm] 4y\dfrac{\mathrm{d}y}{\mathrm{d}x} + 6z\dfrac{\mathrm{d}z}{\mathrm{d}x} = -2x \end{cases}$$

解之得

$$\dfrac{\mathrm{d}y}{\mathrm{d}x} = \dfrac{-x(6z+1)}{2y(3z+1)}$$

$$\dfrac{\mathrm{d}z}{\mathrm{d}x} = \dfrac{x}{3z+1}$$

例 6　设 $y = f(x,t)$，而 $t = t(x,y)$ 是由方程 $F(x,y,t) = 0$ 所确定的函数，其中 f 和 F 都具有一阶连续偏导数，试证明

$$\dfrac{\mathrm{d}y}{\mathrm{d}x} = \dfrac{\dfrac{\partial f}{\partial x}\dfrac{\partial F}{\partial t} - \dfrac{\partial f}{\partial t}\dfrac{\partial F}{\partial x}}{\dfrac{\partial F}{\partial x} + \dfrac{\partial f}{\partial t}\dfrac{\partial F}{\partial y}}$$

证明　由方程组 $\begin{cases} y = f(x,t) \\ F(x,y,t) = 0 \end{cases}$ 可以确定两个一元隐函数

$$\begin{cases} y = y(x) \\ t = t(x) \end{cases}$$

方程两边对 x 求导得

$$\begin{cases} \dfrac{\mathrm{d}y}{\mathrm{d}x} = \dfrac{\partial f}{\partial x} + \dfrac{\partial f}{\partial t}\dfrac{\mathrm{d}t}{\mathrm{d}x} \\[3mm] \dfrac{\partial F}{\partial x} + \dfrac{\partial F}{\partial y}\dfrac{\mathrm{d}y}{\mathrm{d}x} + \dfrac{\partial F}{\partial t}\dfrac{\mathrm{d}t}{\mathrm{d}x} = 0 \end{cases}$$

整理得

$$\begin{cases} \dfrac{\mathrm{d}y}{\mathrm{d}x} - \dfrac{\partial f}{\partial t}\dfrac{\mathrm{d}t}{\mathrm{d}x} = \dfrac{\partial f}{\partial x} \\[3mm] \dfrac{\partial F}{\partial y}\dfrac{\mathrm{d}y}{\mathrm{d}x} + \dfrac{\partial F}{\partial t}\dfrac{\mathrm{d}t}{\mathrm{d}x} = -\dfrac{\partial F}{\partial x} \end{cases}$$

在 $D = \begin{vmatrix} 1 & -\dfrac{\partial f}{\partial t} \\[3mm] \dfrac{\partial F}{\partial y} & \dfrac{\partial F}{\partial t} \end{vmatrix} = \dfrac{\partial F}{\partial t} + \dfrac{\partial f}{\partial t}\dfrac{\partial F}{\partial y} \neq 0$ 的条件下

$$\dfrac{\mathrm{d}y}{\mathrm{d}x} = \dfrac{1}{D}\begin{vmatrix} \dfrac{\partial f}{\partial x} & -\dfrac{\partial f}{\partial t} \\[3mm] -\dfrac{\partial F}{\partial x} & \dfrac{\partial F}{\partial t} \end{vmatrix} = \dfrac{\dfrac{\partial f}{\partial x}\dfrac{\partial F}{\partial t} - \dfrac{\partial f}{\partial t}\dfrac{\partial F}{\partial x}}{\dfrac{\partial F}{\partial t} + \dfrac{\partial f}{\partial t}\dfrac{\partial F}{\partial y}}$$

例 7　设 $y = y(x)$，$z = z(x)$ 是由方程 $z = xf(x+y)$ 和 $F(x,y,z) = 0$ 所确定的函数，其中 f 和 F 分别具有一阶连续导数和一阶连续偏导，求 $\dfrac{\mathrm{d}z}{\mathrm{d}x}$。

解　分别在 $z = xf(x+y)$ 和 $F(x,y,z) = 0$ 的两端对 x 求导，得

$$\dfrac{\mathrm{d}z}{\mathrm{d}x} = f(x+y) + xf'(x+y)\left(1 + \dfrac{\mathrm{d}y}{\mathrm{d}x}\right)$$

$$F'_x + F'_y \frac{\mathrm{d}y}{\mathrm{d}x} + F'_z \frac{\mathrm{d}z}{\mathrm{d}x} = 0$$

整理,得
$$\begin{cases} -xf' \dfrac{\mathrm{d}y}{\mathrm{d}x} + \dfrac{\mathrm{d}z}{\mathrm{d}x} = f + xf' \\ F'_y \dfrac{\mathrm{d}y}{\mathrm{d}x} + F'_z \dfrac{\mathrm{d}z}{\mathrm{d}x} = -F'_x \end{cases}$$

解之得
$$\frac{\mathrm{d}z}{\mathrm{d}x} = \frac{(f + xf')F'_y - xf'F'_x}{F'_y + xf'F'_z} \qquad (F'_y + xf'F'_z \neq 0)$$

习题 10.3

1.由方程 $e^z - xyz = 0$ 确定的函数 $z = f(x,y)$,求 $\dfrac{\partial z}{\partial x}, \dfrac{\partial z}{\partial y}$ 及 $\dfrac{\partial^2 z}{\partial x^2}$.

2.由方程 $2\sin(x + 2y - 3z) = x + 2y - 3z$ 确定的函数 $z = f(x,y)$,求 $\dfrac{\partial z}{\partial x} + \dfrac{\partial z}{\partial y}$.

3.设 $x = x(y,z)$, $y = y(x,z)$, $z = z(x,y)$ 都是由方程 $F(x,y,z) = 0$ 所确定的具有连续偏导数的函数,求 $\dfrac{\partial x}{\partial y} \cdot \dfrac{\partial y}{\partial z} \cdot \dfrac{\partial z}{\partial x}$.

4.由方程 $z - y - x + xe^{z-y-x} = 0$ 所确定的函数 $z = f(x,y)$,求 $\dfrac{\partial z}{\partial x}, \dfrac{\partial z}{\partial y}$.

5.求由方程 $x^2 + 2xy - y^2 = a^3$ 所确定的函数 $y = f(x)$,求 $\dfrac{\mathrm{d}y}{\mathrm{d}x}, \dfrac{\mathrm{d}^2 y}{\mathrm{d}x^2}$.

6.求由方程 $x^3 + y^3 + z^3 + xyz - 6 = 0$ 所确定的函数 $z = f(x,y)$ 在点 $(1,2,-1)$ 的偏导数 $\dfrac{\partial z}{\partial x}$ 和 $\dfrac{\partial z}{\partial y}$.

7.设 $\dfrac{x}{z} = \ln \dfrac{z}{y}$,求 $\dfrac{\partial z}{\partial x}$ 及 $\dfrac{\partial z}{\partial y}$.

10.4　全微分

我们回忆一下,一元函数的微分的引入:

函数 $y = f(x)$ 在 x_0 的某邻域内有定义,如果函数的增量 $\Delta y = f(x_0 + \Delta x) - f(x_0) = A\Delta x + o(\Delta x)$,称 $y = f(x)$ 在 x_0 处可微,称与 Δx 成线性关系的 $A\Delta x$ 为函数 $f(x)$ 在 x_0 处的微分,记作:$\mathrm{d}y$.

现在我们用类似的思想方法来简化多元函数的增量,从而把微分的概念推广到多元函数,下面以二元函数为例.

定义 10.5　设函数 $z = f(x,y)$ 在点 (x_0, y_0) 的某邻域内有定义,如果函数在点 (x_0, y_0) 的全增量 $\Delta z = f(x_0 + \Delta x, y_0 + \Delta y) - f(x_0, y_0)$ 可以表示为

$$\Delta z = A\Delta x + B\Delta y + o(\rho)$$

其中 A, B 不依赖于 $\Delta x, \Delta y$,而仅与 x_0, y_0 有关,$\rho = \sqrt{(\Delta x)^2 + (\Delta y)^2}$,称函数 $z = f(x,y)$ 在点 (x_0, y_0) 可微分,而称 $A\Delta x + B\Delta y$ 为函数 $z = f(x,y)$ 在点 (x_0, y_0) 处的全微

分,记作:dz

即
$$dz = A\Delta x + B\Delta y$$

　　如果函数区域 D 内各点处都可微分,则称这函数在 D 内可微分在第 1 节百花园例 10 中指出,多元函数在某点偏导存在,并不能保证函数在该点连续,但是如果函数在点 (x_0,y_0) 可微分,则这函数在该点必定连续,事实上,函数 $z = f(x,y)$ 在点 (x_0,y_0) 处可微分,有 $\Delta z = f(x_0+\Delta x,y_0+\Delta y) - f(x_0,y_0) = A\Delta x + B\Delta y + o(\sqrt{(\Delta x)^2 + (\Delta y)^2})$,从而

$$\lim_{(\Delta x,\Delta y)\to(0,0)} f(x_0+\Delta x,y_0+\Delta y) = f(x_0,y_0)$$

因此,函数 $z = f(x,y)$ 在点 (x_0,y_0) 处连续.

　　下面给出函数 $z = f(x,y)$ 在点 (x_0,y_0) 处可微分的条件.

　　定理 10.3 (必要条件) 如果函数 $z = f(x,y)$ 在点 (x_0,y_0) 可微分,则该函数在点 (x_0,y_0) 的偏导数 $f_x(x_0,y_0)$,$f_y(x_0,y_0)$ 必定存在,且函数 $z = f(x,y)$ 在点 (x_0,y_0) 的全微分为

$$dz = f_x(x_0,y_0)\Delta x + f_y(x_0,y_0)\Delta y$$

　　定理 10.4 (充分条件) 如果函数 $z = f(x,y)$ 的偏导数 $\dfrac{\partial z}{\partial x},\dfrac{\partial z}{\partial y}$ 在点 (x_0,y_0) 连续,则函数在该点可微分.

　　习惯上,我们将自变量 $\Delta x,\Delta y$ 分别记作:dx,dy,并分别称为自变量 x,y 的微分,这样函数 $z = f(x,y)$ 的全微分可写成

$$dz = \frac{\partial z}{\partial x}dx + \frac{\partial z}{\partial y}dy$$

同样三元函数 $u = f(x,y,z)$ 的全微分为

$$du = \frac{\partial u}{\partial x}dx + \frac{\partial u}{\partial y}dy + \frac{\partial u}{\partial z}dz$$

　　例 1　计算函数 $z = \ln(x^2 + y^2 + 1)$ 的全微分.

　　解
$$\frac{\partial z}{\partial x} = \frac{2x}{1 + x^2 + y^2}$$
$$\frac{\partial z}{\partial y} = \frac{2y}{1 + x^2 + y^2}$$

所以
$$dz = \frac{2x}{1 + x^2 + y^2}dx + \frac{2y}{1 + x^2 + y^2}dy$$

　　例 2　求 $z = x^3 y^2 + \sqrt{x}$ 在点 $(1,2)$ 处,当 $\Delta x = 0.01$　$\Delta y = -0.02$ 时的全微分.

　　解
$$\frac{\partial z}{\partial x}\Big|_{(1,2)} = \left(3x^2 y^2 + \frac{1}{2\sqrt{x}}\right)\Big|_{(1,2)} = \frac{25}{2}$$
$$\frac{\partial z}{\partial y}_{(1,2)} = 2x^3 y\,|_{(1,2)} = 4$$

$$dz = \frac{25}{2} \times 0.01 + 4 \times (-0.02) = 0.045$$

全微分形式不变性:

设函数 $z = f(u,v)$ 具有连续偏导数,则全微分 $dz = \dfrac{\partial z}{\partial u}du + \dfrac{\partial z}{\partial v}dv$,如果 u,v 又是 x,y 的函数,$u = u(x,y)$,$v = v(x,y)$ 且这两个函数也具有连续偏导数,则复合函数

$$z = f[u(x,y),v(x,y)]$$ 的全微分为

$$dz = \frac{\partial z}{\partial x}dx + \frac{\partial z}{\partial y}dy$$

而

$$\frac{\partial z}{\partial x} = \frac{\partial z}{\partial u} \cdot \frac{\partial u}{\partial x} + \frac{\partial z}{\partial v} \cdot \frac{\partial v}{\partial x}$$

$$\frac{\partial z}{\partial y} = \frac{\partial z}{\partial u} \cdot \frac{\partial u}{\partial y} + \frac{\partial z}{\partial v} \cdot \frac{\partial v}{\partial y}$$

所以 $dz = \dfrac{\partial z}{\partial x}dx + \dfrac{\partial z}{\partial y}dy = \left(\dfrac{\partial z}{\partial u} \cdot \dfrac{\partial u}{\partial x} + \dfrac{\partial z}{\partial v} \cdot \dfrac{\partial v}{\partial x}\right)dx + \left(\dfrac{\partial z}{\partial u} \cdot \dfrac{\partial u}{\partial y} + \dfrac{\partial z}{\partial v} \cdot \dfrac{\partial v}{\partial y}\right)dy =$

$$\frac{\partial z}{\partial u}\left(\frac{\partial u}{\partial x}dx + \frac{\partial u}{\partial y}dy\right) + \frac{\partial z}{\partial v}\left(\frac{\partial v}{\partial x}dx + \frac{\partial v}{\partial y}dy\right) =$$

$$\frac{\partial z}{\partial u}du + \frac{\partial z}{\partial v}dv$$

由此可见,无论 u,v 是自变量还是中间变量,函数 $z = f(u,v)$ 的全微分形式是一样,这个性质叫全微分形式的不变性.

例 3 $z = e^{\frac{x}{y}}\sin(xy)$,求 $\dfrac{\partial z}{\partial x}$,$\dfrac{\partial z}{\partial y}$.

解 我们利用全微分形式不变性

设 $$u = \frac{x}{y} \qquad v = xy$$

则 $$z = e^u \sin v$$

$$dz = \frac{\partial z}{\partial u}du + \frac{\partial z}{\partial v}dv = e^u \sin v du + e^u \cos v dv =$$

$$e^{\frac{x}{y}}\sin(xy) d\frac{x}{y} + e^{\frac{x}{y}}\cos(xy) d(xy) =$$

$$e^{\frac{x}{y}}\sin(xy)\left[\frac{1}{y}dx - \frac{x}{y^2}dy\right] + e^{\frac{x}{y}}\cos(xy)\left[ydx + xdy\right] =$$

$$e^{\frac{x}{y}}\left[\frac{1}{y}\sin(xy) + y\cos(xy)\right]dx + e^{\frac{x}{y}}\left[x\cos(xy) - \frac{x}{y^2}\sin(xy)\right]dy$$

所以 $$\frac{\partial z}{\partial x} = e^{\frac{x}{y}}\left[\frac{1}{y}\sin(xy) + y\cos(xy)\right]$$

$$\frac{\partial z}{\partial y} = e^{\frac{x}{y}}\left[x\cos(xy) - \frac{x}{y^2}\sin(xy)\right]$$

百 花 园

例 4 计算 $\sqrt{(1.02)^3 + (1.97)^3}$ 的近似值.

解 求近似值,首先想到全微分,因此要构造函数,而构造函数的方法与一元函数的微分一样,将含有小数的数,分别设成 $x,y,\cdots$,于是设 $f(x,y) = \sqrt{x^3 + y^3}$,指出 x_0,y_0,$\Delta x,\Delta y$

$$x_0 = 1 \quad \Delta x = 0.02$$

$$y_0 = 2 \quad \Delta y = -0.03 \quad f(x_0, y_0) = \sqrt{1^3 + 2^3} = 3$$

$$f_x = \frac{3x^2}{2\sqrt{x^3 + y^3}} \quad f_x(1,2) = \frac{1}{2}$$

$$f_y = \frac{3y^2}{2\sqrt{x^3 + y^3}} \quad f_y(1,2) = 2$$

$$dz = f_x(1,2)\Delta x + f_y(1,2)\Delta y = \frac{1}{2} \times 0.02 + 2 \times (-0.03) = -0.05$$

$$\Delta z = f(x_0 + \Delta x, y_0 + \Delta y) - f(x_0, y_0) \approx dz$$

所以
$$f(x_0 + \Delta x, y_0 + \Delta y) \approx f(x_0, y_0) + dz$$

即
$$\sqrt{(1.02)^3 + (1.97)^3} \approx \sqrt{1^3 + 2^3} - 0.05 = 2.95$$

例 5　测得一块三角形土地的两边边长分别为(63 ± 0.1) m 和(78 ± 0.1) m,这两边的夹角为$(60° \pm 1°)$.

求:(1) 三角形面积的近似值;

(2) 绝对误差;

(3) 相对误差.

解　设三角形的两边长分别为 x m, y m,它们的夹角为 z,则三角形的面积

$$s = \frac{1}{2}xy\sin z$$

$$ds = \frac{1}{2}y\sin z dx + \frac{1}{2}x\sin z dy + \frac{1}{2}xy\cos z dz$$

$$|\Delta s| \approx |ds| \leq \frac{1}{2}y\sin z|dx| + \frac{1}{2}x\sin z|dy| + \frac{1}{2}xy\cos z|dz| = \delta_s$$

绝对误差

其中
$$x = 63, y = 78, z = \frac{\pi}{3}, |dx| = 0.1, |dy| = 0.1, |dz| = \frac{\pi}{180}$$

绝对误差

$$\delta_s = \frac{78}{2}\frac{\sqrt{3}}{2} \times 0.1 + \frac{63}{2} \times \frac{\sqrt{3}}{2} \times 0.1 + \frac{63 \times 78}{2} \times \frac{1}{2} \times \frac{\pi}{180} \approx 27.55$$

因
$$dx = \pm 0.1 \quad dy = \pm 0.1 \quad dz = \pm \frac{\pi}{180}$$

所以取

$$s = \frac{1}{2}xy\sin z = \frac{1}{2} \times 63 \times 78 \times \sin\frac{\pi}{3} = 2\ 127.81 \text{ 为三角形面积的近似值.}$$

因而相对误差为

$$\frac{\delta_s}{s} = \frac{27.55}{2\ 127.81} = 1.29\%$$

由此例可见一般的二元函数 $z = f(x,y)$,如果自变量 x, y 的绝对误差分别为 δ_x, δ_y

即
$$|\Delta x| \leq \delta_x$$

$$|\Delta y| \leq \delta_y$$

则 z 的误差

$$|\Delta z| \approx |dz| = \left|\frac{\partial z}{\partial x}\Delta x + \frac{\partial z}{\partial y}\Delta y\right| \leqslant \left|\frac{\partial z}{\partial x}\right||\Delta x| + \left|\frac{\partial z}{\partial y}\right||\Delta y| \leqslant \left|\frac{\partial z}{\partial x}\right|\delta_x + \left|\frac{\partial z}{\partial y}\right|\delta_y$$

从而得到 z 的绝对误差约为

$$\delta_z = \left|\frac{\partial z}{\partial x}\right|\delta_x + \left|\frac{\partial z}{\partial y}\right|\delta_y$$

z 的相对误差为

$$\frac{\delta_z}{|z|} = \left|\frac{\frac{\partial z}{\partial x}}{z}\right|\delta_x + \left|\frac{\frac{\partial z}{\partial y}}{z}\right|\delta_y$$

例 6 $z = (x^2 + y^2 + 1)^{\frac{y}{x}}$, 求 $\dfrac{\partial z}{\partial x}, \dfrac{\partial z}{\partial y}$.

解 设 $u = x^2 + y^2 + 1, v = \dfrac{y}{x}$,

则
$$z = u^v$$

$$dz = \frac{\partial z}{\partial u}du + \frac{\partial z}{\partial v}dv = vu^{v-1}du + u^v\ln u\, dv =$$

$$\frac{y}{x}(x^2 + y^2 + 1)^{\frac{y}{x}-1}d(x^2 + y^2 + 1) + (x^2 + y^2 + 1)^{\frac{y}{x}}\ln(x^2 + y^2 + 1)d\frac{y}{x} =$$

$$\frac{y}{x}(x^2 + y^2 + 1)^{\frac{y}{x}-1}[2x\,dx + 2y\,dy] +$$

$$(x^2 + y^2 + 1)^{\frac{y}{x}}\ln(x^2 + y^2 + 1)\left[-\frac{y}{x^2}dx + \frac{1}{x}dy\right] =$$

$$(x^2 + y^2 + 1)^{\frac{y}{x}}\left[\frac{2y}{x^2 + y^2 + 1} - \frac{y\ln(x^2 + y^2 + 1)}{x^2}\right]dx +$$

$$(x^2 + y^2 + 1)^{\frac{y}{x}}\left[\frac{2y^2}{x(x^2 + y^2 + 1)} + \frac{\ln(x^2 + y^2 + 1)}{x}\right]dy =$$

所以
$$\frac{\partial z}{\partial x} = (x^2 + y^2 + 1)^{\frac{y}{x}}\left[\frac{2y}{x^2 + y^2 + 1} - \frac{y\ln(x^2 + y^2 + 1)}{x^2}\right]$$

$$\frac{\partial z}{\partial y} = (x^2 + y^2 + 1)^{\frac{y}{x}}\left[\frac{2y^2}{x(x^2 + y^2 + 1)} + \frac{\ln(x^2 + y^2 + 1)}{x}\right]$$

当然也可以直接对 z 求 x, y 的偏导.

习题 10.4

1. 求下列各函数的全微分:

(1) $z = \sqrt{x^2 + y^2}$;   (2) $z = e^x\cos y$;   (3) $z = \arccos\dfrac{x}{y}$;

(4) $u = \ln(x^2 + y^2 + z^2)$; (5) $u = (xy)^z$.

2. 求函数 $z = e^{xy}$, 当 $x = 1, y = 1, \Delta x = 0.15, \Delta y = 0.1$ 时的全微分.

3. 设 $F(x + z, y + z)$ 可微分, 由方程 $F(x + z, y + z) - \dfrac{1}{2}(x^2 + y^2 + z^2) = 2$, 所确

定的函数 $z = z(x,y)$，求 dz.

4. $u = z^{y^x}$，求 du.

10.5　多元函数微分学的几何应用

10.5.1　空间曲线的切线与法平面

现有我们讨论偏导数在几何上的应用,首先考虑空间曲线,空间曲线的切线可以像平面曲线的切线那样来定义,设空间曲线 L 上有一个定点 p_0,在其邻近取 L 上的另一点 P_1,作割线 P_0P_1,令 P_1 沿着 L 趋近 p_0,那么割线 P_0P_1 的极限位置 P_0T 就是曲线 L 在 p_0 点的切线(如图 10.2).

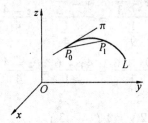

图 10.2

设空间曲线 $\begin{cases} x = x(t) \\ y = y(t) \\ z = z(t) \end{cases}$ 在点 $P_0(x_0,y_0,z_0)$,其中 $x_0 = x(t_0),y_0 = y(t_0),z_0 = z(t_0)$,假定这三个函数都可导,且 $x'^2(t_0) + y'^2(t_0) + z'^2(t_0) \neq 0$,并设点 P_1 的参数为 $t_0 + \Delta t$,那么 P_1 点的坐标为

$$(x_0 + \Delta x, y_0 + \Delta y, z_0 + \Delta z)$$

割线
$$\overrightarrow{P_0P_1} = \{\Delta x,\Delta y,\Delta z\}$$
所以割线方程

$$\frac{x - x_0}{\Delta x} = \frac{y - y_0}{\Delta y} = \frac{z - z_0}{\Delta z}$$

以 Δt 除以上式各分母,得

$$\frac{x - x_0}{\dfrac{\Delta x}{\Delta t}} = \frac{y - y_0}{\dfrac{\Delta y}{\Delta t}} = \frac{z - z_0}{\dfrac{\Delta z}{\Delta t}}$$

当 $P_1 \to P_0$ 时,$\Delta t \to 0$,而

$$\frac{\Delta x}{\Delta t} \to x'(t_0) \qquad \frac{\Delta y}{\Delta t} \to y'(t_0) \qquad \frac{\Delta z}{\Delta t} \to z'(t_0)$$

于是得切线方程

$$\frac{x - x_0}{x'(t_0)} = \frac{y - y_0}{y'(t_0)} = \frac{z - z_0}{z'(t_0)}$$

其中 $\{x'(t_0),y'(t_0),z'(t_0)\}$ 是切线的方向向量.

过点 $p_0(x_0,y_0,z_0)$ 作垂直于该点处切线的平面,这个平面称为 p_0 点处的法平面,显然切线的方向向量 $\{x'(t_0),y'(t_0),z'(t_0)\}$,就是法平面的法向量,所以法平面方程

$$x'(t_0)(x-x_0)+y'(t_0)(y-y_0)+z'(t_0)(z-z_0)=0$$

例1 求曲线 $x=\dfrac{t}{1+t},y=\dfrac{1+t}{t},z=t^2$ 在 $t=2$ 处的切线与法平面方程.

解 $t=2$ 时,$x=\dfrac{2}{3},y=\dfrac{3}{2},z=4$

$$x'(2)=\frac{1}{(t+1)^2}\bigg|_{t=2}=\frac{1}{9}\quad y'(2)=-\frac{1}{t^2}\bigg|_{t=2}=-\frac{1}{4}\quad z'(2)=2t\big|_{t=2}=4$$

切线方程

$$\frac{x-\dfrac{2}{3}}{\dfrac{1}{9}}=\frac{y-\dfrac{3}{2}}{-\dfrac{1}{4}}=\frac{z-4}{4}$$

即

$$\frac{9x-6}{1}=\frac{4y-6}{-1}=\frac{z-4}{4}$$

法平面

$$\frac{1}{9}\left(x-\frac{2}{3}\right)-\frac{1}{4}\left(y-\frac{3}{2}\right)+4(z-4)=0$$

下面再讨论空间曲线 L 的方程以另外两种形式给出的情形,如果空间曲线 L 取 x 为参数

$$\begin{cases} x=x \\ y=\varphi(x) \\ z=\psi(x) \end{cases}\quad 假设\ \varphi(x),\psi(x)\ 都可导$$

由上面的讨论可知 $\{1,\varphi'(x_0),\psi'(x_0)\}$ 为点 $P_0(x_0,y_0,z_0)$ 的切线的方向向量,在点 P_0 的切线方程为

$$\frac{x-x_0}{1}=\frac{y-y_0}{\varphi'(x_0)}=\frac{z-z_0}{\psi'(x_0)}$$

在点 P_0 的法平面方程为

$$(x-x_0)+\varphi'(x_0)(y-y_0)+\psi'(x_0)(z-z_0)=0$$

例2 设曲线 $\begin{cases} y=x^2 \\ z=x^3 \end{cases}$ 求在 $x=1$ 处的切线方程与法平面方程.

解 $y'(1)=2\quad z'(1)=3$,点 $P_0(1,1,1)$ 的切线方程为

$$\frac{x-1}{1}=\frac{y-1}{2}=\frac{z-1}{3}$$

过点 P_0 的法平面方程为 $(x-1)+2(y-1)+3(z-1)=0$

设空间曲线 L 的方程以一般形式给出

$$\begin{cases} F(x,y,z)=0 \\ G(x,y,z)=0 \end{cases}$$

$P_0(x_0, y_0, z_0)$ 是曲线 L 上的一个点,设 F, G 对各个变量有连续偏导,且

$$\begin{vmatrix} F_y & F_z \\ G_y & G_z \end{vmatrix}\bigg|_{P_0} = (F_y G_z - F_z G_y)\big|_{P_0} \neq 0$$

则方程组确定了一组函数

$$y = \varphi(x) \quad z = \psi(x)$$

要求曲线 L 在点 P_0 处的切线方程和法平面方程,只要求出 $\varphi'(x_0)$, $\psi'(x_0)$ 代入

$$\frac{x - x_0}{1} = \frac{y - y_0}{\varphi'(x_0)} = \frac{z - z_0}{\psi'(x_0)}$$

和
$$(x - x_0) + \varphi'(x_0)(y - y_0) + \psi'(x_0)(z - z_0) = 0$$

即可. 为此,我们在恒等式

$$\begin{cases} F[x, \varphi(x), \psi(x)] \equiv 0 \\ G[x, \varphi(x), \psi(x)] \equiv 0 \end{cases}$$

两边分别对 x 求全导数,得

$$\begin{cases} \dfrac{\partial F}{\partial x} + \dfrac{\partial F}{\partial y}\dfrac{\mathrm{d}y}{\mathrm{d}x} + \dfrac{\partial F}{\partial z}\dfrac{\mathrm{d}z}{\mathrm{d}x} = 0 \\[2mm] \dfrac{\partial G}{\partial x} + \dfrac{\partial G}{\partial y}\dfrac{\mathrm{d}y}{\mathrm{d}x} + \dfrac{\partial G}{\partial z}\dfrac{\mathrm{d}z}{\mathrm{d}x} = 0 \end{cases}$$

解出 $\dfrac{\mathrm{d}y}{\mathrm{d}x}\bigg|_{P_0}$, $\dfrac{\mathrm{d}z}{\mathrm{d}x}\bigg|_{P_0}$ 即可.

例 3　求曲线 $\begin{cases} x^2 + y^2 + z^2 - 3x = 0 \\ 2x - 3y + 5z - 4 = 0 \end{cases}$ 在点 $P_0(1,1,1)$ 的切线与法平面.

解　两边对 x 求全导数,得

$$\begin{cases} 2x + 2y\dfrac{\mathrm{d}y}{\mathrm{d}x} + 2z\dfrac{\mathrm{d}z}{\mathrm{d}x} - 3 = 0 \\[2mm] 2 - 3\dfrac{\mathrm{d}y}{\mathrm{d}x} + 5\dfrac{\mathrm{d}z}{\mathrm{d}x} = 0 \end{cases}$$

解之得 $\dfrac{\mathrm{d}y}{\mathrm{d}x}\bigg|_{P_0} = \dfrac{15 - 10x + 4z}{10y + 6z}\bigg|_{P_0} = \dfrac{9}{16}$　　$\dfrac{\mathrm{d}z}{\mathrm{d}x}\bigg|_{P_0} = \dfrac{-4y + 9 - 6x}{10y + 6z} = \dfrac{-1}{16}$

由此得切线方程为

$$\frac{x-1}{1} = \frac{y-1}{\dfrac{9}{16}} = \frac{z-1}{\dfrac{-1}{16}} \text{ 或} \frac{x-1}{16} = \frac{y-1}{9} = \frac{z-1}{-1}$$

法平面方程为

$$16(x-1) + 9(y-1) - (z-1) = 0$$

10.5.2　曲面的切平面与法线

设曲面 $\sum$ 方程 $F(x, y, z) = 0$,其上一点 $P_0(x_0, y_0, z_0)$,并假设函数 $F(x, y, z)$ 的偏导数在该点连续,且不同时为零. 在曲面 $\sum$ 上,通过点 P_0 的任意一条曲线 L(如图 10.3)

假设曲线 L 的参数方程为

$$\begin{cases} x = x(t) \\ y = y(t) \ (\alpha \leqslant t \leqslant \beta) \\ z = z(t) \end{cases}$$

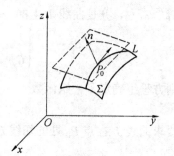

图 10.3

$t = t_0$ 对应于点 $P_0(x_0, y_0, z_0)$，且 $x'(t_0)$，$y'(t_0)$，$z'(t_0)$ 不全为零，则曲线 L 在 P_0 的切线方程为

$$\frac{x - x_0}{x'(t_0)} = \frac{y - y_0}{y'(t_0)} = \frac{z - z_0}{z'(t_0)}$$

下面我们要证明在曲面 $\sum$ 上通过点 P_0 且在点 P_0 处具有切线的任何曲线，它们在点 P_0 处的切线都在同一平面上. 事实上，因为曲线 L 完全在曲面 $\sum$ 上，所以有恒等式

$$F[x(t), y(t), z(t)] \equiv 0$$

两边对 t 求全导数，令 $t = t_0$ 得

$$F_x(x_0, y_0, z_0) x'(t_0) + F_y(x_0, y_0, z_0) y'(t_0) +$$
$$F_z(x_0, y_0, z_0) z'(t_0) = 0$$

引入向量

$$n = \{F_x(x_0, y_0, z_0), F_y(x_0, y_0, z_0), F_z(x_0, y_0, z_0)\}$$

由此可知过点 P_0 的任一条曲线的切向量 $\{x'(t_0), y'(t_0), z'(t_0)\}$

都与向量 n 垂直，所以曲面 $\sum$ 上通过点 P_0 的一切曲线在点 P_0 的切线都在同一平面上(图 10.3)，这个平面称为曲面 $\sum$ 在点 P_0 的切平面，这切平面的方程是

$$F_x(x_0, y_0, z_0)(x - x_0) + F_y(x_0, y_0, z_0)(y - y_0) + F_z(x_0, y_0, z_0)(z - z_0) = 0$$

通过点 $P_0(x_0, y_0, z_0)$ 且垂直于切平面的直线称为曲面 $\sum$ 在该点的法线.

法线方程为

$$\frac{x - x_0}{F_x(x_0, y_0, z_0)} = \frac{y - y_0}{F_y(x_0, y_0, z_0)} = \frac{z - z_0}{F_z(x_0, y_0, z_0)}$$

垂直于曲面 $\sum$ 上切平面的向量称为曲面的法向量.

向量 $n = \{F_x(x_0, y_0, z_0), F_y(x_0, y_0, z_0), F_z(x_0, y_0, z_0)\}$ 就是曲面 $\sum$ 在点 P_0 处的一个法向量.

现在讨论显式的曲面方程

$$z = f(x, y)$$

令

$$F(x, y, z) = z - f(x, y)$$
$$F_x = -f_x(x, y) \quad F_y = -f_y(x, y) \quad F_z = 1$$

于是，曲面上点 $P_0(x_0, y_0, z_0)$ 处的法向量为

$$n = \{-f_x(x_0, y_0), -f_y(x_0, y_0), 1\}$$

切平面方程为

$$-f_x(x_0, y_0)(x - x_0) - f_y(x_0, y_0)(y - y_0) + (z - z_0) = 0$$

而法线方程为

$$\frac{x - x_0}{-f_x(x_0, y_0)} = \frac{y - y_0}{-f_y(x_0, y_0)} = \frac{z - z_0}{1}$$

如果用 α,β,γ 表示曲面的法向量的方向角,并假定法向量的方向是向上的,即它与 z 轴的正向夹角 γ 是一锐角,则法向量的方向余弦为

$$\cos\alpha = \frac{-f_x}{\sqrt{1 + f_x^2 + f_y^2}}, \cos\beta = \frac{-f_y}{\sqrt{1 + f_x^2 + f_y^2}}, \cos\gamma = \frac{1}{\sqrt{1 + f_x^2 + f_y^2}}$$

例 4　求椭球面 $\frac{x^2}{3} + \frac{4}{3}y^2 + 3z^2 = 1$,在点 $P\left(1,\frac{1}{2},\frac{1}{3}\right)$ 处的切平面及法线方程.

解　设 $\qquad F(x,y,z) = \frac{x^2}{3} + \frac{4}{3}y^2 + 3z^2 - 1$

$$F_x\big|_P = \frac{2}{3}x\big|_p = \frac{2}{3} \quad F_y\big|_P = \frac{8}{3}y\big|_p = \frac{4}{3} \quad F_z\big|_P = 6z\big|_p = 2$$

切平面的法向量

$$\boldsymbol{n} = \left\{\frac{2}{3},\frac{4}{3},2\right\}$$

所以在点 $P\left(1,\frac{1}{2},\frac{1}{3}\right)$ 处的切平面方程为

$$\frac{2}{3}(x - 1) + \frac{4}{3}\left(y - \frac{1}{2}\right) + 2\left(z - \frac{1}{3}\right) = 0$$

法线方程

$$\frac{x - 1}{\frac{2}{3}} = \frac{y - \frac{1}{2}}{\frac{4}{3}} = \frac{z - \frac{1}{3}}{2}$$

例 5　求旋转抛物面 $z = 1 - x^2 - y^2$ 在点 $P(1,1,-1)$ 处的切平面及法线方程.

解　$\qquad f(x,y) = 1 - x^2 - y^2$

$$f_x\big|_p = -2x\big|_p = -2 \quad f_y\big|_p = -2y\big|_p = -2$$
$$\boldsymbol{n} = \{-f_x, -f_y, 1\} = \{2,2,1\}$$

所以在点 $P(1,1,-1)$ 的切平面方程为

$$2(x - 1) + 2(y - 1) + (z + 1) = 0$$

法线方程为

$$\frac{x - 1}{2} = \frac{y - 1}{2} = \frac{z + 1}{1}$$

百　花　园

例 6　求椭球面 $x^2 + 2y^2 + 3z^2 = 21$ 上某点 $M_0(x_0,y_0,z_0)$ 处的切平面方程,使此切平面过直线

$$L: \frac{x - 6}{2} = \frac{y - 3}{1} = \frac{2z - 1}{-2}$$

解　该切平面的法向量

$$\boldsymbol{n}_0 = \{2x_0, 4y_0, 6z_0\} = 2\{x_0, 2y_0, 3z_0\}$$

它垂直于直线的方向向量

$$s = \{2, 1, -1\}$$

又垂直于直线上一点 $P\left(0, 0, \dfrac{7}{2}\right)$ 到 M_0 的连线向量

$$\overrightarrow{PM_0} = \left\{x_0, y_0, z_0 - \dfrac{7}{2}\right\}$$

点 M_0 又在椭球面上 $x_0^2 + 2y_0^2 + 3z_0^2 = 21$

于是有

$$\begin{cases} 2x_0 + 2y_0 - 3z_0 = 0 & ① \\ x_0^2 + 2y_0^2 + 3z_0^2 - \dfrac{21}{2}z_0 = 0 & ② \\ x_0^2 + 2y_0^2 + 3z_0^2 = 21 & ③ \end{cases}$$

由式 ②,③ 得 $z_0 = 2$,代入 ①,② 得

$$\begin{cases} x_0 + y_0 = 3 \\ x_0^2 + 2y_0^2 = 9 \end{cases}$$

解之得

$$\begin{cases} x_0 = 1 \\ y_0 = 2 \end{cases} \quad 与 \quad \begin{cases} x_0 = 3 \\ y_0 = 0 \end{cases}$$

于是切点

$$M_0 \ 为 (1, 2, 2), (3, 0, 2)$$

相应得切平面的法向量为

$$\{1, 4, 6\} 或 \{3, 0, 6\}$$

从而所求切平面方程为

$$x + 4y + 6z = 21$$

或

$$x + 2z = 7$$

例 7 试证曲面 $\sqrt{x} + \sqrt{y} + \sqrt{z} = \sqrt{a}\,(a > 0)$ 上,任意点处的切平面在各坐标轴上的截距之和等于 a.

证 设 $F(x, y, z) = \sqrt{x} + \sqrt{y} + \sqrt{z} - \sqrt{a}$,则

$$\{F_x, F_y, F_z\} = \left\{\dfrac{1}{2\sqrt{x}}, \dfrac{1}{2\sqrt{y}}, \dfrac{1}{2\sqrt{z}}\right\}$$

在曲面上任取一点 $P_0(x_0, y_0, z_0)$,在点 P_0 处的切平面方程为

$$\dfrac{1}{\sqrt{x_0}}(x - x_0) + \dfrac{1}{\sqrt{y_0}}(y - y_0) + \dfrac{1}{\sqrt{z_0}}(z - z_0) = 0$$

即

$$\dfrac{x}{\sqrt{x_0}} + \dfrac{y}{\sqrt{y_0}} + \dfrac{z}{\sqrt{z_0}} = \sqrt{x_0} + \sqrt{y_0} + \sqrt{z_0} = \sqrt{a}$$

化为截距式

$$\dfrac{x}{\sqrt{ax_0}} + \dfrac{y}{\sqrt{ay_0}} + \dfrac{z}{\sqrt{az_0}} = 1$$

所以截距之和为

$$\sqrt{ax_0} + \sqrt{ay_0} + \sqrt{az_0} = \sqrt{a}(\sqrt{x_0} + \sqrt{y_0} + \sqrt{z_0}) = a$$

例 8　求曲面 $z - e^z + 2xy = 3$ 在点 $P_0(1,2,0)$ 处的切平面方程.

解　设

$$F = z - e^z + 2xy - 3$$

$$\{F_x, F_y, F_z\}\big|_{P_0} = \{2y, 2x, 1 - e^z\}\big|_{P_0} = \{4, 2, 0\} = 2\{2, 1, 0\}$$

所以切平面方程

$$2(x - 1) + (y - 2) = 0$$

例 9　求空间曲线 $L\begin{cases} F(x,y,z) = 0 \\ G(x,y,z) = 0 \end{cases}$ 上一点 $P_0(x_0, y_0, z_0)$ 处的切向量.

解　曲面 $F(x,y,z) = 0$ 的法向量

$$n_1 = \{F_x, F_y, F_z\}\big|_{P_0}$$

曲面 $G(x,y,z) = 0$ 的法向量 $n_2 = \{G_x, G_y, G_z\}\big|_P$,曲线 L 在点 $P_0(x_0, y_0, z_0)$ 的切线向量 s 应与 n_1, n_2 同时垂直

所以

$$s = n_1 \times n_2 = \begin{vmatrix} i & j & k \\ F_x & F_y & F_z \\ G_x & G_y & G_z \end{vmatrix}$$

习题 10.5

1.求下列曲面在给定点处的切平面方程与法线方程:

(1) $z^2 = x^2 + y^2$ 在点 $(3, 4, 5)$;

(2) $x^3 + y^3 + z^3 + xyz - 6 = 0$ 在点 $(1, 2, -1)$;

(3) $e^z - z + xy = 3$ 在点 $(2, 1, 0)$.

2.求下列曲线在给定点处的切线方程与法平面方程:

(1) $x = t, y = 2t^2, z = t^2$ 在 $t = 1$ 处;

(2) $\begin{cases} x^2 + y^2 = 1 \\ y^2 + z^2 = 1 \end{cases}$ 在点 $(1, 0, 1)$ 处;

(3) $x = 3\cos\theta, y = 3\sin\theta, z = 4\theta$ 在 $\theta = \dfrac{\pi}{4}$ 处.

3.在曲线 $x = t, y = t^2, z = t^3$ 上求出其切线平行于平面 $x + 2y + z = 4$ 的切点坐标.

4.求椭球面 $x^2 + 2y^2 + z^2 = 1$ 上平行于平面 $x - y + 2z = 0$ 的切平面方程.

5.证明曲面 $xyz = a^3 (a > 0)$ 的切平面与坐标平面所围成的四面体的体积为一常数.

10.6　方向导数与梯度

10.6.1　方向导数

偏导数反映的是函数沿坐标轴方向的变化率,许多物理现象揭示,只考虑函数沿坐标

轴方向的变化率是远远不够的,如热空气要向冷的地方流动,因此气象学中就要确定大气温度,气压沿着某些方向的变化率,所以我们有必要来讨论函数沿任一指定方向的变化率问题.

定义 10.6 设 L 是 xOy 平面上以 $P_0(x_0,y_0)$ 为始点的一条射线,向量 $\boldsymbol{n} = \{\cos \alpha, \cos \beta\}$ 是与 L 同方向的单位向量,射线 L 的参数方程为

$$\begin{cases} x = x_0 + t\cos \alpha \\ y = y_0 + t\cos \beta \end{cases} \quad (t \geqslant 0)$$

函数 $z = f(x,y)$ 在点 $P_0(x_0,y_0)$ 的某个邻域 $U(P_0)$ 内有定义.

$P(x_0 + t\cos\alpha, y_0 + t\cos \beta)$ 为 L 上的另一点,且 $P \in U(P_0)$,如果函数增量

$$f(x_0 + t\cos \alpha, y_0 + t\cos \beta) - f(x_0,y_0)$$

与 P 到 P_0 的距离 $|P_0P| = t$ 的比值

$$\frac{f(x_0 + t\cos \alpha, y_0 + t\cos \beta) - f(x_0,y_0)}{t}$$

当 P 沿着 L 趋于 P_0 的极限存在,则称此极限为函数 $f(x,y)$ 在点 P_0 沿方向 L 的方向导数,记作:

$$\left.\frac{\partial f}{\partial l}\right|_{(x_0,y_0)}$$

即

$$\left.\frac{\partial f}{\partial l}\right|_{(x_0,y_0)} = \lim_{t \to 0^+} \frac{f(x_0 + t\cos \alpha, y_0 + t\cos \beta) - f(x_0,y_0)}{t}$$

显然,当 $l = \{1,0\}$ 则

$$\left.\frac{\partial f}{\partial l}\right|_{(x_0,y_0)} = \lim_{t \to 0^+} \frac{f(x_0 + t, y_0) - f(x_0,y_0)}{t} = f_x^+(x_0,y_0)$$

当 $l = \{-1,0\}$

$$\left.\frac{\partial f}{\partial l}\right|_{(x_0,y_0)} = \lim_{t \to 0^+} \frac{f(x_0 - t, y_0) - f(x_0,y_0)}{t} = -f_x(x_0,y_0)$$

当 $l = \{0,1\}$ 则

$$\left.\frac{\partial f}{\partial l}\right|_{(x_0,y_0)} = \lim_{t \to 0^+} \frac{f(x_0, y_0 + t) - f(x_0,y_0)}{t} = f_y^+(x_0,y_0)$$

而

$$f_x(x_0,y_0) = \lim_{t \to 0} \frac{f(x_0 + t, y_0) - f(x_0,y_0)}{t}$$

$$f_y(x_0,y_0) = \lim_{t \to 0} \frac{f(x_0, y_0 + t) - f(x_0,y_0)}{t}$$

t 的正负不限,无方向概念,因此偏导数并不是某一方向的方向导数.

例 1 $z = \sqrt{x^2 + y^2}$ 求在点 $(0,0)$ 处沿方向 $l = \{1,0\}$ 方向导数,并验证偏导数 $\left.\dfrac{\partial z}{\partial x}\right|_{(0,0)}$ 不存在.

解

$$l = \left\{\cos 0, \cos \frac{\pi}{2}\right\}$$

$$x_0 = 0, y_0 = 0$$

所以
$$\frac{\partial z}{\partial l} = \lim_{t \to 0^+} \frac{f\left(0 + t\cos 0, 0 + t\cos \frac{\pi}{2}\right) - f(0,0)}{t} =$$

$$\lim_{t \to 0^+} \frac{\sqrt{t^2 + 0} - 0}{t} = 1$$

$$f_x(0,0) = \lim_{\Delta x \to 0} \frac{f(0 + \Delta x, 0) - f(0,0)}{\Delta x} = \lim_{\Delta x \to 0} \frac{\sqrt{(\Delta x)^2 + 0}}{\Delta x} = \lim_{\Delta x \to 0} \frac{|\Delta x|}{\Delta x} \text{ 不存在}$$

方向导数的存在及其计算,我们有如下定理:

定理 10.5　如果函数 $f(x,y)$ 在点 $P_0(x_0, y_0)$ 可微分,那么函数在该点沿任一方向 L 的方向导数存在,且有

$$\left.\frac{\partial f}{\partial l}\right|_{(x_0, y_0)} = f_x(x_0, y_0)\cos \alpha + f_y(x_0, y_0)\cos \beta$$

其中 $\cos \alpha, \cos \beta$ 是方向 L 的方向余弦.

证　由假设 $f(x,y)$ 在点 (x_0, y_0) 可微分,因此有

$$f(x_0 + \Delta x, y_0 + \Delta y) - f(x_0, y_0) = f_x(x_0, y_0)\Delta x + f_y(x_0, y_0)\Delta y + o\left(\sqrt{(\Delta x)^2 + (\Delta y)^2}\right)$$

当点 $(x_0 + \Delta x, y_0 + \Delta y)$ 在以 (x_0, y_0) 为始点的射线 L 上时,应有

$$\Delta x = t\cos \alpha, \Delta y = t\cos \beta, \sqrt{(\Delta x)^2 + (\Delta y)^2} = t$$

所以

$$\lim_{t \to 0^+} \frac{f(x_0 + \cos \alpha, y_0 + \cos \beta) - f(x_0, y_0)}{t} = f_x(x_0, y_0)\cos \alpha + f_y(x_0, y_0)\cos \beta$$

故方向导数存在,其值为

$$\left.\frac{\partial f}{\partial l}\right|_{(x_0, y_0)} = f_x(x_0, y_0)\cos \alpha + f_y(x_0, y_0)\cos \beta$$

例 2　求函数 $z = x^2 + y^2$ 在点 $(1,2)$ 处沿从点 $P_1(1,2)$ 到点 $P_2(2, 2 + \sqrt{3})$ 的方向的方向导数.

解　$\overrightarrow{P_1P_2} = \{1, \sqrt{3}\}$　$\cos \alpha = \frac{1}{2}$　$\cos \beta = \frac{\sqrt{3}}{2}$

$$\left.\frac{\partial x}{\partial x}\right|_{(1,2)} = 2x|_{(1,2)} = 2 \qquad \left.\frac{\partial z}{\partial y}\right|_{(1,2)} = 2y|_{(1,2)} = 4$$

所以　　　　　　　$\left.\frac{\partial z}{\partial l}\right|_{(1,2)} = 2\cos \alpha + 4\cos \beta = 1 + 2\sqrt{3}$

如果三元函数 $u = f(x,y,z)$ 在点 (x_0, y_0, z_0) 可微分,那么函数在该点沿着方向 $l = \{\cos \alpha, \cos \beta, \cos \gamma\}$ 的方向导数为

$$\left.\frac{\partial f}{\partial l}\right|_{(x_0, y_0, z_0)} = f_x(x_0, y_0, z_0)\cos \alpha + f_y(x_0, y_0, z_0)\cos \beta + f_z(x_0, y_0, z_0)\cos \gamma$$

例 3　函数 $u = \ln\left(x + \sqrt{y^2 + z^2}\right)$ 在点 $A(1,0,1)$ 处沿点 A 指向 $B(3, -2, 2)$ 方向的方向导数.

解　$\overrightarrow{AB} = \{2, -2, 1\}, l = \frac{\overrightarrow{AB}}{|\overrightarrow{AB}|} = \left\{\frac{2}{3}, -\frac{2}{3}, \frac{1}{3}\right\} = \{\cos \alpha, \cos \beta, \cos \gamma\}$

$$\frac{\partial u}{\partial x}\bigg|_{(1,0,1)} = \frac{\mathrm{d}\ln(x+1)}{\mathrm{d}x}\bigg|_{x=1} = \frac{1}{2}$$

$$\frac{\partial u}{\partial y}\bigg|_{(1,0,1)} = \frac{\mathrm{d}\ln(1+\sqrt{y^2+1})}{\mathrm{d}y}\bigg|_{y=0} = \frac{1}{1+\sqrt{y^2+1}}\frac{2y}{2\sqrt{y^2+1}}\bigg|_{y=0} = 0$$

$$\frac{\partial u}{\partial z}\bigg|_{(1,0,1)} = \frac{\mathrm{d}\ln(1+z)}{\mathrm{d}z}\bigg|_{z=1} = \frac{1}{1+z}\bigg|_{z=1} = \frac{1}{2}$$

所以　　　$$\frac{\partial u}{\partial l}\bigg|_{(1,0,1)} = \left(\frac{\partial u}{\partial x}\cos\alpha + \frac{\partial u}{\partial y}\cos\beta + \frac{\partial u}{\partial z}\cos\gamma\right)\bigg|_{(1,0,1)} =$$

$$\frac{1}{2}\cdot\frac{2}{3} + 0\left(-\frac{2}{3}\right) + \frac{1}{2}\cdot\frac{1}{3} = \frac{1}{2}$$

10.6.2　梯度

定义 10.7　设函数 $z = f(x,y)$ 在平面区域 D 内具有一阶连续偏导数,则对于每一点 $P_0(x_0,y_0) \in D$ 都可定出一个向量 $f_x(x_0,y_0)\boldsymbol{i} + f_y(x_0,y_0)\boldsymbol{j}$,此向量称为函数 $f(x,y)$ 在点 $P_0(x_0,y_0)$ 的梯度,记作:$\mathrm{grad}f(x_0,y_0)$ 或 $\nabla f(x_0,y_0)$,即

$$\mathrm{grad}f(x_0,y_0) = \nabla f(x_0,y_0) = f_x(x_0,y_0)\boldsymbol{i} + f_y(x_0,y_0)\boldsymbol{j}$$

其中　　　　　　　　　　　　$$\nabla = \frac{\partial}{\partial x}\boldsymbol{i} + \frac{\partial}{\partial y}\boldsymbol{j}$$

称为(二维的)向量微分算子,或哈密尔顿算子(奈布拉算子)

$$\nabla f = \frac{\partial f}{\partial x}\boldsymbol{i} + \frac{\partial f}{\partial y}\boldsymbol{j}$$

如果函数 $z = f(x,y)$ 在点 $P_0(x_0,y_0)$ 可微分,$l = \{\cos\alpha,\cos\beta\}$,则

$$\frac{\partial f}{\partial l}\bigg|_{(x_0,y_0)} = f_x(x_0,y_0)\cos\alpha + f_y(x_0,y_0)\cos\beta = \mathrm{grad}f(x_0,y_0)\cdot\boldsymbol{l} =$$

$$\big|\mathrm{grad}f(x_0,y_0)\big|\cos\theta$$

其中　　　　　　　　　　　$$\theta = (\mathrm{grad}f(x_0,y_0)\overset{\wedge}{,}\boldsymbol{l})$$

这一关系式表明了函数在一点的梯度与函数在这点的方向导数间的关系.

注　(1)当 $\theta = 0$,即方向 $\boldsymbol{l}$ 与 $\mathrm{grad}f(x_0,y_0)$ 的方向相同,函数 $f(x,y)$ 增加最快,此时,函数在这个方向的方向导数,达到最大值,这个最大值就是梯度 $\mathrm{grad}f(x_0,y_0)$ 的模.

即　　　　　　　　　　　　$$\frac{\partial f}{\partial l}\bigg|_{(x_0,y_0)} = \big|\mathrm{grad}f(x_0,y_0)\big|$$

这个结果表示:函数 $z = f(x,y)$ 在一点的梯度 $\mathrm{grad}f(x,y)$ 是一个向量,它的方向是函数在这点的方向导数取得最大值的方向,它的模就等于方向导数的最大值.

(2)当 $\theta = \pi$,即方向 $\boldsymbol{l}$ 与梯度 $\mathrm{grad}f(x_0,y_0)$ 的方向相反时,函数 $f(x,y)$ 减少最快,函数在这个方向的方向导数达到最小值.

即　　　　　　　　　　　　$$\frac{\partial f}{\partial l}\bigg|_{(x_0,y_0)} = -\big|\mathrm{grad}f(x_0,y_0)\big|$$

(3)当 $\theta = \frac{\pi}{2}$,即方向 $\boldsymbol{l} \perp \mathrm{grad}f(x_0,y_0)$,函数的变化率为 0

即
$$\frac{\partial f}{\partial l}\bigg|_{(x_0,y_0)} = |\mathrm{grad}f(x_0,y_0)|\cos\theta = 0$$

(4) $\frac{\partial f}{\partial l} = \nabla f \cdot \boldsymbol{l} = p_{r_j} \nabla f$，即梯度向量在任意给定方向 $\boldsymbol{l}$ 上的投影就是该方向上的方向导数.

(5) 梯度是一个向量，方向导数是个数量.

我们知道，一般说来二元函数 $z = f(x,y)$ 在几何上表示一个曲面，这曲面被平面 $z = c(c$ 常数) 所截得的曲线 L 的方程为

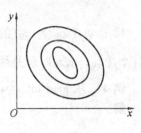

$$\begin{cases} z = f(x,y) \\ z = c \end{cases}$$

这条曲线 L 在 xOy 平面上的投影是一条平面曲线 L^* (如图 10.4).

图 10.4

它在 xOy 平面直角坐标系中的方程为 $f(x,y) = c$.

对于曲线 L^* 上的所有点，已给函数的函数值都是 c，所以我们称平面曲线 L^* 为函数 $z = f(x,y)$ 的等值线.

若 f_x,f_y 不同时为 0，则等值线 $f(x,y) = c$ 上任一点 $P_0(x_0,y_0)$ 处的一个单位法向量为

$$\boldsymbol{n} = \frac{1}{\sqrt{f_x^2(x_0,y_0) + f_y^2(x_0,y_0)}}\{f_x(x_0,y_0),f_y(x_0,y_0)\} = \frac{\nabla f(x_0,y_0)}{|\nabla f(x_0,y_0)|}$$

这是因为：

设 $F(x,y) = f(x,y) - c$，在点 $P_0(x_0,y_0)$ 的切线方向余弦为
$$\cos\alpha,\cos\beta = (\sin\alpha)$$

即切线方向为
$$\{\cos\alpha,\cos\beta\}$$

$$\frac{\mathrm{d}y}{\mathrm{d}x} = -\frac{F_x}{F_y} = -\frac{f_x}{f_y} = \tan\alpha = \frac{\sin\alpha}{\cos\alpha} \Rightarrow -f_x\cos\alpha = f_y\sin\alpha$$

即
$$f_x\cos\alpha + f_y\sin\alpha = f_x\cos\alpha + f_y\cos\beta = 0$$

所以
$$\{f_x,f_y\} \perp \{\cos\alpha,\cos\beta\}$$

这表明函数 $f(x,y)$ 在一点 (x_0,y_0) 的梯度 $\nabla f(x_0,y_0)$ 的方向就是等值线 $f(x,y) = c$ 在这点的法线方向 $\boldsymbol{n}$，而梯度的模 $|\nabla f(x_0,y_0)|$ 就是沿这个法线方向的方向导数 $\frac{\partial f}{\partial n}$，于是有

$$\nabla f(x_0,y_0) = \frac{\partial f}{\partial n}\boldsymbol{n}$$

梯度概念可以推广到三元函数，设 $u = f(x,y,z)$ 在空间区域 G 内具有一阶连续偏导数，则对于每一点
$$P_0(x_0,y_0,z_0) \in G$$

称向量 $f_x(x_0,y_0,z_0)\boldsymbol{i} + f_y(x_0,y_0,z_0)\boldsymbol{j} + f_z(x_0,y_0,z_0)\boldsymbol{k}$ 为函数在点 $P_0(x_0,y_0,z_0)$ 的

梯度,记作:

$$\text{grad} f(x_0, y_0, z_0) \text{ 或 } \nabla f(x_0, y_0, z_0)$$

即 $\text{grad} f(x_0, y_0, z_0) = \nabla f(x_0, y_0, z_0) = f_x(x_0, y_0, z_0)\boldsymbol{i} + f_y(x_0, y_0, z_0)\boldsymbol{j} + f_z(x_0, y_0, z_0)\boldsymbol{k}$

其中 $\nabla = \frac{\partial}{\partial x}\boldsymbol{i} + \frac{\partial}{\partial y}\boldsymbol{j} + \frac{\partial}{\partial z}\boldsymbol{k}$ 称为(三维的)向量微分算子或哈密尔顿算子(奈布拉算子)与二元函数一样等值面

$$f(x, y, z) = c$$

梯度 $\nabla f(x_0, y_0, z_0)$ 的方向就是等值面 $f(x, y, z) = c$ 在这点的法线方向 $\boldsymbol{n}$,而梯度的模 $|\nabla f(x_0, y_0, z_0)|$ 就是函数沿这个法线方向的方向导数 $\frac{\partial f}{\partial \boldsymbol{n}}$

例 4 求 $\text{grad} \ln(x^2 + y^2)$.

解
$$f(x, y) = \ln(x^2 + y^2)$$
$$\frac{\partial f}{\partial x} = \frac{2x}{x^2 + y^2} \qquad \frac{\partial f}{\partial y} = \frac{2y}{x^2 + y^2}$$
$$\text{grad} f(x, y) = \frac{2x}{x^2 + y^2}\boldsymbol{i} + \frac{2y}{x^2 + y^2}\boldsymbol{j}$$

例 5 函数 $u = xy^2 + z^3 - xyz$ 在点 $P(1,1,1)$ 处沿哪个方向的方向导数最大,最大值是多少?

解 $\nabla u|_P = \{y^2 - yz, 2xy - xz, 3z^2 - xy\}|_P = \{0, 1, 2\}$

所以函数 u 在点 P 处沿方向 $\{0, 1, 2\} = \boldsymbol{l}$ 的方向导数最大.

最大值是 $|\nabla u|_P| = \sqrt{5}$

百 花 园

例 6 求函数 $z = 2x^2 + y^2$ 在点 $P(1,1)$ 处的梯度以及沿梯度方向的方向导数.

解
$$\frac{\partial z}{\partial x}\bigg|_P = 4x|_P = 4$$
$$\frac{\partial z}{\partial y}\bigg|_P = 2y|_P = 2$$

所以
$$\text{grad} z|_P = 4\boldsymbol{i} + 2\boldsymbol{j} = \boldsymbol{l}$$

沿梯度方向的方向导数为
$$\frac{\partial z}{\partial l} = |\text{grad} z| = \sqrt{4^2 + 2^2} = 2\sqrt{5}$$

例 7 求函数 $u = \frac{\sqrt{x^2 + y^2}}{xyz}$ 在点 $P(-1, 3, -3)$ 处的梯度,以及沿曲线 $x = -t^2, y = 3t^2, z = -3t^3$ 在点 P 参数增大的切线方向的方向导数.

解
$$\frac{\partial u}{\partial x}\bigg|_P = \frac{-y}{x^2 z \sqrt{x^2 + y^2}}\bigg|_P = \frac{1}{\sqrt{10}} = \frac{\sqrt{10}}{10}$$
$$\frac{\partial u}{\partial y}\bigg|_P = \frac{-x}{y^2 z \sqrt{x^2 + y^2}}\bigg|_P = -\frac{1}{27\sqrt{10}} = \frac{-\sqrt{10}}{270}$$

$$\frac{\partial u}{\partial z}\Big|_P = -\frac{\sqrt{x^2+y^2}}{xyz^2}\Big|_P = \frac{\sqrt{10}}{27}$$

$$\nabla u|_P = \frac{\sqrt{10}}{10}\boldsymbol{i} - \frac{\sqrt{10}}{270}\boldsymbol{j} + \frac{\sqrt{10}}{27}\boldsymbol{k}$$

曲线在 $P(-1,3,-3)$ 处,对应参数 $t_0 = 1$,切向量为

$$T = \{x'(t_0), y'(t_0), z'(t_0)\} = \{-2, 6, -9\}$$

$$|T| = 11$$

方向余弦为

$$\cos\alpha = -\frac{2}{11}, \cos\beta = \frac{6}{11}, \cos\gamma = -\frac{9}{11}$$

所以 $\quad\dfrac{\partial u}{\partial T}\Big|_P = \dfrac{\sqrt{10}}{10}\Big(-\dfrac{2}{11}\Big) + \Big(-\dfrac{\sqrt{10}}{270}\Big)\cdot\dfrac{6}{11} + \dfrac{\sqrt{10}}{27}\cdot\Big(-\dfrac{9}{11}\Big) = -\dfrac{5}{99}\sqrt{10}$

例 8 求函数 $u = x + y + z$ 在点 $M_0(0,0,1)$ 处沿球面 $x^2 + y^2 + z^2 = 1$ 在此点的外法线方向的方向导数.

解 令 $\qquad F(x,y,z) = x^2 + y^2 + z^2 - 1$

$$F_x = 2x, F_y = 2y, F_z = 2z$$

在点 $M_0(0,0,1)$ 处的外法线方向向量为 $\{0,0,2\} = \boldsymbol{l}$

$$\cos\alpha = 0, \cos\beta = 0, \cos\gamma = 1$$

因而 $\qquad\dfrac{\partial u}{\partial l}\Big|_{(0,0,1)} = \dfrac{\partial u}{\partial x}\cos\alpha + \dfrac{\partial u}{\partial y}\cos\beta + \dfrac{\partial u}{\partial z}\cos\gamma = 1$

例 9 设 $\boldsymbol{n}$ 是曲面 $2x^2 + 3y^2 + z^2 = 6$ 在点 $P(1,1,1)$ 处指向外侧的法线向量,求函数 $u = \dfrac{1}{z}(6x^2 + 8y^2)^{\frac{1}{2}}$ 在 P 点处沿方向 $\boldsymbol{n}$ 的方向导数.

解 设 $F(x,y,z) = 2x^2 + 3y^2 + z^2 - 6$

在点 P 的外法线向量

$$\{F_x, F_y, F_z\}|_P = \{4x, 6y, 2z\}|_P = \{4,6,2\}$$

其方向余弦

$$\{\cos\alpha, \cos\beta, \cos\gamma\} = \left\{\frac{4}{\sqrt{4^2+6^2+2^2}}, \frac{6}{\sqrt{4^2+6^2+2^2}}, \frac{2}{\sqrt{4^2+6^2+2^2}}\right\} =$$

$$\left\{\frac{2}{\sqrt{14}}, \frac{3}{\sqrt{14}}, \frac{1}{\sqrt{14}}\right\}$$

$$\frac{\partial u}{\partial x}\Big|_P = \frac{1}{z}\frac{6x}{\sqrt{6x^2+8y^2}}\Big|_P = \frac{6}{\sqrt{14}}$$

$$\frac{\partial u}{\partial y}\Big|_P = \frac{1}{z}\frac{8y}{\sqrt{6x^2+8y^2}}\Big|_P = \frac{8}{\sqrt{14}}$$

$$\frac{\partial u}{\partial z}\Big|_P = -\frac{1}{z^2}\sqrt{6x^2+8y^2}\Big|_P = -\sqrt{14}$$

$$\frac{\partial u}{\partial \boldsymbol{n}}\Big|_P = \left(\frac{\partial u}{\partial x}\cos\alpha + \frac{\partial u}{\partial y}\cos\beta + \frac{\partial u}{\partial z}\cos\gamma\right)\Big|_P = \frac{6}{\sqrt{14}}\cdot\frac{2}{\sqrt{14}} + \frac{8}{\sqrt{14}}\cdot\frac{3}{\sqrt{14}} - \sqrt{14}\cdot\frac{1}{\sqrt{14}} = \frac{11}{7}$$

例 10 求函数 $z = 1 - \left(\dfrac{x^2}{a^2} + \dfrac{y^2}{b^2} \right)$ 在点 $\left(\dfrac{a}{\sqrt{2}}, \dfrac{b}{\sqrt{2}} \right)$ 处沿曲线 $\dfrac{x^2}{a^2} + \dfrac{y^2}{b^2} = 1$ 在这点的内法线方向的方向导数.

解 等值线 $f(x, y) = c$ 的一点 P 的内法线方向为

$$- \{ f_x, f_y \} \big|_P = - \left\{ \frac{2x}{a^2}, \frac{2y}{b^2} \right\} \Big|_P = - \left\{ \frac{\sqrt{2}}{a}, \frac{\sqrt{2}}{b} \right\} = \vec{l}$$

其模为

$$\sqrt{\frac{2}{a^2} + \frac{2}{b^2}} = \frac{\sqrt{2(a^2 + b^2)}}{ab}$$

向余弦为

$$\{ \cos \alpha, \cos \beta \} = \left\{ - \frac{b}{\sqrt{a^2 + b^2}}, - \frac{a}{\sqrt{a^2 + b^2}} \right\}$$

$$\frac{\partial z}{\partial x} \Big|_P = - \frac{2x}{a^2} \Big|_P = - \frac{\sqrt{2}}{a}$$

$$\frac{\partial z}{\partial y} \Big|_P = - \frac{2y}{b^2} = - \frac{\sqrt{2}}{b}$$

所以

$$\frac{\partial z}{\partial l} = - \frac{\sqrt{2}}{a} \cdot \left(- \frac{b}{\sqrt{a^2 + b^2}} \right) - \frac{\sqrt{2}}{b} \left(- \frac{a}{\sqrt{a^2 + b^2}} \right) = \frac{\sqrt{2(a^2 + b^2)}}{ab}$$

习题 10.6

1. 设 $f(x, y, z) = x^2 + 2y^2 + 3z^2 + xy + 3x - 2y - 6z$，求 grad $f(0,0,0)$ 及 grad $f(1,1,1)$.

2. 求 $u = xyz$ 在点 $(5,1,2)$ 处沿从点 $(5,1,2)$ 到点 $(9,4,1)$ 的方向的方向导数.

3. 求函数 $u = xy^2z$ 在点 $P_0(1, -1, 2)$ 处变化最快的方向，并求沿这个方向的方向导数.

4. 求函数 $u = xy + yz + xz$ 在点 $P(1,2,3)$ 处沿 P 点的向径方向的方向导数.

5. 求函数 $u = x^2y^2 + yz^3$ 在点 $M_0(1,2,1)$ 处的梯度.

6. $f(x, y) = x^2 - 2xy + y^2$，求在点 $(2,3)$ 处的方向导数 $\dfrac{\partial f}{\partial l}$ 的最大值.

7. 求函数 $u = xyz$ 在 $M(3,4,5)$ 处沿锥面 $z = \sqrt{x^2 + y^2}$ 外法线方向的方向导数.

10.7 多元函数的极值

与一元函数一样，多元函数也有极值问题和最值问题，极值问题与最值问题是有密切联系的，为此我们先来讨论多元函数的极值问题.

10.7.1 多元函数的极值

定义 10.7 如果在点 $P_0(x_0, y_0)$ 的某一去心邻域 $\mathring{U}(P_0)$ 内的一切点 (x, y)，总有

$f(x_0,y_0) > f(x,y)$,那么称函数 $f(x,y)$ 在点 P_0 取得极大值 $f(x_0,y_0)$.

如果总有 $f(x_0,y_0) < f(x,y)$,那么称函数 $f(x,y)$ 在点 P_0 取得极小值 $f(x_0,y_0)$ 极大值与极小值统称为极值,使函数取得极值的点 (x_0,y_0),称为极值点.

与一元函数一样,关于二元函数极值的判定,我们有

定理 10.6 （必要条件） $z = f(x,y)$ 在 (x_0,y_0) 具有偏导数且取得极值,则
$$f_x(x_0,y_0) = 0, f_y(x_0,y_0) = 0$$

定义 10.8 使 $\begin{cases} f_x(x_0,y_0) = 0 \\ f_y(x_0,y_0) = 0 \end{cases}$ 的点 (x_0,y_0) 称为函数 $f(x,y)$ 的驻点.

由定理 10.6 知,可导函数的极值点必定是驻点,但函数的驻点未必是极值点.

既然驻点不一定是极值点,那么驻点满足什么条件才能是极值点呢,我们有如下定理:

定理10.7 （充分条件） 设函数 $z = f(x,y)$ 在点 (x_0,y_0) 的某邻域内连续且有一阶及二阶连续偏导数,点 (x_0,y_0) 是驻点

令 $\qquad A = f_{xx}(x_0,y_0), B = f_{xy}(x_0,y_0)\ C = f_{yy}(x_0,y_0)$

则 (1) $B^2 - AC < 0$ 时,$f(x,y)$ 在 (x_0,y_0) 取得极值
$$\begin{cases} A < 0 & 极大值 \\ A > 0 & 极小值 \end{cases}$$

(2) $B^2 - AC > 0$ 时,没有极值;

(3) $B^2 - AC = 0$ 时,可能有极值,也可能没有极值,还需另作讨论.

例 1 求函数 $z = x^3 + y^3 - 3xy$ 的极值.

解 $\begin{cases} z_x = 3x^2 - 3y = 0 \\ z_y = 3y^2 - 3x = 0 \end{cases}$ 得驻点 $(1,1),(0,0)$.
$$z_{xx} = 6x, z_{xy} = -3, z_{yy} = 6y$$

对于点 $(1,1)$
$$A = 6, B = -3, C = 6$$
$$B^2 - AC = -27 < 0, 且 A > 0$$

因为 z 在点 $(1,1)$ 取得极小值 $z(1,1) = -1$

对于点 $(0,0)$
$$A = 0, B = -3, C = 0$$
$$B^2 - AC > 0$$

所以 $(0,0)$ 不是极值点.

例 2 求函数 $f(x,y) = x^3 - y^3 + 3x^2 + 3y^2 - 9x$ 的极值.

解 $\begin{cases} f_x = 3x^2 + 6x - 9 = 0 \\ f_y = -3y^2 + 6y = 0 \end{cases}$ 得驻点 $(1,0),(1,2),(-3,0),(-3,2)$
$$f_{xx} = 6x + 6, f_{xy} = 0, f_{yy} = -6y + 6$$

对于点 $(1,0)$ $\qquad A = 12, B = 0, C = 6$
$$B^2 - AC < 0, A > 0\ 所以函数取得极小值$$

$$f(1,0) = -5$$

对于点$(1,2)$

$$B^2 - AC > 0$$

所以$f(1,2)$不是极值

对于点$(-3,0)$

$$B^2 - AC > 0$$

所以$f(-3,0)$不是极值

对于点$(-3,2)$, $B^2 - AC < 0$　$A < 0$,所以函数在$(-3,2)$取得极大值$f(-3,2) = 43$

与一元函数一样,在偏导数不存在的点,也可能是极值点,由10.6节例1知$z = \sqrt{x^2 + y^2}$在点$(0,0)$的偏导不存在.

我们知道这是上半锥面,有极小值,因此在考虑函数的极值问题时,除了考虑函数的驻点外,如果有偏导不存在的点,也应考虑在内.

10.7.2　多元函数的最值

我们已知,有界闭区域上连续函数在该区域上必能取到最大值和最小值,设函数在区域内有有限个驻点,且最值在区域内取得,那么它一定是函数的极值,所以求多元函数的最值可以先求出函数在所有驻点处的值,以及函数在区域边界上的最值,这些值中最大的就是最大值,最小的就是最小值.

例3　求二元函数$f(x,y) = x^2 y(4 - x - y)$在由直线$x + y = 6$, x轴, y轴所围成的闭区域D上的极值,最大值与最小值.

解　由方程组

$$\begin{cases} f_x = 2xy(4 - x - y) - x^2 y = 0 & ① \\ f_y = x^2(4 - x - y) - x^2 y = 0 & ② \end{cases}$$

由式①得

$$\begin{cases} xy(8 - 3x - 2y) = 0 & ③ \\ x^2(4 - x - 2y) = 0 & ④ \end{cases}$$

由式②得

得

$$x = 0 (0 \leqslant y \leqslant 6)$$

由$\begin{cases} 8 - 3x - 2y = 0 \\ 4 - x - 2y = 0 \end{cases}$　得$(2,1)$.

当$y = 0$时,得$x = 4$,点$(4,0)$也是驻点,点$(4,0)$及线段$x = 0$在D的边界上,只有点$(2,1)$是可能的极值点.

$$f_{xx} = 8y - 6xy - 2y^2$$

$$f_{xy} = 8x - 3x^2 - 4xy$$

$$f_{yy} = -2x^2$$

在点$(2,1)$处

$$A = -6 < 0 \quad B = -4 \quad C = -8$$

$$B^2 - AC = -32 < 0$$

所以点$(2,1)$是极大值点,极大值$f(2,1) = 4$.

在边界 $x = 0(0 \leqslant y \leqslant 6)$ 和 $y = 0(0 \leqslant x \leqslant 6)$ 上
$$f(x,y) = 0$$
在边界 $x + y = 6$ 上, $y = 6 - x$ 代入 $f(x,y)$ 中, 得
$$z = 2x^3 - 12x^2 \quad (0 \leqslant x \leqslant 6)$$
由
$$z' = 6x^2 - 24x = 0$$
得
$$x = 0, x = 4$$
$$x = 4(\text{即 } y = 2)$$
$$f(4,2) = -64$$

经比较 $\{f(2,1), f(4,2)\} = \{4, -64\}$ 知, 最大值 $f(2,1) = 4$, 最小值 $f(4,2) = -64$.

10.7.3　条件极值

前面讲的极值问题, 都是求目标函数的极值, 没有附加任何的约束条件, 这种极值有时称为无条件极值.

但是在一些实际问题中, 往往还有附加的约束条件, 这种极值就是条件极值.

例如:求函数 $z = x^2 + y^2$ 在 $x + y = 1$ 的条件下的极值.

解　此题可将 $y = 1 - x$ 代入 $z = x^2 + y^2$ 中, 变成一元函数 $z = x^2 + (1 + x)^2$ 的无条件极值问题, 把条件极值化为无条件极值有时不是很容易的, 下面我们介绍一种直接求条件极值的方法.

拉格朗日乘数法　要找函数 $z = f(x,y)$ 在附加条件 $\varphi(x,y) = 0$ 下的可能极值点, 作辅助函数 — 拉格朗日函数
$$L(x,y) = f(x,y) + \lambda\varphi(x,y)$$
其中 λ 为参数

求其对 x 与 y 的一阶偏导, 并使之为零, 然后与 $\varphi(x,y) = 0$ 联立
$$\begin{cases} L_x = f_x(x,y) + \lambda\varphi_x(x,y) = 0 \\ L_y = f_y(x,y) + \lambda\varphi_y(x,y) = 0 \\ L_\lambda = \varphi(x,y) = 0 \end{cases}$$

由此方程组解出 x, y 及 λ, 这样得到的 (x,y) 就是函数 $f(x,y)$ 在附加条件 $\varphi(x,y) = 0$ 下的可能极值点.

这种方法还可以推广到自变量多于两个而约束条件多于一个的情形.

例如:要求函数
$$u = f(x,y,z)$$
在约束条件 $\varphi_1(x,y,z) = 0$, $\varphi_2(x,y,z) = 0$ 下的极值.

作拉格朗日函数
$$L = f(x,y,z) + \lambda_1\varphi_1(x,y,z) + \lambda_2\varphi_2(x,y,z)$$
其中 λ_1, λ_2 为参数

$$\begin{cases} L_x = f_x + \lambda_1 \varphi_{1x} + \lambda_2 \varphi_{2x} = 0 \\ L_y = f_y + \lambda_1 \varphi_{1y} + \lambda_2 \varphi_{2y} = 0 \\ L_{\lambda_1} = \varphi_1 = 0 \\ L_{\lambda_2} = \varphi_2 = 0 \end{cases}$$

这样得出的 (x, y, z) 就是函数 $u = f(x, y, z)$ 在两个约束条件下的可能极值点.

至于如何确定所求得的点是否是极值点,在实际问题中往往可根据问题本身的性质来判定.

例 4 求体积一定 V_0 的长方体的最小表面积.

解 设长方体的长,宽,高为 x, y, z

表面积 $\qquad\qquad\qquad S = 2(xy + xz + yz)$

约束条件 $\qquad\qquad\qquad V_0 = xyz$

作拉格朗日函数

$$L = 2(xy + xz + yz) + \lambda(V_0 - xyz)$$

$$\begin{cases} L_x = 2(y + z) - \lambda yz = 0 \\ L_y = 2(x + z) - \lambda xz = 0 \\ L_z = 2(x + y) - \lambda xy = 0 \\ V_0 = xyz \end{cases}$$

由 $\lambda = \dfrac{2(y + z)}{yz} = \dfrac{2(x + z)}{xz} = \dfrac{2(x + y)}{xy}$ 得 $x = y = z$,代入约束条件得

$$x_0 = \sqrt[3]{V_0} = y_0 = z_0$$

这是唯一可能的极值点,因为由问题本身可知最小值一定存在,所以最小值就在这个可能的极值点处取得.

最小表面积

$$S = 6x_0^2 = 6\sqrt[3]{V_0^2}$$

例 5 在椭圆 $x^2 + 4y^2 = 4$ 求一点,使其到直线 $2x + 3y - 6 = 0$ 的距离最短.

解 设 $P(x, y)$ 为椭圆 $x^2 + 4y^2 = 4$ 上任意一点,则点 P 到直线 $2x + 3y - 6 = 0$ 的距离

$$d = \frac{|2x + 3y - 6|}{\sqrt{13}}$$

求 d 的最小值,转化为等价的求 d^2 的最小值,作拉格朗日函数

$$L = \frac{1}{13}(2x + 3y - 6)^2 + \lambda(x^2 + 4y^2 - 4)$$

$$\begin{cases} L_x = \dfrac{4}{13}(2x + 3y - 6) + 2\lambda x = 0 \\ L_y = \dfrac{6}{13}(2x + 3y - 6) + 8\lambda y = 0 \\ L_\lambda = x^2 + 4y^2 - 4 = 0 \end{cases}$$

$$\lambda = -\frac{2}{13x}(2x + 3y - 6) = -\frac{3}{13 \times 4y}(2x + 3y - 6)$$

由于 $2x + 3y - 6 \neq 0$(点 P 不在直线 $2x + 3y - 6 = 0$ 上)

所以 $y = \frac{3}{8}x$,代入 $x^2 + 4y^2 - 4 = 0$ 得

$$x = \pm\frac{8}{5}$$

所以 $P_1\left(\frac{8}{5}, \frac{3}{5}\right), P_2\left(-\frac{8}{5}, -\frac{3}{5}\right)$ 为驻点

$$d\big|_{P_1} = \frac{1}{\sqrt{13}}, d\big|_{P_2} = \frac{11}{\sqrt{13}}$$

由问题的实际意义可知最短距离是存在的,因此点 $P_1\left(\frac{8}{5}, \frac{3}{5}\right)$ 即为所求的点.

百　花　园

例 6　求点 $(2,8)$ 到抛物线 $y^2 = 4x$ 的最短距离.

解　设抛物线上任意一点 $P(x, y)$ 到点 $(2,8)$ 的距离 $d = \sqrt{(x - 2)^2 + (y - 8)^2}$,求 d 最小等价于 d^2 最小.

作拉格朗日函数 $L = (x - 2)^2 + (y - 8)^2 + \lambda(y^2 - 4x)$

$$\begin{cases} L_x = 2(x - 2) - 4\lambda = 0 \\ L_y = 2(y - 8) + 2\lambda y = 0 \\ L_\lambda = y^2 - 4x = 0 \end{cases}$$

于是

$$\begin{cases} \lambda = \frac{1}{2}(x - 2) = -\frac{y - 8}{y} \\ y^2 = 4x \end{cases}$$

解得

$$\begin{cases} x = 4 \\ y = 4 \end{cases}$$

即

$$d = \sqrt{(4 - 2)^2 + (4 - 8)^2} = \sqrt{20} = 2\sqrt{5}$$

例 7　求函数 $f(x, y) = 2xy - 3x^2 - 2y^2 + 10$ 的极值.

解　$\begin{cases} f_x = 2y - 6x = 0 \\ f_y = 2x - 4y = 0 \end{cases} \Rightarrow \begin{cases} x = 0 \\ y = 0 \end{cases}$

$$f_{xx} = -6 \quad f_{xy} = 2 \quad f_{yy} = -4$$

对于点 $(0,0)$,$A = -6, B = 2, C = -4$

$B^2 - AC < 0$　　　$A < 0$　　　故 $(0,0)$ 为极大值点

极大值 $f(0,0) = 10$.

例 8　已知矩形的周长为 $2P$,将它绕一边旋转而生成一立方体,求所得体积为最大的那个矩形.

解　设矩形的边长分别为 x 和 y,则旋转体积为 $V = \pi y^2 x$,在条件 $x + y = P$ 下

的条件极值.

作拉格朗日函数

$$L = \pi y^2 x + \lambda(P - x - y)$$

$$\begin{cases} L_x = \pi y^2 - \lambda = 0 \\ L_y = 2\pi xy - \lambda = 0 \\ L_\lambda = P - x - y = 0 \end{cases}$$

解得

$$x = \frac{P}{3}, y = \frac{2}{3}P$$

故当矩形两边分别为 $\frac{P}{3}$ 及 $\frac{2}{3}p$ 时,以 $\frac{P}{3}$ 为轴的旋转体的体积最大

例9 在椭球 $\frac{x^2}{a^2} + \frac{y^2}{b^2} + \frac{z^2}{c^2} = 1$ 的内接长方体中,求体积最大的那一个的体积.

解 设长方体在第一卦限的顶点为 (x,y,z),则问题变为求 $V = 8xyz$,约束条件为 $\frac{x^2}{a^2} + \frac{y^2}{b^2} + \frac{z^2}{c^2} = 1$ 的条件极值.

令函数

$$L = 8xyz + \lambda\left(1 - \frac{x^2}{a^2} - \frac{y^2}{b^2} - \frac{z^2}{c^2}\right)$$

$$\begin{cases} L_x = 8yz - \dfrac{2\lambda x}{a^2} = 0 \\[2mm] L_y = 8xz - \dfrac{2\lambda y}{b^2} = 0 \\[2mm] L_z = 8xy - \dfrac{2\lambda z}{c^2} = 0 \\[2mm] L_\lambda = 1 - \dfrac{x^2}{a^2} - \dfrac{y^2}{b^2} - \dfrac{z^2}{c^2} = 0 \end{cases}$$

解得 $y = \frac{b}{a}x, z = \frac{c}{a}x$ 代入 $\frac{x^2}{a^2} + \frac{y^2}{b^2} + \frac{z^2}{c^2} = 1$ 中,得

$$x = \frac{a}{\sqrt{3}}, y = \frac{b}{\sqrt{3}}, z = \frac{c}{\sqrt{3}}$$

于是

$$V_{\max} = 8 \frac{a}{\sqrt{3}} \frac{b}{\sqrt{3}} \frac{c}{\sqrt{3}} = \frac{8abc}{3\sqrt{3}}$$

习题 10.7

1.求函数 $f(x,y) = (6x - x^2)(4y - y^2)$ 的极值.

2 求函数 $f(x,y) = e^{2x}(x + y^2 + 2y)$ 的极值.

3.函数 $z = f(x,y)$ 由方程 $x^2 + y^2 + z^2 - 2x + 2y - 4z - 10 = 0$ 确定,求 $f(x,y)$ 的极值.

4.求函数 $f(x,y) = xy - x^2$ 在闭区域 $D = \{(x,y) \mid 0 \leqslant x \leqslant 1, 0 \leqslant y \leqslant 1\}$ 上的最值.

5.求函数 $u = xyz$ 在约束条件 $x^2 + 2y^2 + 3z^2 = 6$ 下的极值.

6.求函数 $z = x^2 + y^2 - 3$ 在条件 $x - y + 1 = 0$ 下极值.

7.在半径为 a 的半球内,内接一长方体,问各边长多少时,其体积为最大.

8.试在底半径为 r,高为 h 的正圆锥内,内接一个体积最大的长方体,问这长方体的长、宽、高各应等于多少?

9.欲围一个面积为 $60\ \mathrm{m}^2$ 的矩形场地,正面所用材料每米造价 10 元,其余三面每米造价 5 元,求场地长、宽各多少米时,所用材料费最少?

本 章 小 结

本章的主要内容分为三个部分:

一、二元函数、二重极限与连续

1.二元函数

与一元函数一样,要掌握求函数定义域的方法,(参照一元函数) 更要掌握函数的复合,例如:已知 $f\left(x + y, \dfrac{y}{x}\right) = x^2 - y^2$,求 $f(x,y)$ 及 $f(x - y, xy)$.

一般解法:设 $x + y = u, \dfrac{y}{x} = v$

$$得\qquad \begin{cases} x = \dfrac{u}{1 + v} \\[2mm] y = \dfrac{uv}{1 + v} \end{cases}$$

由此 $$f(u, v) = \left(\frac{u}{1 + v}\right)^2 - \left(\frac{uv}{1 + v}\right)^2 = \frac{u^2(1 - v)}{1 + v}$$

从而 $$f(x, y) = \frac{x^2(1 - y)}{1 + y}$$

$$f(x - y, xy) = \frac{(x - y)^2(1 - xy)}{1 + xy}$$

2.二重极限

理解 $\lim\limits_{(x,y) \to (x_0, y_0)} f(x, y) = A$ 的含义:无论正数 ε 多小,当 (x,y) 进入邻域

$$0 < (x - x_0)^2 + (y - y_0)^2 < \delta^2$$

时,总有 $$|f(x, y) - A| < \varepsilon$$

此时注意 $(x,y) \to (x_0, y_0)$ 是在平面上,以任何方式趋近都可以.这就决定了二重极限的复杂性,尤其是不定型的极限.

在求不定型的极限不存在时,通常我们选用不同的路径,如果各路径的极限不同,就说明极限不存在.

例如:$f(x, y) = \dfrac{x^2 + xy}{x^2 + y^2}$　 在原点 $(0,0)$ 的极限不存在

$$\lim_{\substack{x \to 0 \\ y = kx}} \frac{x^2 + xy}{x^2 + y^2} = \lim_{x \to 0} \frac{x^2 + kx^2}{x^2 + k^2 x^2} = \frac{1 + k}{1 + k^2}$$

由于 k 的不同,结果是不同的,所以 $\lim\limits_{\substack{x \to 0 \\ y \to 0}} \dfrac{x^2 + xy}{x^2 + y^2}$ 不存在.

3.二元函数的连续性

当 $\lim\limits_{\substack{x \to x_0 \\ y \to y_0}} f(x,y) = f(x_0, y_0)$ 称 $f(x,y)$ 在点 (x_0, y_0) 连续,在区域 D 内每点都连续,称

$f(x,y)$ 在 D 内连续,如果 D 是闭区域,称 $f(x,y)$ 在 D 上连续,函数 $z = f(x,y)$ 在有界闭区域上连续,仍有最值定理与介值定理.

二、偏导数,全微分,复合函数及隐函数的求导法

偏导数实质上就是一元函数的导数,对 x 求导把其它自变量看作常数,如设 $z = f(x,y)$,则 $f_x(x_0, y_0)$ 就是一元函数 $f(x, y_0)$ 对 x 求导,再将 $x = x_0$ 代入,因此,当

$$f(x,y) = x\sqrt{y} + (y^2 - 1)\sin \frac{x^2 - y^2}{x^2 + y^2 + 1}$$

求 $f_x(1,1)$ 时,先求 $f(x,1) = x$.

对 x 求导 $f_x(x,1) = 1$,所以 $f_x(1,1) = 1$

所以一元函数的求导公式与方法完全适用于求偏导数,需要指出的是,二阶混合偏导数 f_{xy} 与 f_{yx} 一般说来并不相等,但当两者都是连续函数时,则 $f_{xy} = f_{yx}$.

复合函数求导法是多元函数求导法中的一个关键性的方法,复合函数的求导法,关键是画出关系图,只要画出关系图,任何复杂的复合函数的偏导数都可以解决了,如

$$z = f(x, u, v), \quad u = u(x, y), \quad v = v(x, y)$$

f, u, v 都具有连续偏导.

关系图

$$\frac{\partial z}{\partial x} = f_1 + f_2 \frac{\partial u}{\partial x} + f_3 \frac{\partial v}{\partial x}$$

例如: $z = f(x + y, xy)$ 求 $\dfrac{\partial^2 z}{\partial x \partial y}$

设 $x + y = u, \quad xy = v$

$$\frac{\partial z}{\partial x} = \frac{\partial z}{\partial u}\frac{\partial u}{\partial x} + \frac{\partial z}{\partial v}\frac{\partial v}{\partial x} = \frac{\partial z}{\partial u} + y\frac{\partial z}{\partial v} = f_1 + yf_2$$

而

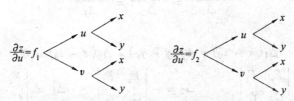

只要会画 $\dfrac{\partial z}{\partial u}, \dfrac{\partial z}{\partial v}$ 这样关系图,就可以求二阶偏导数了

$$\frac{\partial^2 z}{\partial x \partial y} = \left[z_{uu} \cdot \frac{\partial u}{\partial y} + z_{uv} \frac{\partial v}{\partial y} \right] + f_2 + y \left[z_{vu} \cdot \frac{\partial u}{\partial y} + z_{vv} \frac{\partial v}{\partial y} \right] =$$

$$z_{uu} + x z_{uv} + f_2 + y z_{vu} + x y z_{vv}$$

当 z_{uv} 与 z_{vu} 连续时,可将其合并.

多元函数求偏导时,应将函数分类:

显函数(1) 具体　　如 $z = x^2 + y^2$

　　　　(2) 半抽象,半具体如 $z = f \left(x^2 + y^2, \dfrac{x}{y} \right)$

隐函数(1) 具体　　如 $\dfrac{x}{z} = \ln \dfrac{z}{y}$ 确定的函数 $z = f(x, y)$

　　　　(2) 半抽象,半具体如由方程 $F \left(x^2 + y^2 + z^2, \dfrac{z}{y} \right) = 0$ 确定的函数 $z = f(x, y)$

然后对号求导.

掌握全微分形式的不变性还要掌握多元函数的一张关系网

$$各偏导连续 \longrightarrow 函数可微 \left\{ \begin{array}{l} 各偏导存在 \\ 函数连续 \\ 方向导数存在 \end{array} \right.$$

三、多元函数微分学的应用

1. 空间曲线的切线与法平面

设空间曲线 Γ 的参数方程 $\begin{cases} x = x(t) \\ y = y(t) \\ z = z(t) \end{cases}$ 当 $t = t_0$ 时,有曲线上的点 $M_0(x_0, y_0, z_0)$ 以

及 $x'(t_0), y'(t_0), z'(t_0)$ 均存在,且不同时为 0,则曲线 Γ 在 M_0 处的切线方程为

$$\frac{x - x_0}{x'(t_0)} = \frac{y - y_0}{y'(t_0)} = \frac{z - z_0}{z'(t_0)}$$

法平面方程:

$$x'(t_0)(x - x_0) + y'(t_0)(y - y_0) + z'(t_0)(z - z_0) = 0$$

切线的方向向量称为曲线的切向量 $\boldsymbol{\Gamma} = \{ x'(t_0), y'(t_0), z'(t_0) \}$ 指向与 t 增大方向

一致空间曲线 Γ 一般形式 $\begin{cases} F(x, y, z) = 0 \\ G(x, y, z) = 0 \end{cases}$, F, G 有连续偏导数, 则曲线在点

$M_0(x_0, y_0, z_0)$ 处的切线方程为

$$\frac{x - x_0}{\Delta_1} = \frac{y - y_0}{\Delta_2} = \frac{z - z_0}{\Delta_3}$$

法平面方程为

$$\Delta_1(x - x_0) + \Delta_2(y - y_0) + \Delta_3(z - z_0) = 0$$

其中 $\quad \Delta_1 = \begin{vmatrix} F_y & F_z \\ G_y & G_z \end{vmatrix} \qquad \Delta_2 = -\begin{vmatrix} F_x & F_z \\ G_x & G_z \end{vmatrix} \qquad \Delta_3 = \begin{vmatrix} F_x & F_y \\ G_x & G_y \end{vmatrix}$

2.空间曲面的切平面与法线

如果曲面方程为 $F(x, y, z) = 0$,则在曲面上点 $M_0(x_0, y_0, z_0)$ 处的切平面方程:

$$F_x(x_0, y_0, z_0)(x - x_0) + F_y(x_0, y_0, z_0)(y - y_0) + F_z(x_0, y_0, z_0)(z - z_0) = 0$$

切平面的法向量 $\boldsymbol{n} = \{F_x(x_0, y_0, z_0), F_y(x_0, y_0, z_0), F_z(x_0, y_0, z_0)\}$ 法线方程为

$$\frac{x - x_0}{F_x(x_0, y_0, z_0)} = \frac{y - y_0}{F_y(x_0, y_0, z_0)} = \frac{z - z_0}{F_z(x_0, y_0, z_0)}$$

如果曲面方程为 $z = f(x, y)$,在曲面上点 $M_0(x_0, y_0, z_0)$ 处的切平面方程为:

$$(z - z_0) - f_x(x_0, y_0)(x - x_0) - f_y(x_0, y_0)(y - y_0) = 0$$

法线方程为

$$\frac{x - x_0}{-f_x(x_0, y_0)} = \frac{y - y_0}{-f_y(x_0, y_0)} = \frac{z - z_0}{1}$$

切平面的法向量为 $\{-f_x(x_0, y_0), -f_y(x_0, y_0), 1\}$,其方向与 Oz 轴正向夹角为锐角.

3.方向导数与梯度

求方向导数时,不但要求给定方向向量,还要将其单位化,才可使用方向导数公式

$$\frac{\partial f}{\partial l}\bigg|_{M_0} = f_x\big|_{M_0} \cdot \cos\alpha + f_y\big|_{M_0} \cdot \cos\beta + f_z\big|_{M_0} \cdot \cos\gamma$$

梯度是一个向量,它的方向是函数在该点处使方向导数取最大值的方向,其大小是该点处方向导数的最大值.

如果求函数 $u = f(x, y, z)$ 在 P 点处的梯度,只需求出 $\dfrac{\partial u}{\partial x}, \dfrac{\partial u}{\partial y}, \dfrac{\partial u}{\partial z}$,则

$$\nabla u = \left\{\frac{\partial u}{\partial x}, \frac{\partial u}{\partial y}, \frac{\partial u}{\partial z}\right\}$$

记 $\boldsymbol{l} = \{\cos\alpha, \cos\beta, \cos\gamma\}$,则

$$\frac{\partial u}{\partial l} = \nabla u \cdot \boldsymbol{l} = P_{rj_l} \nabla u$$

注　(1) $\nabla(u \pm v) = \nabla u \pm \nabla v$

(2) $\nabla(uv) = v\nabla u + u\nabla v$

(3) $\nabla(cu) = c\nabla u \quad c$ 常数

(4) $\nabla\left(\dfrac{u}{v}\right) = \dfrac{v\nabla u - u\nabla v}{v^2}$

4.多元函数的极值

掌握二元函数求极值的方法及条件极值的求法.

二元函数与一元函数的区别很大.

如一元连续函数在闭区间内有唯一的极小值点,则该点一定是最小值点.

但是二元连续函数在有界闭区域内有唯一的极小值点 M_0,且无极大值,那么该函数是否在 M_0 取得最小值呢?请看下例:

$$f(x,y) = 3x^2 + 3y^2 - x^3 \quad (x^2 + y^2 \geq 16)$$

$$\begin{cases} f_x = 6x - 3x^2 = 0 \\ f_y = 6y = 0 \end{cases} \Rightarrow 驻点\ M_1(0,0)\ M_2(2,0)$$

$$f_{xx} = 6 - 6x \quad f_{xy} = 0 \quad f_{yy} = 6$$

对于点　　　　　　　　　　$M_1(0,0), A = 6, B = 0, C = 6$

$$B^2 - AC < 0$$

所以 $M_1(0,0)$ 是极小值点,对于点 $M_2(2,0)$

$$A = -6, B = 0, c = 6\ B^2 - AC > 0,所以\ M_2(2,0)\ 不是极值点$$

故函数 $f(x,y)$ 有唯一的极小值是

$$M_1(0,0)$$

极小值　　　　　　　　　　　　$f(0,0) = 0$

但是　　　　　　　　　　　　$f(4,0) = -16 < f(0,0)$

故 $f(0,0)$ 不是 $f(x,y)$ 在 D 上的最小值.

再如一元连续函数,如果有两个极大值点,则至少有一个极小值,而二元函数却不尽然.

例　证明函数 $f(x,y) = (1 + e^y)\cos x - ye^y$ 有无穷多个极大值,但无极小值.

证　　　　$\begin{cases} f_x = -(1 + e^y)\sin x = 0 & ① \\ f_y = e^y \cos x - e^y - ye^y = 0 & ② \end{cases}$

由 ① 得

$$x = k\pi$$

由 ② 得 $\cos x - 1 - y = 0$,将 $x = k\pi$ 代入得

$$y = (-1)^k - 1$$

当 $k = 2n$ 时,$y = 0$,当 $k = 2n + 1$ 时,$y = -2$

即得到无穷多个驻点

$$(2n\pi, 0)\ ((2n + 1)\pi, -2)$$

$$f_{xx} = -(1 + e^y)\cos x$$

$$f_{xy} = -e^y \sin x$$

$$f_{yy} = e^y \cos x - 2e^y - ye^y$$

对于点　　　　　　　　　　　$(2n\pi, 0)$

$$A = -2, B = 0, C = -1$$

$$B^2 - AC < 0$$

由此可知 $(2n\pi, 0)$ 都是极大值点

对于　　　　　　　　　　　$((2n + 1)\pi, -2)$

$$A = 1 + e^{-2}, B = 0, C = -e^{-2}$$
$$B^2 - AC > 0$$

所以$((2n + 1)\pi, -2)$不是极值点

因此$f(x, y)$有无穷多个极大值,但无极小值.

复习题十

1.填空题

(1)曲面$F(x, y, z) = 0$,则坐标原点到曲面上的点$P_0(x_0, y_0, z_0)$的切平面距离为_____.

(2)曲线$l:\begin{cases} x = x(t) \\ y = y(t) \\ z = z(t) \end{cases}$其上一点$P_0(x_0, y_0, z_0) = (x(t_0), y(t_0), z(t_0))$则坐标原点到曲线$l$在$P_0$点切线的距离为_____.

(3)若曲面$F(x, y, z) = 0$上点$Q(x, y, z)$的法线经过曲面外一点$P(a, b, c)$,则点$Q(x, y, z)$必须满足_____.

(4)曲线$\begin{cases} x = x(t) \\ y = y(t) \\ z = z(t) \end{cases}$在$t = t_0$的法平面与$yOz$平面的夹角为_____.

(5)曲线$\begin{cases} 2x^2 + 3y^2 + z^2 = 47 \\ x^2 + 2y^2 = z \end{cases}$上点$(-2, 1, 6)$处的切线方程为_____,法平面方程为_____.

(6)曲面$xyz = a^3 (a > 0)$的切平面与三个坐标平面所围成的四面体的体积是常数,该常数为_____.

(7)曲线$\begin{cases} z = \dfrac{1}{4}(x^2 + y^2) \\ y = 4 \end{cases}$在点$(2, 4, 5)$处的切线与$x$轴的夹角为_____.

(8)平面$2x + 3y - z = \lambda$是曲面$z = 2x^2 + 3y^2$在点$\left(\dfrac{1}{2}, \dfrac{1}{2}, \dfrac{5}{4}\right)$处的切平面,则$\lambda = $_____.

(9)曲面$x^2 + 2y^2 + 3z^2 = 21$与平面$x + 4y + 6z = 0$平行的切平面方程是_____.

(10)$P_0(x_0, y_0, z_0)$是椭球面$\dfrac{x^2}{a^2} + \dfrac{y^2}{b^2} + \dfrac{z^2}{c^2} = 1$上的点,则坐标原点到该点切平面的距离为_____.

2.单项选择题

(1)$z = f(x, y)$在点(x_0, y_0)取得极大值,那么在点(x_0, y_0)有( )

A.$f_x = f_y = 0$ B.$f_{xy}^2 - f_{xx}f_{yy} < 0$且$f_{xx}'' < 0$

C.$f(x_0, y)$在y_0取得极大值 D.以上结论可能都不对

(2)若曲面$F(x, y, z) = 0$在点(x_0, y_0, z_0)的切平面经过坐标原点,那么在点

(x_0, y_0, z_0) 有（　　）

A.$x_0 F_x + y_0 F_y + z_0 F_z = 0$　　　　B.$\dfrac{F_x}{x_0} = \dfrac{F_y}{y_0} = \dfrac{F_z}{z_0}$

C.$\dfrac{F_x}{x_0} + \dfrac{F_y}{y_0} + \dfrac{F_z}{z_0} = 1$　　　　D.$(x_0, y_0, z_0) = (0,0,0)$

(3) 空间曲线 $\begin{cases} x = a \sin^2 t \\ y = b \sin t \cos t \\ z = c \cos^2 t \end{cases}$ 在 $t = \dfrac{\pi}{4}$ 处的法平面（　　）

A.平行于 Oz 轴　　　　　　　　B.平行于 Oy 轴

C.平行于 xOy 平面　　　　　　D.垂直于 yOz 平面

(4) 记 $f_{xx}(x_0, y_0) = A, f_{xy}(x_0, y_0) = B, f_{yy}(x_0, y_0) = C$ 那么当 $f(x, y)$ 在驻点 (x_0, y_0) 处满足（　　）时，$f(x, y)$ 在该点取到极大值

A.$B^2 - AC > 0$　$A > 0$　　　　B.$B^2 - AC > 0$　$A < 0$

C.$B^2 - AC < 0$　$A > 0$　　　　D.$B^2 - AC < 0$　$A < 0$

(5) 曲线 $l: \begin{cases} x = x(t) \\ y = y(t) \\ z = z(t) \end{cases}$ 有经过坐标原点的切线，那么（　　）

A.$\dfrac{x(t)}{x'(t)} = \dfrac{y(t)}{y'(t)} = \dfrac{z(t)}{z'(t)}$ 有解

B.$x'(t)x(t) + y'(t)y(t) + z'(t)z(t) = 0$ 有解

C.$\{x(t), y(t), z(t)\} = \{0,0,0\}$ 有解

D.l 只要不是直线就成立

(6) 曲面 $e^z - z + xy = 3$ 在 $(2,1,0)$ 处的切平面方程为（　　）

A.$2x + y - z - 4 = 0$　　　　B.$2x + y - 5 = 0$

C.$x + 2y - 4 = 0$　　　　　　D.$2x + y - 4 = 0$

(7) 曲面 $x^2 - 4y^2 + 2z^2 = 6$ 在点 $(2,2,3)$ 处的法线方程是（　　）

A.$\dfrac{x-2}{-1} = \dfrac{y-2}{-4} = \dfrac{z-3}{3}$　　　　B.$\dfrac{x-2}{1} = \dfrac{y-2}{-4} = \dfrac{z-3}{3}$

C.$\dfrac{x-2}{1} = \dfrac{y-2}{-4} = \dfrac{z-3}{-3}$　　　　D.$\dfrac{x-2}{1} = \dfrac{y-2}{4} = \dfrac{z-3}{3}$

(8) 曲线 $\begin{cases} x^2 + y^2 + z^2 = 3x \\ 2x - 3y + 5z = 4 \end{cases}$ 在点 $(1,1,1)$ 处的切线方程为（　　）

A.$\begin{cases} 3x - 8y + 5 = 0 \\ x + 16z - 17 = 0 \end{cases}$　　　　B.$16x + 9y - z - 24 = 0$

C.$\dfrac{x-1}{16} = \dfrac{y-1}{9} = \dfrac{z-1}{-1}$　　　　D.$8(x-1) - 3(y-1) - 5(z-1) = 0$

(9) 设 $f(x, y) = x^4 + y^4 - x^2 - 2xy - y^2$　点 $M_0(0,0), M_1(1,1), M_2(-1,-1)$ 都是 $f(x, y)$ 的驻点，其中（　　）正确

A.$f(M_0)$ 是极大值　　　　　　B.$f(M_1)$ 是极大值

C.$f(M_2)$ 是极小值　　　　　　D.都是极小值

(10) 设函数 $f(x,y)$ 在点 $(0,0)$ 邻域有定义,且 $f_x(0,0)=3$,$f_y(0,0)=1$,则(　　)正确

A. $\mathrm{d}z\big|_{(0,0)}=3\mathrm{d}x+\mathrm{d}y$

B. 曲面 $z=f(x,y)$ 在点 $(0,0,f(0,0))$ 的法向量为 $\{3,1,1\}$

C. 曲线 $\begin{cases} z=f(x,y) \\ y=0 \end{cases}$ 在点 $(0,0,f(0,0))$ 的切向量为 $\{1,0,3\}$

D. 曲线 $\begin{cases} z=f(x,y) \\ y=0 \end{cases}$ 在点 $(0,0,f(0,0))$ 的切向量为 $\{3,0,1\}$

(11) 设 $z=f(x,y)$,有 $\dfrac{\partial^2 f}{\partial y^2}=2$,且 $f(x,0)=1$,$f_y(x,0)=x$,则 $f(x,y)$ 为(　　)

A. $1-xy+y^2$ \qquad\qquad B. $1-x^2y+y^2$

C. $1+xy+y^2$ \qquad\qquad D. $1+x^2y+y^2$

(12) 已知 $\dfrac{(x+ay)\mathrm{d}x+y\mathrm{d}y}{(x+y)^2}$ 为某函数的全微分,则 $a=$ (　　)

A. -1 \qquad B. 0 \qquad C. 1 \qquad D. 2

(13) 若函数 $z=f(x,y,z)$ 可微,$1-f_z\neq0$,则在点 (x_0,y_0,z_0) 处(　　)正确

A. $\mathrm{d}z=f_x\mathrm{d}x+f_y\mathrm{d}y+f_z\mathrm{d}z$

B. $\mathrm{d}z=f_x\mathrm{d}x+f_y\mathrm{d}y$

C. $\Delta z=f_x\Delta x+f_y\Delta y+f_z\Delta z$

D. $\Delta z=f_x\Delta x+f_y\Delta y$

(14) 设 $u=y(x,y,z)$ 具有一阶连续偏导数,P_1,P_2 为空间两点,则 u 沿 $\overrightarrow{P_1P_2}$ 方向的方向导数为(　　)

A. $\nabla u\cdot\dfrac{\overrightarrow{P_1P_2}}{|\overrightarrow{P_1P_2}|}$ \quad B. $\nabla u\cdot\overrightarrow{P_1P_2}$ \quad C. $\dfrac{\nabla u\cdot\overrightarrow{P_1P_2}}{|\nabla u||\overrightarrow{P_1P_2}|}$ \quad D. $|\nabla u|\dfrac{\overrightarrow{P_1P_2}}{|\overrightarrow{P_1P_2}|}$

(15) 设 $z=z(x,y)$ 是由方程 $F(x-az,y-bz)=0$ 确定的函数,其中 $F(u,v)$ 可微,a,b 常数,由必有(　　)

A. $a\dfrac{\partial z}{\partial x}-b\dfrac{\partial z}{\partial y}=1$ \qquad\qquad B. $b\dfrac{\partial z}{\partial x}-a\dfrac{\partial z}{\partial y}=1$

C. $b\dfrac{\partial z}{\partial x}+a\dfrac{\partial z}{\partial y}=1$ \qquad\qquad D. $a\dfrac{\partial z}{\partial x}+b\dfrac{\partial z}{\partial y}=1$

3. 设函数 $z=z(x,y)$,由方程 $F\left(\dfrac{y}{x},\dfrac{z}{x}\right)=0$ 确定,其中 F 为可微函数,且 $F'_2\neq0$,求 $x\dfrac{\partial z}{\partial x}+y\dfrac{\partial z}{\partial y}$.

4. $f(x,y)$ 具有二阶连续偏导数,$z=f(x,xy)$,求 $\dfrac{\partial^2 z}{\partial x\partial y}$.

5. 求二元函数 $f(x,y)=x^2(2+y^2)+y\ln y$ 的极值.

6. 函数 $f(x,y)=\arctan\dfrac{x}{y}$,在点 $(0,1)$ 处的梯度.

7. 求 $f(x,y)=x^2+2y^2-x^2y^2$ 在区域 $D=\{(x,y)\,|\,x^2+y^2\leqslant4,y\geqslant0\}$ 上的最值.

8. 证明函数 $z=\sqrt{x^2+y^2}$ 在点 $(0,0)$ 处沿任何方向的方向导数都存在,但 $f_x(0,0)$,$f_y(0,0)$ 不存在.

第 *11* 章

重积分

我们知道,在很多实际问题中,往往需要计算立体体积,曲面面积,立体物质的质量、重心等,计算这些量,需要重积分.

本章讨论的是二重积分与三重积分.

11.1　二重积分

11.1.1　问题的提出

1.曲顶柱体的体积

设有一立体,其底是 xOy 面上的有界闭区域 D,它的侧面是以 D 的边界曲线为准线而母线平行于 z 轴的柱面,它的顶是曲面 $z = f(x,y)$,这里 $f(x,y) \geqslant 0$,且在 D 上连续,我们称这种立体为曲顶柱体.下面我们讨论如何计算这种曲顶柱体的体积 V(如图 11.1).

我们知道,平顶柱体的体积 $V =$ 底面积 $\times$ 高,而曲顶柱体的高度 $f(x,y)$ 是个变量,因此它的体积不能直接用上式来计算,我们受曲边梯形的面积计算方法的启发,不难想到,采用类似的方法来解决曲顶柱体的体积计算.

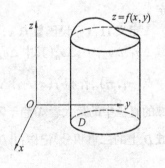

图 11.1

首先,用一组曲线网将 D 分成 n 个小闭区域 $\Delta\sigma_1,\Delta\sigma_2,\cdots,\Delta\sigma_n$,分别以这些小闭区域的边界曲线为准线,作母线平行于 z 轴的柱面,这些柱面将原来的曲顶柱体分为 n 个细小的曲顶柱体,当这些小闭区域的直径(指区域上任意两点间距离的最大者)很小时,由于 $f(x,y)$ 连续,对每一个小闭区域来说,函数 $f(x,y)$ 变化很小,这时细小曲顶柱体可以近似看作平顶柱体,在每个 $\Delta\sigma_i$(也表示其面积)中任取一点 (x_i,y_i),以 $f(x_i,y_i)$ 为高而底为 $\Delta\sigma_i$ 的平顶柱体的体积为

$$f(x_i,y_i)\Delta\sigma_i(i = 1,2,\cdots,n)$$

这 n 个平顶柱体体积之和

$$\sum_{i=1}^{n} f(x_i, y_i) \Delta \sigma_i$$

可以认为这是曲顶柱体体积的近似值,令 n 个小闭区域的直径中的最大者(记作:λ) 趋于零.则自然定义曲顶柱体的体积 V 为

$$V = \lim_{\lambda \to 0} \sum_{i=1}^{n} f(x_i, y_i) \Delta \sigma_i$$

2.平面薄片的质量

设有一平面薄片占有 xOy 面上的闭区域 D,它在点 (x, y) 处的面密度为 $\rho(x, y)$,这里 $\rho(x, y) > 0$ 且在 D 上连续,如何计算该薄片的质量 M,如果薄片是均匀的,薄片的质量很容易计算

$$质量\ M = 面密度 \times 面积$$

如果面密度 $\rho(x, y)$ 是变量,薄片的质量也可用曲顶柱体的体积计算方法来计算.

由于 $\rho(x, y)$ 连续,把薄片分成 n 个小块 $\Delta \sigma_1, \Delta \sigma_2, \cdots, \Delta \sigma_n$,在每个小块 $\Delta \sigma_i$ 上任取一点 (x_i, y_i),则 $\rho(x_i, y_i) \Delta \sigma_i (i = 1, 2, \cdots, n)$ 可作为第 i 块质量的近似值,求和取极限得出

$$M = \lim_{\lambda \to 0} \sum_{i=1}^{n} \rho(x_i, y_i) \Delta \sigma_i$$

11.1.2 二重积分的概念与性质

1.二重积分的概念

我们抛开上述两个实际问题的几何意义与物理意义,将其抽象为数学中的二重积分定义.

定义 11.1 设函数 $f(x, y)$ 在有界闭区域 D 上有界,将闭区域 D 任意分成 n 个小闭区域 $\Delta \sigma_1, \Delta \sigma_2, \cdots, \Delta \sigma_n$(其中 $\Delta \sigma_i$ 既表示第 i 个小闭区域,也表示其面积),在每个 $\Delta \sigma_i$ 上任取一点 (x_i, y_i),作积 $f(x_i, y_i) \Delta \sigma_i (i = 1, 2, \cdots, n)$ 并作和 $\sum_{i=1}^{n} f(x_i, y_i) \Delta \sigma_i$,如果当各小闭区域的直径中的最大者 λ 趋于零时,这和的极限总存在,则称此极限为函数 $f(x, y)$ 在闭区域 D 上的二重积分.记作:$\iint\limits_{D} f(x, y) \mathrm{d}\sigma$ 即

$$\lim_{\lambda \to 0} \sum_{i=1}^{n} f(x_i, y_i) \Delta \sigma_i = \iint\limits_{D} f(x, y) \mathrm{d}\sigma$$

其中 $f(x, y)$ 叫做被积函数,$f(x, y)\mathrm{d}\sigma$ 叫被积表达式,$\mathrm{d}\sigma$ 叫面积元素,x 与 y 叫积分变量,D 叫积分区域.我们自然要问,函数 $f(x, y)$ 满足什么条件,极限能存在呢?

定理 11.1 函数 $f(x, y)$ 在有界闭区域 D 上连续,则二重积分必定存在.

以后总假定被积函数 $f(x, y)$ 连续,因此二重积分 $\iint\limits_{D} f(x, y) \mathrm{d}\sigma$ 一定存在.

既然对 D 任意划分极限都存在,那么不妨在直角坐标系中用平行于坐标轴的直线网来划分 D,于是 $\mathrm{d}\sigma = \mathrm{d}x\mathrm{d}y$,因此在直角坐标系中,二重积分可记作

$$\iint\limits_{D} f(x, y) \mathrm{d}\sigma = \iint\limits_{D} f(x, y) \mathrm{d}x\mathrm{d}y$$

由二重积分的定义可知,曲顶柱体的体积

$$V = \iint\limits_{D} f(x,y)\,\mathrm{d}\sigma \quad (f(x,y) \geqslant 0)$$

平面薄片的质量
$$M = \iint\limits_{D} \rho(x,y)\,\mathrm{d}\sigma$$

如果 $f(x,y) \leqslant 0$,柱体就在 xOy 面的下方,二重积分的值是负值,其绝对值仍是柱体的体积.

如果 $f(x,y)$ 在 D 上有正有负,则二重积分 $\iint\limits_{D} f(x,y)\,\mathrm{d}\sigma$ 的值就是其代数和了.

2. 二重积分的性质
二重积分的性质与定积分性质十分类似:

性质 1 $\iint\limits_{D} kf(x,y)\,\mathrm{d}\sigma = k\iint\limits_{D} f(x,y)\,\mathrm{d}\sigma$ k 为常数

性质 2 $\iint\limits_{D} [f(x,y) \pm g(x,y)]\,\mathrm{d}\sigma = \iint\limits_{D} f(x,y)\,\mathrm{d}\sigma \pm \iint\limits_{D} g(x,y)\,\mathrm{d}\sigma$

性质 3 $\iint\limits_{D} f(x,y)\,\mathrm{d}\sigma = \iint\limits_{D_1} f(x,y)\,\mathrm{d}\sigma + \iint\limits_{D_2} f(x,y)\,\mathrm{d}\sigma (D = D_1 + D_2)$

性质 4 $f(x,y) = 1$,D 的面积为 D,则 $\iint\limits_{D} 1\,\mathrm{d}\sigma = \iint\limits_{D} \mathrm{d}\sigma = D$

性质 5 在 D 上,如果 $f(x,y) \leqslant g(x,y)$,则

$$\iint\limits_{D} f(x,y)\,\mathrm{d}\sigma \leqslant \iint\limits_{D} g(x,y)\,\mathrm{d}\sigma$$

特殊地由于 $-|f(x,y)| \leqslant f(x,y) \leqslant |f(x,y)|$,则有

$$\left| \iint\limits_{D} f(x,y)\,\mathrm{d}\sigma \right| \leqslant \iint\limits_{D} |f(x,y)|\,\mathrm{d}\sigma$$

性质 6 设 M, m 分别是 $f(x,y)$ 在有界闭区域 D 上的最大值和最小值,则

$$mD \leqslant \iint\limits_{D} f(x,y)\,\mathrm{d}\sigma \leqslant MD$$

性质 7 (二重积分中值定理)设函数 $f(x,y)$ 在有界闭区域 D 上连续,则在 D 上至少存在一点 (x_0, y_0) 使得

$$\iint\limits_{D} f(x,y)\,\mathrm{d}\sigma = f(x_0, y_0) D$$

以后 $\dfrac{1}{D}\iint\limits_{D} f(x,y)\,\mathrm{d}\sigma$ 称为函数 $f(x,y)$ 在 D 上的平均值.

例 1 比较 $\iint\limits_{D} (x+y)^2\,\mathrm{d}\sigma$ 与 $\iint\limits_{D} (x+y)^3\,\mathrm{d}\sigma$ 的大小,其中 $D: x$ 轴,y 轴与直线 $x+y = 1$ 所围成.

解 由 $x \geqslant 0, y \geqslant 0, x+y \leqslant 1$ 知 $0 \leqslant x+y \leqslant 1$

$$(x+y)^2 \geqslant (x+y)^3$$

所以
$$\iint\limits_{D}(x+y)^2\mathrm{d}\sigma \geqslant \iint\limits_{D}(x+y)^3\mathrm{d}\sigma$$

例 2　$f(x,y)$ 在实平面上连续，且 $f(0,0)=2,D:x^2+y^2\leqslant\delta^2$，求 $\lim\limits_{\delta\to0}\dfrac{\iint\limits_{D}f(x,y)\mathrm{d}\sigma}{\pi\delta^2}$.

解　由二重积分中值定理可知
$$\iint\limits_{D}f(x,y)\mathrm{d}\sigma=\pi\delta^2\cdot f(x_0,y_0)$$

由 $f(x,y)$ 的连续性有

当 $\delta\to0$ 时，$(x_0,y_0)\to(0,0)$

$$\lim_{\delta\to0}\frac{\iint\limits_{D}f(x,y)\mathrm{d}\sigma}{\pi\delta^2}=\lim_{\delta\to0}\frac{\pi\delta^2f(x_0,y_0)}{\pi\delta^2}=f(0,0)=2$$

11.1.3　二重积分的计算法

1.利用直角坐标计算二重积分

下面根据二重积分的几何意义，用平行截面法来计算以 $z=f(x,y)$ 为曲顶，以区域 D 为底的曲顶柱体的体积，从而导出化二重积分为两次定积分来计算.

设二重积分 $\iint\limits_{D}f(x,y)\mathrm{d}\sigma$，其中 $f(x,y)$ 在 D 上连续，且 $f(x,y)\geqslant0$，积分区域 D 由不等式 $a\leqslant x\leqslant b,y_1(x)\leqslant y\leqslant y_2(x)$，其中 $y_1(x),y_2(x)$ 是 $[a,b]$ 上的连续函数（如图 11.2）.

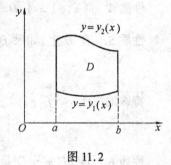

图 11.2

按照二重积分的几何意义，二重积分 $\iint\limits_{D}f(x,y)\mathrm{d}\sigma$ 的值等于以 D 为底，以曲面 $z=f(x,y)$ 为顶的曲顶柱体的体积.

我们应用"平行截面面积为已知的立体的体积"的方法来计算这个曲顶柱体的体积.先计算截面面积，在区间 $[a,b]$ 上任取一点 x_0，作平行于 yOz 面的平面 $x=x_0$，这平面截曲顶柱体所得的截面是一个以区间 $[y_1(x_0),y_2(x_0)]$ 为底，曲线 $z=f(x_0,y)$ 为曲边的曲边梯形（如图 11.3 中的阴影部分）.

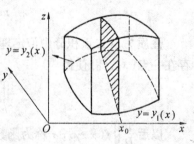

图 11.3

所以这截面的面积为
$$A(x_0)=\int_{y_1(x_0)}^{y_2(x_0)}f(x_0,y)\mathrm{d}y$$

一般的，过区间 $[a,b]$ 上任意一点 x 且平行于 yOz 面的平面截曲顶柱体所得的截面的面积为

$$A(x) = \int_{y_1(x)}^{y_2(x)} f(x,y)\,dy$$

于是按照已知平行截面面积求立体体积的公式得

$$V = \iint_D f(x,y)\,d\sigma = \int_a^b A(x)\,dx = \int_a^b \left[\int_{y_1(x)}^{y_2(x)} f(x,y)\,dy \right] dx$$

要计算二重积分,只须算出右端的两次关于一元函数的定积分,右端的称为累次积分或二次积分,它的次序是先对 y 积分,将 x 看做常数,然后把算得的结果,对 x 计算在区间 $[a,b]$ 上的定积分,这个先对 y 后对 x 的二次积分也常记作:

$$\int_a^b dx \int_{y_1(x)}^{y_2(x)} f(x,y)\,dy$$

即

$$\iint_D f(x,y)\,d\sigma = \int_a^b dx \int_{y_1(x)}^{y_2(x)} f(x,y)\,dy \qquad ①$$

上述讨论中,我们假定 $f(x,y) \geq 0$,实际上公式 ① 的成立并不受此条件限制.

类似的,如果积分区域 D 可以用不等式 $c \leq y \leq d \quad \varphi_1(y) \leq x \leq \varphi_2(y)$ 表示(如图 11.4)其中函数 $\varphi_1(y)$,$\varphi_2(y)$ 在 $[c,d]$ 上连续,则

$$\iint_D f(x,y)\,d\sigma = \int_c^d dy \int_{\varphi_1(y)}^{\varphi_2(y)} f(x,y)\,dx \qquad ②$$

上式右端的积分叫先对 x,后对 y 的二次积分

如果积分区域 D 是 X 型区域 (图 11.2)则二重积分应用公式 ①

如果积分区域 D 是 Y 型区域(图 11.4),则二重积分应用公式 ②

如果积分区域 D 既不是 X 型也不是 Y 型区域,应把 D 分成几个 X 型或 Y 型区域

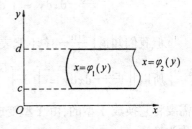

图 11.4

$$D = D_1 + \cdots + D_k$$

$$\iint_D f(x,y)\,d\sigma = \iint_{D_1} f(x,y)\,d\sigma + \cdots + \iint_{D_k} f(x,y)\,d\sigma$$

例 3 求 $\iint_D xy^2\,dx\,dy$ 其中 D:由 $y = x^2$,$y = x$ 所围.

解 D(如图 11.5),D 既是 X 型 ,也是 Y 型. 先用 X 型来解

$$\iint_D xy^2\,dx\,dy = \int_0^1 dx \int_{x^2}^x xy^2\,dy = \frac{1}{3}\int_0^1 x \left(y^3 \Big|_{x^2}^x\right) dx =$$

$$\frac{1}{3}\int_0^1 (x^4 - x^7)\,dx =$$

$$\frac{1}{3}\left(\frac{1}{5}x^5 \Big|_0^1 - \frac{1}{8}x^8 \Big|_0^1 \right) = \frac{1}{40}$$

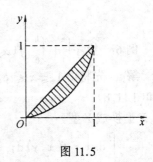

图 11.5

作为练习,再用 Y 型解之

$$\iint\limits_{D} xy^2 \mathrm{d}x\mathrm{d}y = \int_0^1 \mathrm{d}y \int_y^{\sqrt{y}} xy^2 \mathrm{d}x = \frac{1}{2}\int_0^1 \left(x^2 \Big|_y^{\sqrt{y}} \right)y^2 \mathrm{d}y =$$

$$\frac{1}{2}\int_0^1 (y^3 - y^4)\mathrm{d}y = \frac{1}{2}\left(\frac{1}{4}y^4 \Big|_0^1 - \frac{1}{5}y^5 \Big|_0^1 \right) = \frac{1}{40}$$

例 4 求 $\iint\limits_{D} 2xy\mathrm{d}x\mathrm{d}y$ $D: y^2 = x$ 与 $y = x - 2$ 所围.

解 D 如图 11.6

$$\iint\limits_{D} 2xy\mathrm{d}x\mathrm{d}y = \int_{-1}^2 \mathrm{d}y \int_{y^2}^{y+2} 2xy\mathrm{d}x = \int_{-1}^2 y\left(x^2 \Big|_{y^2}^{y+2} \right)\mathrm{d}y$$

$$\int_{-1}^2 [y(y+2)^2 - y^5]\mathrm{d}y = \frac{1}{4}y^4 \Big|_{-1}^2 + \frac{4}{3}y^3 \Big|_{-1}^2 + 2y^2 \Big|_{-1}^2 -$$

$$\frac{1}{6}y^6 \Big|_{-1}^2 = \frac{45}{4}$$

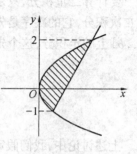

例 5 求 $\iint\limits_{D} \dfrac{\sin y}{y}\mathrm{d}x\mathrm{d}y$ $D: y^2 = x, y = x$ 所围.

图 11.6

解 D 如图 11.7

D 既是 X 型, 又是是 Y 型区域, 如果用 X 型

$$\iint\limits_{D} \frac{\sin y}{y}\mathrm{d}x\mathrm{d}y = \int_0^1 \mathrm{d}x \int_x^{\sqrt{x}} \frac{\sin y}{y}\mathrm{d}y$$

但我们知道 $\displaystyle\int \frac{\sin y}{y}\mathrm{d}y$ 不能表成有限形式

所以 $\iint\limits_{D} \dfrac{\sin y}{y}\mathrm{d}x\mathrm{d}y = \displaystyle\int_0^1 \mathrm{d}x \int_x^{\sqrt{x}} \frac{\sin y}{y}\mathrm{d}y$ 是行不通的, 因此

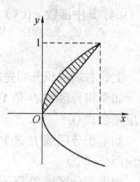

需要将它换成 Y 型的, 由 X 型变成 Y 型, 或由 Y 型变成 X 型,
称为换序

图 11.7

$$\iint\limits_{D} \frac{\sin y}{y}\mathrm{d}x\mathrm{d}y = \int_0^1 \mathrm{d}y \int_{y^2}^y \frac{\sin y}{y}\mathrm{d}x = \int_0^1 \frac{\sin y}{y}(y - y^2)\mathrm{d}y =$$

$$\int_0^1 (1 - y)\sin y\mathrm{d}y = \int_0^1 (y - 1)\mathrm{d}\cos y =$$

$$(y - 1)\cos y \big|_0^1 - \int_0^1 \cos y\mathrm{d}y =$$

$$0 + 1 - \sin y \big|_0^1 = 1 - \sin 1$$

例 6 换序 $\displaystyle\int_1^{\mathrm{e}} \mathrm{d}x \int_0^{\ln x} f(x, y)\mathrm{d}y$.

解 先将由 $1 \leqslant x \leqslant \mathrm{e}, 0 \leqslant y \leqslant \ln x$ 所围区域画出
(如图 11.8)

由 X 型换成 Y 型

$$\int_1^{\mathrm{e}} \mathrm{d}x \int_0^{\ln x} f(x, y)\mathrm{d}y = \int_0^1 \mathrm{d}y \int_{\mathrm{e}^y}^{\mathrm{e}} f(x, y)\mathrm{d}x$$

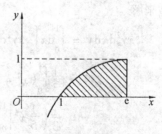

例 7 求两个底圆半径都等于 R 的直交圆柱面所围

图 11.8

成的立体的体积

解　不妨设这两个圆柱面的方程分别为

$$x^2 + y^2 = R^2 \text{ 及 } x^2 + z^2 = R^2$$

只要算出它在第一卦限部分的体积 V_1，然后再乘以 8 就是所求的体积.

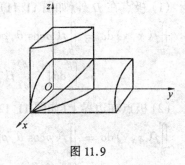

图 11.9

$$V_1 = \iint\limits_{D} \sqrt{R^2 - x^2}\,\mathrm{d}\sigma = \int_0^R \mathrm{d}x \int_0^{\sqrt{R^2-x^2}} \sqrt{R^2 - x^2}\,\mathrm{d}y =$$

$$\int_0^R (R^2 - x^2)\,\mathrm{d}x = R^3 - \frac{1}{3}R^3 = \frac{2}{3}R^3$$

所以所求的立体体积

$$V = 8V_1 = \frac{16}{3}R^3$$

2.利用极坐标计算二重积分

直角坐标与极坐标的关系是 $x = \rho\cos\theta, y = \rho\sin\theta, \rho^2 = x^2 + y^2$

圆 $x^2 + y^2 = a^2$ 的极坐标方程为 $\rho = a$

圆 $x^2 + y^2 = 2x$ 的极坐标方程为 $\rho = 2\cos\theta$

圆 $x^2 + y^2 = 2y$ 的极坐标方程为 $\rho = 2\sin\theta$

有些二重积分，积分区域 D 的边界曲线用极坐标方程来表示很简单，如圆 $x^2 + y^2 = a^2$，且被积函数用极坐标变量 ρ, θ 表达也比较简单时，就可用极坐标来计算二重积分

$$\iint\limits_{D} f(x,y)\,\mathrm{d}\sigma$$

在极坐标系分割 D 时，通常用以极点为中心的一族同心圆，$\rho =$ 常数，以及从极点出发的一族射线：$\theta =$ 常数，把 D 分成 n 个小闭区域（如图 11.10）除了包括边界点的一些小闭区域外，内部的小闭区域的面积 $\Delta\sigma_i$，可计算如下：

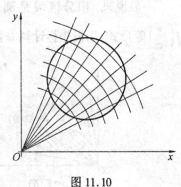

图 11.10

$$\Delta\sigma_i = \frac{1}{2}(\rho_i + \Delta\rho_i)^2\Delta\theta_i - \frac{1}{2}\rho_i^2\Delta\theta_i =$$

$$\frac{1}{2}(2\rho_i + \Delta\rho_i)\Delta\rho_i \cdot \Delta\theta_i =$$

$$\frac{\rho_i + (\rho_i + \Delta\rho_i)}{2}\Delta\rho_i \cdot \Delta\theta_i =$$

$$\overline{\rho_i} \cdot \Delta\rho_i\Delta\theta_i$$

其中 $\overline{\rho_i}$ 表示相邻两圆弧的半径的平均值.

即 $\mathrm{d}\sigma = \rho\mathrm{d}\rho\mathrm{d}\theta$ 表示极坐标系中的面积元素

因此

$$\iint\limits_{D} f(x,y)\,\mathrm{d}\sigma = \iint\limits_{D} f(\rho\cos\theta, \rho\sin\theta)\rho\mathrm{d}\rho\mathrm{d}\theta \qquad ③$$

这就是二重积分的变量从直角坐标变换成为极坐标变换公式，在用公式 ③ 计算时，对积分区域 D 分三种情况进行相应的计算

(1) 极点在 D 外(如图 11.11)

$$\iint_D f(x,y)\,\mathrm{d}\sigma = \iint_D f(\rho\cos\theta,\rho\sin\theta)\rho\,\mathrm{d}\rho\,\mathrm{d}\theta =$$

$$\int_\alpha^\beta \mathrm{d}\theta \int_{\varphi_1(\theta)}^{\varphi_2(\theta)} f(\rho\cos\theta,\rho\sin\theta)\rho\,\mathrm{d}\rho$$

(2) 极点在边界上(如图 11.12)

$$\iint_D f(x,y)\,\mathrm{d}\sigma = \iint_D f(\rho\cos\theta,\rho\sin\theta)\rho\,\mathrm{d}\rho\,\mathrm{d}\theta =$$

$$\int_\alpha^\beta \mathrm{d}\theta \int_0^{\varphi(\beta)} f(\rho\cos\theta,\rho\sin\theta)\rho\,\mathrm{d}\rho$$

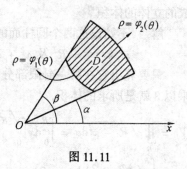

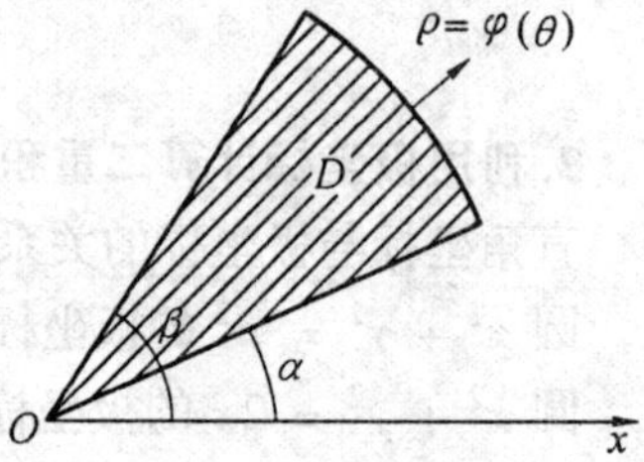

图 11.11

极点在边界上,还有(图 11.13) 情况

$$\iint_D f(x,y)\,\mathrm{d}\sigma = \iint_D f(\rho\cos\theta,\rho\sin\theta)\rho\,\mathrm{d}\rho\,\mathrm{d}\theta =$$

$$\int_\alpha^\beta \mathrm{d}\theta \int_{\varphi_1(\theta)}^{\varphi_2(\theta)} f(\rho\cos\theta,\rho\sin\theta)\rho\,\mathrm{d}\rho$$

(3) 极点在 D 内(如图 11.14)

$$\iint_D f(x,y)\,\mathrm{d}\sigma = \iint_D f(\rho\cos\theta,\rho\sin\theta)\rho\,\mathrm{d}\rho\,\mathrm{d}\theta =$$

$$\int_0^{2\pi} \mathrm{d}\theta \int_0^{\varphi(\theta)} f(\rho\cos\theta,\rho\sin\theta)\rho\,\mathrm{d}\rho$$

图 11.12

先介绍一下,什么样的二重积分用极坐标计算简单:

一般说来,积分区域是圆或圆的一部分,特别此时被积函数含有 $f(x^2+y^2)$ 或 $f\left(\dfrac{y}{x}\right)$ 等形式,用极坐标计算非常简单.

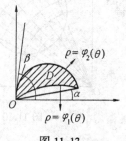

图 11.13

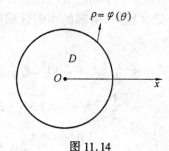

图 11.14

例 8 $\displaystyle\iint_D \sin(x^2+y^2)\,\mathrm{d}\sigma$　　$D: x^2+y^2 = \dfrac{\pi}{2}$ 所围部分.

解　D 如图 11.15

$$\iint_D \sin(x^2+y^2)\,\mathrm{d}\sigma = \int_0^{2\pi} \mathrm{d}\theta \int_0^{\sqrt{\frac{\pi}{2}}} \rho\sin\rho^2\,\mathrm{d}\rho =$$

$$\pi\left(-\cos\rho^2\Big|_0^{\sqrt{\frac{\pi}{2}}}\right) = \pi$$

例 9 $\iint\limits_D \sqrt{x^2+y^2}\mathrm{d}\sigma$　$D:y=x,x=0,x^2+y^2=1,$

$x^2+y^2=4$ 所围第一象限部分.

解　D 如图 11.16

$$\iint\limits_D \sqrt{x^2+y^2}\mathrm{d}\sigma = \int_{\frac{\pi}{4}}^{\frac{\pi}{2}}\mathrm{d}\theta\int_1^2\rho^2\mathrm{d}\rho = \frac{7}{12}\pi$$

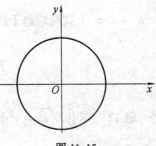

图 11.15

例 10　$\iint\limits_D \sqrt{x^2+y^2}\mathrm{d}\sigma$　$D:y=x,y=0,x^2+y^2=1$

所围第一象限部分.

解　D 如图 11.17

$$\iint\limits_D \sqrt{x^2+y^2}\mathrm{d}\sigma = \int_0^{\frac{\pi}{4}}\mathrm{d}\theta\int_0^1\rho^2\mathrm{d}\rho = \frac{\pi}{12}$$

例 11　计算 $\iint\limits_D \mathrm{e}^{-x^2-y^2}\mathrm{d}\sigma$　$D:x^2+y^2=a^2$ 所围部分.

解　$\iint\limits_D \mathrm{e}^{-x^2-y^2}\mathrm{d}\sigma = \int_0^{2\pi}\mathrm{d}\theta\int_0^a \mathrm{e}^{-\rho^2}\rho\mathrm{d}\rho =$

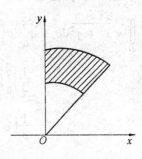

图 11.16

$$\int_0^{2\pi}\left(-\frac{1}{2}\mathrm{e}^{-\rho^2}\right)\bigg|_0^a \mathrm{d}\theta = \pi(1-\mathrm{e}^{-a^2})$$

本题如果用直角坐标系计算,由于 $\int \mathrm{e}^{-x^2}\mathrm{d}x$ 不能用初等

函数表示(即不能化成有限形式),所以不可能计算出来,现

在我们利用上面的结果来计算工程上常用的反常积分(泊松

积分)$\int_0^{+\infty}\mathrm{e}^{-x^2}\mathrm{d}x$

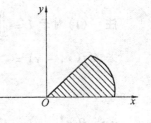

图 11.7

设
$$D_1 = \{(x,y)\,|\,x^2+y^2\leqslant R^2 \quad x\geqslant 0, y\geqslant 0\}$$
$$D_2 = \{(x,y)\,|\,x^2+y^2\leqslant 2R^2 \quad x\geqslant 0, y\geqslant 0\}$$
$$S = \{(x,y)\,|\,0\leqslant x\leqslant R \quad 0\leqslant y\leqslant R\}$$

显然,$D_1\subset S\subset D_2$(如图 11.18),由于 $\mathrm{e}^{-x^2-y^2}>0$

从而 $\iint\limits_{D_1}\mathrm{e}^{-x^2-y^2}\mathrm{d}\sigma < \iint\limits_S \mathrm{e}^{-x^2-y^2}\mathrm{d}\sigma < \iint\limits_{D_2}\mathrm{e}^{-x^2-y^2}\mathrm{d}\sigma$

$$\iint\limits_S \mathrm{e}^{-x^2-y^2}\mathrm{d}\sigma = \int_0^R \mathrm{e}^{-x^2}\mathrm{d}x\cdot\int_0^R \mathrm{e}^{-y^2}\mathrm{d}y = \left(\int_0^R \mathrm{e}^{-x^2}\mathrm{d}x\right)^2$$

由上面已得的结果有

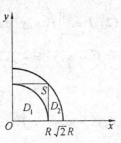

$$\iint\limits_{D_1}\mathrm{e}^{-x^2-y^2}\mathrm{d}\sigma = \frac{\pi}{4}(1-\mathrm{e}^{-R^2}),\iint\limits_{D_2}\mathrm{e}^{-x^2-y^2}\mathrm{d}\sigma = \frac{\pi}{4}(1-\mathrm{e}^{-2R^2})$$

图 11.8

于是上面的不等式可写成

$$\frac{\pi}{4}(1-\mathrm{e}^{-R^2}) < \left(\int_0^R \mathrm{e}^{-x^2}\mathrm{d}x\right)^2 < \frac{\pi}{4}(1-\mathrm{e}^{-2R^2})$$

令 $R \to +\infty$ 上式两端趋于同一极限 $\frac{\pi}{4}$，从而 $\int_0^{+\infty} \mathrm{e}^{-x^2} \mathrm{d}x = \frac{\sqrt{\pi}}{2}$.

百 花 园

例 12 求 $\displaystyle\iint\limits_D \sqrt{x^2+y^2}\,\mathrm{d}\sigma$　$D: x=0, x^2+y^2=4, x^2+y^2=2x$ 所围第一象限部分

解 D 如图 11.19

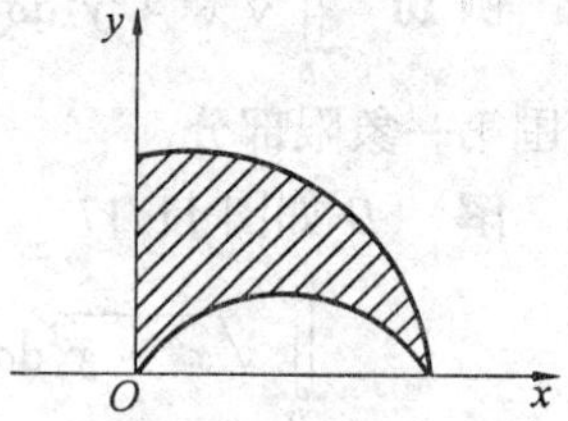

$$\iint\limits_D \sqrt{x^2+y^2}\,\mathrm{d}\sigma = \int_0^{\frac{\pi}{2}} \mathrm{d}\theta \int_{2\cos\theta}^2 \rho^2 \mathrm{d}\rho = \frac{1}{3}\int_0^{\frac{\pi}{2}} \left(\rho^3 \big|_{2\cos\theta}^2\right) \mathrm{d}\theta =$$

$$\frac{1}{3}\int_0^{\frac{\pi}{2}} (8 - 8\cos^3\theta)\,\mathrm{d}\theta =$$

$$\frac{1}{3}\left(8 \times \frac{\pi}{2} - 8\int_0^{\frac{\pi}{2}} \cos^3\theta\,\mathrm{d}\theta\right) =$$

图 11.19

$$\frac{4}{3}\pi - \frac{8}{3}\cdot\frac{2}{3} = \frac{4}{3}\pi - \frac{16}{9}$$

注 （1）对于 $I = \displaystyle\iint\limits_D f(x,y)\,\mathrm{d}\sigma$　　　D 关于 x 轴对称（$y=0$）

若当 $f(x,-y) = -f(x,y)$ 时，有

$$I = \iint\limits_D f(x,y)\,\mathrm{d}\sigma = 0$$

若当 $f(x,-y) = f(x,y)$ 时，有

$$I = 2\iint\limits_{D_1} f(x,y)\,\mathrm{d}\sigma$$

D_1 是 D 位于 $y \geq 0$ 的部分.

（2）$I = \displaystyle\iint\limits_D f(x,y)\,\mathrm{d}\sigma$　　　　　D 关于 y 轴对称（$x=0$）

若 $f(-x,y) = -f(x,y)$，则

$$I = \iint\limits_D f(x,y)\,\mathrm{d}\sigma = 0$$

若 $f(-x,y) = f(x,y)$，则

$$I = 2\iint\limits_{D_1} f(x,y)\,\mathrm{d}\sigma$$

D_1 是 D 位于 $x \geq 0$ 的部分.

例 13 计算 $\displaystyle\iint\limits_D x[1 + yf(x^2+y^2)]\,\mathrm{d}\sigma$，其中 $D: y=x^3, y=1, x=-1$ 所围成，f 是 D

上连续函数.

解 D 如图 11.20,$D = D_1 \bigcup D_2$,D_1 是关于 x 轴对称的部分,D_2 是关于 y 轴对称的部分

$$I = \iint\limits_{D_1} [x + xyf(x^2 + y^2)] d\sigma + \iint\limits_{D_2} [x + xyf(x^2 + y^2)] d\sigma =$$

$$0 + \iint\limits_{D_1} x d\sigma = \int_{-1}^0 dx \int_{x^3}^{-x^3} x dy = -\frac{2}{5} x^5 \Big|_{-1}^0 = -\frac{2}{5}$$

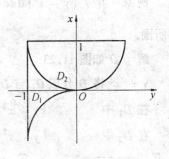

图 11.20

例 14 (如图 11.21) 正方形 $D = \{(x, y) \mid |x| \leqslant 1, |y| \leqslant 1\}$ 被其对角线划分为四个区

$$D_k(k = 1, 2, 3, 4) \qquad I_k = \iint\limits_{D_k} y\cos x dx dy$$

则 $\max\limits_{1 \leqslant k \leqslant 4} \{I_k\} = ($)

A. I_1 B. I_2 C. I_3 D. I_4

解 区域 D_2, D_4 关于 $y = 0$ 对称,而区域 D_1, D_3 关于 $x = 0$ 对称,被积函数关于 y 为奇函数,关于 x 为偶函数.

所以 $\qquad\qquad I_2 = I_4 = 0$

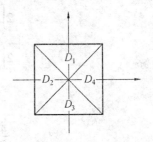

图 11.21

$$I_1 = \iint\limits_{D_1} y\cos x d\sigma > 0$$

在 D_1 中 $y\cos x \geqslant 0$,所以 $I_1 > 0$

$$I_3 = \iint\limits_{D_3} y\cos x d\sigma < 0$$

在 D_3 中 $y\cos x \leqslant 0$,所以 $I_3 < 0$

因此选 A.

例 15 求二重积分 $I = \iint\limits_{D} y[1 + xe^{x^2+y^2}] dx dy$,$D$ 是由 $y = x, y = -1, x = 1$ 所围.

解 D 如图 11.22,将 D 分成 D_1, D_2, D_3, D_4. D_1, D_2 关于 y 轴对称,D_3, D_4 关于 x 轴对称,被积函数 $y[1 + xe^{x^2+y^2}]$ 是关于 y 的奇函数,而 $yxe^{x^2+y^2}$ 是关于 x 的奇函数.

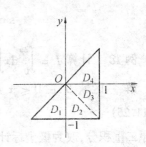

图 11.22

所以 $\iint\limits_{D} y[1 + xe^{x^2+y^2}] dx dy = \iint\limits_{D} y dx dy = \int_{-1}^0 y dy \int_{y}^{-y} dx =$

$$\int_{-1}^0 y(-2y) dy = -\frac{2}{3} y^3 \Big|_{-1}^0 = -\frac{2}{3}$$

例 16 $\iint\limits_{D} \sqrt{|y - x^2|}\,\mathrm{d}x\mathrm{d}y$ $D: x = 1, x = -1, y = 2, y = 0$ 所围.

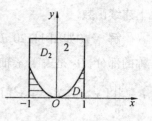

图 11.23

解 D 如图 11.23

$y = x^2$ 将 D 分成 D_1 与 D_2

在 D_1 中 $\qquad |y - x^2| = x^2 - y$

在 D_2 中 $\qquad |y - x^2| = y - x^2$

$$\iint\limits_{D} \sqrt{|y - x^2|}\,\mathrm{d}x\mathrm{d}y = \iint\limits_{D_1} \sqrt{x^2 - y}\,\mathrm{d}x\mathrm{d}y + \iint\limits_{D_2} \sqrt{y - x^2}\,\mathrm{d}x\mathrm{d}y =$$

$$2\int_0^1 \mathrm{d}x \int_0^{x^2} \sqrt{x^2 - y}\,\mathrm{d}y +$$

$$2\int_0^1 \mathrm{d}x \int_{x^2}^2 \sqrt{y - x^2}\,\mathrm{d}y =$$

$$-\frac{4}{3}\int_0^1 \left[(x^2 - y)^{\frac{3}{2}} \Big|_0^{x^2} \right]\mathrm{d}x + \frac{4}{3}\int_0^1 \left[(y - x^2)^{\frac{3}{2}} \Big|_{x^2}^2 \right]\mathrm{d}x =$$

$$\frac{4}{3}\left[\int_0^1 x^3\mathrm{d}x + \int_0^1 (2 - x^2)^{\frac{3}{2}}\mathrm{d}x \right] \quad (\text{令 } x = \sqrt{2}\sin t) =$$

$$\frac{\pi}{2} + \frac{5}{3}$$

例 17 计算 $I = \int_0^1 2\mathrm{d}x \int_x^1 \cos y^2\mathrm{d}y$

解 区域 D,由 $0 \leqslant x \leqslant 1$, $x \leqslant y \leqslant 1$ 确定(如图 11.24),由于 $\int \cos y^2\mathrm{d}y$ 不能用初等函数表出,一定要换序

$$I = \int_0^1 \mathrm{d}y \int_0^y 2\cos y^2\mathrm{d}x = \int_0^1 2y\cos y^2\mathrm{d}y = \int_0^1 \cos y^2\mathrm{d}y^2 =$$

$$\sin y^2 \Big|_0^1 = \sin 1$$

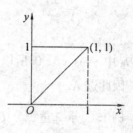

图 11.24

例 18 计算 $I = \int_0^{2a} \mathrm{d}x \int_0^{\sqrt{2ax - x^2}} (x^2 + y^2)\mathrm{d}y$

解 区域 D:由 $0 \leqslant x \leqslant 2a, 0 \leqslant y \leqslant \sqrt{2ax - x^2}$ 确定(如图 11.25)

将原二重积分,改为极坐标计算

$$I = \int_0^{\frac{\pi}{2}} \mathrm{d}\theta \int_0^{2a\cos\theta} \rho^3\mathrm{d}\rho = 4a^4\int_0^{\frac{\pi}{2}} \cos^4\theta\mathrm{d}\theta =$$

$$4a^4 \cdot \frac{3}{4} \cdot \frac{1}{2} \cdot \frac{\pi}{2} = \frac{3}{4}\pi a^4$$

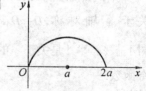

图 11.25

习题 11.1

1. 比较 $\iint\limits_{D} \ln(x+y)\,\mathrm{d}\sigma$ 与 $\iint\limits_{D} [\ln(x+y)]^2\mathrm{d}\sigma$ 的大小

$$D = \{(x,y)\,|\,3 \leqslant x \leqslant 5, 0 \leqslant y \leqslant 1\}.$$

2. 利用二重积分的性质估计下列积分的值

(1) $I = \iint\limits_{D} xy(x+y)\,\mathrm{d}\sigma$ \qquad $D = \{(x,y)\,|\,0 \leqslant x \leqslant 1, 0 \leqslant y \leqslant 1\}$;

(2) $\iint\limits_{D} (x^2 + 4y^2 + 9)\,\mathrm{d}\sigma$ \qquad $D = \{(x,y)\,|\,x^2 + y^2 \leqslant 4\}$.

3. 计算下列二重积分

(1) $\iint\limits_{D} (3x+2y)\,\mathrm{d}\sigma$ \qquad $D: y=0, x=0, x+y=2$ 所围;

(2) $\iint\limits_{D} xy(x-y)\,\mathrm{d}\sigma$ \qquad $D: 0 \leqslant x \leqslant y \leqslant a$;

(3) $\iint\limits_{D} x^2 y\cos(xy^2)\,\mathrm{d}\sigma$ \qquad $D: 0 \leqslant x \leqslant \dfrac{\pi}{2}, 0 \leqslant y \leqslant 2$.

4. 计算下列二重积分

(1) $\iint\limits_{D} \sqrt{4x - y^2}\,\mathrm{d}\sigma$ \qquad $D: y=x, x=1, y=0$ 所围部分;

(2) $\iint\limits_{D} \cos(x+y)\,\mathrm{d}\sigma$ \qquad $D: x=0, y=\pi, y=x$ 所围部分;

(3) $\iint\limits_{D} x\sin\dfrac{y}{x}\,\mathrm{d}\sigma$ \qquad $D: y=x, y=0, x=1$ 所围部分;

(4) $\iint\limits_{D} \dfrac{xy}{\sqrt{1+y^3}}\,\mathrm{d}\sigma$ \qquad $D: x=0, y=1, y=x^2$ 所围部分;

(5) $\iint\limits_{D} (|x| + y)\,\mathrm{d}\sigma$ \qquad $D: |x| + |y| \leqslant 1$;

(6) $I = \int_1^2 \mathrm{d}x \int_{\sqrt{x}}^{x} \sin\dfrac{\pi x}{2y}\mathrm{d}y + \int_2^4 \mathrm{d}x \int_{\sqrt{x}}^{2} \sin\dfrac{\pi x}{2y}\mathrm{d}y$;

(7) $I = \int_0^1 \mathrm{d}x \int_x^{\sqrt{x}} \dfrac{\sin y}{y}\mathrm{d}y$;

(8) $I = \int_0^1 \mathrm{d}x \int_x^1 x^2 \mathrm{e}^{-y^2}\mathrm{d}y$.

5. 利用极坐标计算下列二重积分

(1) $\iint\limits_{D} \mathrm{e}^{x^2 + y^2}\,\mathrm{d}\sigma$ \qquad $D: x^2 + y^2 = 4$ 所围;

(2) $\iint\limits_{D} \ln(1 + x^2 + y^2)\,\mathrm{d}\sigma$ \qquad $D: x^2 + y^2 = 1$ 与坐标轴所围的第一象限部分;

(3) $\iint\limits_{D} \arctan \dfrac{y}{x} d\sigma$　　　$D: x^2 + y^2 = 4$, $x^2 + y^2 = 1$ 及直线 $y = 0$, $y = x$ 所围第一象限部分;

(4) $\iint\limits_{D} \dfrac{x + y}{x^2 + y^2} dx dy$　　　$D: x^2 + y^2 \leqslant 1$, $x + y \geqslant 1$.

6. 改换下列二次积分的积分次序

(1) $\displaystyle\int_0^1 dy \int_0^y f(x, y) dx$;　　　(2) $\displaystyle\int_0^2 dy \int_{y^2}^{2y} f(x, y) dx$;　　　(3) $\displaystyle\int_1^2 dx \int_{2-x}^{\sqrt{2x-x^2}} f(x, y) dy$.

7. 把下列积分化成极坐标形式,并计算积分值

(1) $\displaystyle\int_0^a dx \int_0^x \sqrt{x^2 + y^2} dy$　　　(2) $\displaystyle\int_0^a dy \int_0^{\sqrt{a^2-y^2}} (x^2 + y^2) dx$.

8. 求由曲面 $z = x^2 + 2y^2$ 及 $z = 6 - 2x^2 - y^2$ 所围成的立体积.

9. 设平面薄片所占的闭区域 D,由直线 $x + y = 2$,$y = x$ 和 x 轴围成,它的面密度 $\mu(x, y) = x^2 + y^2$,求该薄片的质量.

11.2　三重积分

11.2.1　三重积分

二重积分的概念,可以很自然地推广到三重积分.

定义 11.2　设 $f(x, y, z)$ 是空间有界闭区域 Ω 上的有界函数,将 Ω 任意分成 n 个小闭区域 $\Delta v_1, \Delta v_2, \cdots, \Delta v_n$.

其中 Δv_i 表示第 i 个小闭区域(也表示它的体积),在每个 Δv_i 上,任取一点 (x_i, y_i, z_i) $(i = 1, 2, \cdots, n)$ 作积 $f(x_i, y_i, z_i) \Delta v_i$ 并作和 $\displaystyle\sum_{i=1}^{n} f(x_i, y_i, z_i) \Delta v_i$,如果当各小闭区域直径中最大值 λ 趋于零时,极限总存在,则称此极限为函数 $f(x, y, z)$ 在闭区域 Ω 上的三重积分,记作: $\iiint\limits_{\Omega} f(x, y, z) dv$,即

$$\lim_{\lambda \to 0} \sum_{i=1}^{n} f(x_i, y_i, z_i) \Delta v_i = \iiint\limits_{\Omega} f(x, y, z) dv$$

其中 dv 叫体积元素.

定理 11.2　$f(x, y, z)$ 在有界闭区域 Ω 上连续,则 $\iiint\limits_{\Omega} f(x, y, z) dv$ 一定存在.

当 $f(x, y, z)$ 连续时,如果用平行于坐标面的平面来划分 Ω,那么除了包含 Ω 边界的一些不规则的小闭区域外,得到的小闭区域 Δv_i 都是长方体,$\Delta v_i = \Delta x \Delta y \Delta z$,因此在直角坐标系中,有时把体积元素 dv 记作: $dx dy dz$

$$\iiint\limits_{\Omega} f(x, y, z) dv = \iiint\limits_{\Omega} f(x, y, z) dx dy dz$$

三重积分的性质与二重积分类似,就不再重复了.

显然,如果 $f(x,y,z)$ 表示某物体在点 (x,y,z) 处的密度,Ω 是该物体所占有的空间闭区域,$f(x,y,z)$ 在 Ω 上连续,则该物体的质量

$$m = \iiint\limits_{\Omega} f(x,y,z)\,\mathrm{d}v$$

特别是 $V = \iiint\limits_{\Omega} \mathrm{d}v$,此时

$$f(x,y,z) \equiv 1$$

11.2.2　三重积分的计算

计算三重积分的基本方法是将三重积分化成三次积分来计算,下面按利用不同的坐标来分别讨论将三重积分化成三次积分的方法,这里,我们只限于叙述所用的法则.

1. 利用直角坐标计算

设经过 Ω 内任意一点作平行于 z 轴的直线与 Ω 域的边界曲面 S 的交点不超过两点,把 Ω 投影到 xOy 平面,得到区域 D(如图 11.26).以 D 的边界为准线作母线平行于 z 轴的柱面,曲面 S 与此柱面的交线把 S 分成两部分.

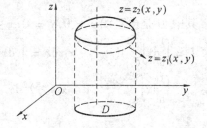

图 11.26

其方程各为　$S_1: z = z_1(x,y)$
　　　　　　$S_2: z = z_2(x,y)$

其中 $z_1(x,y),z_2(x,y)$ 都是 D 上的连续函数,且 $z_1(x,y) \leqslant z_2(x,y)$,过区域 D 内任意一点 (x,y),作平行于 z 轴的直线,通过曲面 S_1 穿入 Ω 内,然后通过曲面 S_2 穿出 Ω 外,穿入点与穿出点的立标分别是 $z_1(x,y)$ 与 $z_2(x,y)$.

假定 $f(x,y,z)$ 在 Ω 上连续,我们要先在 z 轴方向上取它的积分,暂把 x,y 看作固定,作 $f(x,y,z)$ 在区间 $[z_1,z_2]$ 上的积分,其结果是 x,y 的函数,记为

$$F(x,y) = \int_{z_1(x,y)}^{z_2(x,y)} f(x,y,z)\,\mathrm{d}z$$

然后再计算 $F(x,y)$ 在 D 上的二重积分

$$\iint\limits_{D} F(x,y)\,\mathrm{d}\sigma = \iint\limits_{D} \left[\int_{z_1(x,y)}^{z_2(x,y)} f(x,y,z)\,\mathrm{d}z \right] \mathrm{d}\sigma$$

如果这时上述二重积分先对 y,后对 x 积分,那么

$$\iint\limits_{D} \left[\int_{z_1(x,y)}^{z_2(x,y)} f(x,y,z)\,\mathrm{d}z \right] \mathrm{d}\sigma = \int_{a}^{b} \mathrm{d}x \int_{y_1(x)}^{y_2(x)} \mathrm{d}y \int_{z_1(x,y)}^{z_2(x,y)} f(x,y,z)\,\mathrm{d}z$$

可以证明三重积分 $\iiint\limits_{\Omega} f(x,y,z)\,\mathrm{d}v$ 等于这个三次积分值,即

$$\iiint\limits_{\Omega} f(x,y,z)\,\mathrm{d}v = \int_{a}^{b} \mathrm{d}x \int_{y_1(x)}^{y_2(x)} \mathrm{d}y \int_{z_1(x,y)}^{z_2(x,y)} f(x,y,z)\,\mathrm{d}z$$

投影在其他平面情况类似

这种方法叫投影法(或先一后二法)

也可以采用截面法(也叫先二后一法):用平行于 xOy 的平面截 Ω,得一截面 $D(z)$,其中 $c \leqslant z \leqslant d, c, d$ 分别是 Ω 上点的坐标 z 的最小值与最大值,则

$$\iiint_{\Omega} f(x,y,z)\mathrm{d}v = \int_c^d \left[\iint_{D(z)} f(x,y,z)\mathrm{d}x\mathrm{d}y \right]\mathrm{d}z$$

先作 $D(z)$ 上的二重积分,再对 z 进行一元函数定积分计算.

例 1 求 $I = \iiint_{\Omega} xyz\mathrm{d}v$ $\quad \Omega:x = 0, y = 0, z = 0$ 及 $x + y + z = 1$ 所围立体.

解 Ω 如图 11.27

法 1 先一后二:先对 z 积分,上限 $z = 1 - x - y$,下限 $z = 0$

$$I = \iint_{D} \left[\int_0^{1-x-y} xyz\mathrm{d}z \right]\mathrm{d}\sigma$$

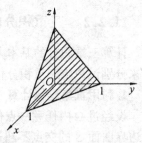

图 11.27

其中 D 是由直线 $x = 0, y = 0, x + y = 1$ 所围成,因此

$$I = \int_0^1 \mathrm{d}x \int_0^{1-x} \mathrm{d}y \int_0^{1-x-y} xyz\mathrm{d}z = \int_0^1 \mathrm{d}x \int_0^{1-x} \frac{xy}{2} \left[z^2 \big|_0^{1-x-y} \right]\mathrm{d}y =$$

$$\int_0^1 \mathrm{d}x \int_0^{1-x} \frac{xy}{2} (1 - x - y)^2 \mathrm{d}y = \int_0^1 \frac{x}{24} (1 - x)^4 \mathrm{d}x =$$

$$\frac{1}{720}$$

法 2 先二后一

$$I = \int_0^1 \mathrm{d}z \left[\iint_{D(z)} xyz\mathrm{d}\sigma \right] = \int_0^1 \mathrm{d}z \int_0^{1-z} \mathrm{d}x \int_0^{1-x-z} xyz\mathrm{d}y =$$

$$\int_0^1 \mathrm{d}z \int_0^{1-z} xz \frac{1}{2} (1 - x - z)^2 \mathrm{d}x = \int_0^1 \frac{z}{24} (1 - z)^4 \mathrm{d}z = \frac{1}{720}$$

注 (1) 一般地讲,被积函数只有一个变量,适合用截面法计算,如只有变量 z,用平行于 xOy 面的平面截 Ω 得一截面 $D(z)$.

(2) 积分区域 Ω,关于 xOy 面(即 $z = 0$) 对称.

若(i) $f(x, y, -z) = -f(x, y, z)$,则

$$I = \iiint_{\Omega} f(x,y,z)\mathrm{d}v = 0$$

(ii) $f(x, y, -z) = f(x, y, z)$

则

$$I = \iiint_{\Omega} f(x,y,z)\mathrm{d}v = 2\iiint_{\Omega_1} f(x,y,z)\mathrm{d}v$$

Ω_1 是 Ω 位于 $z \geqslant 0$ 部分,关于其他坐标面对称,亦类似.

例 2 计算 $I = \iiint_{\Omega} \left(\frac{x^2}{a^2} + \frac{y^2}{b^2} + \frac{z^2}{c^2} \right)\mathrm{d}v$ $\quad$ 其中 Ω 为椭球面 $\frac{x^2}{a^2} + \frac{y^2}{b^2} + \frac{z^2}{c^2} = 1$ 所围

解 $\quad I = \frac{1}{a^2} \iiint_{\Omega} x^2\mathrm{d}v + \frac{1}{b^2} \iiint_{\Omega} y^2\mathrm{d}v + \frac{1}{c^2} \iiint_{\Omega} z^2\mathrm{d}v$

先算 $I_3 = \dfrac{1}{c^2}\iiint\limits_{\Omega} z^2 \mathrm{d}v$　由于被积函数只有 z^2，一个变量，故适合用截面法计算，用平行于 xOy 面的平面截 Ω 得一截面 $D(z)$，其中

$$-c \leqslant z \leqslant c$$

这个截面是椭圆内部区域

$$D(z): \frac{x^2}{a^2} + \frac{y^2}{b^2} \leqslant 1 - \frac{z^2}{c^2}$$

即

$$\frac{x^2}{a^2\left(1 - \dfrac{z^2}{c^2}\right)} + \frac{y^2}{b^2\left(1 - \dfrac{z^2}{c^2}\right)} \leqslant 1$$

此椭圆面积为 $\dfrac{\pi ab}{c^2}(c^2 - z^2)$，于是由截面法

$$I_3 = \frac{1}{c^2}\int_{-c}^{c} z^2 \mathrm{d}z \iint\limits_{D(z)} \mathrm{d}x\mathrm{d}y = \frac{2}{c^2}\int_{0}^{c} \frac{\pi ab}{c^2}(c^2 - z^2)z^2 \mathrm{d}z =$$

$$\frac{2\pi ab}{c^4}\left[\frac{c^2}{3}z^3 \Big|_0^c - \frac{1}{5}z^5 \Big|_0^c\right] = \frac{4}{15}\pi abc$$

同理

$$\frac{1}{a^2}\iiint\limits_{\Omega} x^2 \mathrm{d}v = \frac{1}{b^2}\iiint\limits_{\Omega} y^2 \mathrm{d}v = \frac{4}{15}\pi abc$$

所以

$$I = \frac{4}{5}\pi abc$$

例 3 $\iiint\limits_{\Omega} xyz \mathrm{d}v$　$\Omega: z^2 = x^2 + y^2, z = 1, z = -1$ 所围立体.

解　Ω 关于 xOy 面对称，又被积函数 xyz 是关于 z 的奇函数，所以

$$\iiint\limits_{\Omega} xyz \mathrm{d}v = 0$$

2. 利用柱面坐标计算

除了空间直角坐标系外，还有其他空间坐标系，最常用的有柱面坐标系与球面坐标系，下面介绍柱面坐标系.

设 $p(x, y, z)$ 为空间直角坐标系中的一点，P 在 xOy 面上的投影为 p'，它的极坐标为 (ρ, θ)，那么 P 点在空间的位置也可用 ρ, θ, z 三个数来确定，这三个有序数 (ρ, θ, z) 就叫点 P 的柱面坐标，这里规定

$$0 \leqslant \rho < +\infty$$
$$0 \leqslant \theta \leqslant 2\pi$$
$$-\infty < z < \infty$$

三组坐标面分别为

　　$\rho =$ 常数，　即以 z 轴为轴的圆柱面

　　$\theta =$ 常数，　即过 z 轴的半平面

　　$z =$ 常数，　即与 xOy 面平行的平面

显然点 P 的空间直角坐标与柱面坐标的关系为

$$\begin{cases} x = \rho\cos\theta \\ y = \rho\sin\theta \\ z = z \end{cases}$$

在柱面坐标系中,利用上述三组坐标曲线,把区域 Ω 分割成许多小区域,其中有规则的小区域的体积近似于

$$\rho\Delta\rho\Delta\theta\Delta z$$

即

$$\Delta v \approx dv = \rho d\rho d\theta dz$$

如图 11.28,于是有

$$\iiint\limits_{\Omega} f(x,y,z)dv = \iiint\limits_{\Omega} f(\rho\cos\theta,\rho\sin\theta,z)\rho d\rho d\theta dz$$

类似于二重积分的情况,当 Ω 在 xOy 平面的投影 D_{xy} 是圆形,扇形,圆环形类区域,且含有 $x^2 + y^2$ 形式的函数时,用柱面坐标积分法比较方便.

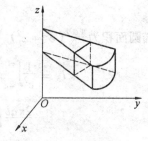

图 11.28

也分三种情况

(1)极点在 D_{xy} 外

$$I = \iiint\limits_{\Omega} f(x,y,z)dv = \int_{\alpha}^{\beta}d\theta\int_{\rho_1(\theta)}^{\rho_2(\theta)}d\rho\int_{z_1(\rho\cos\theta,\rho\sin\theta)}^{z_2(\rho\cos\theta,\rho\sin\theta)}f(\rho\cos\theta,\rho\sin\theta,z)\rho dz$$

(2)极点在 D_{xy} 的边界上

$$I = \iiint\limits_{\Omega} f(x,y,z)dv = \int_{\alpha}^{\beta}d\theta\int_{0}^{\rho(\theta)}d\rho\int_{z_1(\rho\cos\theta,\rho\sin\theta)}^{z_2(\rho\cos\theta,\rho\sin\theta)}f(\rho\cos\theta,\rho\sin\theta,z)\rho dz$$

(3)极点在 D_{xy} 内部

$$I = \iiint\limits_{\Omega} f(x,y,z)dv = \int_{0}^{2\pi}d\theta\int_{0}^{\rho(\theta)}d\rho\int_{z_1(\rho\cos\theta,\rho\sin\theta)}^{z_2(\rho\cos\theta,\rho\sin\theta)}f(\rho\cos\theta,\rho\sin\theta,z)\rho dz$$

例4 计算 $I = \iiint\limits_{\Omega}(x^2 + y^2)dv$,$\Omega : 2z = x^2 + y^2$ 及 $z = 8$ 所围成.

解 Ω 如图 11.29

在 xOy 平面上的投影为圆($x^2 + y^2 \leqslant 16$)被积函数 $x^2 + y^2$,所以用柱面坐标计算

$$I = \int_{0}^{2\pi}d\theta\int_{0}^{4}d\rho\int_{\frac{\rho^2}{2}}^{8}\rho^3 dz =$$

$$2\pi\int_{0}^{4}\rho^3\left(8 - \frac{\rho^2}{2}\right)d\rho = 2\pi\left[2\rho^4\Big|_0^4 - \frac{1}{12}\rho^6\Big|_0^4\right] = \frac{1\ 024}{3}\pi$$

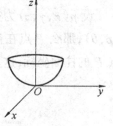

图 11.29

例5 求 $I = \iiint\limits_{\Omega}zdv$,$\Omega$ 是以原点为中心,R 为半径的上半球体.

解 $I = \int_{0}^{2\pi}d\theta\int_{0}^{R}d\rho\int_{0}^{\sqrt{R^2-\rho^2}}z\rho dz = \int_{0}^{2\pi}d\theta\int_{0}^{R}\frac{1}{2}\rho(R^2 - \rho^2)d\rho = \frac{1}{2}\int_{0}^{2\pi}\frac{R^4}{4}d\theta = \frac{\pi}{4}R^4$

3.利用球面坐标计算

设点 $P(x,y,z)$ 为空间直角坐标系中一点,有向线段 OP 的长度为 ρ,θ 为 OP 在 xOy 平面上的投影与 x 轴正向的夹角,φ 为 OP 与 z 轴正向的夹角,那么 P 点的位置也可以用 ρ,θ,φ 三个有序数来确定,这三个有顺序的数 (ρ,θ,φ) 称为 P 点的球面坐标,它们的变化范围分别是:

$$0 \leqslant \rho < +\infty \qquad 0 \leqslant \theta \leqslant 2\pi \qquad 0 \leqslant \varphi \leqslant \pi$$

显然 P 点的直角坐标与球面坐标之间有如下关系(如图 11.30)

$$\begin{cases} x = \rho\sin\varphi\cos\theta \\ y = \rho\sin\varphi\sin\theta \\ z = \rho\cos\varphi \end{cases}$$

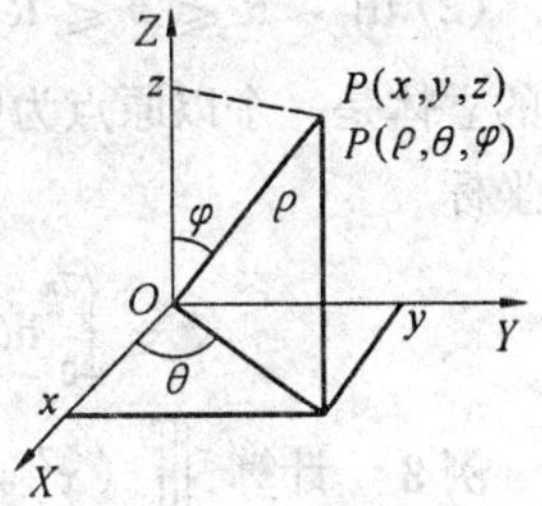

图 11.30

与柱面坐标一样,我们看球面坐标的坐标曲面的图形:

ρ = 常数,表示一族球心在原点的球面

θ = 常数,表示一族通过 z 轴的半平面

φ = 常数,表示一族顶点在原点而轴与 z 轴重合的圆锥面

用三组坐标面把 Ω 分成许多小闭区域,则

$$\Delta v \approx \mathrm{d}v = \rho^2\sin\varphi\mathrm{d}\rho\mathrm{d}\varphi\mathrm{d}\theta$$

$$I = \iiint\limits_{\Omega} f(x,y,z)\mathrm{d}v =$$

$$\int_{\theta_1}^{\theta_2}\mathrm{d}\theta\int_{\varphi_1(\theta)}^{\varphi_2(\theta)}\mathrm{d}\varphi\int_{r_1(\theta,\varphi)}^{r_2(\theta,\varphi)}f(\rho\sin\varphi\cos\theta,\rho\sin\varphi\sin\theta,r\cos\varphi)\rho^2\sin\varphi\mathrm{d}\rho$$

当积分区域是球体,半球体等,被积函数为 $f(x^2+y^2+z^2)$ 使用球面坐标十分简便.

例 6　计算 $I = \iiint\limits_{\Omega}(x+y+z)^2\mathrm{d}v$,$\Omega:x^2+y^2+z^2 = 1$ 所围成的立体.

解　Ω 是个以原点为中心的球体,关于各坐标面对称

$$I = \iiint\limits_{\Omega}(x^2+y^2+z^2)\mathrm{d}v + \iiint\limits_{\Omega}2(xy+xz+yz)\mathrm{d}v =$$

$$\iiint\limits_{\Omega}(x^2+y^2+z^2)\mathrm{d}v + 0 =$$

$$\int_0^{2\pi}\mathrm{d}\theta\int_0^{\pi}\mathrm{d}\varphi\int_0^1\rho^4\sin\varphi\mathrm{d}\rho = \int_0^{2\pi}\frac{1}{5}\mathrm{d}\theta\int_0^{\pi}\sin\varphi\mathrm{d}\varphi = \frac{4}{5}\pi$$

百　花　园

例 7　采用适当坐标计算下列累次积分

$(1)I = \int_0^1\mathrm{d}x\int_{-\sqrt{1-x^2}}^{\sqrt{1-x^2}}\mathrm{d}y\int_0^a z\sqrt{x^2+y^2}\mathrm{d}z$;

$(2)I = \int_{-R}^R\mathrm{d}x\int_{-\sqrt{R^2-x^2}}^{\sqrt{R^2-x^2}}\mathrm{d}y\int_0^{\sqrt{R^2-x^2-y^2}}\sqrt{x^2+y^2+z^2}\mathrm{d}z$.

解 (1) 由 $0 \leqslant x \leqslant 1, -\sqrt{1-x^2} \leqslant y \leqslant \sqrt{1-x^2}, 0 \leqslant z \leqslant a$ 所围成的立体是一个以 z 轴为轴的 $x \geqslant 0$ 的半径为 1 的半圆柱体. 投影为半圆,被积函数 $\sqrt{x^2+y^2}$,因此化成柱面坐标计算

$$I = \int_{-\frac{\pi}{2}}^{\frac{\pi}{2}} d\theta \int_0^1 d\rho \int_0^a z\rho^2 dz = \int_{-\frac{\pi}{2}}^{\frac{\pi}{2}} d\theta \int_0^1 \frac{\rho^2}{2}(z^2|_0^a) d\rho = \int_{-\frac{\pi}{2}}^{\frac{\pi}{2}} \frac{a^2}{6}(\rho^3|_0^1) d\theta = \frac{\pi}{6} a^2$$

(2) 由 $-R \leqslant x \leqslant R, -\sqrt{R^2-x^2} \leqslant y \leqslant \sqrt{R^2-x^2}, 0 \leqslant z \leqslant \sqrt{R^2-x^2-y^2}$ 所围成的立体是一个以原点为中心,半径为 R 的上半球体,被积函数 $\sqrt{x^2+y^2+z^2}$,所以用球面坐标

$$I = \int_0^{2\pi} d\theta \int_0^{\frac{\pi}{2}} d\varphi \int_0^R \rho^3 \sin\varphi d\rho = \frac{2\pi}{4} R^4 \int_0^{\frac{\pi}{2}} \sin\varphi d\varphi = \frac{\pi}{2} R^4$$

例 8 计算 $\iiint\limits_{\Omega} (x^2 + my^2 + nz^2) dv, \Omega: x^2 + y^2 + z^2 \leqslant a^2, m, n$ 常数

解 由对称性可知

$$\iiint\limits_{\Omega} x^2 dv = \iiint\limits_{\Omega} y^2 dv = \iiint\limits_{\Omega} z^2 dv$$

于是 $\iiint\limits_{\Omega} (x^2 + my^2 + nz^2) dv = (1 + m + n) \iiint\limits_{\Omega} x^2 dv =$

$$(1 + m + n) \frac{1}{3} \iiint\limits_{\Omega} (x^2 + y^2 + z^2) dv = \frac{1+m+n}{3} \int_0^{2\pi} d\theta \int_0^{\pi} d\varphi \int_0^a \rho^4 \sin\varphi d\rho =$$

$$\frac{4}{15} \pi (1 + m + n) a^5$$

例 9 求三重积分 $I = \iiint\limits_{\Omega} (x + y + z) dv, \Omega$ 由三个坐标平面及平面 $x + y + z = 1$ 所围

解 Ω 如图 11.31,积分区域 Ω 对三个变量是对称的,被积函数也是对称的,因此有

$$\iiint\limits_{\Omega} x dv = \iiint\limits_{\Omega} y dv = \iiint\limits_{\Omega} z dv$$

所以 $I = 3 \iiint\limits_{\Omega} x dv = 3\int_0^1 dx \int_0^{1-x} dy \int_0^{1-x-y} x dz = \frac{1}{8}$

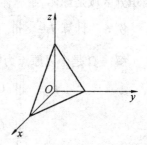

图 11.31

习题 11.2

1. 计算下列三重积分

(1) $\iiint\limits_{\Omega} xy dv, \Omega: x^2 + y^2 = 1, z = 0, z = 1$

(2) $\iiint\limits_{\Omega} xyz dv, \Omega: x^2 + y^2 + z^2 = 1, x = 0, y = 0, z = 0$ 所围成的第一卦限内的区域.

(3) $\iiint\limits_{\Omega} \dfrac{1}{(1 + x + y + z)^3}dv$，$\Omega: x = 0, y = 0, z = 0, x + y + z = 1$ 所围成的区域.

(4) $\iiint\limits_{\Omega} zdv$，$\Omega:$ 由锥面 $z = \dfrac{h}{R}\sqrt{x^2 + y^2}$ 与平面 $z = h(R > 0, h > 0)$ 所围成的立体.

(5) $\iiint\limits_{\Omega} xdv$，$\Omega:$ 平面 $x + 2y + z = 1$ 及三个坐标面围成的区域.

(6) $\iiint\limits_{\Omega} z^2dv$，$\Omega:$ 由椭球面 $\dfrac{x^2}{a^2} + \dfrac{y^2}{b^2} + \dfrac{z^2}{c^2} = 1$ 所围空间闭区域.

2. 利用柱面坐标计算下列三重积分

(1) $\iiint\limits_{\Omega} (x^2 + y^2)dv$，$\Omega: 2z = x^2 + y^2$ 与平面 $z = 2$ 所围的闭区域.

(2) $\iiint\limits_{\Omega} zdv$，$\Omega: z = \sqrt{2 - x^2 - y^2}$ 及 $z = x^2 + y^2$ 所围成的闭区域.

3. 利用球面坐标计算下列三重积分

(1) $\iiint\limits_{\Omega} x^2dv$，$\Omega: x^2 + y^2 + z^2 = 1$ 所围成的闭区域.

(2) $\iiint\limits_{\Omega} (x + y + z)^2dv$，$\Omega: x^2 + y^2 + z^2 \leqslant 2az$.

4. 试计算由曲面 $z = \sqrt{x^2 + y^2}$ 及 $z = x^2 + y^2$ 所围成的立体体积.

11.3　重积分的应用

由前面的讨论可知，平面薄片的质量，曲顶柱体的体积，可以用二重积分计算，空间物体的质量可用三重积分计算，空间中的任何一个立体 Ω 的体积 $V = \iiint\limits_{\Omega} dv$.

定积分应用中的微元法，我们推广到重积分的应用中，利用重积分的微元法讨论重积分在几何、物理上的一些应用.

11.3.1　曲面的面积

设曲面 Σ 由方程 $z = f(x, y)$ 给出，D 为曲面 Σ 在 xOy 面上的投影区域，函数 $f(x, y)$ 在 D 上具有连续偏导数 $f_x(x, y)$ 和 $f_y(x, y)$，要计算曲面 Σ 的面积 S.

在闭区域 D 上任意分成 n 个小区域，$\Delta\sigma_1, \Delta\sigma_2, \cdots, \Delta\sigma_n$（也表示小区域的面积），并在每个小区域 $\Delta\sigma_i$ 上任取一点 $(x_i, y_i)(i = 1, \cdots, n)$，以 $\Delta\sigma_i$ 的边界作母线平行于 z 轴的柱面，因此曲面 Σ 相应地被这些柱面分成 n 个小块 $\Delta\tau_i$，而在每一个小块上相应地任取一点 $P_i(x_i, y_i, z_i)$ 其中 $z_i = f(x_i, y_i)$，过每一点 P_i 作曲面的切平面，于是切平面上被对应的 $\Delta\sigma_i$ 的柱面所割出的一小块平面的面积为 ΔS_i，于是用 ΔS_i 近似代替 $\Delta\tau_i$，作所有 n 个切面上的小块面积之和，令 D 的最大子域直径趋于零，那么上述切平面小块面积之和的极限就被定义为所求的曲面面积.

我们知道 $d\sigma = ds \cdot \cos\gamma$，其中 γ 是这切平面与 xOy 面的夹角，这个角也是切平面的

法线与 z 轴之间的夹角(如图 11.32).

$z = f(x,y)$ 的切平面的法向量为 $\{-f_x, -f_y, 1\}$

所以

$$\cos \gamma = \frac{1}{\sqrt{1 + f_x^2 + f_y^2}}$$

于是

$$ds = \sqrt{1 + f_x^2 + f_y^2}\,d\sigma$$

所以

$$S = \iint_D \sqrt{1 + f_x^2 + f_y^2}\,d\sigma \qquad ①$$

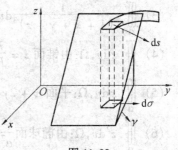

图 11.32

例 1 求球面 $x^2 + y^2 + z^2 = a^2$ 的表面积.

解 先求上半球面 $z = \sqrt{a^2 - x^2 - y^2}$ 的表面积 S_1,它的 2 倍就是整个球的表面积 S

$$z_x = -\frac{x}{\sqrt{a^2 - x^2 - y^2}} \qquad z_y = -\frac{y}{\sqrt{a^2 - x^2 - y^2}}$$

$$\sqrt{1 + z_x^2 + z_y^2} = \sqrt{1 + \frac{x^2}{a^2 - x^2 - y^2} + \frac{y^2}{a^2 - x^2 - y^2}} = \frac{a}{\sqrt{a^2 - x^2 - y^2}}$$

因为 $\dfrac{a}{\sqrt{a^2 - x^2 - y^2}}$ 在周界上 $x^2 + y^2 = a^2$ 不连续,不能直接用公式①,因此先考虑在较小的区域

$$D_1 : x^2 + y^2 \leqslant a_1^2 \, (0 < a_1 < a)$$

$$\iint_{D_1} \sqrt{1 + z_x^2 + z_y^2}\,d\sigma = a\int_0^{2\pi} d\theta \int_0^{a_1} \frac{\rho}{\sqrt{a^2 - \rho^2}}\,d\rho =$$

$$2\pi a \int_0^{a_1} \frac{\rho}{\sqrt{a^2 - \rho^2}}\,d\rho = 2\pi a \left(a - \sqrt{a^2 - a_1^2} \right)$$

令 $a_1 \to a$,即求得全球的表面积

$$S = 2s_1 = 4\pi a^2$$

由曲面的面积公式 ① 我们可以推导出旋转曲面面积的计算公式.

设光滑曲线 $z = \varphi(x)$,$0 \leqslant a \leqslant x \leqslant b$ 绕 z 轴旋转所产生的旋转面的方程为

$$z = \varphi\left(\sqrt{x^2 + y^2}\right) = \varphi(\rho) \qquad \rho = \sqrt{x^2 + y^2}$$

$$z_x = \varphi'(\rho)\frac{x}{\sqrt{x^2 + y^2}} \qquad z_y = \varphi'(\rho)\frac{y}{\sqrt{x^2 + y^2}}$$

$$1 + z_x^2 + z_y^2 = 1 + [\varphi'(\rho)]^2 \frac{x^2}{x^2 + y^2} + [\varphi'(\rho)]^2 \frac{y^2}{x^2 + y^2} = 1 + [\varphi'(\rho)]^2$$

从而有 $S = \iint_D \sqrt{1 + [\varphi'(\rho)]^2}\,d\sigma$,其中 D 是一个圆环 $a^2 \leqslant x^2 + y^2 \leqslant b^2$(如图 11.33)

所以这个二重积分用极坐标计算方便

$$S = \iint_D \sqrt{1 + [\varphi'(\rho)]^2}\,d\sigma = \int_0^{2\pi} d\theta \int_a^b \rho\sqrt{1 + [\varphi'(\rho)]^2}\,d\rho =$$

$$2\pi\int_a^b\rho\sqrt{1+[\varphi'(\rho)]^2}\mathrm{d}\rho \qquad ②$$

如果把积分变量仍旧记作 x，光滑曲线 $z=\varphi(x)$，$0\leqslant a\leqslant x\leqslant b$ 绕 z 轴旋转时，所得到的旋转面的面积公式

$$S=2\pi\int_a^b x\sqrt{1+[\varphi'(x)]^2}\mathrm{d}x \qquad ③$$

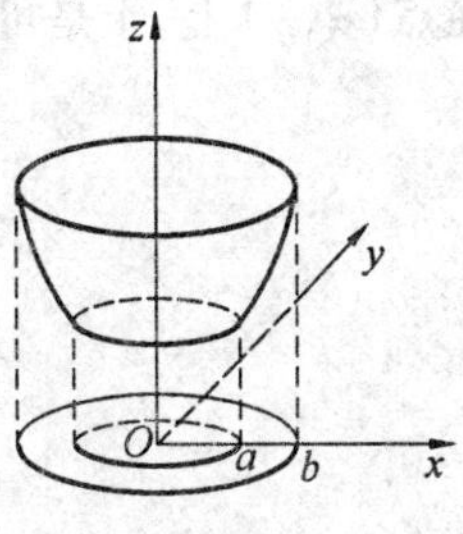

我们知道 $\sqrt{1+[\varphi'(x)]^2}\mathrm{d}x$ 就是光滑曲线 $z=\varphi(x)$ 的弧微分 $\mathrm{d}s$ 所以上面的公式又可写成

$$S=2\pi\int x\mathrm{d}s \qquad ④$$

图 11.33

这个公式使用起来比较方便，不论曲线方程以什么形式给出（直角坐标，极坐标还是参数方程）．

例如，半径为 a 的球面，可以看作 xOy 面上第一象限内的曲线，$y=\sqrt{a^2-x^2}(0\leqslant x\leqslant a)$ 绕 y 轴旋转而成的曲面面积的两倍，于是由公式 ④ 得球面的面积为

$$S=2\times2\pi\int_0^a x\sqrt{1+\frac{x^2}{a^2-x^2}}\mathrm{d}x=4\pi a\int_0^a\frac{x}{\sqrt{a^2-x^2}}\mathrm{d}x\text{（广义积分）}=4\pi a^2$$

11.3.2　重积分在物理学中的应用

1.质心

先讨论平面薄片的质心．

设在 xOy 面上有质量分别为 $m_1,m_2,\cdots,m_n$ 的 n 个质点组成的质点系，各质点的坐标为 $(x_1,y_1),(x_2,y_2),\cdots,(x_n,y_n)$，由力学知道，该质点系的质心坐标 $(\bar{x},\bar{y})$ 为

$$\bar{x}=\frac{\displaystyle\sum_{i=1}^n m_i x_i}{\displaystyle\sum_{i=1}^n m_i}=\frac{M_y}{M}$$

$$\bar{y}=\frac{\displaystyle\sum_{i=1}^n m_i y_i}{\displaystyle\sum_{i=1}^n m_i}=\frac{M_x}{M}$$

其中 $M=\displaystyle\sum_{i=1}^n m_i$ 质点系的总质量

$$M_y=\sum_{i=1}^n m_i x_i \qquad M_x=\sum_{i=1}^n m_i y_i$$

分别为该质点系对 y 轴和 x 轴的静矩．

下面设有一平面薄片，在 xOy 平面上占有闭区域 D，在点 (x,y) 处的面密度为 $\mu(x,y)$，假定 $\mu(x,y)$ 在 D 上连续，该薄片的质心坐标如何求呢？

将 D 分成 n 个直径很小的闭区域，任取一个小闭区域 $\mathrm{d}\sigma$（面积也记作 $\mathrm{d}\sigma$），$(x,y)\in\mathrm{d}\sigma$，由于 $\mathrm{d}\sigma$ 直径很小，这小薄片的质量近似等于 $\mu(x,y)\mathrm{d}\sigma$，这部分质量可近似看做集中

在点(x,y)上,于是可写出静矩元素 dM_y 及 dM_x
$$dM_y = x\mu(x,y)d\sigma$$
$$dM_x = y\mu(x,y)d\sigma$$
$$M_y = \iint_D x\mu(x,y)d\sigma$$
$$M_x = \iint_D y\mu(x,y)d\sigma$$

薄片的质量为 $M = \iint_D \mu(x,y)d\sigma$,所以薄片的质心坐标为

$$\bar{x} = \frac{M_Y}{M} = \frac{\iint_D x\mu(x,y)d\sigma}{\iint_D \mu(x,y)d\sigma} \quad \bar{y} = \frac{M_x}{M} = \frac{\iint_D y\mu(x,y)d\sigma}{\iint_D \mu(x,y)d\sigma}$$

如果薄片是均匀的,即 $\mu(x,y) = a, a$ 为常数,则

$$\bar{x} = \frac{\iint_D x d\sigma}{D} \quad \bar{y} = \frac{\iint_D y d\sigma}{D}$$

其中 $D = \iint_D d\sigma$,此时质心亦称形心.

类似地,有空间有界闭区域 Ω 的质心坐标:

$$\bar{x} = \frac{\iiint_\Omega x\mu(x,y,z)dv}{\iiint_\Omega \mu(x,y,z)dv} \quad \bar{y} = \frac{\iiint_\Omega y\mu(x,y,z)dv}{\iiint_\Omega \mu(x,y,z)dv} \quad \bar{z} = \frac{\iiint_\Omega z\mu(x,y,z)dv}{\iiint_\Omega \mu(x,y,z)dv}$$

其中 $\mu(x,y,z)$ 是其密度函数(假定 $\mu(x,y,z)$ 在 Ω 上连续).

如果立体物体的质量是均匀的,即 $\mu(x,y,z) = a$ 常数,则

$$\bar{x} = \frac{1}{V}\iiint_\Omega x dv, \bar{y} = \frac{1}{V}\iiint_\Omega y dv, \bar{z} = \frac{1}{V}\iiint_\Omega z dv, V = \iiint_\Omega dv$$

例2 设三角形薄板所占区域 D,由 $x = 0, y = 0$ 及 $x + y = 1$ 所围成面密度为 $\mu(x,y) = x^2 + y^2$,求其质心.

解 质量 $M = \iint_D \mu(x,y)d\sigma = \iint_D(x^2+y^2)d\sigma = \int_0^1 dx\int_0^{1-x}(x^2+y^2)dy =$
$$\int_0^1\left[x^2(1-x) + \frac{1}{3}(1-x)^3\right]dx = \frac{1}{6}$$

质心坐标

$$\bar{x} = \frac{1}{M}\iint_D x(x^2+y^2)d\sigma = 6\int_0^1 dx\int_0^{1-x}(x^3+xy^2)dy = 6\int_0^1\left(\frac{1}{3}x - x^2 + 2x^3 - \frac{4}{3}x^4\right)dx = \frac{2}{5}$$

$$\bar{y} = \frac{1}{M}\iint_D y(x^2+y^2)d\sigma = 6\int_0^1 dx\int_0^{1-x}(x^2y+y^3)dy =$$

$$6\int_0^1\Big[\frac{x^2}{2}(1-x)^2+\frac{1}{4}(1-x)^4\Big]dx=\frac{2}{5}$$

所以质心为 $\Big(\frac{2}{5},\frac{2}{5}\Big)$.

例 3　求均匀的圆锥体的形心,锥体由锥面 $z=1-\sqrt{x^2+y^2}$ 与平面 $z=0$ 所围

解　锥体的体积 $V=\dfrac{\pi}{3}$

由对称性可知形心坐标

$$\overline{x}=\overline{y}=0$$

$$\overline{z}=\frac{1}{V}\iiint\limits_{\Omega}z\,dv=\frac{3}{\pi}\int_0^1dz\iint\limits_{x^2+y^2\leqslant(1-z)^2}z\,dxdy=\frac{3}{\pi}\int_0^1\pi z(1-z)^2dz=$$

$$3\int_0^1(z-2z^2+z^3)\,dz=\frac{1}{4}$$

所以形心为 $\Big(0,0,\frac{1}{4}\Big)$.

2. 转动惯量

先讨论平面薄片的转动惯量.

设有质量为 m 的质点,它到一已知轴 L 的垂直距离为 a,绕 L 旋转的角速度为 ω,质点的速度为 $v=\omega a$,它的动能 $E=\frac{1}{2}mv^2=\frac{1}{2}(ma^2)\omega^2$,括号内的量 $I_L=ma^2$ 与速度无关,把质点的转动动能公式 $E=\frac{1}{2}I_L\omega^2$ 与平动动能公式 $E=\frac{1}{2}mv^2$ 相比较,可知 I_L 相当于平动时的质量,它是质点在转动过程中惯性大小的量度,称为绕点对轴 L 的转动惯量,也称惯性矩.

如果有 n 个质点,质量分别为 $m_1,m_2,\cdots,m_n$ 到轴 L 的距离依次为 $a_1,a_2\cdots,a_n$,则质点系的转动惯量显然为各质点对轴 L 的转动惯量的和

$$I_L=\sum_{i=1}^{n}m_ia_i^2$$

设有一薄片,在 xOy 面上占有闭区域 D,在点 (x,y) 处的面密度为 $\mu(x,y)$(假设 $\mu(x,y)$ 在 D 上连续),现在求该薄片对 x 轴及 y 轴的转动惯量.

应用微元法:在区域 D 上,任取一个直径很小的闭区域 $d\sigma$,由于密度 $\mu(x,y)$ 连续,在 $d\sigma$ 上任取一点 (x,y),认为 $d\sigma$ 的密度都近似等于 $\mu(x,y)$,$d\sigma$ 的质量为 $\mu(x,y)d\sigma$,$d\sigma$ 到 x 轴距离 $|y|$,所以这一小区域 $d\sigma$ 对 x 轴的转动惯量为

$$dI_x=y^2\mu(x,y)d\sigma$$

同理小区域 $d\sigma$ 对 y 轴的转动惯量 $dI_y=x^2\mu(x,y)d\sigma$,因此

$$I_x=\iint\limits_{D}y^2\mu(x,y)d\sigma\qquad I_y=\iint\limits_{D}x^2\mu(x,y)d\sigma$$

类似地,空间物体占有空间区域 Ω,对坐标轴的转动惯量:

$$I_x=\iiint\limits_{\Omega}(y^2+z^2)\mu\,dv\qquad I_y=\iiint\limits_{\Omega}(x^2+z^2)\mu\,dv\qquad I_z=\iiint\limits_{\Omega}(x^2+y^2)\mu\,dv$$

有时要求对一点的转动惯量,如对原点的转动惯量

$$I_0 = \iiint\limits_{\Omega} (x^2 + y^2 + z^2) \mu \mathrm{d}v$$

如果是平面内物体相对于原点的转动惯量,则

$$I_0 = \iint\limits_{D} (x^2 + y^2) \mu \mathrm{d}v$$

例 4 设有一高为 h,底长为 $2a$ 的等腰三角形均匀薄片,求它对底边的转动惯量.

解 建立坐标系(如图 11.34)

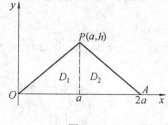

图 11.34

OP 直线方程 $y = \dfrac{h}{a}x$,PA 的直线方程

$$y = -\frac{h}{a}x + 2h$$

$$I_x = \iint\limits_{D} \mu y^2 \mathrm{d}\sigma = \iint\limits_{D_1} \mu y^2 \mathrm{d}\sigma + \iint\limits_{D_2} \mu y^2 \mathrm{d}\sigma =$$

$$\mu \int_0^a \mathrm{d}x \int_0^{\frac{h}{a}x} y^2 \mathrm{d}y + \mu \int_a^{2a} \mathrm{d}x \int_0^{-\frac{h}{a}x + 2h} y^2 \mathrm{d}y =$$

$$\mu \int_0^a \frac{1}{3} \frac{h^3}{a^3} x^3 \mathrm{d}x + \mu \int_a^{2a} \frac{1}{3} \left(-\frac{h}{a}x + 2h \right)^3 \mathrm{d}x =$$

$$\frac{\mu}{12} \cdot h^3 a + \left(-\frac{a\mu}{12h} \right) \left(-\frac{h}{a}x + 2h \right)^4 \bigg|_a^{2a} = \frac{\mu}{6} h^3 a$$

例 5 高等于 $2h$,半径等于 R 的均匀正圆柱体对其中央横截面的一条直径的转动惯量.

解 取圆柱体的轴作为 z 轴,其中央横截面在 xOy 面上,它的一条直径在 x 轴上(如图 11.35)

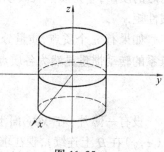

图 11.35

$$I_x = \iiint\limits_{\Omega} \mu(y^2 + z^2) \mathrm{d}v \xrightarrow{\text{柱面坐标}}$$

$$\mu \int_0^{2\pi} \mathrm{d}\theta \int_0^R \mathrm{d}\rho \int_{-h}^h (z^2 + \rho^2 \sin^2\theta) \rho \mathrm{d}z =$$

$$\mu \int_0^{2\pi} \mathrm{d}\theta \int_0^R \left(\frac{2}{3} h^3 + 2h\rho^2 \sin^2\theta \right) \rho \mathrm{d}\rho =$$

$$\mu \int_0^{2\pi} \left(\frac{1}{3} h^3 R^2 + \frac{1}{2} hR^4 \sin^2\theta \right) \mathrm{d}\theta =$$

$$\mu \left(\frac{2}{3} \pi h^3 R^2 + \frac{\pi}{2} hR^4 \right) = \mu\pi hR^2 \left(\frac{2}{3} h^2 + \frac{R^2}{2} \right)$$

百 花 园

例 6 求圆柱面 $x^2 + y^2 = a^2$ 与圆柱面 $x^2 + z^2 = a^2$ 所围的立体

(1) 体积. (2) 表面积.

解 由立体的对称性,位于第一卦限部分的体积为 V_1,表面积为 $S_1 + S_2 = 2S_1$(如图

11.36)

(1) 顶 $z = \sqrt{a^2 - x^2}$

底 $D = \{(x,y) \mid 0 \leqslant x \leqslant a \quad 0 \leqslant y \leqslant \sqrt{a^2 - x^2}\}$

$$V = 8V_1 = 8\iint_D \sqrt{a^2 - x^2}\, d\sigma = 8\int_0^a dx \int_0^{\sqrt{a^2-x^2}} \sqrt{a^2 - x^2}\, dy =$$

$$8\int_0^a (a^2 - x^2)\, dx = \frac{16}{3} a^3$$

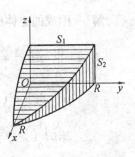

图 11.36

(2) 表面积

$$S = 16S_1 = 16\iint_D \sqrt{1 + \left(\frac{\partial z}{\partial x}\right)^2 + \left(\frac{\partial z}{\partial y}\right)^2}\, d\sigma =$$

$$16\iint_D \frac{a}{\sqrt{a^2 - x^2}}\, d\sigma =$$

$$16a\int_0^a dx \int_0^{\sqrt{a^2-x^2}} \frac{1}{\sqrt{a^2 - x^2}}\, dy = 16a^2$$

例 7　求均匀薄片 D 的质心，D 由 $y = \sqrt{2px}\ (p > 0)$，$x = x_0\ y = 0$ 所围成的区域.

解　D 如图 11.37

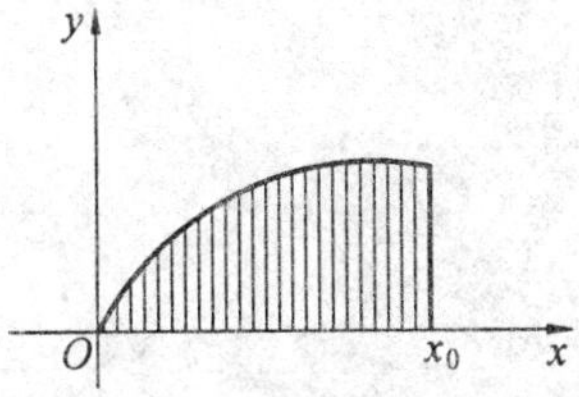

$$M = \iint_D \mu\, d\sigma = \mu\int_0^{x_0} dx \int_0^{\sqrt{2px}} dy = \mu\int_0^{x_0} \sqrt{2px}\, dx = \frac{2}{3}\sqrt{2p}\, x_0^{\frac{3}{2}}\mu$$

图 11.37

$$\overline{x} = \frac{1}{M}\iint_D x\mu\, d\sigma = \frac{\mu\int_0^{x_0} dx \int_0^{\sqrt{2px}} x\, dy}{\frac{2}{3}\mu\sqrt{2p}\, x_0^{\frac{3}{2}}} = \frac{\frac{2}{5}\sqrt{2p}\, x_0^{\frac{5}{2}}}{\frac{2}{3}\sqrt{2p}\, x_0^{\frac{3}{2}}} = \frac{3}{5}x_0$$

$$\overline{y} = \frac{1}{M}\iint_D y\mu\, d\sigma = \frac{\int_0^{x_0} dx \int_0^{\sqrt{2px}} y\, dy}{\frac{2}{3}\sqrt{2p}\, x_0^{\frac{3}{2}}} = \frac{\frac{1}{2}px_0^2}{\frac{2}{3}\sqrt{2p}\, x_0^{\frac{3}{2}}} = \frac{3}{8}\sqrt{2px_0} = \frac{3}{8}y_0$$

所以质心为　　　　　　　　　　　　　$\left(\dfrac{3}{5}x_0, \dfrac{3}{8}y_0\right)$

例 8　求半径为 R 的均匀的半圆绕直径的转动惯量.

解　建立坐标系(如图 11.38)

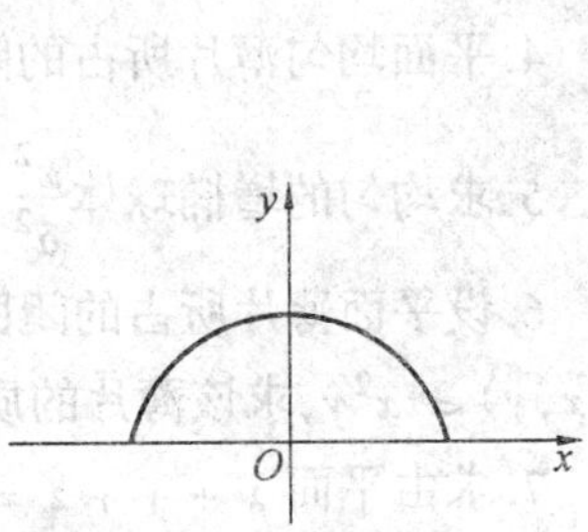

$$I_x = \iint_D \mu y^2\, d\sigma = \mu\int_0^\pi d\theta \int_0^R \rho^3 \sin^2\theta\, d\rho =$$

$$\frac{\mu}{4}R^4\int_0^\pi \sin^2\theta\, d\theta = \frac{\mu}{8}R^4\int_0^\pi (1 - \cos 2\theta)\, d\theta =$$

$$\frac{\mu}{8}R^4\left(\pi - \frac{1}{2}\sin 2\theta\Big|_0^\pi\right) = \frac{\mu\pi}{8}R^4$$

图 11.38

例 9　求由球面 $x^2 + y^2 + z^2 = 2$ 与锥面 $z = \sqrt{x^2 + y^2}$ 所围成的均匀立体($z \geqslant 0$)对 z 轴的转动惯量.

解 围成的立体(如图 11.39)

$$I_z = \iiint\limits_{\Omega} \mu(x^2 + y^2)\,\mathrm{d}v = \mu\int_0^{2\pi}\mathrm{d}\theta\int_0^1\mathrm{d}\rho\int_\rho^{\sqrt{2-\rho^2}}\rho^3\,\mathrm{d}z =$$

$$\mu\int_0^{2\pi}\mathrm{d}\theta\int_0^1\rho^3(\sqrt{2-\rho^2}-\rho)\,\mathrm{d}\rho =$$

$$2\pi\mu\int_0^1(\rho^3\sqrt{2-\rho^2}-\rho^4)\,\mathrm{d}\rho = \frac{4\mu\pi}{15}(4\sqrt{2}-5)$$

$$\left[\int_0^1\rho^3\sqrt{2-\rho^2}\,\mathrm{d}\rho = \frac{1}{2}\int_0^1\rho^2\sqrt{2-\rho^2}\,\mathrm{d}\rho^2\ \underline{\rho^2 = t}\right.$$

$$\frac{1}{2}\int_0^1 t\sqrt{2-t}\,\mathrm{d}t\ \underline{\sqrt{2-t}=u}$$

$$\frac{1}{2}\int_{\sqrt{2}}^1(2-u^2)u(-2u)\,\mathrm{d}u =$$

$$\int_1^{\sqrt{2}}(2u^2-u^4)\,\mathrm{d}u =$$

$$\frac{2}{3}u^3\Big|_1^{\sqrt{2}} - \frac{1}{5}u^5\Big|_1^{\sqrt{2}} =$$

$$\left.\frac{2}{3}(2\sqrt{2}-1) - \frac{1}{5}(4\sqrt{2}-1) = \frac{1}{15}(8\sqrt{2}-7)\right]$$

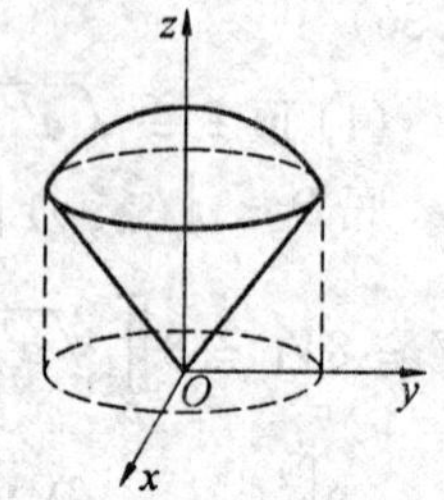

图 11.39

习题 11.3

1.设 Ω 为曲面 $x^2 + y^2 = az$ 与 $z = 2a - \sqrt{x^2 + y^2}\ (a > 0)$ 所围的封闭区域
(1) 求 Ω 的体积.
(2) 求 Ω 的表面积.

2.求球面 $x^2 + y^2 + z^2 = a^2$ 含在圆柱面 $x^2 + y^2 = ax$ 内部的那部分面积.

3.求锥面 $z = \sqrt{x^2 + y^2}$ 被柱面 $z^2 = 2x$ 所割下部分的曲面面积.

4.平面均匀薄片所占的闭区域 $D:\left\{(x,y)\ \Big|\ \dfrac{x^2}{a^2} + \dfrac{y^2}{b^2} \leqslant 1\ y \geqslant 0\right\}$,求 D 的质心.

5.求均匀的增椭球体 $\dfrac{x^2}{a^2} + \dfrac{y^2}{b^2} + \dfrac{z^2}{c^2} = 1\ z \geqslant 0$ 的质心.

6.设平面薄片所占的闭区域 D 由 $y = x^2, y = x$ 所围成,它在点 (x,y) 处的面密度 $\mu(x,y) = x^2y$,求该薄片的质心.

7.求由平面 $x + y + z = 1, x = 0, y = 0, z = 0$ 所围成的均匀物体对 z 轴的转动惯量.

8.求均匀长方体关于它的一条棱的转动惯量.

本　章　小　结

二重积分与三重积分的定义,实质上与定积分的定义是一样的,都是"分割取近似,求和取极限"的程序,它们的性质与定积分的性质类似,它们不同的地方是积分域.

定积分是区间,二重积分是平面区域,三重积分是空间区域.

具有奇,偶性的一元函数在对称区间上的积分的结论对于二重积分、三重积分(以及下一章讲到的第一类曲线积分与曲面积分)也有类似的结论:

$f(x,y)$ 在 D 上连续,D 关于 $x=0$ 对称,D_1 为 D 在 $x \geqslant 0$ 的部分

(1) 若 $f(-x,y) = -f(x,y)$,则

$$\iint\limits_{D} f(x,y)\,\mathrm{d}\sigma = 0$$

(2) 若 $f(-x,y) = f(x,y)$,则

$$\iint\limits_{D} f(x,y)\,\mathrm{d}\sigma = 2\iint\limits_{D_1} f(x,y)\,\mathrm{d}\sigma$$

$f(x,y)$ 在 D 上连续,D 关于 $y=0$ 对称,D_3 为 D 在 $y \geqslant 0$ 部分

(3) $f(x,-y) = -f(x,y)$

则

$$\iint\limits_{D} f(x,y)\,\mathrm{d}\sigma = 0$$

(4) $f(x,-y) = f(x,y)$

则

$$\iint\limits_{D} f(x,y)\,\mathrm{d}\sigma = 2\iint\limits_{D_3} f(x,y)\,\mathrm{d}\sigma$$

例如　计算 $I = \iint\limits_{D} \dfrac{1 + x^3 y^3 + \sin xy}{1 + x^2 + y^2}\,\mathrm{d}\sigma$

$$D : x^2 + y^2 \leqslant 1$$

解　D:既关于 $x=0$ 对称,又关于 $y=0$ 对称

所以

$$I = \iint\limits_{D} \frac{1}{1 + x^2 + y^2}\,\mathrm{d}\sigma + 0 =$$

$$\int_0^{2\pi} \mathrm{d}\theta \int_0^1 \frac{r}{1 + r^2}\,\mathrm{d}r = \pi\ln(1 + r^2)\,\big|_0^1 = \pi\ln 2$$

二重积分的计算可以化成二次积分,它可以在直角坐标系下进行,也可以在极坐标系下进行.

当二重积分的积分区域为圆域、扇形域,被积函数含有 $f(x^2 + y^2)$,$f(\frac{y}{x})$,$f(xy)$ 等形式出现时,利用极坐标来计算往往更简便,此时面积元素 $\mathrm{d}\sigma = r\mathrm{d}r\mathrm{d}\theta$,$x = r\cos\theta$,$y = r\sin\theta$

二重积分经常遇到的是由直角坐标化成极坐标,而由极坐标化成直角坐标不常见,这也是我们应该注意的.

例如　计算二重积分

$$I = \iint\limits_{D} r^2 \sin\theta \sqrt{1 - r^2 \cos 2\theta}\, dr d\theta$$

其中 $D = \left\{ (r,\theta) \mid 0 \leqslant r \leqslant \sec\theta, 0 \leqslant \theta \leqslant \dfrac{\pi}{4} \right\}$

解 $I = \iint\limits_{D} r\sin\theta \sqrt{1 - r^2\cos^2\theta + r^2\sin^2\theta} \cdot r dr d\theta = \iint\limits_{D} y\sqrt{1 - x^2 + y^2}\, dx dy =$

$\displaystyle\int_0^1 dx \int_0^x y\sqrt{1 - x^2 + y^2}\, dy = \int_0^1 dx \int_0^x \frac{1}{2}\sqrt{1 - x^2 + y^2}\, d(1 - x^2 + y^2) =$

$\displaystyle\int_0^1 \frac{1}{3}\left[1 - (1 - x^2)^{\frac{3}{2}} \right] dx = \frac{1}{3} - \frac{1}{3}\int_0^1 (1 - x^2)^{\frac{3}{2}}\, dx =$

$\displaystyle\frac{1}{3} - \frac{1}{3}\int_0^{\frac{\pi}{2}} \cos^4\theta\, d\theta = \frac{1}{3} - \frac{1}{16}\pi$

对于三重积分也有类似于二重积分,关于区域的对称性及被积函数的奇偶性定理.

例如　计算

$$I = \iiint\limits_{\Omega} (1 + xy + xz + yz + xyz)\, dv$$

$$\Omega: x^2 + y^2 + z^2 \leqslant a^2$$

解 Ω 关于 $x = 0, y = 0, z = 0$ 对称,所以

$$I = \iiint\limits_{\Omega} dv = \frac{4}{3}\pi a^3$$

关于轮换对称性:设将区域 Ω 中的 x 换成 y,y 换成 z,z 换成 x,所得到的区域不变,设函数 $f(x, y, z)$ 在 Ω 上连续,则有

$$\iiint\limits_{\Omega} f(x, y, z)\, dv = \iiint\limits_{\Omega} f(y, z, x)\, dv = \iiint\limits_{\Omega} f(z, x, y)\, dv$$

例如　设 Ω 为球体 $x^2 + y^2 + z^2 \leqslant R^2$ 在第一卦限部分,则

$$\iiint\limits_{\Omega} (x - 2y + 3z)\, dv = \iiint\limits_{\Omega} (y - 2z + 3x)\, dv = \iiint\limits_{\Omega} (z - 2x + 3y)\, dv$$

三重积分的计算方法有三种.

1.空间直角坐标系

(1)先二后一法

(2)先一后二法

2.柱面坐标系

适用于 Ω 的投影为圆或圆的一部分,被积函数最好含有 $f(x^2 + y^2, z)$ 形式,此时用柱面坐标是最简单的了.

3.球面坐标系

适用于积分区域 Ω 是球或球的一部分,被积函数最好含有 $f(x^2 + y^2 + z^2)$ 形式.

例如　计算 $I = \iiint\limits_{\Omega} 2y dv$,$\Omega: x^2 + y^2 + z^2 = 2$,$x^2 + y^2 + z^2 = 8$,$y^2 = x^2 + z^2$ 所围位于 $y \geqslant 0$ 部分的闭区域.

解 Ω 如图 11.40

用球面坐标系

$$I = \int_0^{2\pi} d\theta \int_0^{\frac{\pi}{4}} d\varphi \int_1^2 2r^3 \cos \varphi \sin \varphi dr =$$

$$\pi \left(r^4 \Big|_1^2 \right) \int_0^{\frac{\pi}{4}} \sin \varphi d\sin \varphi = 15\pi \cdot \frac{1}{2} \sin^2 \varphi \Big|_0^{\frac{\pi}{4}} = \frac{15}{4}\pi$$

注意,此时 y 相当于以前的 z,z 相当于以前的 x,x 相当于以前的 y

$$\begin{cases} y = r\cos \varphi \\ z = r\sin \varphi \cos \theta \\ x = r\sin \varphi \sin \theta \end{cases}$$

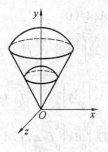

图 11.40

复习题十一

1.填空题

(1) 换序 $\int_{-1}^1 dx \int_{-\sqrt{1-x^2}}^{1-x^2} f(x,y) dy = $ _____.

(2) $\int_1^5 dy \int_y^5 \frac{1}{y\ln x} dx = $ _____.

(3) $\int_0^{\frac{\pi}{6}} dy \int_y^{\frac{\pi}{6}} \frac{\cos x}{x} dx = $ _____.

(4) $\iint\limits_{x^2+y^2 \leq a^2} x^4 \sin^3 y d\sigma = $ _____.

(5) $\int_0^1 dy \int_{\arcsin y}^{\pi - \arcsin y} x dx = $ _____.

(6) $\iiint\limits_{\Omega} (x + y + z) dv = $ _____.其中 $\Omega: x^2 + y^2 + z^2 \leq R^2$

(7) 设 Ω 是区域 $|x| + |y| + |z| \leq 1$,则 $\iiint\limits_{\Omega} [z\cos(x^2 + y^2 + z^2) + x^2 y] dv = $

_____.

(8) 设 $I = \iiint\limits_{\Omega} f\left(\sqrt{x^2 + y^2 + z^2}\right) dv$,其中 Ω 为由锥面 $z = \sqrt{3(x^2 + y^2)}$,圆柱面 $x^2 + y^2 - y = 0$ 及平面 $z = 0$ 围成,则在直角坐标系内,将 I 化成先对 z 再对 x,最后对 y 的三次积分时 $I = $ _____.

在柱面坐标系内,先对 z,再对 r,最后对 θ 积分次序的三次积分时 $I = $ _____.

(9)Ω 由曲面 $x^2 + y^2 = 2z$ 及平面 $z = 2$ 围成,则 $\iiint\limits_{\Omega} (x^2 + 2xyz) dv = $ _____.

2.单项选择

(1)$f(x)$ 连续,若 $\lim\limits_{r \to 0^+} \frac{1}{r^2} \iint\limits_{\substack{|x| \leq r \\ |y| \leq r}} f(x^2 + y^2) d\sigma = I$,则 $I = $ (　　)

A.$4f(0)$ B.$4f'(0)$ C.$\pi f(0)$ D.$\pi f'(0)$

(2)$\int_0^{\frac{\pi}{2}} d\theta \int_0^{\cos\theta} f(r\cos\theta, r\sin\theta) r dr =$

A.$\int_0^1 dy \int_0^{\sqrt{y-y^2}} f(x,y) dx$ B.$\int_0^1 dy \int_0^{\sqrt{1-y^2}} f(x,y) dx$

C.$\int_0^1 dx \int_0^1 f(x,y) dy$ D.$\int_0^1 dx \int_0^{\sqrt{x-x^2}} f(x,y) dy$

(3)$f(x,y)$ 连续,且 $f(x,y) = xy + \iint\limits_D f(x,y) dx dy$ $D: y = 0, y = x^2, x = 1$ 所围区域,则 $f(x,y) =$

A.xy B.$2xy$ C.$xy + \dfrac{1}{8}$ D.$xy + 1$

(4) 设 $I_1 = \iint\limits_D \cos\sqrt{x^2+y^2} d\sigma$ $I_2 = \iint\limits_D \cos(x^2+y^2) d\sigma$ $I_3 = \iint\limits_D \cos(x^2+y^2)^2 d\sigma$ 其中 $D = \{(x,y) \mid x^2+y^2 \leqslant 1\}$ 则

A.$I_1 > I_2 > I_3$ B.$I_3 > I_2 > I_1$ C.$I_2 > I_1 > I_3$ D.$I_3 > I_1 > I_2$

(5) 设 D 是 xOy 平面上以 $(1,1), (-1,1)$ 和 $(-1,-1)$ 为顶点的三角形区域,D_1 是 D 在第一象限的部分,则有 $\iint\limits_D (xy + \cos x \sin y) dx dy =$

A.0 B.$2\iint\limits_D xy dx dy$ C.$3\iint\limits_{D_1} (xy + \cos x \sin y) dx dy$ D.$2\iint\limits_{D_1} \cos x \sin y dx dy$

(6)$D: x^2 + y^2 \leqslant R^2$ D_1 是 D 位于第一象限的部分,$f(x)$ 连续,$I = \iint\limits_D f(x^2+y^2) d\sigma$,则有(   )

A.$I = 4\iint\limits_{D_1} f(x^2+y^2) d\sigma$ B.$I = 8\iint\limits_{D_1} f(x^2) d\sigma$

C.$I = \int_{-R}^R dx \int_{-R}^R f(x^2+y^2) dy$ D.$I = 0$

(7)$g(x)$ 有连续的导数,$g(0) = 0, g'(0) = a \neq 0, f(x,y)$ 在 $(0,0)$ 的某邻域内连续,则 $\lim\limits_{r \to 0^+} \dfrac{\iint\limits_{x^2+y^2 \leqslant r^2} f(x,y) dx dy}{g(r^2)} = ($ $)$

A.$\dfrac{\pi}{2} f(0,0)$ B.$\dfrac{\pi}{a} f(0,0)$ C.$\dfrac{1}{2a} f(0,0)$ D.$\dfrac{1}{a} f(0,0)$

(8)$\Omega: x^2 + y^2 + z^2 \leqslant R^2, z \geqslant 0, \Omega_1$ 是 Ω 位于第一卦限部分,则(   )正确.

A.$\iiint\limits_\Omega x dv = 4\iiint\limits_{\Omega_1} x dv$ B.$\iiint\limits_\Omega y dv = 4\iiint\limits_{\Omega_1} y dv$

C.$\iiint\limits_\Omega z dv = 4\iiint\limits_{\Omega_1} z dv$ D.$\iiint\limits_\Omega xyz dv = 4\iiint\limits_{\Omega_1} xyz dv$

(9)$\Omega: x^2 + y^2 + z^2 \leqslant 1, z \geqslant 0$,则 $\iiint\limits_{\Omega} (xyz + 3) \mathrm{d}v = ($　　$)$

A.2π　　　　　　　　B.3π　　　　　　　　C.4π　　　　　　　　D.6π

(10) 设 $I = \iiint\limits_{\Omega} z^2 \mathrm{d}v, \Omega: \dfrac{x^2}{a^2} + \dfrac{y^2}{b^2} + \dfrac{z^2}{c^2} \leqslant 1$,则($\quad$)

A. $I = \dfrac{1}{3} \iiint\limits_{\Omega} (x^2 + y^2 + z^2) \mathrm{d}v$

B. $I = 8 \iiint\limits_{\Omega_1} z^2 \mathrm{d}v, \Omega_1$ 是 Ω 位于第一卦限部分

C. $I = \displaystyle\int_{-c}^{c} z^2 \cdot \pi \left(1 - \dfrac{z^2}{c^2} \right) \mathrm{d}z$

D. $I = \displaystyle\int_0^{2\pi} \mathrm{d}\theta \int_0^{\pi} \mathrm{d}\varphi \int_0^1 (r\cos \varphi)^2 abcr^2 \sin \varphi \mathrm{d}r$

3.计算题

(1) 设 $f(x) = \displaystyle\int_0^x \dfrac{\sin t}{\pi - t} \mathrm{d}t$,求 $\displaystyle\int_0^{\pi} f(x) \mathrm{d}x$.

(2) 求 $I = \displaystyle\int_1^2 \mathrm{d}x \int_{\sqrt{x}}^{x} \cos \dfrac{\pi x}{2y} \mathrm{d}y + \int_2^4 \mathrm{d}x \int_{\sqrt{x}}^{2} \cos \dfrac{\pi x}{2y} \mathrm{d}y$.

(3)$D: x^2 + y^2 \leqslant R^2$,求 $\iint\limits_{D} \left(\dfrac{x^2}{a^2} + \dfrac{y^2}{b^2} \right) \mathrm{d}\sigma$.

(4)$D = \{(x,y) \mid x^2 + y^2 \leqslant 1\}$,求 $\iint\limits_{D} \dfrac{y + xy + \sin xy}{1 + x^2 + y^2} \mathrm{d}\sigma$.

(5) 计算 $I = \iint\limits_{D} x^2 \mathrm{e}^{-y^2} \mathrm{d}\sigma$　D:以$(0,0),(1,1),(0,1)$为顶点的三角形.

(6)D 由 $y = -a + \sqrt{a^2 - x^2}(a > 0), y = -x$ 所围,求 $\iint\limits_{D} \dfrac{\sqrt{x^2 + y^2}}{\sqrt{4a^2 - x^2 - y^2}} \mathrm{d}\sigma$.

(7) 计算 $I = \iiint\limits_{\Omega} (x^2 + y^2) z \mathrm{d}v, \Omega: \sqrt{x^2 + y^2} = z, x^2 + y^2 = 1, z = 0$ 所围.

(8)Ω为平面曲线 $\begin{cases} y^2 = 2z \\ x = 0 \end{cases}$绕 z 轴旋转一周而形成的曲面与平面$z = 8$所围区域,计算

$$I = \iiint\limits_{\Omega} (x^2 + y^2) \mathrm{d}v$$

4.求由曲面 $z = \sqrt{x^2 + y^2}$ 及 $z = x^2 + y^2$ 所围的立体体积.

5.一薄片 D 由 $y \leqslant x \leqslant y^2, 1 \leqslant y \leqslant \sqrt{3}$ 所定,其面密度为 $\rho(x,y) = \dfrac{y}{x^2 + y^2}$,求它的质量.

第 **12** 章

曲线积分与曲面积分

12.1　对弧长的曲线积分

12.1.1　对弧长的曲线积分的概念与性质

1.问题的提出

设有一条平面曲线 L,其密度函数为 $\mu(x,y)$,求这条曲线 L 的质量,如果密度是一个常量,也就是说 L 是均匀的,则这条曲线 L 的质量等于密度 μ 与 L 的长度乘积,如果密度不是常量,可将 L 分成 n 个小段:$\Delta S_1,\Delta S_2,\cdots,\Delta S_n$,在每小段上任取一点 (x_i,y_i) 处的密度,作积

$$\mu(x_i,y_i)\Delta S_i,(i=1,2,\cdots,n)$$

其中 ΔS_i 既表示第 i 小段,又表示第 i 小段的弧长,将 n 段加起来 $\sum_{i=1}^{n}\mu(x_i,y_i)\Delta S_i$,用 λ 表示 n 个小弧段的最大长度。

取极限 $\lim\limits_{\lambda\to0}\sum_{i=1}^{n}\mu(x_i,y_i)\Delta S_i$,这个极限值就是平面曲线 L 的质量。

2.定义

定义 12.1　设 L 为 xOy 平面内的一条光滑曲线弧,函数 $f(x,y)$ 在 L 上有定义,将 L 任意分成 n 小段 $\Delta S_1,\Delta S_2,\cdots,\Delta S_n$,在每小段中任取一点 (x_i,y_i),$i=1,2,\cdots,n$,作积 $f(x_i,y_i)\Delta S_i$　(ΔS_i 既代表这一段,又表示这一段的长度),取和 $\sum_{i=1}^{n}f(x_i,y_i)\Delta S_i$.

取极限 $\lim\limits_{\lambda\to0}\sum_{i=1}^{n}f(x_i,y_i)\Delta S_i$,$\lambda$ 表示 n 小段中弧长最大者.

如果极限总存在,称此极限为函数 $f(x,y)$ 在曲线弧上对弧长的曲线积分或第一型曲线积分,记作:

$$\int_L f(x,y)\,\mathrm{d}s$$

即

$$\int_L f(x,y)\,\mathrm{d}s=\lim\limits_{\lambda\to0}\sum_{i=1}^{n}f(x_i,y_i)\Delta S_i$$

$f(x,y)$ 叫被积函数,L 叫积分弧段,如果 L 是闭曲线,则记作:$\oint_L f(x,y)\,\mathrm{d}s$.

定理 12.1 $f(x,y)$ 在长度有限的光滑曲线 L 上连续,则 $\int_L f(x,y)\,\mathrm{d}s$ 一定存在.

3.性质

(1) 设 α,β 为常数,则 $\int_L [\alpha f(x,y) + \beta g(x,y)]\,\mathrm{d}s = \alpha \int_L f(x,y)\,\mathrm{d}s + \beta \int_L f(x,y)\,\mathrm{d}s$

(2) 若 L 分成两个光滑曲线弧 L_1 和 L_2,则

$$\int_L f(x,y)\,\mathrm{d}s = \int_{L_1} f(x,y)\,\mathrm{d}s + \int_{L_2} f(x,y)\,\mathrm{d}s$$

(3) 设在 L 上总有 $f(x,y) \leqslant g(x,y)$,则

$$\int_L f(x,y)\,\mathrm{d}s \leqslant \int_L g(x,y)\,\mathrm{d}s$$

特别地

$$\left| \int_L f(x,y)\,\mathrm{d}s \right| \leqslant \int_L |f(x,y)|\,\mathrm{d}s$$

(4) $\int_L \mathrm{d}s = L$

12.1.2 对弧长的曲线积分的计算法

定理 12.2 设 $f(x,y)$ 在曲线弧 L 上连续,L 的参数方程为

$$\begin{cases} x = \varphi(t) \\ y = \psi(t) \end{cases} \quad (\alpha \leqslant t \leqslant \beta)$$

其中 $\varphi(t),\psi(t)$ 在 $[\alpha,\beta]$ 上具有一阶连续导数,且 $\varphi'^2(t) + \psi'^2(t) \neq 0$,则曲线积分

$$\int_L f(x,y)\,\mathrm{d}s = \int_\alpha^\beta f[\varphi(t),\psi(t)]\sqrt{\varphi'^2(t) + \psi'^2(t)}\,\mathrm{d}t \quad (\alpha < \beta)$$

注 (1) 下限 α,一定要小于上限 β;

(2) 如果曲线是特殊的参数方程

$$\begin{cases} y = g(x) \\ x = x \end{cases} \quad a \leqslant x \leqslant b$$

$$\int_L f(x,y)\,\mathrm{d}s = \int_a^b f[x,g(x)]\sqrt{1 + g'^2(x)}\,\mathrm{d}x$$

如果 L 由方程

$$x = h(y), c \leqslant y \leqslant d \text{ 给出}$$

则有
$$\int_L f(x,y)\,\mathrm{d}s = \int_c^d f[h(y),y]\sqrt{1 + h'^2(y)}\,\mathrm{d}y$$

如果 L 是一条空间曲线

$$x = \varphi(t), y = \psi(t), z = \omega(t) \quad (\alpha \leqslant t \leqslant \beta)$$

则有

$$\int_L f(x,y,z)\mathrm{d}s = \int_\alpha^\beta f[\varphi(t),\psi(t),\omega(t)]\sqrt{\varphi'^2(t)+\psi'^2(t)+\omega'^2(t)}\,\mathrm{d}t \quad (\alpha < \beta)$$

例 1　计算 $\int_L xy\mathrm{d}s$，$L:x^2+y^2=1$ 上点 $A(1,0)$ 与点 $B(0,1)$ 一段劣弧.

解　L 的参数方程 $x=\cos t, y=\sin t, 0 \le t \le \dfrac{\pi}{2}$.

$$\int_L xy\mathrm{d}s = \int_0^{\frac{\pi}{2}} \cos t\sin t\sqrt{(-\sin t)^2+(\cos t)^2}\,\mathrm{d}t = \int_0^{\frac{\pi}{2}} \sin t\,\mathrm{d}(\sin t) =$$

$$\frac{1}{2}\sin^2 t\,\Big|_0^{\frac{\pi}{2}} = \frac{1}{2}$$

例 2　计算 $\int_L x\mathrm{d}s$，$L:y=x^2$ 上点 $O(0,0)$ 与点 $A(1,1)$ 一段弧.

解　$$\int_L x\mathrm{d}s = \int_0^1 x\sqrt{1+4x^2}\,\mathrm{d}x = \frac{1}{8}\int_0^1 \sqrt{1+4x^2}\,\mathrm{d}(4x^2+1) =$$

$$\frac{1}{8}\cdot\frac{2}{3}(1+4x^2)^{\frac{3}{2}}\Big|_0^1 = \frac{1}{12}(5\sqrt{5}-1)$$

例 3　计算 $\int_L$ 为 $xyz\mathrm{d}s$，L 过点 $O(0,0,0)$ 与点 $A(1,2,3)$ 的直线段.

解　$L:\dfrac{x}{1}=\dfrac{y}{2}=\dfrac{z}{3}=t, x=t, y=2t, z=3t$,

$$\int_L xyz\mathrm{d}s = \int_0^1 t\cdot 2t\cdot 3t\sqrt{1+4+9}\,\mathrm{d}t = 6\sqrt{14}\int_0^1 t^3\mathrm{d}t = \frac{3}{2}\sqrt{14}$$

例 4　求曲线 $x=\mathrm{e}^{-t}\cos t, y=\mathrm{e}^{-t}\sin t, z=\mathrm{e}^{-t}(0<t<+\infty)$ 的长度.

解　$$L = \int_L \mathrm{d}s = \int_0^{+\infty}\sqrt{x'^2+y'^2+z'^2}\,\mathrm{d}t =$$

$$\int_0^{+\infty}\sqrt{(-\mathrm{e}^{-t}\cos t-\mathrm{e}^{-t}\sin t)^2+(-\mathrm{e}^{-t}\sin t+\mathrm{e}^{-t}\cos t)^2+(-\mathrm{e}^{-t})^2}\,\mathrm{d}t =$$

$$\sqrt{3}\int_0^{+\infty}\mathrm{e}^{-t}\mathrm{d}t = \sqrt{3}$$

注　若曲线 L 关于 $x=0$ 对称，L_1 是 L 的 $x\ge 0$ 部分，则当 $f(-x,y,z)=-f(x,y,z)$ 时

$$\int_L f(x,y,z)\mathrm{d}s = 0$$

当 $f(-x,y,z)=f(x,y,z)$ 时

$$\int_L f(x,y,z)\mathrm{d}s = 2\int_{L_1} f(x,y,z)\mathrm{d}s$$

若 L 关于 $y=0$(或 $z=0$)对称，$f(x,y,z)$ 关于 y(或 z)有奇偶性，亦有类似的性质.

例 5　$\int_L x^2 y\mathrm{d}s$，$L:x^2+y^2=1$，点 $A\left(\dfrac{\sqrt{2}}{2},-\dfrac{\sqrt{2}}{2}\right)$ 与点 $B\left(\dfrac{\sqrt{2}}{2},\dfrac{\sqrt{2}}{2}\right)$ 的一段弧.

解　L 如图 12.1，L 关于 $y=0$ 对称，被积函数 $f(x,y)=x^2 y$

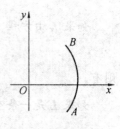
图 12.1

是关于 y 的奇函数，所以

$$\int_L x^2 y \mathrm{d}s = 0$$

百 花 园

例 6　L 为椭圆 $\dfrac{x^2}{4} + \dfrac{y^2}{3} = 1$，其周长为 a，求 $\oint_L (2xy + 3x^2 + 4y^2)\mathrm{d}s$.

解　$3x^2 + 4y^2 = 12$

$$\oint_L (2xy + 3x^2 + 4y^2)\mathrm{d}s = \oint_L 2xy\mathrm{d}s + \oint_L 12\mathrm{d}s = 0 + 12a = 12a$$

例 7　$L: x^2 + y^2 + z^2 = a^2$ 与平面 $x = y$ 相交的圆（$a > 0$），计算 $I = \oint_L \sqrt{2y^2 + z^2}\mathrm{d}s$.

解　$\sqrt{2y^2 + z^2} = \sqrt{a^2} = a$

所以
$$I = \oint_L a\mathrm{d}s = 2\pi a^2$$

例 8　$L: x^2 + y^2 + z^2 = R^2$ 与平面 $x + y + z = 0$ 相交的圆，计算 $\oint_L x^2 \mathrm{d}s$.

解　由 L 的轮换对称性　（即将 x 换成 y，y 换成 z，z 换为 x，所得区域不变）

$$\oint_L x^2 \mathrm{d}s = \oint_L y^2 \mathrm{d}s = \oint_z z^2 \mathrm{d}s$$

所以
$$\oint_L x^2 \mathrm{d}s = \frac{1}{3}\oint_L (x^2 + y^2 + z^2)\mathrm{d}s = \frac{R^2}{3}\oint_L \mathrm{d}s = \frac{2}{3}\pi R^3$$

例 9　$L: x^2 + y^2 = 1, y \geqslant 0$，计算 $I = \int_L \mathrm{e}^{x^2 + y^2} \arcsin\sqrt{x^2 + y^2}\mathrm{d}s$.

解
$$I = \int_L \mathrm{e} \cdot \arcsin 1 \mathrm{d}s = \frac{\pi}{2}\mathrm{e} \cdot \int_L \mathrm{d}s = \frac{\mathrm{e}}{2}\pi^2$$

例 10　$L: x^2 + y^2 = 4x$，计算 $\oint_L \sqrt{x^2 + y^2}\mathrm{d}s$.

解　法 1　用参数方程 $L: \begin{cases} x = 2 + 2\cos t \\ y = 2\sin t \end{cases} \quad 0 \leqslant t \leqslant 2\pi$

$$\oint_L \sqrt{x^2 + y^2}\mathrm{d}s = \int_0^{2\pi} \sqrt{8(1 + \cos t)}\sqrt{4(\cos^2 t + \sin^2 t)}\,\mathrm{d}t =$$

$$8\int_0^{2\pi}\left|\cos\frac{t}{2}\right|\mathrm{d}t = 8\int_0^{\pi}\cos\frac{t}{2}\mathrm{d}t - 8\int_{\pi}^{2\pi}\cos\frac{t}{2}\mathrm{d}t = 32$$

法 2　由于 $x^2 + y^2 = 4x$，隐函数求导得 $y' = \dfrac{2 - x}{y}$

$$\oint_L \sqrt{x^2 + y^2}\mathrm{d}s = 2\int_{L_1}\sqrt{x^2 + y^2}\mathrm{d}s \quad (L_1: L\text{ 的 } y \geqslant 0 \text{ 部分}) =$$

$$2\int_0^4 \sqrt{4x}\sqrt{1 + y'^2}\mathrm{d}x =$$

$$2\int_0^4 \sqrt{4x} \sqrt{1 + \left(\frac{2-x}{y}\right)^2}\,\mathrm{d}x = 4\int_0^4 \frac{2}{\sqrt{4-x}}\,\mathrm{d}x =$$

$$-16\sqrt{4-x}\,\Big|_0^4 = 32$$

习题 12.1

1. L 为连结点 $A(1,1,0)$ 与点 $B(2,3,4)$ 的直线段,计算 $\int_L (x+y)z\mathrm{d}s$.

2. L 为 $x = a(\cos t + t\sin t)$, $y = a(\sin t - t\cos t)$, $0 \le t \le 2\pi$. 计算 $\int_L (x^2 + y^2)\mathrm{d}s$.

3. $L: x = a\cos t$, $y = b\sin t$ 在第一象限部分,计算 $I = \int_L xy\mathrm{d}s$.

4. $L: y^2 = 4x$,从点 $(1,2)$ 到点 $(1,-2)$ 一段 $I = \int_L y\mathrm{d}s$.

5. Γ 是螺旋线 $x = a\cos\theta$, $y = a\sin\theta$, $z = k\theta$ （$0 \le \theta \le 2\pi$）一段,计算 $I = \int_\Gamma xyz\mathrm{d}s$.

6. L 为由直线 $y = x$ 及抛物线 $y = x^2$ 所围成的区域的整个边界,计算 $\oint_L x\mathrm{d}s$.

7. L 为圆周 $x^2 + y^2 = a^2$,直线 $y = x$ 及 x 轴在第一象限内所围成的扇形的整个边界,计算 $I = \oint_L e^{\sqrt{x^2+y^2}}\mathrm{d}s$.

8. L 为摆线一拱 $x = a(t - \sin t)$, $y = a(1 - \cos t)$, $0 \le t \le 2\pi$,计算 $\int_L y^2\mathrm{d}s$.

12.2 对坐标的曲线积分

12.2.1 对坐标的曲线积分的概念与性质

1. 问题的提出

设一个质点在 xOy 平面内受到力 $F(x,y) = P(x,y)\boldsymbol{i} + Q(x,y)\boldsymbol{j}$ 的作用,求质点沿曲线 L,从点 A 到点 B,力 $F(x,y)$ 所作的功.

如图 12.2,我们知道,如果力 F 是常力,且质点从 A 沿直线移动到 B,那么常力所作的功 W,等于力 F 与向量 $\overrightarrow{AB}$ 的内积,即

$$W = F \cdot \overrightarrow{AB}$$

现在力 F 变成变力

$$F(x,y) = P(x,y)\boldsymbol{i} + Q(x,y)\boldsymbol{j}$$

A,B 变成一条光滑的曲线 L,我们来讨论变力 $F(x,y)$ 所作的功.

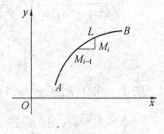

图 12.2

将 L 分成 n 小段，即在 AB 间插入 $n-1$ 个分点

$$M_1, M_2, \cdots, M_{n-1} \quad A = M_0 B = M_n$$

记

$$\Delta S_i = \overset{\frown}{M_{i-1}M_i} \quad i = 1, 2, \cdots, n$$

$$\overrightarrow{M_{i-1}M_i} = \Delta x_i \boldsymbol{i} + \Delta y \boldsymbol{j}$$

在小弧段 $\Delta S_i = \overset{\frown}{M_{i-1}M_i}$ 作的功，近似地为

$$\mathrm{d}w = F(x_i, y_i) \cdot \overrightarrow{M_{i-1}M_i} = p(x_i, y_i) \Delta x_i + Q(x_i, y_i) \Delta y_i$$

整体 $\overset{\frown}{AB}$ 上力 $F(x, y)$，所作的功，近似为

$$W \approx \sum_{i=1}^{n} F(x_i, y_i) \cdot \overrightarrow{M_{i-1}M_i} = \sum_{i=1}^{n} [P(x_i, y_i) \Delta x_i + Q(x_i, y_i) \Delta y_i]$$

再用 λ 表示 n 个小弧段的最大长度，令 $\lambda \to 0$ 得

$$W = \lim_{\lambda \to 0} \sum_{i=1}^{n} [P(x_i, y_i) \Delta x_i + Q(x_i, y_i) \Delta y_i]$$

2. 定义

定义 12.2　设 L 为 xOy 平面内从点 A 到点 B 的一条有向光滑曲线弧，函数 $P(x, y)$，$Q(x, y)$ 在 L 上有界，在 L 上沿 L 的方向任意插入一点列

$$M_1(x_1, y_1), M_2(x_2, y_2), \cdots, M_{n-1}(x_{i-1}, y_{n-1})$$

把 L 分成 n 个小弧段

$$\overset{\frown}{M_{i-1}M_i} (i = 1, 2, \cdots, n; M_0 = A, M_n = B)$$

设 $\Delta x_i = x_i - x_{i-1}, \Delta y_i = y_i - y_{i-1}$，点 (ξ_i, η_i) 为 $\overset{\frown}{M_{i-1}M_i}$ 上任意点，如果当 $\lambda \to 0$（各小弧段长度的最大值 λ），$\lim\limits_{\lambda \to 0} \sum\limits_{i=1}^{n} P(\xi_i, \eta_i) \Delta x_i$ 总极限存在，则称此极限值为函数 $P(x, y)$ 在有向曲线弧 L 上对坐标 x 的曲线积分，记作

$$\int_L P(x, y) \mathrm{d}x$$

类似地，如果 $\lim\limits_{\lambda \to 0} \sum\limits_{i=1}^{n} Q(\xi_i, \eta_i) \Delta y_i$ 总存在，则称此极限为函数 $Q(x, y)$ 在有向曲线弧 L 上对坐标 y 的曲线积分，记作

$$\int_L Q(x, y) \mathrm{d}y$$

即

$$\int_L P(x, y) \mathrm{d}x = \lim_{\lambda \to 0} \sum_{i=1}^{n} P(\xi_i, \eta_i) \Delta x_i$$

$$\int_L Q(x, y) \mathrm{d}y = \lim_{\lambda \to 0} \sum_{i=1}^{n} Q(x_i, y_i) \Delta y_i$$

其中 $P(x, y)$，$Q(x, y)$ 叫做被积函数，L 叫积分弧段，以上两个积分，也称第二型曲线积分.

定理 12.3　函数 $P(x, y)$，$Q(x, y)$ 在长度有限的有向光滑曲线弧 L 上连续时，则 $\int_L P(x, y) \mathrm{d}x$ 及 $\int_L Q(x, y) \mathrm{d}y$ 都存在.

类似地,推广到积分弧段为空间有向曲线弧 Γ

$$\int_{\Gamma} P(x,y,z) \, dx = \lim_{\lambda \to 0} \sum_{i=1}^{n} P(\xi_i, \eta_i, \zeta_i) \Delta x_i$$

$$\int_{\Gamma} Q(x,y,z) \, dy = \lim_{\lambda \to 0} \sum_{i=1}^{n} Q(\xi_i, \eta_i, \zeta_i) \Delta y_i$$

$$\int_{\Gamma} R(x,y,z) \, dz = \lim_{\lambda \to 0} \sum_{i=1}^{n} R(\xi_i, \eta_i, \zeta_i) \Delta z_i$$

应用上常出现 $\int_{L} P(x,y) \, dx + \int_{L} Q(x,y) \, dy$ 合并起来,简写

$$\int_{L} P(x,y) \, dx + Q(x,y) \, dy$$

也可写成向量形式

$$\int_{L} F(x,y) \cdot d\boldsymbol{r}$$

其中 $F(x,y) = P(x,y)\boldsymbol{i} + Q(x,y)\boldsymbol{j}$

$$d\boldsymbol{r} = dx\boldsymbol{i} + dy\boldsymbol{j}$$

3.性质

(1) a,b 常数

$$\int_{L} [aF_1(x,y) + bF_2(x,y)] \cdot d\boldsymbol{r} = a\int_{L} F_1(x,y) \cdot d\boldsymbol{r} + b\int_{L} F_2(x,y) \cdot d\boldsymbol{r}$$

(2) 若有向曲线弧 L 分成两个光滑的有向曲线弧 L_1 和 L_2,则

$$\int_{L} F(x,y) \cdot d\boldsymbol{r} = \int_{L_1} F(x,y) \cdot d\boldsymbol{r} + \int_{L_2} F(x,y) \cdot d\boldsymbol{r}$$

(3) 设 L 是有向光滑曲线弧,L^- 是 L 的反向曲线弧,则

$$\int_{L^-} F(x,y) \cdot d\boldsymbol{r} = -\int_{L} F(x,y) \cdot d\boldsymbol{r}$$

12.2.2 对坐标的曲线积分的计算法

定理 12.4 设函数 $P(x,y)$, $Q(x,y)$ 在有向曲线弧 L 上连续,L 的参数方程为

$$\begin{cases} x = \varphi(t) \\ y = \psi(t) \end{cases}$$

当参数 t 单调地由 α 变到 β 时,点 $M(x,y)$ 从 L 的起点 A 沿 L 运动到终点 B,$\varphi(t)$,$\psi(t)$ 在以 α 及 β 为端点的闭区间上具有一阶连续导数,且 $\varphi'^2(t) + \psi'^2(t) \neq 0$,则曲线积分

$$\int_{L} P(x,y) \, dx + Q(x,y) \, dy$$

总存在,且

$$\int_{L} P(x,y) \, dx + Q(x,y) \, dy = \int_{\alpha}^{\beta} \{ P[\varphi(t), \psi(t)] \varphi'(t) + Q[\varphi(t), \psi(t)] \psi'(t) \} dt$$

这里下限对应于 L 的起点,上限 β 对应于 L 的终点,α 不一定小 β.

如果 L 方程 $y = h(x)$ 给出,则

$$\int_L P(x,y)\,\mathrm{d}x + Q(x,y)\,\mathrm{d}y = \int_a^b \{P[x,h(x)] + Q(x,h(x))h'(x)\}\,\mathrm{d}x$$

例 1 $\int_L 4xy\,\mathrm{d}x + 2x^2 y\,\mathrm{d}y, L: y = x^2$ 由点 $(0,0)$ 到点 $(1,1)$ 一段弧.

解 $\int_L 4xy\,\mathrm{d}x + 2x^2 y\,\mathrm{d}y = \int_0^1 (4x \cdot x^2 + 2x^2 \cdot x^2 \cdot 2x)\,\mathrm{d}x = 1 + \dfrac{2}{3} = \dfrac{5}{3}$

例 2 L 为 $x^2 + y^2 = 1, y \geqslant 0$ 由点 $(1,0)$ 到点 $(-1,0)$ 一段弧,求:

(1) $\int_L xy^2\,\mathrm{d}x$;

(2) $\int_L x^2\,\mathrm{d}y$.

解 (1) L 参数方程 $x = \cos t, y = \sin t, 0 \leqslant t \leqslant \pi$

$$\int_L xy^2\,\mathrm{d}x = -\int_0^\pi \cos t \sin^2 t \sin t\,\mathrm{d}t = -\int_0^\pi \sin^3 t\,\mathrm{d}(\sin t) =$$

$$-\frac{1}{4}\sin^4 t\,\Big|_0^\pi = 0$$

(2) $$\int_L x^2\,\mathrm{d}y = \int_0^\pi \cos^2 t \cdot \cos t\,\mathrm{d}t =$$

$$\int_0^{\frac{\pi}{2}} \cos^3 t\,\mathrm{d}t + \int_{\frac{\pi}{2}}^\pi \cos^3 t\,\mathrm{d}t$$

$$\int_{\frac{\pi}{2}}^\pi \cos^3 t\,\mathrm{d}t \xrightarrow{t = \pi - u} \int_{\frac{\pi}{2}}^0 \cos^3(\pi - u)\,\mathrm{d}(\pi - u) = -\int_0^{\frac{\pi}{2}} \cos^3 u\,\mathrm{d}u = -\int_0^{\frac{\pi}{2}} \cos^3 t\,\mathrm{d}t$$

所以 $$\int_L x^2\,\mathrm{d}y = 0$$

例 3 计算 $\oint_L 3y\,\mathrm{d}x - xz\,\mathrm{d}y + yz^2\,\mathrm{d}z$,其中 L 是 $\begin{cases} x^2 + y^2 = 2z \\ z = 2 \end{cases}$ 若从 z 轴的正向看去,这个圆周取逆时针方向.

解 L 可看成 $\begin{cases} x^2 + y^2 = 2^2 \\ z = 2 \end{cases}$ 令 $\begin{cases} x = 2\cos t \\ y = 2\sin t \\ z = 2 \end{cases}$, t 从 0 到 2π,

$$\oint_L 3y\,\mathrm{d}x - xz\,\mathrm{d}y + yz^2\,\mathrm{d}z = \int_0^{2\pi} [3 \cdot 2\sin t(-2\sin t) - 2\cos t \cdot 2 \cdot 2\cos t]\,\mathrm{d}t =$$

$$-\int_0^{2\pi} (12\sin^2 t + 8\cos^2 t)\,\mathrm{d}t =$$

$$-\int_0^{2\pi} (4\sin^2 t + 8)\,\mathrm{d}t = -20\pi$$

12.2.3　两类曲线积分之间的联系

设有向曲线弧 L 的起点为 A,终点为 B,曲线弧 L 由参数方程

$$\begin{cases} x = \varphi(t) \\ y = \psi(t) \\ z = \omega(t) \end{cases}$$

给出,点 A 与 B 分别对应参数 α,β,不妨设 $\alpha < \beta$,并设函数 $\varphi(t),\psi(t),\omega(t)$ 在闭区间 $[\alpha,\beta]$ 上具有一阶连续导数,且 $\varphi'^2(t) + \psi'^2(t) + \omega'^2(t) \neq 0$,又函数

$$P(x,y,z),Q(x,y,z),R(x,y,z)$$

在 L 上连续,则

$$\int_L P(x,y,z)\mathrm{d}x + Q(x,y,z)\mathrm{d}y + R(x,y,z)\mathrm{d}z =$$

$$\int_\alpha^\beta \{P[\varphi(t),\psi(t),\omega(t)]\varphi'(t) + Q[\varphi(t),\psi(t),\omega(t)]\psi'(t) +$$

$$R[\varphi(t),\psi(t),\omega(t)]\omega'(t)\}\mathrm{d}t$$

我们知道曲线 L 在点 $M(\varphi(t),\psi(t),\omega(t))$ 处的切向量为

$$\{\varphi'(t),\psi'(t),\omega'(t)\}$$

它的方向余弦为

$$\cos\alpha = \frac{\varphi'(t)}{\sqrt{\varphi'^2(t) + \psi'^2(t) + \omega'^2(t)}}$$

$$\cos\beta = \frac{\psi'(t)}{\sqrt{\varphi'^2(t) + \psi'^2(t) + \omega'^2(t)}}$$

$$\cos\gamma = \frac{\omega'(t)}{\sqrt{\varphi'^2(t) + \psi'^2(t) + \omega'^2(t)}}$$

$$\mathrm{d}s = \sqrt{\varphi'^2(t) + \psi'^2(t) + \omega'^2(t)}\,\mathrm{d}t$$

于是 $\int_L [P(x,y,z)\cos\alpha + Q(x,y,z)\cos\beta + R(x,y,z)\cos\gamma]\mathrm{d}s =$

$$\int_\alpha^\beta \left\{ P[\varphi(t),\psi(t),\omega(t)]\frac{\varphi'(t)}{\sqrt{\varphi'^2(t) + \psi'^2(t) + \omega'^2(t)}} + \right.$$

$$Q[\varphi(t),\psi(t),\omega(t)]\frac{\psi'(t)}{\sqrt{\varphi'^2(t) + \psi'^2(t) + \omega'^2(t)}} +$$

$$\left. R[\varphi(t),\psi(t),\omega(t)]\frac{\omega'(t)}{\sqrt{\varphi'^2(t) + \psi'^2(t) + \omega'^2(t)}} \right\} \cdot \sqrt{\varphi'^2(t) + \psi'^2(t) + \omega'^2(t)}\,\mathrm{d}t =$$

$$\int_\alpha^\beta \{P[\varphi(t),\psi(t),\omega(t)]\varphi'(t) + Q[\varphi(t),\psi(t),\omega(t)]\psi'(t) +$$

$$R[\varphi(t),\psi(t),\omega(t)]\omega'(t)\}\mathrm{d}t$$

所以

$$\int_L P(x,y,z)\mathrm{d}x + Q(x,y,z)\mathrm{d}y + R(x,y,z)\mathrm{d}z =$$

$$\int_L \{P(x,y,z)\cos\alpha + Q(x,y,z)\cos\beta + R(x,y,z)\cos\gamma\}\mathrm{d}s$$

类似地,平面曲线 L 上的两类曲线积分之间有如下联系

$$\int_L P\mathrm{d}x + Q\mathrm{d}y = \int_L (P\cos\alpha + Q\cos\beta)\mathrm{d}s$$

例 4　把对坐标的曲线积分 $\int_L P(x,y)\mathrm{d}x + Q(x,y)\mathrm{d}y$ 化成对弧长的曲线积分,其中 L 为 $y = x^2$ 从点 $(0,0)$ 到点 $(1,1)$ 一段有向弧.

解　**法 1**
$$\mathrm{d}s = \sqrt{1 + y'^2}\,\mathrm{d}x = \sqrt{1 + 4x^2}\,\mathrm{d}x$$

$$\frac{\mathrm{d}x}{\mathrm{d}s} = \cos\alpha = \frac{1}{\sqrt{1 + 4x^2}}$$

$$\cos\beta = \sin\alpha = \sqrt{1 - \cos^2\alpha} = \frac{2x}{\sqrt{1 + 4x^2}}$$

因此

$$\int_L P\mathrm{d}x + Q\mathrm{d}y = \int_L (P\cos\alpha + Q\cos\beta)\mathrm{d}s = \int_L \frac{1}{\sqrt{1 + 4x^2}}(P + 2xQ)\mathrm{d}s$$

法 2　L 上一点的切向量为 $\{1, 2x\}$

$$\cos\alpha = \frac{1}{\sqrt{1 + 4x^2}} \qquad \cos\beta = \frac{2x}{\sqrt{1 + 4x^2}}$$

因此　$\displaystyle\int_L P\mathrm{d}x + Q\mathrm{d}y = \int_L (P\cos\alpha + Q\cos\beta)\mathrm{d}s = \int_L \frac{1}{\sqrt{1 + 4x^2}}(P + 2xQ)\mathrm{d}s$

注　(1) 当有向曲线 L 是垂直于 x 轴的直线段时 $\displaystyle\int_L P(x,y)\mathrm{d}x = 0$.

同理当有向曲线 L 是垂直于 y 轴的直线段时 $\displaystyle\int_L Q(x,y)\mathrm{d}y = 0$.

(2) 若曲线 L 关于 $x = 0$ 对称,L_1 是 L 的 $x \geqslant 0$ 部分,正向不变则

① 当 $f(-x,y,z) = -f(x,y,z)$ 时

$$\int_L f(x,y,z)\mathrm{d}x = 0 \qquad \int_L f(x,y,z)\mathrm{d}y = 2\int_{L_1} f(x,y,z)\mathrm{d}y$$

$$\int_L f(x,y,z)\mathrm{d}z = 2\int_{L_1} f(x,y,z)\mathrm{d}z$$

② 当 $f(-x,y,z) = f(x,y,z)$ 时

$$\int_L f(x,y,z)\mathrm{d}x = 2\int_{L_1} f(x,y,z)\mathrm{d}x$$

$$\int_L f(x,y,z)\mathrm{d}y = \int_L f(x,y,z)\mathrm{d}z = 0$$

若 L 关于 $y = 0$(或 $z = 0$)对称,$f(x,y,z)$ 关于 y(或 z)有奇偶性,有类似的结论.

例如
$$\int_{\substack{x^2+y^2=1 \\ x\geqslant 0}} y\mathrm{d}y = 0, \quad \int_{\substack{x^2+y^2=1 \\ x\geqslant 0}} y\mathrm{d}x = 2\int_{\substack{x^2+y^2=1 \\ x\geqslant 0, y\geqslant 0}} y\mathrm{d}x$$

$$\int_{\substack{x^2+y^2=1 \\ x\geqslant 0}} y^2\mathrm{d}y = 2\int_{\substack{x^2+y^2=1 \\ x\geqslant 0, y\geqslant 0}} y^2\mathrm{d}y, \quad \int_{\substack{x^2+y^2=1 \\ x\geqslant 0}} y^2\mathrm{d}x = 0$$

百 花 园

例 5　L 为螺线 $x = \cos\varphi, y = \sin\varphi, z = \varphi$，由点 $A(1,0,0)$ 到点 $B(1,0,2\pi)$ 的一段，计算

$$I = \int_L (x^2 - yz)\,\mathrm{d}x + (y^2 - xz)\,\mathrm{d}y + (z^2 - xy)\,\mathrm{d}z$$

解　$I = \int_0^{2\pi} [(\cos^2\varphi - \varphi\sin\varphi)(-\sin\varphi) + (\sin^2\varphi - \varphi\cos\varphi)\cos\varphi +$

$(\varphi^2 - \cos\varphi\sin\varphi)]\,\mathrm{d}\varphi = \dfrac{8}{3}\pi^3$

例 6　设 L 为圆周 $(x-2)^2 + y^2 = 1$ 的上半部分，自点 $A(1,0)$ 到点 $B(3,0)$，计算

$$I = \int_L (x + y)\,\mathrm{d}x + (y - x)\,\mathrm{d}y$$

解　L 的参数式 $\begin{cases} x = 2 + \cos t \\ y = \sin t \end{cases}$，$t$ 从 $t = \pi$ 到 $t = 0$

$I = \int_\pi^0 [(2 + \cos t + \sin t)(-\sin t) + (\sin t - 2 - \cos t)\cos t]\,\mathrm{d}t = 4 + \pi$

本题若用直角坐标，计算很费力，可见适当选取 L 的方程来计算是很关键的.

例 7　在过点 $(0,0)$ 和点 $A(\pi,0)$ 的曲线族 $y = a\sin x\,(a > 0)$ 中，求一条曲线 L，使沿该曲线从原点到点 A 的积分 $I = \int_L (1 + y^3)\,\mathrm{d}x + (2x + y)\,\mathrm{d}y$ 的值最小.

解　$I(a) = \int_0^\pi [1 + a^3\sin^3 x + (2x + a\sin x) \cdot a\cos x]\,\mathrm{d}x = \pi - 4a + \dfrac{4}{3}a^3$

$$I'(a) = 4a^2 - 4$$

令 $I'(a) = 0 \Rightarrow a = \pm 1$　（负舍）

$I''(a)\big|_{a=1} = 8 > 0$，所以 $I(a)$ 在 $a = 1$ 处取最小值.

所求曲线为 $y = \sin x$.

例 8　计算 $\int_L 2xy\,\mathrm{d}x + x^2\,\mathrm{d}y$ 其中 L 为（如图 12.3）

(1) 抛物线 $y = x^2$ 上从 $O(0,0)$ 到 $B(1,1)$ 的一段弧.

(2) 抛物线 $x = y^2$ 上从 $O(0,0)$ 到 $B(1,1)$ 的一段弧.

(3) 有向折线 OAB，这里 O, A, B 依次是点 $(0,0)$，$(1,0)$，$(1,1)$.

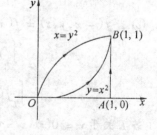

图 12.3

解　(1) $\int_L 2xy\,\mathrm{d}x + x^2\,\mathrm{d}y = \int_0^1 (2x \cdot x^2 + x^2 \cdot 2x)\,\mathrm{d}x =$

$4\int_0^1 x^3\,\mathrm{d}x = 1$

(2) $\int_L 2xy\,\mathrm{d}x + x^2\,\mathrm{d}y = \int_0^1 (2y^2 \cdot y \cdot 2y + y^4)\,\mathrm{d}y = 5\int_0^1 y^4\,\mathrm{d}y = 1$

(3) $\int_L 2xy\mathrm{d}x + x^2\mathrm{d}y = \int_{OA} 2xy\mathrm{d}x + x^2\mathrm{d}y + \int_{AB} 2xy\mathrm{d}x + x^2\mathrm{d}y = 0 + \int_0^1 1^2\mathrm{d}y = 1$

从例 8 中可以看出,虽然沿不同路径,曲线积分的值可以相等.

从例 7 中可以看出,沿不同路径,曲线积分的值可以不相等.

在下一节中,我们研究曲线积分满足什么条件时,其积分值与路径无关.

习题 12.2

1. $L:\dfrac{x^2}{a^2} + \dfrac{y^2}{b^2} = 1$ 逆时针方向,计算 $\int_L xy\mathrm{d}x + \sin x \sin y\mathrm{d}y$

2. L 为摆线 $x = a(t - \sin t), y = a(1 - \cos t)$ $(0 \leqslant t \leqslant 2\pi)$ 按 t 增加方向的一拱,计算

$$I = \int_L (2a - y)\mathrm{d}x + x\mathrm{d}y$$

3. L 为 $y = 1 - |1 - x|, 0 \leqslant x \leqslant 2$ 沿 x 增大方向,计算

$$I = \int_L (x^2 + y^2)\mathrm{d}x + (x^2 - y^2)\mathrm{d}y$$

4. 计算 $I = \int_L x\mathrm{d}y - y\mathrm{d}x$ 　其中 L:

(1) 由坐标轴和直线 $\dfrac{x}{2} + \dfrac{y}{3} = 1$ 构成的三角形逆时针方向.

(2) 由直线 $x = 0, y = 0, x = 2, y = 4$ 构成的矩形逆时针方向.

5. L 是椭圆 $\dfrac{x^2}{a^2} + \dfrac{y^2}{b^2} = 1$ 由点 $A(a,0)$ 经点 $B(0,b)$ 到点 $C(-a,0)$ 弧段,计算 $\int_L (x^2 + 2xy)\mathrm{d}y$.

6. L 为圆 $x^2 + y^2 = a^2$(逆时针方向),计算 $\oint_L \dfrac{(x + y)\mathrm{d}x - (x - y)\mathrm{d}y}{x^2 + y^2}$.

7. Γ 是从点 $(1,1,1)$ 到点 $(2,3,4)$ 的一直线段,计算 $\int_\Gamma x\mathrm{d}x + y\mathrm{d}y + (x + y - 1)\mathrm{d}z$.

8. L 是抛物线 $y = x^2$ 上从点 $(-1,1)$ 到点 $(1,1)$ 的一段弧,计算 $\int_L (x^2 - 2xy)\mathrm{d}x + (y^2 - 2xy)\mathrm{d}y$.

12.3　格林公式及其应用

我们在上节介绍了两种曲线积分之间的联系,下面我们要作曲线积分与二重积分之间的联系,这就是格林公式.

12.3.1　格林公式

现在先介绍平面的单连通区域的概念,设 D 为平面区域,如果 D 内任一闭曲线所围

的部分都属于 D,则称 D 为平面单连通区域,否则称复连通区域,单连通区域无"洞",复连通区域含有"洞".

我们规定,平面区域 D 的边界曲线 L 的正向如下:当观察者沿 L 的这个方向行走时,D 内在他邻近处的那部分总在他的左边(如图12.4),L 的正向是逆时针方向,而 l 的正向是顺时针方向.

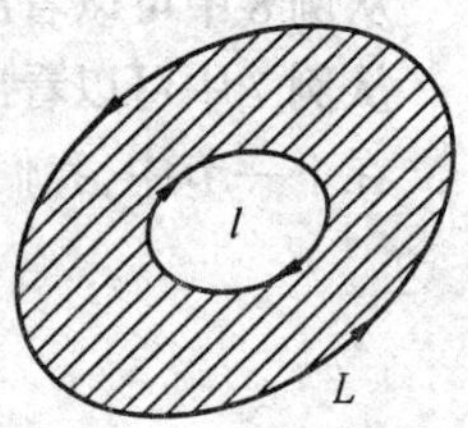

有了这些概念,我们给出重要的公式,格林公式:

定理 12.5 设闭区域 D 由分段光滑的曲线 L 围成,函数 $P(x,y)$ 及 $Q(x,y)$ 在 D 上具有一阶连续偏导数,则有

$$\iint\limits_{D}\left(\frac{\partial Q}{\partial x}-\frac{\partial P}{\partial y}\right)\mathrm{d}x\mathrm{d}y = \oint_{L}P\mathrm{d}x + Q\mathrm{d}y$$

图 12.4

其中 L 是 D 的取正向的边界曲线.

格林公式把区域 D 上的二重积分跟沿 D 边界 L 的曲线积分建立了联系.

特别是当 $\frac{\partial Q}{\partial x}-\frac{\partial P}{\partial y}$ 比较简单时,可用格林公式化曲线积分为二重积分.

例 1 计算 $\oint_{L}x\mathrm{d}y - y\mathrm{d}x$,$L$ 是 D 的正向.

解 由格林公式 $P=-y,Q=x$ 得

$$\oint_{L}x\mathrm{d}y - y\mathrm{d}x = 2\iint\limits_{D}\mathrm{d}x\mathrm{d}y = 2D$$

因此

$$\frac{1}{2}\oint_{L}x\mathrm{d}y - y\mathrm{d}x = D$$

例 2 计算 $\oint_{L}(x+y\cos x)\mathrm{d}x + (xy+\sin x)\mathrm{d}y$,其中 L 为闭曲线 $(x-1)^2+y^2=1$ 的正向.

解 D 为 $(x-1)^2+y^2=1$ 围成的圆域,则由格林公式

$$\oint_{L}(x+y\cos x)\mathrm{d}x + (xy+\sin x)\mathrm{d}y = \iint\limits_{D}y\mathrm{d}x\mathrm{d}y = 0$$

(因为 D 关于 $y=0$ 对称,被积函数关于 y 为奇函数)

例 3 计算 $I = \int_{L}(x^2-y)\mathrm{d}x - (x+\sin^2 y)\mathrm{d}y$,其中 L 是在圆周 $y=\sqrt{2x-x^2}$ 上由点 $(0,0)$ 到点 $(1,1)$ 的一段弧.

解 L 如图12.5,作 $AB\perp x$ 轴.B 为垂点,有向闭曲线 $\overparen{OABO}$ 的围区域为 D

$$P = x^2-y, Q = -(x+\sin^2 y)$$

由格林公式

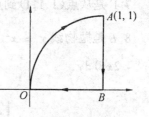

图 12.5

$$I = \int_{L}(x^2-y)\mathrm{d}x - (x+\sin^2 y)\mathrm{d}y + \int_{\overline{AB}}(x^2-y)\mathrm{d}x - (x+\sin^2 y)\mathrm{d}y +$$

$$\int_{\overline{BO}}(x^2-y)\mathrm{d}x - (x+\sin^2 y)\mathrm{d}y - \int_{\overline{AB}}(x^2-y)\mathrm{d}x - (x+\sin^2 y)\mathrm{d}y -$$

$$\int_{\overrightarrow{BO}} (x^2 - y) \, \mathrm{d}x - (x + \sin^2 y) \, \mathrm{d}y =$$

$$- \iint_D \left(\frac{\partial Q}{\partial x} - \frac{\partial P}{\partial y} \right) \mathrm{d}x \mathrm{d}y - \int_1^0 - (1 + \sin^2 y) \, \mathrm{d}y - \int_1^0 x^2 \mathrm{d}x =$$

$$0 - \int_0^1 \left(1 + \frac{1 - \cos 2y}{2} \right) \mathrm{d}y + \frac{1}{3} = \frac{1}{4} \sin 2 - \frac{7}{6}$$

例 4　计算曲线积分

$$I = \oint_L \frac{x - y}{x^2 + y^2} \mathrm{d}x + \frac{x + y}{x^2 + y^2} \mathrm{d}y$$

其中 L 为沿 $\dfrac{x^2}{a^2} + \dfrac{y^2}{b^2} = 1$ 的正方向.

解
$$\frac{\partial}{\partial x} \left(\frac{x + y}{x^2 + y^2} \right) = \frac{y^2 - 2xy - x^2}{(x^2 + y^2)^2} = \frac{\partial}{\partial y} \left(\frac{x - y}{x^2 + y^2} \right)$$

虽然 $\dfrac{\partial Q}{\partial x} = \dfrac{\partial p}{\partial y}$，但曲线 L 所围的区域 D 包含原点 $(0,0)$，而原点 $(0,0)$ 使被积函数的分母为 0（使分母为 0 的点，称为奇点），此时格林公式失效. 为使格林公式的威力重现，我们将奇点挖去，挖奇点的原则，要视分母的情况而定，如分母为 $x^2 + y^2$，应挖去一个小圆片 $x^2 + y^2 \leqslant \delta^2$，$\delta$ 充分小；分母为 $ax^2 + by^2 (a \neq b, a > 0, b > 0)$，应挖去一个小椭圆片 $ax^2 + by^2 \leqslant \delta^2$.

作一个非常小的圆：$x^2 + y^2 = \delta^2$，取正向，使此小圆在椭圆 $\dfrac{x^2}{a^2} + \dfrac{y^2}{b^2} = 1$ 的内部（如图 12.6）

D_1 是图中的阴影部分，在 D_1 中满足格林公式，但内部小圆的边界 L_1 方向应为顺时针方向 L_1^-

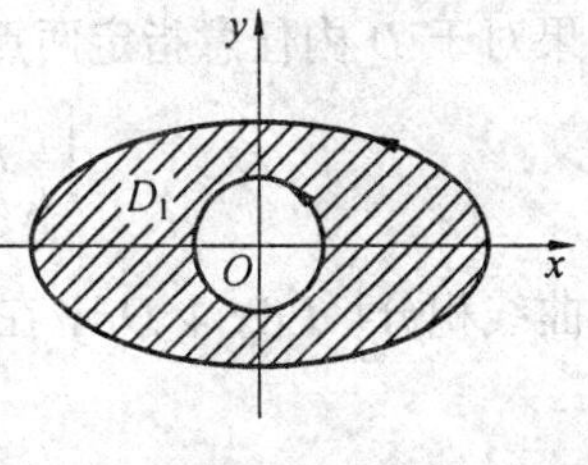

图 12.6

$$I = \oint_L \frac{x - y}{x^2 + y^2} \mathrm{d}x + \frac{x + y}{x^2 + y^2} \mathrm{d}y + \int_{L_1^-} \frac{x - y}{x^2 + y^2} \mathrm{d}x + \frac{x + y}{x^2 + y^2} \mathrm{d}y$$

$$- \int_{L_1^-} \frac{x - y}{x^2 + y^2} \mathrm{d}x + \frac{x + y}{x^2 + y^2} \mathrm{d}y =$$

$$\iint_{D_1} \left(\frac{\partial Q}{\partial x} - \frac{\partial P}{\partial y} \right) \mathrm{d}x \mathrm{d}y + \int_{L_1^+} \frac{x - y}{x^2 + y^2} \mathrm{d}x + \frac{x + y}{x^2 + y^2} \mathrm{d}y =$$

$$0 + \int_{L_1^+} \frac{x - y}{x^2 + y^2} \mathrm{d}x + \frac{x + y}{x^2 + y^2} \mathrm{d}y$$

即
$$\oint_L \frac{x - y}{x^2 + y^2} \mathrm{d}x + \frac{x + y}{x^2 + y^2} \mathrm{d}y = \oint_{x^2 + y^2 = \delta^2} \frac{x - y}{x^2 + y^2} \mathrm{d}x + \frac{x + y}{x^2 + y^2} \mathrm{d}y =$$

$$\frac{1}{\delta^2} \oint_{x^2 + y^2 = \delta^2} (x - y) \mathrm{d}x + (x + y) \mathrm{d}y =$$

$$\frac{1}{\delta^2} \int_0^{2\pi} [\delta(\cos t - \sin t)(-\delta \sin t) + \delta(\cos t + \sin t)(\delta \cos t)] \mathrm{d}t =$$

$$\int_0^{2\pi} \mathrm{d}t = 2\pi$$

例 5 计算曲线积分 $I = \oint_L \dfrac{x\mathrm{d}y - y\mathrm{d}x}{4x^2 + y^2}$,其中 L 是以点 $(1,0)$ 为中心,R 为半径的圆周($R > 1$),取逆时针方向.

解 当 $(x,y) \neq (0,0)$

$$\frac{\partial}{\partial x}\left[\frac{x}{4x^2 + y^2}\right] = \frac{y^2 - 4x^2}{(4x^2 + y^2)^2} = \frac{\partial}{\partial y}\left[\frac{-y}{4x^2 + y^2}\right]$$

作足够小的椭圆 $L_1 : 4x^2 + y^2 = \delta^2$,$x = \dfrac{\delta}{2}\cos\theta$,$y = \delta\sin\theta$ 取逆时针方向(如图 12.7)

于是由例 4 可知

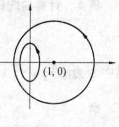

$$\oint_L \frac{x\mathrm{d}y - y\mathrm{d}x}{4x^2 + y^2} = \oint_{L_1} \frac{x\mathrm{d}y - y\mathrm{d}x}{4x^2 + y^2} = \frac{1}{\delta^2}\oint_{L_1} x\mathrm{d}y - y\mathrm{d}x =$$

$$\frac{1}{\delta^2}\int_0^{2\pi}\left(\frac{\delta}{2}\cos\theta \cdot \delta\cos\theta + \delta\sin\theta \cdot \right.$$

图 12.7

$$\left.\frac{\delta}{2}\sin\theta\right)\mathrm{d}\theta = \pi$$

12.3.2 平面上曲线积分与路径无关的条件

定义 12.3 设 D 是一个区域,函数 $P(x,y)$ 及 $Q(x,y)$ 在 D 内具有一阶连续偏导数,如果对于 D 内任意指定两点 A,B 以及 D 内从点 A 到点 B 的任意两条曲线 L_1,L_2 等式

$$\int_{L_1} P\mathrm{d}x + Q\mathrm{d}y = \int_{L_2} P\mathrm{d}x + Q\mathrm{d}y \text{ 恒成立}$$

称曲线积分 $\int_L P\mathrm{d}x + Q\mathrm{d}y$ 在 D 内与路径无关.记作:

$$\int_L P\mathrm{d}x + Q\mathrm{d}y = \int_A^B P\mathrm{d}x + Q\mathrm{d}y$$

定理 12.6 设区域 D 是一个单连通区域,函数 $P(x,y)$,$Q(x,y)$,在 D 内具有一阶连续偏导数,则曲线积分 $\int_L P\mathrm{d}x + Q\mathrm{d}y$ 在 D 内与路径无关(或沿 D 内任意闭曲线的曲线积分为零)的充分必要条件是 $\dfrac{\partial Q}{\partial y} = \dfrac{\partial P}{\partial x}$ 在 D 内恒成立.

例 6 L 为摆线 $\begin{cases} x = a(t - \sin t) - \pi a \\ y = a(1 - \cos t) \end{cases}$ ($a > 0$),从 $t = 0$ 到 $t = 2\pi$ 一段,计算

$$I = \int_L \frac{-y}{x^2 + y^2}\mathrm{d}x + \frac{x}{x^2 + y^2}\mathrm{d}y$$

解 $\dfrac{\partial P}{\partial y} = \dfrac{\partial Q}{\partial x} = \dfrac{y^2 - x^2}{(x^2 + y^2)^2}$ 在不含原点的单连通区域内,曲线积分与路径无关取 $L_1 : x^2 + y^2 = (a\pi)^2$ $y \geqslant 0$ 方向为从 $(-a\pi,0)$ 到 $(a\pi,0)$(如图 12.8)

则由例 4 可得

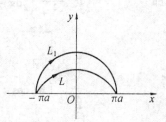

图 12.8

$$I = \int_L \frac{-y}{x^2+y^2}\mathrm{d}x + \frac{x}{x^2+y^2}\mathrm{d}y = \int_{L_1} \frac{-y}{x^2+y^2}\mathrm{d}x + \frac{x}{x^2+y^2}\mathrm{d}y =$$

$$\int_\pi^0 \frac{[(\pi a)^2 \sin^2 t + (\pi a)^2 \cos^2 t]\mathrm{d}t}{(\pi a)^2} = \int_\pi^0 \mathrm{d}t = -\pi$$

12.3.3　二元函数的全微分求积

下面讨论:函数 $P(x,y)$,$Q(x,y)$ 满足什么条件,表达式 $P(x,y)\mathrm{d}x + Q(x,y)\mathrm{d}y$ 是某个函数 $u(x,y)$ 的全微分,如果是函数 $u(x,y)$ 的全微分,把 $u(x,y)$ 求出来.

定理12.7　设区域 D 是一个单连通域,函数 $P(x,y)$,$Q(x,y)$ 在 D 内具有一阶连续偏导数,则 $P(x,y)\mathrm{d}x + Q(x,y)\mathrm{d}y$ 在 D 内是某一函数 $u(x,y)$ 的全微分的充分必要条件是 $\dfrac{\partial P}{\partial y} = \dfrac{\partial Q}{\partial x}$,在 D 内恒成立.

推论　设区域 D 是一个单连通域,函数 $P(x,y)$,$Q(x,y)$ 在 D 内具有一阶连续偏导数,则曲线积分 $\displaystyle\int_L P\mathrm{d}x + Q\mathrm{d}y$ 在 D 内与路径无关的充分必要条件是:在内存在函数 $u(x,y)$ 使

$$\mathrm{d}u = P\mathrm{d}x + Q\mathrm{d}y$$

例 7　判定 $(x^4 + 4xy^3)\mathrm{d}x + (6x^2y^2 - 5y^4)\mathrm{d}y$ 是否是某一函数的全微分,如果是,求出这个函数 $u(x,y)$.

解
$$P(x,y) = x^4 + 4xy^3, Q(x,y) = 6x^2y^2 - 5y^2$$
$$\frac{\partial P}{\partial y} = 12xy^2 = \frac{\partial Q}{\partial x}$$

由定理 12.7 可知,存在某一函数 $u(x,y)$,使
$$\mathrm{d}u(x,y) = (x^4 + 4xy^3)\mathrm{d}x + (6x^2y^2 - 5y^4)\mathrm{d}y$$
求函数 $u(x,y)$ 有两种方法.

法 1　特殊路径积分法

一般情况下取平行于坐标轴的折线,下端为一确定的点,例如 $(0,0)$,上端为动点 (x,y),折线为从 $(0,0)$ 到 $(x,0)$ 再到 (x,y) (如图 12.9)

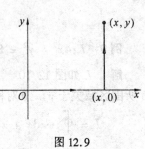

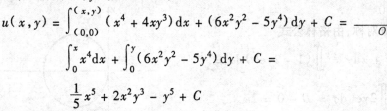
$$u(x,y) = \int_{(0,0)}^{(x,y)} (x^4 + 4xy^3)\mathrm{d}x + (6x^2y^2 - 5y^4)\mathrm{d}y + C =$$
$$\int_0^x x^4\mathrm{d}x + \int_0^y (6x^2y^2 - 5y^4)\mathrm{d}y + C =$$
$$\frac{1}{5}x^5 + 2x^2y^3 - y^5 + C$$

图 12.9

法 2　不定积分法

由于
$$\frac{\partial u}{\partial x} = P(x,y) = x^4 + 4xy^3$$
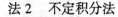
$$u = \int (x^4 + 4xy^3)\mathrm{d}x = \frac{1}{5}x^5 + 2x^2y^3 + \varphi(y)$$

$$\frac{\partial u}{\partial y} = 6x^2 y^2 + \varphi'(y) = Q(x,y) = 6x^2 y^2 - 5y^4$$

所以
$$\varphi'(y) = -5y^4 \quad \varphi(y) = -y^5 + C$$

故
$$u = \frac{1}{5}x^5 + 2x^2 y^3 - y^5 + C$$

由此我们还可以得到一个重要的结论:一个微分方程
$$P(x,y)\mathrm{d}x + Q(x,y)\mathrm{d}y = 0$$

如果它的左端恰好是某一个函数 $u(x,y)$ 的全微分
$$\mathrm{d}u(x,y) = P(x,y)\mathrm{d}x + Q(x,y)\mathrm{d}y$$

我们称方程 $P(x,y)\mathrm{d}x + Q(x,y)\mathrm{d}y = 0$ 为全微分方程,即 $\mathrm{d}u = 0$,所以 $u(x,y) = C$ 为其通解.

例8 求方程 $(5x^4 + 3xy^2 - y^3)\mathrm{d}x + (3x^2 y - 3xy^2 + y^2)\mathrm{d}y = 0$ 的通解.

解 $P = 5x^4 + 3xy^2 - y^3, Q = 3x^2 y - 3xy^2 + y^2$
$$\frac{\partial P}{\partial y} = 6xy - 3y^2 = \frac{\partial Q}{\partial x}$$

因此,所给方程是全微分方程
$$u(x,y) = \int_{(0,0)}^{(x,y)} (5x^4 + 3xy^2 - y^3)\mathrm{d}x + (3x^2 y - 3xy^2 + y^2)\mathrm{d}y =$$
$$\int_0^x 5x^4 \mathrm{d}x + \int_0^y (3x^2 y - 3xy^2 + y^2)\mathrm{d}y =$$
$$x^5 + \frac{3}{2}x^2 y^2 - xy^3 + \frac{1}{3}y^3$$

于是方程的通解为
$$x^5 + \frac{3}{2}x^2 y^2 - xy^3 + \frac{1}{3}y^3 = C$$

百 花 园

例9 $L: 4x^2 + y^2 = 8x$ 逆时针方向,计算 $I = \oint_L e^{y^2}\mathrm{d}x + x\mathrm{d}y$.

解 L 如图 12.10

L 所围区域关于 $y = 0$ 对称,由格林公式
$$I = \oint_L e^{y^2}\mathrm{d}x + x\mathrm{d}y = \iint_D (1 - 2ye^{y^2})\mathrm{d}\sigma =$$
$$\iint_D \mathrm{d}\sigma - \iint_D 2ye^{y^2}\mathrm{d}\sigma = D - 0 = 2\pi$$

例10 $L: x^2 + y^2 = a^2$ 顺时针方向,计算
$$I = \oint_L \frac{xy^2 \mathrm{d}y - x^2 y\mathrm{d}x}{x^2 + y^2}$$

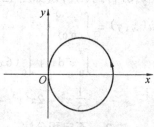

图 12.10

解　$I = \oint_L \dfrac{xy^2 dy - x^2 y dx}{a^2} = \dfrac{-1}{a^2}\iint_D (y^2 + x^2) d\sigma = -\dfrac{1}{a^2}\int_0^{2\pi} d\theta \int_0^a r^3 dr = -\dfrac{\pi}{2}a^2$

例 11　设 L 为从点 $A(-1,0)$ 到点 $B(3,0)$ 的上半个圆周 $(x-1)^2 + y^2 = 2^2, y \geqslant 0$，计算

$$I = \int_L \frac{(x-y)dx + (x+y)dy}{x^2 + y^2}$$

解

$$P(x,y) = \frac{x-y}{x^2+y^2} \quad Q(x,y) = \frac{x+y}{x^2+y^2}$$

$$\frac{\partial P}{\partial y} = \frac{-x^2 - 2xy + y^2}{(x^2+y^2)^2} = \frac{\partial Q}{\partial x}$$

当 $(x,y) \neq (0,0)$ 时，不包含点 $(0,0)$ 的单连通区域内该曲线积分与路径无关.

改取 $\overset{\frown}{AC}: x^2 + y^2 = 1, y \geqslant 0$ 从点 $A(-1,0)$ 到点 $C(1,0)$

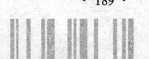

图 12.11

$\overset{\frown}{CB}: y = 0$ 从点 $C(1,0)$ 到点 $B(3,0)$（如图 12.11）

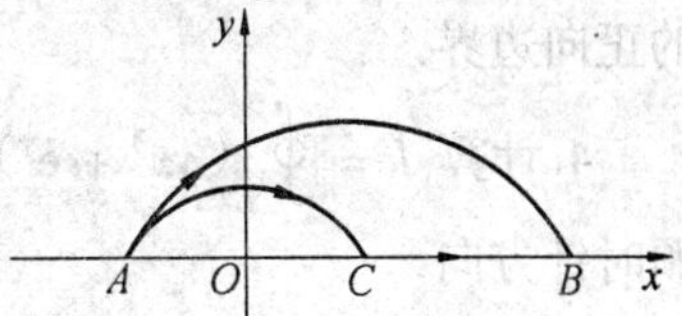

由于与路径无关

$$\int_L \frac{(x-y)dx + (x+y)dy}{x^2+y^2} = \int_{\overset{\frown}{AC}} \frac{(x-y)dx + (x+y)dy}{x^2+y^2} +$$

$$\int_{\overset{\frown}{CB}} \frac{(x-y)dx + (x+y)dy}{x^2+y^2} =$$

$$\int_\pi^0 \frac{(\cos t - \sin t)(-\sin t) + (\cos t + \sin t)\cos t}{1} dt +$$

$$\int_1^3 \frac{x}{x^2} dx = -\pi + \ln 3$$

例 12　设曲线积分 $\displaystyle\int_L xy^2 dx + y\varphi(x) dy$ 与路径无关，其中 $\varphi(x)$ 具有连续导数，且 $\varphi(0) = 0$，求 $\varphi(x)$，并计算 $\displaystyle\int_{(0,0)}^{(1,1)} xy^2 dx + y\varphi(x) dy$ 的值.

解　由 $\dfrac{\partial(xy^2)}{\partial y} = \dfrac{\partial[y\varphi(x)]}{\partial x}$，得

$$2xy = y\varphi'(x) \Rightarrow \varphi(x) = x^2 + C$$

再由 $\varphi(0) = 0$，得 $\varphi(x) = x^2$

$$\int_{(0,0)}^{(1,1)} xy^2 dx + y\varphi(x) dy = \int_0^1 y dy = \frac{1}{2}$$

例 13　L 为曲线 $y = \sin\dfrac{\pi}{2}x$，由点 $(0,0)$ 到点 $(1,1)$ 一段弧，计算

$$I = \int_L (x^2 + 2xy) dx + (x^2 + y^4) dy$$

解　$\dfrac{\partial P}{\partial y} = 2x = \dfrac{\partial Q}{\partial x}$，所以 $\displaystyle\int_L (x^2 + 2xy) dx + (x^2 + y^4) dy$ 与路径无关，改取与坐标轴平行的折线

$$I = \int_0^1 x^2 \mathrm{d}x + \int_0^1 (1 + y^4) \mathrm{d}y = \frac{23}{15}$$

习题 12.3

1.计算 $\oint_L (x^2 + 4xy^2) \mathrm{d}x + (4x^2y + y^3) \mathrm{d}y$, $L: |x| + |y| = 1$ 正向.

2.计算 $\oint_L (x + y) \mathrm{d}x - (x - y) \mathrm{d}y$, L 为 $\dfrac{x^2}{a^2} + \dfrac{y^2}{b^2} = 1$ 的正向.

3. $\oint_L (x^2y - 2y) \mathrm{d}x + \left(\dfrac{1}{3}x^3 - x\right) \mathrm{d}y$, L 为由直线 $x = 1$, $y = x$, $y = 2x$ 所围三角形的正向边界.

4.计算 $I = \oint_L (yx^3 + e^y) \mathrm{d}x + (xy^3 + xe^y - 2y) \mathrm{d}y$, 其中 L 是圆周 $x^2 + y^2 = a^2$ 的顺时针方向.

5.计算 $\oint_L (2x - y + 4) \mathrm{d}x + (5y + 3x - 6) \mathrm{d}y$, 其中 L 为三顶点分别为 $(0,0)$, $(3,0)$ 和 $(3,2)$ 的三角形正向边界.

6.计算 $\oint_L (x^2y\cos x + 2xy\sin x - y^2e^x) \mathrm{d}x + (x^2\sin x - 2ye^x) \mathrm{d}y$, 其中 L 为星形线, $x^{\frac{2}{3}} + y^{\frac{2}{3}} = a^{\frac{2}{3}}(a > 0)$ 的正向.

7.计算 $\oint_L \dfrac{y\mathrm{d}x - x\mathrm{d}y}{x^2 + y^2}$, 其中 L 为

(1) 圆周 $(x - 1)^2 + (y - 1)^2 = 1$ 的正向.

(2) 正方形边界 $|x| + |y| = 1$ 的正向.

8.计算 $\int_L (x^2 - y) \mathrm{d}x - (x + \sin^2 y) \mathrm{d}y$, 其中 L 是圆周 $y = \sqrt{2x - x^2}$ 上由点 $(0,0)$ 到点 $(1,1)$ 的一段弧.

9.验证 $(3x^2y + 8xy^2) \mathrm{d}x + (x^3 + 8x^2y + 12ye^y) \mathrm{d}y$ 在整个 xOy 平面内是某一函数 $u(x, y)$ 的全微分, 并求一个 $u(x, y)$.

10.判定方程 $(3x^2 + 6xy^2) \mathrm{d}x + (6x^2y + 4y^2) \mathrm{d}y = 0$, 是否是全微分方程?若是求出它的通解.

12.4　对面积的曲面积分

12.4.1　对面积的曲面积分的概念和性质

1.问题的提出

一张曲面 Σ, 其面密度为 $\mu(x, y, z)$, 如何求这张曲面的质量?

我们将曲面 Σ, 任意分成 n 块, $\Delta S_1, \Delta S_2, \cdots, \Delta S_n$, 在每小块中任取一点 (x_i, y_i, z_i), 由于每小块很小, 近似地认为这一小块的密度是均匀的, 这一小块的质量近似为

$\mu(x_i,y_i,z_i)\Delta S_i(i=1,\cdots,n)$

n 块加起来 $\sum\limits_{i=1}^{n}\mu(x_i,y_i,z_i)\Delta S_i$，取极限

$$\lim_{\lambda\to0}\sum_{i=1}^{n}\mu(x_i,y_i,z_i)\Delta S_i$$

（λ 表示 n 块的直径的最大值），这就是曲面 Σ 的质量.

2.定义

定义 12.4　设曲面 Σ 是光滑的

(1) $f(x,y,z)$ 在 Σ 上有定义，把 Σ 任意分成 n 小块 $\Delta S_1,\Delta S_2,\cdots,\Delta S_n$，在 ΔS_i 上任取一点 (x_i,y_i,z_i)，作积 $f(x_i,y_i,z_i)\Delta S_i$ （$i=1,2,\cdots,n$），并作和 $\sum\limits_{i=1}^{n}f(x_i,y_i,z_i)\Delta S_i$ 取极限 $\lim\limits_{\lambda\to0}\sum\limits_{i=1}^{n}f(x_i,y_i,z_i)\Delta S_i$，$\lambda$ 是 n 块中直径最大者；

(2) 如果极限总存在，则称此极限为函数 $f(x,y,z)$ 在曲面 Σ 上对面积的曲面积分，（或称第一型曲面积分）记作

$$\iint_{\Sigma}f(x,y,z)\mathrm{d}s$$

即　　　$$\iint_{\Sigma}f(x,y,z)\mathrm{d}s=\lim_{\lambda\to0}\sum_{i=1}^{n}f(x_i,y_i,z_i)\Delta S_i$$

其中 $f(x,y,z)$ 叫做被积函数，Σ 叫做积分曲面.

如果 Σ 是一个封闭曲面，则记为

$$\oiint_{\Sigma}f(x,y,z)\mathrm{d}s$$

定理 12.8　$f(x,y,z)$ 在光滑曲面 Σ 上连续时，则 $\iint\limits_{\Sigma}f(x,y,z)\mathrm{d}s$ 一定存在.

根据上述定义，面密度 $\mu(x,y,z)$ 在光滑曲面 Σ 上是连续函数时，其质量

$$m=\iint_{\Sigma}\mu(x,y,z)\mathrm{d}s$$

注　(1) 所谓光滑曲面指曲面上各点处都具有连续切平面.

(2) 曲面的直径是指曲面上任意两点间距离的最大者.

3.性质

(1) a,b 为常数，则

$$\iint_{\Sigma}[af(x,y,z)+bg(x,y,z)]\mathrm{d}s=a\iint_{\Sigma}f(x,y,z)\mathrm{d}s+b\iint_{\Sigma}g(x,y,z)\mathrm{d}s$$

(2) $\iint\limits_{\Sigma}f(x,y,z)\mathrm{d}s=\iint\limits_{\Sigma_1}f(x,y,z)\mathrm{d}s+\iint\limits_{\Sigma_2}f(x,y,z)\mathrm{d}s$ （$\Sigma=\Sigma_1+\Sigma_2$）

(3) $\iint\limits_{\Sigma}\mathrm{d}s=\Sigma$ （Σ 的面积）

12.4.2　对面积的曲面积分的计算法

当曲面 Σ 为 $z = z(x,y)$ 时，且 $z = z(x,y)$ 在 xOy 上的投影为 D_{xy}，则

$$\iint\limits_{\Sigma} f(x,y,z)\,\mathrm{d}s = \iint\limits_{D_{xy}} f[x,y,z(x,y)]\sqrt{1+z_x^2+z_y^2}\,\mathrm{d}x\mathrm{d}y$$

如果积分曲面 Σ 由方程 $x = x(y,z)$ 或 $y = y(z,x)$ 给出也可类似地把对面积的曲面积分化成为相应的二重积分.

与第一类曲线积分一样，有如下的注:

(1) 若曲面 Σ 关于 $x = 0$ 对称，Σ_1 是 Σ 的 $x \geqslant 0$ 部分，则当 $f(-x,y,z) = -f(x,y,z)$ 时，$\iint\limits_{\Sigma} f\mathrm{d}s = 0$;

当 $f(-x,y,z) = f(x,y,z)$ 时，$\iint\limits_{\Sigma} f\mathrm{d}s = 2\iint\limits_{\Sigma} f\mathrm{d}s$

若 Σ 关于 $y = 0$(或 $z = 0$) 对称，f 关于 y(或 z) 有奇、偶性结论类似.

(2) 当 Σ 是 xOy 平面内的一个闭区域时，记 $\Sigma = D_{xy}$，则曲面积分

$$\iint\limits_{\Sigma} f(x,y,z)\,\mathrm{d}s = \iint\limits_{D_{xy}} f(x,y,0)\,\mathrm{d}x\mathrm{d}y$$

(3) 如果 $\Sigma : x^2 + y^2 + z^2 = a^2$，计算

$$\oiint\limits_{\Sigma} f(x^2+y^2+z^2)\,\mathrm{d}s = \oiint\limits_{\Sigma} f(a^2)\,\mathrm{d}s = f(a^2)\oiint\limits_{\Sigma}\mathrm{d}s = 4\pi a^2 f(a^2)$$

例1　计算 $\iint\limits_{\Sigma} z\mathrm{d}s$，其中 Σ 是 $z = \sqrt{1-x^2-y^2}$.

解　$\sqrt{1+z_x^2+z_y^2} = \dfrac{1}{\sqrt{1-x^2-y^2}}$，$D_{xy} = \{(x,y)\,|\,x^2+y^2 \leqslant 1\}$

所以　$\iint\limits_{\Sigma} z\mathrm{d}s = \iint\limits_{D_{xy}}\sqrt{1-x^2-y^2}\dfrac{1}{\sqrt{1-x^2-y^2}}\mathrm{d}x\mathrm{d}y = \iint\limits_{D_{xy}}\mathrm{d}x\mathrm{d}y = \pi$

例2　计算 $\iint\limits_{\Sigma} x^2\mathrm{d}s$，其中 Σ 为圆柱面 $x^2 + y^2 = 1$，介于 $z = 0$ 与 $z = 1$ 之间的部分(如图 12.12).

解　曲面 Σ 在 xOy 平面上的投影为一条曲线，面积为 0，故不能向 xOy 面投影计算，从被积函数 x^2 看，向 zOx 面投影计算可以不再考虑 x 的转换，较为简便，向 zOx 面投影的方法来计算，须分左、右两个半圆柱面 Σ_1，Σ_2 计算，Σ_1，Σ_2 关于 $y = 0$ 对称，x^2 是 y 的偶函数，故积分等于 Σ_1，Σ_2 积分的两倍，Σ_1 的方程为 $y = \sqrt{1-x^2}$，在 zOx 面上投影区域为

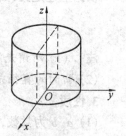

图 12.12

$$D_{zx} : -1 \leqslant x \leqslant 1, 0 \leqslant z \leqslant 1$$

$$\frac{\partial y}{\partial x} = \frac{-x}{\sqrt{1-x^2}}, \frac{\partial y}{\partial z} = 0$$

$$\iint_{\Sigma} x^2 \mathrm{d}s = 2\iint_{\Sigma_1} x^2 \mathrm{d}s = 2\iint_{D_{zx}} x^2 \sqrt{1 + \frac{x^2}{1 - x^2}} \mathrm{d}z\mathrm{d}x =$$

$$2\int_0^1 \mathrm{d}z \int_{-1}^1 \frac{x^2}{\sqrt{1 - x^2}} \mathrm{d}x = 2\int_{-1}^1 \frac{x^2}{\sqrt{1 - x^2}} \mathrm{d}x \xlongequal{x = \sin t}$$

$$4\int_0^{\frac{\pi}{2}} \sin^2 t \mathrm{d}t = \pi$$

此题还可以用如下方法解答：

由 Σ 的方程中，x 与 y 是对称的，所以

$$\iint_{\Sigma} x^2 \mathrm{d}s = \iint_{\Sigma} y^2 \mathrm{d}s$$

从而　　　$\iint_{\Sigma} x^2 \mathrm{d}s = \frac{1}{2}\iint_{\Sigma}(x^2 + y^2)\mathrm{d}s = \frac{1}{2}\iint_{\Sigma}\mathrm{d}s = \frac{1}{2} \cdot 2\pi \cdot 1 = \pi$

例 3　计算 $\iint_{\Sigma}(x + y + z)\mathrm{d}s$ 其中 Σ 是锥面 $z = \sqrt{x^2 + y^2}$ 界于平面 $z = 1$ 及 $z = 2$ 之间的部分.

解　积分曲面是锥面环：$z = \sqrt{x^2 + y^2}, 1 \leqslant z \leqslant 2$（如图 12.13）

向 xOy 平面投影得环域

$$D_{xy} = \{(x,y) \mid 1 \leqslant x^2 + y^2 \leqslant 4\}$$

$$z_x = \frac{x}{\sqrt{x^2 + y^2}}, z_y = \frac{y}{\sqrt{x^2 + y^2}}$$

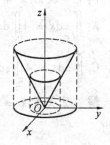

图 12.13

积分曲面 Σ,关于 $x = 0$ 面对称,又关于 $y = 0$ 面对称,被积函数 x 与 y 都是奇函数,所以

$$\iint_{\Sigma}(x + y)\mathrm{d}s = 0$$

$$\iint_{\Sigma}(x + y + z)\mathrm{d}s = \iint_{\Sigma} z\mathrm{d}s = \iint_{D_{xy}} \sqrt{x^2 + y^2} \sqrt{1 + z_x^2 + z_y^2} \mathrm{d}x\mathrm{d}y =$$

$$\sqrt{2}\int_0^{2\pi} \mathrm{d}\theta \int_1^2 r^2 \mathrm{d}r = \frac{14}{3}\sqrt{2}\pi$$

例 4　计算曲面积分 $\oiint_{\Sigma} x\mathrm{d}s$,其中 Σ 是圆柱面 $x^2 +$ $y^2 = 1$,平面 $z = 0$ 及平面 $z = 1$ 所围立体表面（如图 12.14）.

解　记 $\Sigma_1: z = 0, \Sigma_2: z = 1, \Sigma_3: x^2 + y^2 = 1$

$$\oiint_{\Sigma} x\mathrm{d}s = \iint_{\Sigma_1} x\mathrm{d}s + \iint_{\Sigma_2} x\mathrm{d}s + \iint_{\Sigma_3} x\mathrm{d}s =$$

$$0 + 0 + 0 = 0$$

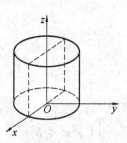

图 12.14

例 5　计算曲面积分 $\iint_{\Sigma} \sqrt{1 + 4z}\mathrm{d}s$,其中 Σ 为旋转抛物

面,$z = x^2 + y^2$ 被平面 $z = 1$,所截下的有限部分.

解 $z_x = 2x, z_y = 2y, D_{xy} : x^2 + y^2 \leqslant 1$

$$\iint\limits_{\Sigma} \sqrt{1 + 4z} \mathrm{d}s = \iint\limits_{D_{xy}} \sqrt{1 + 4(x^2 + y^2)} \sqrt{1 + z_x^2 + z_y^2} \mathrm{d}x\mathrm{d}y =$$

$$\iint\limits_{D_{xy}} [1 + 4x^2 + 4y^2] \mathrm{d}x\mathrm{d}y = \iint\limits_{D_{xy}} \mathrm{d}x\mathrm{d}y + 4\iint\limits_{D_{xy}} (x^2 + y^2) \mathrm{d}x\mathrm{d}y =$$

$$\pi + 4\int_0^{2\pi} \mathrm{d}\theta \int_0^1 r^3 \mathrm{d}r = 3\pi$$

百 花 园

例 6 已知 $f(x) = 3x$ $\Sigma : x^2 + y^2 + z^2 = R^2$,计算 $\oiint\limits_{\Sigma} f(\sqrt{x^2 + y^2 + z^2}) \mathrm{d}s$.

解 $\oiint\limits_{\Sigma} f(\sqrt{x^2 + y^2 + z^2}) \mathrm{d}s = f(R) \oiint\limits_{\Sigma} \mathrm{d}s = 3R \cdot 4\pi R^2 = 12\pi R^3$

例 7 设 $\Sigma : x^2 + y^2 + z^2 = a^2 (z \geqslant 0)$ Σ_1 为 Σ 在第一卦限部分,则( )正确.

A. $\iint\limits_{\Sigma} x\mathrm{d}s = 4\iint\limits_{\Sigma_1} \mathrm{d}s$ B. $\iint\limits_{\Sigma} y\mathrm{d}s = 4\iint\limits_{\Sigma_1} y\mathrm{d}s$

C. $\iint\limits_{\Sigma} z\mathrm{d}s = 4\iint\limits_{\Sigma_1} z\mathrm{d}s$ D. $\iint\limits_{\Sigma} xyz\mathrm{d}s = 4\iint\limits_{\Sigma_1} xyz\mathrm{d}s$

解 Σ 关于 $x = 0$ 对称 Σ 关于 $y = 0$ 对称

所以 $$\iint\limits_{\Sigma} x\mathrm{d}s = \iint\limits_{\Sigma} y\mathrm{d}s = \iint\limits_{\Sigma} xyz\mathrm{d}s = 0$$

而 $$\iint\limits_{\Sigma_1} x\mathrm{d}s = \iint\limits_{\Sigma_1} y\mathrm{d}s = \iint\limits_{\Sigma_1} z\mathrm{d}s \neq 0$$

因此选 C.

例 8 计算曲面积分 $I = \iint\limits_{\Sigma} (ax + by + cz + d)^2 \mathrm{d}s$,其中 Σ 是球面 $x^2 + y^2 + z^2 = R^2$.

解 由对称性可知

$$\iint\limits_{\Sigma} x^2 \mathrm{d}s = \iint\limits_{\Sigma} y^2 \mathrm{d}s = \iint\limits_{\Sigma} z^2 \mathrm{d}s$$

$$\iint\limits_{\Sigma} x\mathrm{d}s = \iint\limits_{\Sigma} y\mathrm{d}s = \iint\limits_{\Sigma} z\mathrm{d}s = 0$$

$$\iint\limits_{\Sigma} xy\mathrm{d}s = \iint\limits_{\Sigma} xz\mathrm{d}s = \iint\limits_{\Sigma} yz\mathrm{d}s = 0$$

所以

$$I = \iint\limits_{\Sigma} (a^2x^2 + b^2y^2 + c^2z^2 + d^2 + 2abxy + 2acxz + 2bcyz + 2dax + 2dby + 2dcz) \mathrm{d}s =$$

$$d^2 \iint\limits_{\Sigma} \mathrm{d}s + (a^2 + b^2 + c^2) \iint\limits_{\Sigma} x^2 \mathrm{d}s$$

$$4\pi R^2 d^2 + \frac{a^2 + b^2 + c^2}{3} \iint_{\Sigma} (x^2 + y^2 + z^2)\,\mathrm{d}s =$$

$$4\pi R^2 d^2 + \frac{a^2 + b^2 + c^2}{3} R^2 \iint_{\Sigma} \mathrm{d}s =$$

$$4\pi R^2 d^2 + \frac{4\pi}{3} (a^2 + b^2 + c^2) R^4$$

例 9　计算曲面积分 $\iint_{\Sigma} (x^2 + y^2 + z^2)\,\mathrm{d}s$，其中 Σ 是球面 $x^2 + y^2 + z^2 = 2az\,(a > 0)$.

解　将曲面 Σ 分成上下两块 Σ_1, Σ_2（如图 12.15）

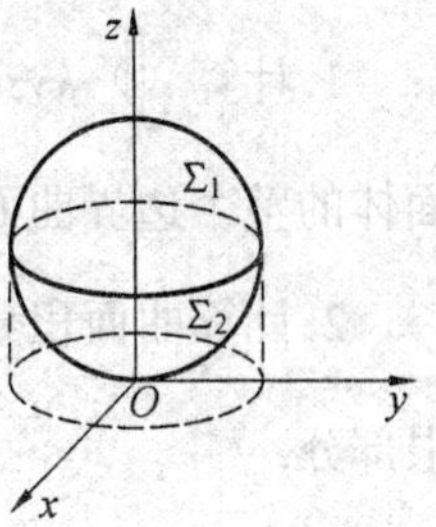

则
$$\iint_{\Sigma} (x^2 + y^2 + z^2)\,\mathrm{d}s = \iint_{\Sigma_1} (x^2 + y^2 + z^2)\,\mathrm{d}s +$$
$$\iint_{\Sigma_2} (x^2 + y^2 + z^2)\,\mathrm{d}s$$

$$\Sigma_1 : z = a + \sqrt{a^2 - x^2 - y^2}$$

$$\frac{\partial z}{\partial x} = \frac{-x}{\sqrt{a^2 - x^2 - y^2}} \qquad \frac{\partial z}{\partial y} = \frac{-y}{\sqrt{a^2 - x^2 - y^2}}$$

图 12.15

$$\iint_{\Sigma_1} (x^2 + y^2 + z^2)\,\mathrm{d}s = \iint_{\Sigma_1} 2az\,\mathrm{d}s =$$

$$2a \iint_{D_{xy}} (a + \sqrt{a^2 - x^2 - y^2}) \sqrt{1 + \left(\frac{-x}{\sqrt{a^2 - x^2 - y^2}}\right)^2 + \left(\frac{-y}{\sqrt{a^2 - x^2 - y^2}}\right)^2}\,\mathrm{d}x\mathrm{d}y =$$

$$2a \iint_{D_{xy}} (a + \sqrt{a^2 - x^2 - y^2}) \frac{a}{\sqrt{a^2 - x^2 - y^2}}\,\mathrm{d}x\mathrm{d}y =$$

$$2a^3 \iint_{D_{xy}} \frac{1}{\sqrt{a^2 - x^2 - y^2}}\,\mathrm{d}x\mathrm{d}y + 2a^2 \iint_{D_{xy}} \mathrm{d}x\mathrm{d}y =$$

$$2a^3 \int_0^{2\pi} \mathrm{d}\theta \int_0^a \frac{r}{\sqrt{a^2 - r^2}}\,\mathrm{d}r + 2a^2 \cdot \pi a^2 = 6\pi a^4$$

由于
$$\Sigma_2 : z = a - \sqrt{a^2 - x^2 - y^2}$$

$$\frac{\partial z}{\partial x} = \frac{x}{\sqrt{a^2 - x^2 - y^2}} \qquad \frac{\partial z}{\partial y} = \frac{y}{\sqrt{a^2 - x^2 - y^2}}$$

所以
$$\iint_{\Sigma_2} (x^2 + y^2 + z^2)\,\mathrm{d}s = \iint_{\Sigma_2} 2az\,\mathrm{d}s =$$

$$2a \iint_{D_{xy}} (a - \sqrt{a^2 - x^2 - y^2}) \sqrt{1 + \left(\frac{x}{\sqrt{a^2 - x^2 - y^2}}\right)^2 + \left(\frac{y}{\sqrt{a^2 - x^2 - y^2}}\right)^2}\,\mathrm{d}x\mathrm{d}y =$$

$$2a \iint_{D_{xy}} (a - \sqrt{a^2 - x^2 - y^2}) \frac{a}{\sqrt{a^2 - x^2 - y^2}}\,\mathrm{d}x\mathrm{d}y =$$

$$2a^3 \iint_{D_{xy}} \frac{1}{\sqrt{a^2 - x^2 - y^2}}\,\mathrm{d}x\mathrm{d}y - 2a^2 \iint_{D_{xy}} \mathrm{d}x\mathrm{d}y =$$

$$2a^3 \int_0^{2\pi} \mathrm{d}\theta \int_0^a \frac{r}{\sqrt{a^2 - r^2}} \mathrm{d}r - 2\pi a^4 =$$

$$4\pi a^4 - 2\pi a^4 = 2\pi a^4$$

因此
$$\iint\limits_{\Sigma} (x^2 + y^2 + z^2)\mathrm{d}s = 6\pi a^4 + 2\pi a^4 = 8\pi a^4$$

习题 12.4

1.计算 $\oiint\limits_{\Sigma} xyz\mathrm{d}s$，其中 Σ 是由平面 $x = 0, y = 0, z = 0$ 及 $x + y + z = 1$ 所围成的四面体的整个边界曲面.

2.计算曲面积分 $I = \iint\limits_{\Sigma} \left(2x + \frac{4}{3}y + z\right)\mathrm{d}s$，其中 Σ 为平面 $\frac{x}{2} + \frac{y}{3} + \frac{z}{4} = 1$ 在第一卦限部分.

3.计算曲面积分 $I = \oiint\limits_{\Sigma} (x^2 + y^2)\mathrm{d}s$，其中 Σ：锥面 $z = \sqrt{x^2 + y^2}$ 及平面 $z = 1$ 所围成的区域的整个边界曲面.

4.计算曲面积分 $\iint\limits_{\Sigma} \frac{\mathrm{d}s}{z}$，其中 Σ 是球面 $x^2 + y^2 + z^2 = a^2$ 被平面 $z = h(0 < h < a)$ 截出的顶部.

5.计算 $\iint\limits_{\Sigma} (x + y + z)\mathrm{d}s$，其中 Σ 为球面 $x^2 + y^2 + z^2 = a^2$ 上 $z \geqslant h(0 < h < a)$ 的部分.

6. $\iint\limits_{\Sigma} (2xy - 2x^2 - x + z)\mathrm{d}s$，其中 Σ 为平面 $2x + 2y + z = 6$ 在第一卦限部分.

7. $\iint\limits_{\Sigma} (xy + yz + zx)\mathrm{d}s$，其中 Σ 为锥面 $z = \sqrt{x^2 + y^2}$ 被柱面 $x^2 + y^2 = 2ax$ 所截的有限部分.

8.求抛物面壳 $Z = \frac{1}{2}(x^2 + y^2)$ （$0 \leqslant z \leqslant 1$）的质量，面密度为 $\mu = z$.

12.5 对坐标的曲面积分

12.5.1 对坐标的曲面积分的概念和性质

1.问题的提出
我们对曲面作一些说明

(1) 假定曲面是分片光滑的.

(2) 我们所讨论的曲面都是双侧的,有上侧与下侧之分.

一张封闭的曲面,有外侧与内侧之分.

我们可以通过曲面上法向量的指向来定出曲面的侧,这种取定了法向量亦即选定了侧的曲面,称为有向曲面.

设 Σ 是有向曲面,在 Σ 上取一小块曲面 ΔS,把 ΔS 投影到 xOy 面上,得一投影区域 $(\Delta S)_{xy}$,$(\Delta \sigma)_{xy}$ 代表投影区域的面积,假定 ΔS 上各点处的法向量与 z 轴的夹角 γ 的余弦 $\cos \gamma$ 有相同的符号,我们规定 ΔS 在 xOy 面上的投影 $(\Delta S)_{xy}$ 为

$$(\Delta S)_{xy} = \begin{cases} (\Delta \sigma)_{xy} & \cos \gamma > 0 \\ - (\Delta \sigma)_{xy} & \cos \gamma < 0 \\ 0 & \cos \gamma = 0 \end{cases}$$

实际上 ΔS 在 xOy 面上的投影 $(\Delta S)_{xy}$ 就是 ΔS 在 xOy 面上的投影区域的面积冠以一定的正负号,类似地可以定义 ΔS 在 yOz 面及 zOx 面上的投影 $(\Delta S)_{yz}$ 及 $(\Delta S)_{zx}$

有了这些概念,我们讨论流向曲面一侧的流量.

设稳定流动的不可压缩流体(假定密度为 1)的速度场,由

$$v(x,y,z) = P(x,y,z)i + Q(x,y,z)j + R(x,y,z)k$$

给出 Σ 是速度场中的一片有向曲面,函数 $P(x,y,z)$,$Q(x,y,z)$,$R(x,y,z)$ 都在 Σ 上连续,求单位时间流向 Σ 指定侧的流体的质量,即流量.

如果流体流过平面上的面积为 A 的一个闭区域,且流体在这闭区域上各点处的流速为常向量 v,设 n 为该平面的单位法向量,那么在单位时间流过这闭区域的组成一个底面积为 A,斜高为 $|v|$ 的斜柱体,当 $(\overset{\wedge}{v,n}) = \theta < \dfrac{\pi}{2}$,斜柱体的体积为 $A|v| \cos \theta = Av \cdot n$(图 12.16),这就是通过闭区域 A 流向 n 所指一侧的流量 ϕ;

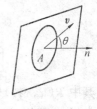

图 12.16

当 $(\overset{\wedge}{v,n}) = \theta = \dfrac{\pi}{2}$ 时,虽然流体通过闭区域 A 流向 n 所指一侧的流量 ϕ 为零,而 $Av \cdot n = 0$

当 $(\overset{\wedge}{v,n}) = \theta > \dfrac{\pi}{2}$,$Av \cdot n < 0$ 它表示流体通过区域 A 实际上流向 $-n$ 所指一侧,流量为 $-Av \cdot n$,因此,不论 $(\overset{\wedge}{v,n})$ 为何值,流体通过闭区域 A 流向 n 所指一侧的流量 ϕ 均为 $Av \cdot n$.

下面讨论的流速不是常向量,通过的是一光滑曲面 Σ 的流量问题,我们设流速 $v = P(x,y,z)i + Q(x,y,z)j + R(x,y,z)k$ 是连续的.

把曲面 Σ 分成 n 个小块 $\Delta S_1,\cdots,\Delta S_n$,($\Delta S_i$ 也代表第 i 小块的面积),当 ΔS_i 的直径很小,可用 ΔS_i 上任一点 (x_i,y_i,z_i) 处的流速

$$v_i = P(x_i,y_i,z_i)i + Q(x_i,y_i,z_i)j + R(x_i,y_i,z_i)k$$

来代替 ΔS_i 上其他各点的流速,以该点 (x_i,y_i,z_i) 处曲面 Σ 的单位法向量 $n_i = \cos \alpha_i i + \cos \beta_i j + \cos \gamma_i k$ 代替 ΔS_i 上其他各点的单位法向量,从而得到通过 ΔS_i 流向指定侧的流量的近似值为

$$v_i \cdot n_i \Delta S_i (i = 1,2,\cdots,n)$$

于是,通过 Σ 流向指定侧的流量

$$\phi \approx \sum_{i=1}^{n} v_i \cdot n_i \Delta S_i = \Sigma [P(x_i, y_i, z_i) \cos \alpha_i + Q(x_i, y_i, z_i) \cos \beta_i + R(x_i, y_i, z_i) \cos \gamma_i] \Delta S_i$$

但
$$\cos \alpha_i \cdot \Delta S_i \approx (\Delta S_i)_{yz}$$
$$\cos \beta_i \cdot \Delta S_i \approx (\Delta S_i)_{zx}, \cos \gamma_i \cdot \Delta S_i \approx (\Delta S_i)_{xy}$$

因此上式可以写成

$$\phi \approx \sum_{i=1}^{n} [P(x_i, y_i, z_i) (\Delta S_i)_{yz} + Q(x_i, y_i, z_i) (\Delta S_i)_{zx} + R(x_i, y_i, z_i) (\Delta S_i)_{xy}]$$

令 $\lambda \to 0$,就得到流量 ϕ 的精确值.

2. 定义

定义 12.5 设 Σ 是光滑的有向曲面,函数 $R(x, y, z)$ 在 Σ 上有定义,把 Σ 任意分成 n 块小曲面 $\Delta S_1, \cdots, \Delta S_n$,($\Delta S_i$ 同时代表第 i 小块的曲面面积)ΔS_i 在 xOy 面上的投影为 $(\Delta S_i)_{xy}$,(x_i, y_i, z_i) 是 ΔS_i 是任意取定一点,如果各小块曲面的直径的最大值 $\lambda \to 0$ 时

$$\lim_{\lambda \to 0} \sum_{i=1}^{n} R(x_i, y_i, z_i) (\Delta S_i)_{xy}$$

总存在,则称此极限为函数 $R(x, y, z)$ 在有向曲面 Σ 上对坐标 x, y 的曲面积分,记作:

$$\iint_{\Sigma} R(x, y, z) \, dx dy$$

即
$$\iint_{\Sigma} R(x, y, z) \, dx dy = \lim_{\lambda \to 0} \sum_{i=1}^{n} R(x_i, y_i, z_i) (\Delta S_i)_{xy}$$

其中 $R(x, y, z)$ 叫做被积函数,Σ 叫做积分曲面.

类似地可以定义函数 $P(x, y, z)$ 在有向曲面 Σ 上对坐标 y, z 的曲面积分 $\iint_{\Sigma} P(x, y, z) \, dy dz$ 及函数 $Q(x, y, z)$ 在有向曲面 Σ 上对坐标 z, x 的曲面积分 $\iint_{\Sigma} Q(x, y, z) \, dz dx$ 分别为

$$\iint_{\Sigma} P(x, y, z) \, dy dz = \lim_{\lambda \to 0} \sum_{i=1}^{n} P(x_i, y_i, z_i) (\Delta S_i)_{yz}$$

$$\iint_{\Sigma} Q(x, y, z) \, dz dx = \lim_{\lambda \to 0} \sum_{i=1}^{n} Q(x, y, z) (\Delta S_i)_{zx}$$

以上三个曲面积分也称第二型曲面积分.

$$\iint_{\Sigma} P(x, y, z) \, dy dz + \iint_{\Sigma} Q(x, y, z) \, dz dx + \iint_{\Sigma} R(x, y, z) \, dx dy$$

简写成

$$\iint_{\Sigma} P(x, y, z) \, dy dz + Q(x, y, z) \, dz dx + R(x, y, z) \, dx dy$$

例如 上述流向 Σ 指定侧的流量 ϕ 可表示为

$$\phi = \iint_{\Sigma} P(x, y, z) \, dy dz + Q(x, y, z) \, dz dx + R(x, y, z) \, dx dy$$

如果有曲向曲面是封闭的,可写成 $\oiint\limits_{\Sigma}$.

定理 12.9 函数 $R(x,y,z)$ 在光滑有向曲面 Σ 上连续,则 $\iint\limits_{\Sigma} R(x,y,z)\mathrm{d}x\mathrm{d}y$ 一定存在.

3.性质

(1) $\iint\limits_{\Sigma} P\mathrm{d}y\mathrm{d}z + Q\mathrm{d}z\mathrm{d}x + R\mathrm{d}x\mathrm{d}y = \iint\limits_{\Sigma_1} P\mathrm{d}y\mathrm{d}z + Q\mathrm{d}z\mathrm{d}x + R\mathrm{d}x\mathrm{d}y +$

$\iint\limits_{\Sigma_2} P\mathrm{d}y\mathrm{d}z + Q\mathrm{d}z\mathrm{d}x + R\mathrm{d}x\mathrm{d}y \quad (\Sigma = \Sigma_1 + \Sigma_2)$

(2) 设 Σ 是有向曲面,Σ^- 表示与 Σ 取相反侧的有向曲面,则

$$\iint\limits_{\Sigma^-} P\mathrm{d}y\mathrm{d}z = -\iint\limits_{\Sigma} P\mathrm{d}y\mathrm{d}z$$

$$\iint\limits_{\Sigma^-} Q\mathrm{d}z\mathrm{d}x = -\iint\limits_{\Sigma} Q\mathrm{d}z\mathrm{d}x$$

$$\iint\limits_{\Sigma^-} R\mathrm{d}x\mathrm{d}y = -\iint\limits_{\Sigma} R\mathrm{d}x\mathrm{d}y$$

12.5.2 对坐标的曲面积分的计算法

$$\Sigma: z = z(x,y) \qquad \Sigma \text{ 取上侧} \quad \cos\gamma > 0$$

$$\iint\limits_{\Sigma} R(x,y,z)\mathrm{d}x\mathrm{d}y = \iint\limits_{D_{xy}} R[x,y,z(x,y)]\mathrm{d}x\mathrm{d}y$$

$\Sigma: z = z(x,y) \quad \Sigma \text{ 取下侧} \quad \cos\gamma < 0$

$$\iint\limits_{\Sigma} R(x,y,z)\mathrm{d}x\mathrm{d}y = -\iint\limits_{D_{xy}} R[x,y,z(x,y)]\mathrm{d}x\mathrm{d}y$$

例 1 计算曲面积分 $\iint\limits_{\Sigma} xyz\mathrm{d}x\mathrm{d}y$,其中 $\Sigma: x^2 + y^2 + z^2 = 1$ 外侧在 $x \geq 0, y \geq 0$ 部分.

解 把 Σ 分成 Σ_1 和 Σ_2 两部分

$$\Sigma_1 \text{ 的方程为 } z = -\sqrt{1 - x^2 - y^2}$$

$$\Sigma_2 \text{ 的方程为 } z = \sqrt{1 - x^2 - y^2}$$

$$\iint\limits_{\Sigma} xyz\mathrm{d}x\mathrm{d}y = \iint\limits_{\Sigma_1} xyz\mathrm{d}x\mathrm{d}y + \iint\limits_{\Sigma_2} xyz\mathrm{d}x\mathrm{d}y =$$

$$-\iint\limits_{D_{xy}} xy\left(-\sqrt{1 - x^2 - y^2}\right)\mathrm{d}x\mathrm{d}y +$$

$$\iint\limits_{D_{xy}} xy\sqrt{1 - x^2 - y^2}\mathrm{d}x\mathrm{d}y =$$

$$2\iint\limits_{D_{xy}} xy\sqrt{1 - x^2 - y^2}\mathrm{d}x\mathrm{d}y =$$

$$2\int_0^{\frac{\pi}{2}}\mathrm{d}\theta\int_0^1 r^3\cos\theta\sin\theta\sqrt{1-r^2}\,\mathrm{d}r =$$

$$\frac{2}{15}$$

例 2　计算曲面积分 $\displaystyle\iint_\Sigma xyz\,\mathrm{d}y\mathrm{d}z$,其中 $\Sigma : x^2+y^2+z^2 = 1$ 外

侧在 $x\geqslant 0, y\geqslant 0$ 部分(如图 12.17).

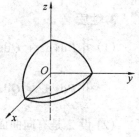

解
$$x = \sqrt{1-y^2-z^2}$$

$$\iint_\Sigma xyz\,\mathrm{d}y\mathrm{d}z = \iint_{D_{yz}}\sqrt{1-y^2-z^2}\,yz\,\mathrm{d}y\mathrm{d}z =$$

$$\int_{-\frac{\pi}{2}}^{\frac{\pi}{2}}\mathrm{d}\theta\int_0^1 r^3\cos\theta\sin\theta\sqrt{1-r^2}\,\mathrm{d}r = 0$$

图 12.17

由例 1、例 2 我们给出下列的注.

注　(1)若曲面 Σ 关于 $x=0$ 对称,Σ_1 是 Σ 的 $x\geqslant 0$ 部分,正侧不变。

① 当 $f(-x,y,z) = -f(x,y,z)$ 时

$$\iint_\Sigma f\mathrm{d}y\mathrm{d}z = 2\iint_{\Sigma_1}f\mathrm{d}y\mathrm{d}z$$

$$\iint_\Sigma f\mathrm{d}z\mathrm{d}x = \iint_\Sigma f\mathrm{d}x\mathrm{d}y = 0$$

② 当 $f(-x,y,z) = f(x,y,z)$ 时

$$\iint_\Sigma f\mathrm{d}y\mathrm{d}z = 0$$

$$\iint_\Sigma f\mathrm{d}z\mathrm{d}x = 2\iint_{\Sigma_1}f\mathrm{d}z\mathrm{d}x$$

$$\iint_\Sigma f\mathrm{d}x\mathrm{d}y = 2\iint_{\Sigma_1}f\mathrm{d}x\mathrm{d}y$$

例如 $\Sigma : x^2+y^2+z^2 = 1$ 外侧,$\Sigma_1 : x^2+y^2+z^2 = 1, x\geqslant 0$ 外侧

则

$$\iint_\Sigma x\mathrm{d}y\mathrm{d}z = 2\iint_{\Sigma_1}x\mathrm{d}y\mathrm{d}z$$

$$\iint_\Sigma x\mathrm{d}z\mathrm{d}x = \iint_\Sigma x\mathrm{d}x\mathrm{d}y = 0$$

$$\iint_\Sigma x^2\mathrm{d}y\mathrm{d}z = 0$$

$$\iint_\Sigma x^2\mathrm{d}z\mathrm{d}x = 2\iint_{\Sigma_1}x^2\mathrm{d}z\mathrm{d}x$$

$$\iint_\Sigma x^2\mathrm{d}x\mathrm{d}y = 2\iint_{\Sigma_1}x^2\mathrm{d}x\mathrm{d}y$$

(2)设曲面 Σ 由方程 $z = z(x,y)$ 给出,当 Σ 取上侧时,有

$$\cos\alpha = \frac{-z_x}{\sqrt{1+z_x^2+z_y^2}},\cos\beta = \frac{-z_y}{\sqrt{1+z_x^2+z_y^2}},\cos\gamma = \frac{1}{\sqrt{1+z_x^2+z_y^2}}$$

$$\cos\alpha \mathrm{d}s = \mathrm{d}y\mathrm{d}z,\cos\beta \mathrm{d}s = \mathrm{d}z\mathrm{d}x,\cos\gamma \mathrm{d}s = \mathrm{d}x\mathrm{d}y$$

$$\mathrm{d}s = \frac{1}{\cos\alpha}\mathrm{d}y\mathrm{d}z = \frac{1}{\cos\beta}\mathrm{d}z\mathrm{d}x = \frac{1}{\cos\gamma}\mathrm{d}x\mathrm{d}y$$

所以
$$\mathrm{d}y\mathrm{d}z = \frac{\cos\alpha}{\cos\gamma}\mathrm{d}x\mathrm{d}y = -z_x\mathrm{d}x\mathrm{d}y$$

所以
$$\mathrm{d}z\mathrm{d}x = \frac{\cos\beta}{\cos\gamma}\mathrm{d}x\mathrm{d}y = -z_y\mathrm{d}x\mathrm{d}y$$

于是
$$\iint\limits_{\Sigma} P\mathrm{d}y\mathrm{d}z + Q\mathrm{d}z\mathrm{d}x + R\mathrm{d}x\mathrm{d}y = \iint\limits_{\Sigma}(-z_xP - z_yQ + R)\mathrm{d}x\mathrm{d}y$$

若曲面 Σ 由方程 $x = x(y,z)$ 或 $y = y(x,z)$ 表示,也有类似的公式.

例 3　计算曲面积分 $I = \iint\limits_{\Sigma}(z^2+x)\mathrm{d}y\mathrm{d}z - z\mathrm{d}x\mathrm{d}y$,其中 $\Sigma:z = \frac{1}{2}(x^2+y^2)$ 介于平面 $z = 0$ 及 $z = 2$ 之间的部分的下侧.

解　$I = \iint\limits_{\Sigma}[(z^2+x)(-x) - z]\mathrm{d}x\mathrm{d}y =$

$$-\iint\limits_{D_{xy}}\left\{\left[\frac{1}{4}(x^2+y^2)^2 + x\right](-x) - \frac{1}{2}(x^2+y^2)\right\}\mathrm{d}x\mathrm{d}y$$

$$\iint\limits_{D_{xy}}\frac{1}{4}(x^2+y^2)^2x\mathrm{d}x\mathrm{d}y = 0$$

故
$$I = \iint\limits_{D_{xy}}\left[x^2 + \frac{1}{2}(x^2+y^2)\right]\mathrm{d}x\mathrm{d}y = \int_0^{2\pi}\mathrm{d}\theta\int_0^2\left(r^2\cos^2\theta + \frac{r^2}{2}\right)r\mathrm{d}r = 8\pi$$

12.5.3　两类曲面积分之间的联系

曲面 $\Sigma:z = z(x,y)$ 上侧的法向量 $\{-z_x,-z_y,1\}$ 方向余弦为

$$\cos\alpha = \frac{-z_x}{\sqrt{1+z_x^2+z_y^2}}$$

$$\cos\beta = \frac{-z_y}{\sqrt{1+z_x^2+z_y^2}},\cos\gamma = \frac{1}{\sqrt{1+z_x^2+z_y^2}}$$

$$\iint\limits_{\Sigma} R(x,y,z)\cos\gamma \mathrm{d}s = \iint\limits_{\Sigma} R(x,y,z)\mathrm{d}x\mathrm{d}y$$

如果取下侧,这时 $\cos\gamma = \frac{-1}{\sqrt{1+z_x^2+z_y^2}}$,因此上式仍然成立,类似可推

$$\iint\limits_{\Sigma} P(x,y,z)\mathrm{d}y\mathrm{d}z = \iint\limits_{\Sigma} P(x,y,z)\cos\alpha \mathrm{d}s$$

$$\iint\limits_{\Sigma} Q(x,y,z)\mathrm{d}z\mathrm{d}x = \iint\limits_{\Sigma} Q(x,y,z)\cos\beta \mathrm{d}s$$

于是
$$\iint\limits_{\Sigma} P\mathrm{d}y\mathrm{d}z + Q\mathrm{d}z\mathrm{d}x + R\mathrm{d}x\mathrm{d}y = \iint\limits_{\Sigma}(P\cos\alpha + Q\cos\beta + R\cos\gamma)\mathrm{d}s$$

例 4　计算 $I = \oiint\limits_{\Sigma} \dfrac{x^2\mathrm{d}y\mathrm{d}z + y^2\mathrm{d}z\mathrm{d}x + z\mathrm{d}x\mathrm{d}y}{x^2 + y^2 + z^2}, \Sigma: x^2 + y^2 + z^2 = 1$ 外侧

$$I = \oiint\limits_{\Sigma} x^2\mathrm{d}y\mathrm{d}z + y^2\mathrm{d}z\mathrm{d}x + z\mathrm{d}x\mathrm{d}y = 0 + 0 + 2\iint\limits_{D_{xy}} \sqrt{1 - x^2 - y^2}\mathrm{d}x\mathrm{d}y =$$

$$2\int_0^{2\pi}\mathrm{d}\theta\int_0^1 r\sqrt{1 - r^2}\mathrm{d}r = -2\pi\frac{2}{3}(1 - r^2)^{\frac{3}{2}}\Big|_0^1 = \frac{4}{3}\pi$$

百 花 园

例 5　计算曲面积分 $\iint\limits_{\Sigma} x\mathrm{d}y\mathrm{d}z + z\mathrm{d}x\mathrm{d}y$,其中 Σ 为圆柱面 $x^2 + y^2 = a^2$ 在第一卦限中被平面 $z = 0$ 与 $z = h(h > 0)$ 所截出部分的外侧.

解　先考虑

$$\iint\limits_{\Sigma} x\mathrm{d}y\mathrm{d}z$$

Σ 在 yOz 面上的投影为 $D_{yz}: 0 \leqslant y \leqslant a, 0 \leqslant z \leqslant h$

所以

$$\iint\limits_{\Sigma} x\mathrm{d}y\mathrm{d}z = \iint\limits_{D_{yz}} \sqrt{a^2 - y^2}\mathrm{d}y\mathrm{d}z =$$

$$\int_0^h\mathrm{d}z\int_0^a \sqrt{a^2 - y^2}\mathrm{d}y = \frac{\pi}{4}a^2 h$$

再考虑

$$\iint\limits_{\Sigma} z\mathrm{d}x\mathrm{d}y$$

因为 Σ 在 xOy 面上的投影为一段圆弧,所以

$$\iint\limits_{\Sigma} z\mathrm{d}x\mathrm{d}y = 0$$

故

$$\iint\limits_{\Sigma} x\mathrm{d}y\mathrm{d}z + z\mathrm{d}x\mathrm{d}y = \frac{\pi}{4}a^2 h$$

例 6　计算曲面积分 $\iint\limits_{\Sigma} xz^2\mathrm{d}y\mathrm{d}z$,其中 Σ 是上半球面 $z = \sqrt{R^2 - x^2 - y^2}$ 的上侧.

解　Σ 被 $x = 0$ 分成两部分 $\Sigma_1: x = \sqrt{R^2 - y^2 - z^2}$ 和 $\Sigma_2: x = -\sqrt{R^2 - y^2 - z^2}$
它们在 yOz 平面上的投影都是 $D_{yz}: y^2 + z^2 \leqslant R^2, z \geqslant 0, xz^2$ 是 x 的奇函数,所以

$$\iint\limits_{\Sigma} xz^2\mathrm{d}y\mathrm{d}z = 2\iint\limits_{\Sigma_1} xz^2\mathrm{d}y\mathrm{d}z =$$

$$2\iint\limits_{D_{yz}} \sqrt{R^2 - y^2 - z^2}z^2\mathrm{d}y\mathrm{d}z =$$

$$2\int_0^\pi\mathrm{d}\theta\int_0^R r^2\sin^2\theta\sqrt{R^2 - r^2}r\mathrm{d}r =$$

$$2\int_0^\pi\sin^2\theta\mathrm{d}\theta\int_0^R r^3\sqrt{R^2 - r^2}\mathrm{d}r$$

$$\int_0^\pi \sin^2\theta d\theta = \frac{1}{2}\int_0^\pi (1 - \cos 2\theta)\, d\theta = \frac{\pi}{2}$$

$$\int_0^R r^3\sqrt{R^2 - r^2}\, dr \xrightarrow{r\, =\, R\sin t} \int_0^{\frac{\pi}{2}} R^3\sin^3 t \cdot R\cos t \cdot R\cos t\, dt =$$

$$R^5 \cdot \int_0^{\frac{\pi}{2}} (\sin^3 t - \sin^5 t)\, dt = R^5 \left(\frac{2}{3} - \frac{8}{15}\right) = \frac{2}{15}R^5$$

故

$$\iint_\Sigma xz^2 dy dz = 2 \times \frac{\pi}{2} \times \frac{2}{15}R^5 = \frac{2}{15}\pi R^5$$

例 7　计算 $\displaystyle\iint_\Sigma \frac{e^z}{\sqrt{x^2 + y^2}} dx dy$，其中 Σ 为锥面 $z = \sqrt{x^2 + y^2}$ 夹在 $z = 1, z = 2$ 之间的外侧.

解　Σ 方程为 $z = \sqrt{x^2 + y^2}$，Σ 在 xOy 面上的投影域 $D_{xy}: 1 \le x^2 + y^2 \le 4$

故

$$\iint_\Sigma \frac{e^z}{\sqrt{x^2 + y^2}} dx dy = -\iint_{D_{xy}} \frac{e^{\sqrt{x^2 + y^2}}}{\sqrt{x^2 + y^2}} dx dy =$$

$$-\int_0^{2\pi} d\theta \int_1^2 \frac{e^r}{r} r dr = -2\pi e(e - 1)$$

例 8　计算 $\displaystyle\iint_\Sigma y dz dx + 2 dx dy$，其中 Σ 是 $z = \sqrt{1 - x^2 - y^2}$ 的上侧.

解

$$\iint_\Sigma y dz dx + 2 dx dy = \iint_\Sigma y dz dx + \iint_\Sigma 2 dx dy$$

将 Σ 分成两部分 $\Sigma_1: y = \sqrt{1 - z^2 - x^2}$　$\Sigma_2: y = -\sqrt{1 - z^2 - x^2}$
在 zOx 平面上的投影域 $D_{zx}: z^2 + x^2 \le 1, z \ge 0$，$y$ 是奇函数.

$$\iint_\Sigma y dz dx = 2\iint_{D_{zx}} \sqrt{1 - z^2 - x^2} dz dx = 2\int_0^\pi d\theta \int_0^1 \sqrt{1 - r^2} r dr = \frac{2}{3}\pi$$

$$\iint_\Sigma 2 dx dy = 2\iint_{D_{xy}} dx dy = 2\pi$$

故

$$\iint_\Sigma y dz dx + 2 dx dy = \frac{8}{3}\pi$$

例 9　计算 $I = \displaystyle\oiint_\Sigma xz dx dy + xy dy dz + yz dz dx$，其中 Σ 是平面 $x = 0, y = 0, z = 0$，$x + y + z = 1$ 所围成的空间区域的整个边界曲面的外侧.

解　$\Sigma = \Sigma_1 + \Sigma_2 + \Sigma_3 + \Sigma_4$　$\Sigma_1: x = 0, \Sigma_2: y = 0, \Sigma_3: z = 0, \Sigma_4: x + y + z = 1$
显然在 $\Sigma_1, \Sigma_2, \Sigma_3$ 上积分为 0 而由轮换对称性(即:指被积函数的变量位置和积分区域对各个变量是对称的)

$$\iint_{\Sigma_4} xz dx dy = \iint_{\Sigma_4} xy dy dz = \iint_{\Sigma_4} yz dz dx$$

则

$$\iint\limits_{\Sigma_4} xz\mathrm{d}x\mathrm{d}y + xy\mathrm{d}y\mathrm{d}z + yz\mathrm{d}z\mathrm{d}x = 3\iint\limits_{\Sigma_4} xz\mathrm{d}x\mathrm{d}y = 3\int_0^1 \mathrm{d}x \int_0^{1-x} x(1-x-y)\mathrm{d}y = \frac{1}{8}$$

所以
$$I = \frac{1}{8}$$

也可将

$$\iint\limits_{\Sigma_4} xz\mathrm{d}x\mathrm{d}y + xy\mathrm{d}y\mathrm{d}z + yz\mathrm{d}z\mathrm{d}x = \iint\limits_{\Sigma_4} (xz - z_x xy - z_y yz)\mathrm{d}x\mathrm{d}y =$$

$$\iint\limits_{\Sigma_4} (xz + xy + yz)\mathrm{d}x\mathrm{d}y = \frac{1}{8}$$

习题 12.5

1. 计算 $\iint\limits_{\Sigma} x^2 y^2 z\mathrm{d}x\mathrm{d}y$,其中 Σ 是球面 $x^2 + y^2 + z^2 = R^2, z \leqslant 0$ 的下侧.

2. 计算 $\iint\limits_{\Sigma} (x+1)^2\mathrm{d}x\mathrm{d}z$,$\Sigma: x^2 + y^2 + z^2 = R^2 \ y \geqslant 0$ 的外侧.

3. 计算 $\oiint\limits_{\Sigma} (x+y+z)\mathrm{d}x\mathrm{d}y + (y-z)\mathrm{d}y\mathrm{d}z$,其中 Σ 由 $x = 0, y = 0, z = 0, x = 1,$ $y = 1, z = 1$ 所围成的正方体的边界的外侧.

4. 计算 $\oiint\limits_{\Sigma} z\mathrm{d}x\mathrm{d}y$,$\Sigma:$ 椭球面 $\dfrac{x^2}{a^2} + \dfrac{y^2}{b^2} + \dfrac{z^2}{c^2} = 1$ 的外侧.

5. 计算 $\iint\limits_{\Sigma} yz\mathrm{d}x\mathrm{d}y + zx\mathrm{d}y\mathrm{d}z + xy\mathrm{d}z\mathrm{d}x$,其中 Σ 为柱面 $x^2 + y^2 = R^2, z = H(H > 0)$ 及三个坐标面所围成的第一卦限中的立体的表面外侧.

6. 计算 $I = \oiint\limits_{\Sigma} \mathrm{d}y\mathrm{d}z + (y+1)\mathrm{d}z\mathrm{d}x + z\mathrm{d}x\mathrm{d}y$,其中 Σ 是由三个坐标面与平面 $x + y + z = 1$ 围成的四面体的外侧表面.

7. 计算 $\oiint\limits_{\Sigma} \dfrac{x\mathrm{d}y\mathrm{d}z + y\mathrm{d}z\mathrm{d}x + z\mathrm{d}x\mathrm{d}y}{(x^2 + y^2 + z^2)^{\frac{3}{2}}}$,其中 Σ 为球面 $x^2 + y^2 + z^2 = a^2$ 的外侧.

8. 计算 $I = \iint\limits_{\Sigma} z\mathrm{d}x\mathrm{d}y + x\mathrm{d}y\mathrm{d}z + y\mathrm{d}z\mathrm{d}x$,其中 Σ 是柱面 $x^2 + y^2 = 1$ 被平面 $z = 0$ 及 $z = 3$ 所截得的在第一卦限内的部分的前侧.

12.6　高斯公式

12.6.1　高斯公式

　　牛顿 —— 莱布尼兹公式表达了闭区间上的定积分与其原函数,在区间端点值之间的关系,格林公式表达了平面闭区域上的二重积分与其边界曲线上的曲线积分之间的关系,而高斯公式表达了空间闭区域 Ω 上的三重积分与其边界曲面上的曲面积分之间的关系，公式如下：

定理 12.10　设空间闭区域 Ω 是由分片光滑的闭曲面 Σ 所围成，函数 $P(x,y,z)$，$Q(x,y,z)$，$R(x,y,z)$ 在 Ω 上具有一阶连续偏导数，则有

$$\iiint\limits_{\Omega} \left(\frac{\partial P}{\partial x} + \frac{\partial Q}{\partial y} + \frac{\partial R}{\partial z} \right) \mathrm{d}v = \oiint\limits_{\Sigma} P\mathrm{d}y\mathrm{d}z + Q\mathrm{d}z\mathrm{d}x + R\mathrm{d}x\mathrm{d}y \qquad ①$$

或

$$\iiint\limits_{\Omega} \left(\frac{\partial P}{\partial x} + \frac{\partial Q}{\partial y} + \frac{\partial R}{\partial z} \right) \mathrm{d}v = \oiint\limits_{\Sigma} (P\cos\alpha + Q\cos\beta + R\cos\gamma)\mathrm{d}s \qquad ②$$

这里 Σ 是 Ω 的整个边界曲面的外侧，$\cos\alpha, \cos\beta, \cos\gamma$ 是 Σ 在点 (x,y,z) 处的法向量的方向余弦.

公式 ① 或 ② 叫做高斯公式

例 1　计算 $\oiint\limits_{\Sigma} x\mathrm{d}y\mathrm{d}z + 2y\mathrm{d}z\mathrm{d}x + 3z\mathrm{d}x\mathrm{d}y$，$\Sigma : x^2 + y^2 + z^2 = a^2$ 的外侧.

解　由高斯公式

$$\oiint\limits_{\Sigma} x\mathrm{d}y\mathrm{d}z + 2y\mathrm{d}z\mathrm{d}x + 3z\mathrm{d}x\mathrm{d}y = \iiint\limits_{\Omega} \left(\frac{\partial x}{\partial x} + \frac{\partial 2y}{\partial y} + \frac{\partial(3z)}{\partial z} \right) \mathrm{d}v = 6\iiint\limits_{\Omega} \mathrm{d}v = 8\pi a^3$$

例 2　计算 $I = \oiint\limits_{\Sigma} x^3\mathrm{d}y\mathrm{d}z + y^3\mathrm{d}z\mathrm{d}x + z^3\mathrm{d}x\mathrm{d}y$，$\Sigma : x^2 + y^2 + z^2 = 1$ 的外侧.

解　$I = \iiint\limits_{\Omega} 3(x^2 + y^2 + z^2)\mathrm{d}v = 3\int_0^{2\pi}\mathrm{d}\theta\int_0^{\pi}\mathrm{d}\varphi\int_0^1 r^4\sin\varphi\mathrm{d}r = \dfrac{12}{5}\pi$

例 3　计算曲面积分 $I = \iint\limits_{\Sigma}(2x+z)\mathrm{d}y\mathrm{d}z + z\mathrm{d}x\mathrm{d}y$，

其中 Σ 为有向曲面 $z = x^2 + y^2$，$0 \le z \le 1$ 其法向量与 z 轴正向夹角为锐角（如图 12.18）.

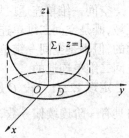

图 12.18

解　记 Σ_1 为法向量指向 z 轴负向的有向平面 $z = 1(x^2 + y^2 \le 1)$，D 为 Σ_1 在 xOy 面上的投影区域.

$$I = \oiint\limits_{\Sigma + \Sigma_1}(2x+z)\mathrm{d}y\mathrm{d}z + z\mathrm{d}x\mathrm{d}y -$$

$$\iint\limits_{\Sigma_1}(2x+z)\mathrm{d}y\mathrm{d}z + z\mathrm{d}x\mathrm{d}y = -\iiint\limits_{\Omega}(2+1)\mathrm{d}v + \iint\limits_{D}\mathrm{d}x\mathrm{d}y =$$

$$-3\int_0^{2\pi}\mathrm{d}\theta\int_0^1\mathrm{d}r\int_{r^2}^1 r\mathrm{d}z + \pi = -6\pi\int_0^1 r(1-r^2)\mathrm{d}r + \pi =$$

$$-\frac{3}{2}\pi + \pi = -\frac{1}{2}\pi$$

例 4　计算

$$I = \oiint\limits_{\Sigma} \frac{x}{\sqrt{x^2+y^2+z^2}}\mathrm{d}y\mathrm{d}z + \frac{y}{\sqrt{x^2+y^2+z^2}}\mathrm{d}z\mathrm{d}x + \frac{z}{\sqrt{x^2+y^2+z^2}}\mathrm{d}x\mathrm{d}y$$

$\Sigma : x^2 + y^2 + z^2 = R^2$ 的外侧.

解 $$I = \frac{1}{R} \oiint_{\Sigma} x\mathrm{d}y\mathrm{d}z + y\mathrm{d}z\mathrm{d}x + z\mathrm{d}x\mathrm{d}y = \frac{1}{R} \iiint_{\Omega} 3\mathrm{d}v = 4\pi R^2$$

例 5 计算 $I = \iint_{\Sigma} x^2 yz^2 \mathrm{d}y\mathrm{d}z - xy^2 z^2 \mathrm{d}z\mathrm{d}x + z(1 + xyz)\mathrm{d}x\mathrm{d}y$,其中 $\Sigma: z = a^2 - x^2 - y^2$ $z \geq 0$ 部分的上侧.

解 记 $\Sigma_1: \begin{cases} x^2 + y^2 \leq a^2 \\ z = 0 \end{cases}$,方向为 Oz 轴的负向

$$I = \oiint_{\Sigma + \Sigma_1} x^2 yz^2 \mathrm{d}y\mathrm{d}z - xy^2 z^2 \mathrm{d}z\mathrm{d}x + z(1 + xyz)\mathrm{d}x\mathrm{d}y$$

$$- \iint_{\Sigma_1} x^2 yz^2 \mathrm{d}y\mathrm{d}z - xy^2 z^2 \mathrm{d}z\mathrm{d}x + z(1 + xyz)\mathrm{d}x\mathrm{d}y =$$

$$\iiint_{\Omega} \frac{\partial(x^2 yz^2)}{\partial x} + \frac{\partial(-xy^2 z^2)}{\partial y} + \frac{\partial}{\partial z}(z + xyz^2)\mathrm{d}v - 0 =$$

$$\iiint_{\Omega} (1 + 2xyz)\mathrm{d}v = \iiint_{\Omega} \mathrm{d}v + 2\iiint_{\Omega} xyz\mathrm{d}v =$$

$$\int_0^{2\pi} \mathrm{d}\theta \int_0^a \mathrm{d}r \int_0^{a^2 - r^2} r\mathrm{d}z + 0 =$$

$$2\pi \int_0^a r(a^2 - r^2)\mathrm{d}r = 2\pi\left(\frac{a^2}{2}a^2 - \frac{1}{4}a^4\right) = \frac{\pi}{2}a^4$$

12.6.2 沿任意闭曲面的曲面积分为零的条件

空间二维单连通区域:G 内任一闭曲面所围区域全属于 G.即 G 内无"洞".

空间一维单连通区域:G 内任一闭曲线总可以在 G 内连续缩成 G 内一点.如球面所围区域,既是空间二维单连通的又是空间一维单连通的;环面所围成的区域是空间二维单连通的,但不是空间一维单连通的,两个同心球面之间的区域是空间一维单连通的,但不是空间二维单连通的.

定理 12.11 设 G 是空间二维单连通区域,$P(x,y,z)$,$Q(x,y,z)$,$R(x,y,z)$,在 G 内具有一阶连续偏导数,则曲面积分 $\iint_{\Sigma} P\mathrm{d}y\mathrm{d}z + Q\mathrm{d}z\mathrm{d}x + R\mathrm{d}x\mathrm{d}y$ 在 G 内与所取曲面 Σ 无关,而只取决于 Σ 的边界曲线(或沿 G 内任一闭曲面的曲面积分为零)的充分必要条件是

$$\frac{\partial P}{\partial x} + \frac{\partial Q}{\partial y} + \frac{\partial R}{\partial z} = 0$$

在 G 内恒成立.

例 6 计算 $I = \iint_{\Sigma} x(y^2 + z^2)\mathrm{d}y\mathrm{d}z + \left(-\frac{1}{3}y^3 + z\right)\mathrm{d}z\mathrm{d}x - \frac{1}{3}z^3\mathrm{d}x\mathrm{d}y$

其中 $\Sigma: \frac{x^2}{a^2} + \frac{y^2}{b^2} + \frac{z^2}{c^2} = 1, z \geq 0$ 的上侧.

解 $$\frac{\partial P}{\partial x} + \frac{\partial Q}{\partial y} + \frac{\partial R}{\partial z} = (y^2 + z^2) - y^2 - z^2 \equiv 0$$

由定理 12.11 可知,曲面积分与曲面 Σ 无关,而只取决于 Σ 的边界曲线 $\begin{cases} \frac{x^2}{a^2} + \frac{y^2}{b^2} = 1 \\ z = 0 \end{cases}$

我们取 $\Sigma_1:\begin{cases} z = 0 \\ \dfrac{x^2}{a^2} + \dfrac{y^2}{b^2} \leqslant 1 \end{cases}$ 方向向上

$$I = \iint\limits_{\Sigma} x(y^2 + z^2)\,\mathrm{d}y\mathrm{d}z + \left(-\frac{1}{3}y^3 + z\right)\mathrm{d}z\mathrm{d}x - \frac{1}{3}z^3\mathrm{d}x\mathrm{d}y =$$

$$\iint\limits_{\Sigma_1} x(y^2 + z^2)\,\mathrm{d}y\mathrm{d}z + \left(-\frac{1}{3}y^3 + z\right)\mathrm{d}z\mathrm{d}x - \frac{1}{3}z^3\mathrm{d}x\mathrm{d}y =$$

$$0 + 0 - 0 = 0$$

百　花　园

例 7　设 Σ 为椭球面 $\dfrac{x^2}{a^2} + \dfrac{y^2}{b^2} + \dfrac{z^2}{c^2} = 1$ 的外侧,计算 $\oiint\limits_{\Sigma} \dfrac{x\mathrm{d}y\mathrm{d}z + y\mathrm{d}z\mathrm{d}x + z\mathrm{d}x\mathrm{d}y}{(x^2 + y^2 + z^2)^{\frac{3}{2}}}$.

解
$$\frac{\partial P}{\partial x} = \frac{\partial}{\partial x}\left[\frac{x}{(x^2 + y^2 + z^2)^{\frac{3}{2}}}\right] = \frac{y^2 + z^2 - 2x^2}{(x^2 + y^2 + z^2)^{\frac{5}{2}}}$$

$$\frac{\partial Q}{\partial y} = \frac{\partial}{\partial y}\left(\frac{y}{(x^2 + y^2 + z^2)^{\frac{3}{2}}}\right) = \frac{x^2 + z^2 - 2y^2}{(x^2 + y^2 + z^2)^{\frac{5}{2}}}$$

$$\frac{\partial R}{\partial z} = \frac{\partial}{\partial z}\left(\frac{z}{(x^2 + y^2 + z^2)^{\frac{3}{2}}}\right) = \frac{x^2 + y^2 - 2z^2}{(x^2 + y^2 + z^2)^{\frac{5}{2}}}$$

所以
$$\frac{\partial P}{\partial x} + \frac{\partial Q}{\partial y} + \frac{\partial R}{\partial z} = 0$$

除点 $(0,0,0)$ 处,$\dfrac{\partial P}{\partial x}, \dfrac{\partial Q}{\partial y}, \dfrac{\partial R}{\partial z}$ 均连续,不能用高斯公式.作封闭曲面 $\Sigma_1: x^2 + y^2 + z^2 = \varepsilon^2$ 外侧,Σ_1^-

$$0 < \varepsilon < \min(a, b, c)$$

由高斯公式 $\oiint\limits_{\Sigma + \Sigma_1^-} \dfrac{x\mathrm{d}y\mathrm{d}z + y\mathrm{d}z\mathrm{d}x + z\mathrm{d}x\mathrm{d}y}{(x^2 + y^2 + z^2)^{3/2}} = 0$

即有
$$\oiint\limits_{\Sigma} \frac{x\mathrm{d}y\mathrm{d}z + y\mathrm{d}z\mathrm{d}x + z\mathrm{d}x\mathrm{d}y}{(x^2 + y^2 + z^2)^{\frac{3}{2}}} = \oiint\limits_{\Sigma_1} \frac{x\mathrm{d}y\mathrm{d}z + y\mathrm{d}z\mathrm{d}x + z\mathrm{d}x\mathrm{d}y}{(x^2 + y^2 + z^2)^{\frac{3}{2}}} =$$

$$\frac{1}{\varepsilon^3} \oiint\limits_{\Sigma_1} x\mathrm{d}y\mathrm{d}z + y\mathrm{d}z\mathrm{d}x + z\mathrm{d}x\mathrm{d}y =$$

$$\frac{1}{\varepsilon^3} \iiint\limits_{\Omega} 3\mathrm{d}v = \frac{3}{\varepsilon^3} \cdot \frac{4}{3}\pi\varepsilon^3 = 4\pi$$

例 8　计算 $I = \oiint\limits_{\Sigma} z\mathrm{d}x\mathrm{d}y$,其中 Σ 为球面 $x^2 + y^2 + z^2 = a^2$ 的外侧.

解　由高斯公式(Ω 为球体 $x^2 + y^2 + z^2 \leqslant a^2$)

$$I = \iiint\limits_{\Omega} \mathrm{d}v = \frac{4}{3}\pi a^3$$

例 9 Σ 为 $x^2 + y^2 + z^2 = R^2$ 的外侧,计算 $\oiint_{\Sigma} \dfrac{x^3 dydz + y^3 dzdx + z^3 dxdy}{x^2 + y^2 + z^2}$.

解 $\oiint_{\Sigma} \dfrac{x^3 dydz + y^3 dzdx + z^3 dxdy}{x^2 + y^2 + z^2} = \dfrac{1}{R^2} \oiint_{\Sigma} x^3 dydz + y^3 dzdx + z^3 dxdy =$

$\dfrac{1}{R^2} \iiint_{\Omega} 3(x^2 + y^2 + z^2) dv = \dfrac{3}{R^2} \int_0^{2\pi} d\theta \int_0^{\pi} d\varphi \int_0^R r^4 \sin \varphi dr = \dfrac{12}{5} \pi R^3$

例 10 计算曲面积分 $I = \oiint_{\Sigma} \dfrac{xdydz + ydzdx + zdxdy}{(x^2 + y^2 + z^2)^{\frac{3}{2}}}$,其中 Σ 是曲面 $2x^2 + 2y^2 + z^2 = 4$ 的外侧.

解 $\dfrac{\partial P}{\partial x} = \dfrac{\partial}{\partial x} \left[\dfrac{x}{(x^2 + y^2 + z^2)^{\frac{3}{2}}} \right] = \dfrac{y^2 + z^2 - 2x^2}{(x^2 + y^2 + z^2)^{\frac{5}{2}}}$

$\dfrac{\partial Q}{\partial y} = \dfrac{\partial}{\partial y} \left(\dfrac{y}{(x^2 + y^2 + z^2)^{\frac{3}{2}}} \right) = \dfrac{x^2 + z^2 - 2y^2}{(x^2 + y^2 + z^2)^{\frac{5}{2}}}$

$\dfrac{\partial R}{\partial z} = \dfrac{\partial}{\partial z} \left[\dfrac{z}{(x^2 + y^2 + z^2)^{\frac{3}{2}}} \right) = \dfrac{x^2 + y^2 - 2z^2}{(x^2 + y^2 + z^2)^{\frac{5}{2}}}$

所以 $\dfrac{\partial P}{\partial x} + \dfrac{\partial Q}{\partial y} + \dfrac{\partial R}{\partial z} = 0$

在 Σ 所围的区域 Ω 内,以原点为心作一个球面 $\Sigma_1 : x^2 + y^2 + z^2 = \varepsilon^2$,取外侧($\varepsilon$ 充分小),于是有

$I = \oiint_{\Sigma} \dfrac{xdydz + ydzdx + zdxdy}{(x^2 + y^2 + z^2)^{\frac{3}{2}}} = \oiint_{\Sigma_1} \dfrac{xdydz + ydzdx + zdxdy}{(x^2 + y^2 + z^2)^{\frac{3}{2}}} =$

$\dfrac{1}{\varepsilon^3} \oiint_{\Sigma_1} xdydz + ydzdx + zdxdy =$

$\dfrac{1}{\varepsilon^3} \iiint_{\Omega} 3dv = \dfrac{3}{\varepsilon^3} \cdot \dfrac{4}{3} \pi \varepsilon^3 = 4\pi$

习题 12.6

1.计算 $\oiint_{\Sigma} (x - y) dxdy + (y - z)xdydz$,其中 Σ 为柱面 $x^2 + y^2 = 1$ 及平面 $z = 0$, $z = 3$ 所围成的空间闭区域 Ω 的整个边界曲面的外侧.

2.计算曲面积分 $I = \oiint_{\Sigma} x^2 dydz + y^2 dzdx + z^2 dxdy$,其中 Σ 为平面 $x = 0$, $y = 0$, $z = 0$, $x = 1$, $y = 1$, $z = 1$ 所围成的立方体的表面的外侧.

3.计算曲面积分 $I = \oiint_{\Sigma} xdydz + ydzdx + zdxdy$,$\Sigma$ 是介于 $z = 0$ 和 $z = 3$ 之间的圆柱体 $x^2 + y^2 \leqslant 9$ 的整个表面的外侧.

4.计算曲面积分 $I = \oiint_{\Sigma} 4xzdydz - y^2 dzdx + yzdxdy$,其中 Σ 是平面 $x = 0$, $y = 0$,

$z = 0, x = 1, y = 1, z = 1$ 所围的立方体的全表面的外侧.

5.计算曲面积分 $I = \oiint\limits_{\Sigma} x^3 \mathrm{d}y\mathrm{d}z + y^3 \mathrm{d}z\mathrm{d}x + z^3 \mathrm{d}x\mathrm{d}y$，其中 Σ 为球面 $x^2 + y^2 + z^2 = a^2$ 的外侧.

6.计算曲面积分 $I = \oiint\limits_{\Sigma} xz^2 \mathrm{d}y\mathrm{d}z + (x^2 y - z^3)\mathrm{d}z\mathrm{d}x + (2xy + y^2 z)\mathrm{d}x\mathrm{d}y$，其中 Σ 为上半球体 $0 \leqslant z \leqslant \sqrt{a^2 - x^2 - y^2}$ 的表面的外侧.

7.计算曲面积分 $I = \oiint\limits_{\Sigma} z \mathrm{d}x\mathrm{d}y$，其中 Σ 为球面 $x^2 + y^2 + z^2 = a^2$ 的外侧.

8.计算曲面积分 $I = \iint\limits_{\Sigma} z \mathrm{d}x\mathrm{d}y + xy \mathrm{d}z\mathrm{d}x$，其中 Σ 为抛物面 $z = x^2 + y^2$ 的上侧,位于 $x \geqslant 0, y \geqslant 0, 0 \leqslant z \leqslant 1$ 内的部分.

12.7　斯托克斯公式

12.7.1　斯托克斯公式

格林公式表达了平面区域上的二重积分与其边界曲线上的曲线积分间的关系,而斯托克斯公式则把曲面 Σ 上的曲面积分与沿着 Σ 的边界曲线的曲线积分联系起来.

定理 12.12　设 L 是分段光滑的空间有向闭曲线,Σ 是以 L 为边界的分片光滑的有向曲面,L 的正向与 Σ 的侧符合右手规则①函数 $P(x,y,z)$,$Q(x,y,z)$,$R(x,y,z)$ 在曲面 Σ(连同边界 L)上具有一阶连续偏导数,则有

$$\oint_L P\mathrm{d}x + Q\mathrm{d}y + R\mathrm{d}z = \iint\limits_{\Sigma} \left(\frac{\partial R}{\partial y} - \frac{\partial Q}{\partial z}\right)\mathrm{d}y\mathrm{d}z + \left(\frac{\partial P}{\partial z} - \frac{\partial R}{\partial x}\right)\mathrm{d}z\mathrm{d}x + \left(\frac{\partial Q}{\partial x} - \frac{\partial P}{\partial y}\right)\mathrm{d}x\mathrm{d}y \quad ③$$

或

$$\oint_L P\mathrm{d}x + Q\mathrm{d}y + R\mathrm{d}z = \iint\limits_{\Sigma} \begin{vmatrix} \mathrm{d}y\mathrm{d}z & \mathrm{d}z\mathrm{d}x & \mathrm{d}x\mathrm{d}y \\ \dfrac{\partial}{\partial x} & \dfrac{\partial}{\partial y} & \dfrac{\partial}{\partial z} \\ P & Q & R \end{vmatrix} = \iint\limits_{\Sigma} \begin{vmatrix} \cos\alpha & \cos\beta & \cos\gamma \\ \dfrac{\partial}{\partial x} & \dfrac{\partial}{\partial y} & \dfrac{\partial}{\partial z} \\ P & Q & R \end{vmatrix} \mathrm{d}s \quad ④$$

公式 ③ 或 ④ 叫斯托克斯公式.

例 1　计算 $I = \oint_L z\mathrm{d}x + x\mathrm{d}y + y\mathrm{d}z$，其中 L 为平面 $x + y + z = 1$ 被三个坐标面所截成的三角形的整个边界,它的正向与这个平面三角形 Σ 上侧的法向量之间符合右手规则.

解
$$I = \iint\limits_{\Sigma} \mathrm{d}y\mathrm{d}z + \mathrm{d}z\mathrm{d}x + \mathrm{d}x\mathrm{d}y$$

而
$$\iint\limits_{\Sigma} \mathrm{d}y\mathrm{d}z = \iint\limits_{D_{yz}} \mathrm{d}\sigma = \frac{1}{2}, \iint\limits_{\Sigma} \mathrm{d}z\mathrm{d}x = \iint\limits_{D_{zx}} \mathrm{d}\sigma = \frac{1}{2}, \iint\limits_{\Sigma} \mathrm{d}x\mathrm{d}y = \iint\limits_{D_{xy}} \mathrm{d}\sigma = \frac{1}{2}$$

---

　① 右手除拇指外的四个手指依 L 的绕行方向时,拇指所指的方向与 Σ 上的法向量的指向相同,这时称 L 是有向曲面 Σ 的正向边界曲线.

所以
$$I = \oint_L z\mathrm{d}x + x\mathrm{d}y + y\mathrm{d}z = \frac{3}{2}$$

例2 计算曲线积分

$$I = \oint_L (z - y)\mathrm{d}x + (x - z)\mathrm{d}y + (x - y)\mathrm{d}z$$

其中 L 是曲线 $\begin{cases} x^2 + y^2 = 1 \\ x - y + z = 2 \end{cases}$ 从 z 轴正向往 z 轴负向看 L 的方向是顺时针的.

解 设 Σ 是平面 $x - y + z = 2$ 上以 L 为边界的有限部分,其法向量与 z 轴正向的夹角为钝角,D_{xy} 为 Σ 在 xOy 平面上的投影区域,则由斯托克斯公式

$$\oint_L (z - y)\mathrm{d}x + (x - z)\mathrm{d}y + (x - y)\mathrm{d}z = \iint_\Sigma \left(\frac{\partial(x - y)}{\partial y} - \frac{\partial(x - z)}{\partial z} \right)\mathrm{d}y\mathrm{d}z +$$

$$\left(\frac{\partial(z - y)}{\partial z} - \frac{\partial(x - y)}{\partial x} \right)\mathrm{d}z\mathrm{d}x + \left(\frac{\partial(x - z)}{\partial x} - \frac{\partial(z - y)}{\partial y} \right)\mathrm{d}x\mathrm{d}y =$$

$$\iint_\Sigma 2\mathrm{d}x\mathrm{d}y = -\iint_{D_{xy}} 2\mathrm{d}x\mathrm{d}y = -2\pi$$

例3 计算曲线积分 $I = \oint_L x^2 y\mathrm{d}x + (x^2 + y^2)\mathrm{d}y + (x + y + z)\mathrm{d}z$,其中 L 是 $x^2 + y^2 + z^2 = 11$ 与 $z = x^2 + y^2 + 1$ 的交线,其方向与 z 轴正向成右手系.

解 $x^2 + y^2 + z^2 = 11$ 与 $z = x^2 + y^2 + 1$ 中消去 z 得 L 的方程为 $x^2 + y^2 = 2, z = 3$ 记 Σ 为平面 $z = 3$ 上以 L 为边界的平面区域 $x^2 + y^2 \leqslant 2, z = 3$ 取上侧,由斯托克斯公式得

$$I = \iint_\Sigma \left[\frac{\partial}{\partial y}(x + y + z) - \frac{\partial}{\partial z}(x^2 + y^2) \right]\mathrm{d}y\mathrm{d}z + \left[\frac{\partial}{\partial z}(x^2 y) - \frac{\partial}{\partial x}(x + y + z) \right]\mathrm{d}z\mathrm{d}x +$$

$$\left[\frac{\partial}{\partial x}(x^2 + y^2) - \frac{\partial}{\partial y}(x^2 y) \right]\mathrm{d}x\mathrm{d}y =$$

$$\iint_\Sigma \mathrm{d}y\mathrm{d}z - \mathrm{d}z\mathrm{d}x + (2x - x^2)\mathrm{d}x\mathrm{d}y =$$

$$\iint_{x^2 + y^2 \leqslant 2} (2x - x^2)\mathrm{d}x\mathrm{d}y = -\iint_{x^2 + y^2 \leqslant 2} x^2 \mathrm{d}x\mathrm{d}y = -\int_0^{2\pi}\mathrm{d}\theta \int_0^{\sqrt{2}} r^3 \cos^2\theta \mathrm{d}r = -\pi$$

12.7.2 空间曲线积分与路径无关的条件

我们利用格林公式得出了平面曲线积分与路径无关的条件,完全类似地,利用斯托克斯公式,可推得空间曲线积分与路径无关的条件.

定理 12.13 设空间区域 G 是一维单连通区域,函数 $P(x, y, z), Q(x, y, z)$, $R(x, y, z)$ 在 G 内具有一阶连续偏导数,则空间曲线积分 $\int_L P\mathrm{d}x + Q\mathrm{d}y + R\mathrm{d}z$ 在 G 内与路径无关(或沿 G 内任意闭曲线的曲线积分为零)的充分必要条件是

$$\frac{\partial P}{\partial y} = \frac{\partial Q}{\partial x}, \frac{\partial Q}{\partial z} = \frac{\partial R}{\partial y}, \frac{\partial R}{\partial x} = \frac{\partial P}{\partial z} \qquad ⑤$$

在 G 内恒成立.

定理 12.14 设区域 G 是空间一维单连通区域,函数 $P(x,y,z),Q(x,y,z)$,$R(x,y,z)$ 在 G 内具有一阶连续偏导数,则表达式 $P\mathrm{d}x + Q\mathrm{d}y + R\mathrm{d}z$ 在 G 内成为某一函数 $u(x,y,z)$ 的全微分的充分必要条件是等式 ⑤ 在 G 内恒成立,当条件 ⑤ 满足时,这函数(不计一常数之差)可用下式求出

$$u(x,y,z) = \int_{(x_0,y_0,z_0)}^{(x,y,z)} P\mathrm{d}x + Q\mathrm{d}y + R\mathrm{d}z$$

例 4 判别 $(x^2 - 2yz)\mathrm{d}x + (y^2 - 2xz)\mathrm{d}y + (z^2 - 2xy)\mathrm{d}z$ 是否是某一函数的全微分,如是,请求出原函数 $u(x,y,z)$.

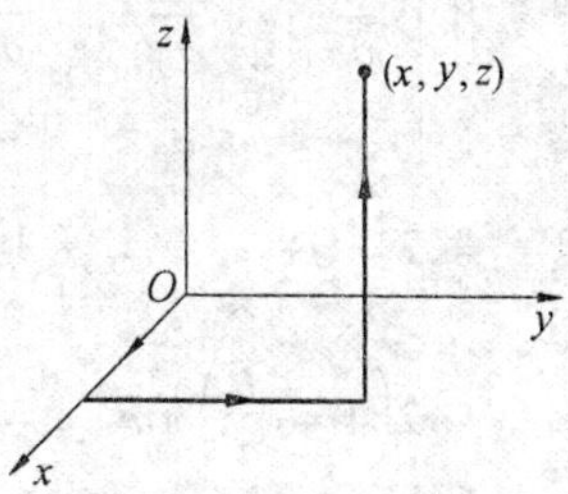

解 $P = x^2 - 2yz, Q = y^2 - 2xz, R = z^2 - 2xy$

$$\frac{\partial R}{\partial y} = -2x = \frac{\partial Q}{\partial z} \quad \frac{\partial R}{\partial x} = -2y = \frac{\partial P}{\partial z} \quad \frac{\partial Q}{\partial x} = -2z = \frac{\partial P}{\partial y}$$

所以由定理 12.14 知 $(x^2 - 2yz)\mathrm{d}x + (y^2 - 2xz)\mathrm{d}y + (z^2 - 2xy)\mathrm{d}z$ 是某一函数 $u(x,y,z)$ 的全微分.

图 12.19

$$u(x,y,z) = \int_{(0,0,0)}^{(x,y,z)} (x^2 - 2yz)\mathrm{d}x + (y^2 - 2xz)\mathrm{d}y + (z^2 - 2xy)\mathrm{d}z + C =$$

$$\int_0^x x^2\mathrm{d}x + \int_0^y y^2\mathrm{d}y + \int_0^z (z^2 - 2xy)\mathrm{d}z + C =$$

$$\frac{1}{3}x^3 + \frac{1}{3}y^3 + \frac{1}{3}z^3 - 2xyz + C$$

百 花 园

例 5 计算曲线积分 $\oint_L y\mathrm{d}x + z\mathrm{d}y + x\mathrm{d}z$,其中 L 为球面 $x^2 + y^2 + z^2 = a^2$ 与平面 $x + y + z = 0$ 的交线从 z 轴正向看去逆时针.

解 把平面 $x + y + z = 0$ 上被球面包围的部分记作 Σ,其法方向与 Oz 轴正向夹锐角,显然 Σ 是以 a 为半径的圆片,面积为 πa^2,在 Σ 上每一点均有

$$\cos(\overset{\wedge}{\boldsymbol{n}},x) = \cos(\overset{\wedge}{\boldsymbol{n}},y) = \cos(\overset{\wedge}{\boldsymbol{n}},z) = \frac{1}{\sqrt{3}}$$

由斯托克斯公式

$$\oint_L y\mathrm{d}x + z\mathrm{d}y + x\mathrm{d}z = \iint_\Sigma \begin{vmatrix} \cos(\overset{\wedge}{\boldsymbol{n}},x) & \cos(\overset{\wedge}{\boldsymbol{n}},y) & \cos(\overset{\wedge}{\boldsymbol{n}},z) \\ \dfrac{\partial}{\partial x} & \dfrac{\partial}{\partial y} & \dfrac{\partial}{\partial z} \\ P & Q & R \end{vmatrix} \mathrm{d}s =$$

$$\iint_\Sigma -\sqrt{3}\mathrm{d}s = -\sqrt{3}\pi a^2$$

例 6 计算 $\oint_L (y - z)\mathrm{d}x + (z - x)\mathrm{d}y + (x - y)\mathrm{d}z$,其中 L 为椭圆

$$x^2 + y^2 = a^2, hx + az = ah, (a > 0, h > 0)$$

从 x 轴正向看去,椭圆是逆时针方向的(如图 12.20).

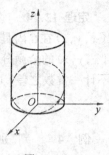

图 12.20

解 由斯托克斯公式

$$\oint_L (y - z)\mathrm{d}x + (z - x)\mathrm{d}y + (x - y)\mathrm{d}z =$$

$$\iint_\Sigma \begin{vmatrix} \mathrm{d}y\mathrm{d}z & \mathrm{d}z\mathrm{d}x & \mathrm{d}x\mathrm{d}y \\ \dfrac{\partial}{\partial x} & \dfrac{\partial}{\partial y} & \dfrac{\partial}{\partial z} \\ y - z & z - x & x - y \end{vmatrix} = -2\iint_\Sigma \mathrm{d}y\mathrm{d}z + \mathrm{d}z\mathrm{d}x + \mathrm{d}x\mathrm{d}y =$$

$$-2\iint_\Sigma (-z_x - z_y + 1)\mathrm{d}x\mathrm{d}y = -2\iint_{D_{xy}} \left(1 + \frac{h}{a}\right)\mathrm{d}x\mathrm{d}y =$$

$$-2\left(1 + \frac{h}{a}\right)\pi a^2 = -2\pi a(a + h)$$

例 7 计算 $I = \oint_L (y^2 - z^2)\mathrm{d}x + (2z^2 - x^2)\mathrm{d}y + (3x^2 - y^2)\mathrm{d}z$

其中 L 是平面 $x + y + z = 2$ 与柱面 $|x| + |y| = 1$ 的交线,从 z 轴正向看去,L 为逆时针方向.

解 记 Σ 为平面 $x + y + z = 2$ 上 L 围成部分的上侧,D 为 Σ 在 xOy 坐标面上的投影 $|x| + |y| \leq 1$,Σ 的单位法向量

$$n = \{\cos\alpha, \cos\beta, \cos\gamma\} = \frac{1}{\sqrt{3}}\{1, 1, 1\}$$

由斯托克斯公式,得

$$I = \iint_\Sigma \begin{vmatrix} \cos\alpha & \cos\beta & \cos\gamma \\ \dfrac{\partial}{\partial x} & \dfrac{\partial}{\partial y} & \dfrac{\partial}{\partial z} \\ y^2 - z^2 & 2z^2 - x^2 & 3x^2 - y^2 \end{vmatrix} \mathrm{d}s = \iint_\Sigma \begin{vmatrix} \dfrac{1}{\sqrt{3}} & \dfrac{1}{\sqrt{3}} & \dfrac{1}{\sqrt{3}} \\ \dfrac{\partial}{\partial x} & \dfrac{\partial}{\partial y} & \dfrac{\partial}{\partial z} \\ y^2 - z^2 & 2z^2 - x^2 & 3x^2 - y^2 \end{vmatrix} \mathrm{d}s =$$

$$\iint_\Sigma \left[\frac{1}{\sqrt{3}}(-2y - 4z) + \frac{1}{\sqrt{3}}(-2z - 6x) + \frac{1}{\sqrt{3}}(-2x - 2y)\right]\mathrm{d}s =$$

$$-\frac{2}{\sqrt{3}}\iint_\Sigma (4x + 2y + 3z)\mathrm{d}s =$$

$$-\frac{2}{\sqrt{3}}\iint_{D_{xy}} (6 + x - y)\sqrt{1 + z'^2_x + z'^2_y}\,\mathrm{d}x\mathrm{d}y =$$

$$-2\iint_{D_{xy}} (6 + x - y)\mathrm{d}x\mathrm{d}y = -12\iint_D \mathrm{d}x\mathrm{d}y = -24$$

例 8 计算 $I = \int_L y\mathrm{d}x + z\mathrm{d}y + x\mathrm{d}z$,其中 L 为曲线 $\begin{cases} x^2 + y^2 + z^2 = 1 \\ x + y + z = 1 \end{cases}$ 从 y 轴正向看去为逆时针方向.

解 Σ 为平面 $x + y + z = 1$ 被 $x^2 + y^2 + z^2 = 1$ 所截的有限部分,其指定侧的单位法向量为

$$n = \{\cos\alpha, \cos\beta, \cos\gamma\} = \left\{\frac{1}{\sqrt{3}}, \frac{1}{\sqrt{3}}, \frac{1}{\sqrt{3}}\right\}$$

由斯托克斯公式

$$\oint_L y\,\mathrm{d}x + z\,\mathrm{d}y + x\,\mathrm{d}z = \iint_\Sigma \begin{vmatrix} \cos\alpha & \cos\beta & \cos\gamma \\ \dfrac{\partial}{\partial x} & \dfrac{\partial}{\partial y} & \dfrac{\partial}{\partial z} \\ y & z & x \end{vmatrix} \mathrm{d}s = -\iint_\Sigma \sqrt{3}\,\mathrm{d}s = \frac{-2\sqrt{3}}{3}\pi$$

习题 12.7

1.利用斯托克斯公式,计算下列积分

(1) $I = \oint_L y^2\,\mathrm{d}x + z^2\,\mathrm{d}y + x^2\,\mathrm{d}z$,其中 L 为球面 $x^2 + y^2 + z^2 = a^2$ 外侧,位于第一卦限部分的正向边界.

(2) $\oint_L y\,\mathrm{d}x + z\,\mathrm{d}y + x\,\mathrm{d}z$,其中 L 为圆周 $x^2 + y^2 + z^2 = a^2$,$x + y + z = 0$,若从 x 轴正向看去,这圆周是逆时针方向.

(3) $\oint_L (y - z)\,\mathrm{d}x + (z - x)\,\mathrm{d}y + (x - y)\,\mathrm{d}z$,其中 L 为椭圆 $\begin{cases} x^2 + y^2 = a^2 \\ \dfrac{x}{a} + \dfrac{z}{b} = 1 \end{cases}$ $(a > 0, b > 0)$,若从 x 轴正向看去,取逆时针方向.

(4) $\oint_L 3y\,\mathrm{d}x - xz\,\mathrm{d}y + yz^2\,\mathrm{d}z$,$L$ 是圆周 $\begin{cases} x^2 + y^2 = 2z \\ z = 2 \end{cases}$,若从 z 轴正向看去,取逆时针方向.

(5) $\oint_L 2y\,\mathrm{d}x + 3x\,\mathrm{d}y - z^2\,\mathrm{d}z$,其中 L 是圆周 $\begin{cases} x^2 + y^2 + z^2 = 9 \\ z = 0 \end{cases}$,若从 z 轴正向看去,取逆时针方向.

(6) $\oint_L xy\,\mathrm{d}x + z^2\,\mathrm{d}y + zx\,\mathrm{d}z$,其中 L 为锥面 $z = \sqrt{x^2 + y^2}$ 与柱面 $x^2 + y^2 = 2ax(a > 0)$ 的交线从 z 轴正向看去为逆时针方向.

2.问 $(2xz + y)\,\mathrm{d}x + (x + z)\,\mathrm{d}y + (x^2 + y)\,\mathrm{d}z$ 是否是某一函数的全微分?如果是,请求出这个函数 $u(x, y, z)$.

本　章　小　结

　　本章讲的是曲线积分与曲面积分,其共同点就是被积函数都是定义在曲线上或曲面上,曲线积分有第一型曲线积分与第二型曲线积分;曲面积分也有第一型曲面积分与第二型曲面积分.

　　关于第一型曲线积分与第一型曲面积分,也有类似于三重积分的关于奇偶性、对称性

定理,并且有轮换对称性的结论,而第二型曲线积分与第二型曲面积分,关于奇偶性、对称性的定理,却有些变化,列表如下:

积分类型	第二型曲线积分	第二型曲面积分
积分曲线与积分曲面	曲线关于 $x=0$ 对称,$L_1:x \geqslant 0$	曲面关于 $x=0$ 对称,$\Sigma_1:x \geqslant 0$ 部分
$f(-x,y,z) =$ $-f(x,y,z)$	$\displaystyle\int_L f(x,y,z)\,dx = 0$ $\displaystyle\int_L f(x,y,z)\,dy = 2\int_{L_1} f(x,y,z)\,dy$ $\displaystyle\int_L f(x,y,z)\,dz = 2\int_{L_1} f(x,y,z)\,dz$	$\displaystyle\iint_\Sigma f(x,y,z)\,dxdy =$ $\displaystyle\iint_\Sigma f(x,y,z)\,dzdx = 0$ $\displaystyle\iint_\Sigma f(x,y,z)\,dydz = 2\iint_{\Sigma_1} f(x,y,z)\,dydz$
$f(-x,y,z) =$ $f(x,y,z)$	$\displaystyle\int_L f(x,y,z)\,dx = 2\int_{L_1} f(x,y,z)\,dx$ $\displaystyle\int_L f(x,y,z)\,dy =$ $\displaystyle\int_L f(x,y,z)\,dz = 0$	$\displaystyle\iint_\Sigma f(x,y,z)\,dxdy = 2\iint_{\Sigma_1} f(x,y,z)\,dxdy$ $\displaystyle\iint_\Sigma f(x,y,z)\,dzdx = 2\iint_{\Sigma_1} f(x,y,z)\,dzdy$ $\displaystyle\iint_\Sigma f(x,y,z)\,dydz = 0$

第一型曲线积分的计算,一般用参数式法.

设 L 的参数方程为 $x = x(t),y = y(t),z = z(t),\alpha \leqslant t \leqslant \beta$,并设 $x(t),y(t),z(t)$ 在 $[\alpha,\beta]$ 上具有一阶连续导数,且 $x'(t),y'(t),z'(t)$ 不同时为 0,则有

$$ds = \sqrt{x'^2(t) + y'^2(t) + z'^2(t)}\,dt$$

$$\int_L f(x,y,z)\,ds = \int_\alpha^\beta f[x(t),y(t),z(t)]\sqrt{x'^2(t) + y'^2(t) + z'^2(t)}\,dt$$

如果 L 是由一般式 $\begin{cases} F(x,y,z) = 0 \\ G(x,y,z) = 0 \end{cases}$ 给出,则引入适当的参数,将它化成参数式,引入参数时,参数式必须是单值的.

如果 L 是平面曲线,则去掉 z 及 z' 即可.

一、第二型曲线积分的计算法

平面上第二型曲线积分 $\displaystyle\int_L P(x,y)\,dx + Q(x,y)\,dy$ 的计算方法有四种:

1. 化成参数的定积分求解

曲线 $L(\widehat{AB}):x = \varphi(t),y = \psi(t)$ $\quad \alpha \leftrightarrow \widehat{AB}$ 的起点 A $\quad$ (β 不一定比 α 大),则
$\quad \beta \leftrightarrow \widehat{AB}$ 的起点 B

$$\int_L P\mathrm{d}x + Q\mathrm{d}y = \int_\alpha^\beta (P[\varphi(t),\psi(t)]\varphi'(t) + Q[\varphi(t),\psi(t)]\varphi'(t))\mathrm{d}t$$

特例 $L:y = \varphi(x)$ 把 x 作为参数,或 $L:x = \psi(y)$ 把 y 作为参数.

2.利用格林公式求解

$$\oint_L P\mathrm{d}x + Q\mathrm{d}y = \iint_D \left(\frac{\partial Q}{\partial x} - \frac{\partial P}{\partial y}\right)\mathrm{d}x\mathrm{d}y \quad (L \text{ 是 } D \text{ 的正向边界})$$

3.L 不闭合 $+$ 边 L_1 使 $L + L_1$ 闭合,再用格林公式

$$\int_L P\mathrm{d}x + Q\mathrm{d}y = \oint_{L+L_1} P\mathrm{d}x + Q\mathrm{d}y - \int_{L_1} P\mathrm{d}x + Q\mathrm{d}y = \iint_D \left(\frac{\partial Q}{\partial x} - \frac{\partial P}{\partial y}\right)\mathrm{d}x\mathrm{d}y - \int_{L_1} P\mathrm{d}x + Q\mathrm{d}y$$

4.利用与路径无关条件求解

若

$$\frac{\partial P}{\partial y} = \frac{\partial Q}{\partial x}$$

则

$$\int_L P\mathrm{d}x + Q\mathrm{d}y = \int_{(x_0,y_0)}^{(x_1,y_1)} P\mathrm{d}x + Q\mathrm{d}y = \int_{x_0}^{x_1} P(xy_0)\mathrm{d}x + \int_{y_0}^{y_1} Q(x_1 y)\mathrm{d}y$$

例如　计算 $I = \int_L (x^2 + 2xy)\mathrm{d}x + (x^2 + y^4)\mathrm{d}y$

其中 L 为由点 $(0,0)$ 到点 $B(1,1)$ 的曲线 $y = \sin\left(\frac{\pi}{2}x\right)$

解:$\dfrac{\partial P}{\partial y} = 2x = \dfrac{\partial Q}{\partial x}$　　所以与路径无关

$$I = \int_L (x^2 + 2xy)\mathrm{d}x + (x^2 + y^4)\mathrm{d}y = \int_0^1 x^2\mathrm{d}x + \int_0^1 (1 + y^4)\mathrm{d}y = \frac{23}{15}$$

第一型曲线积分与第二型曲线积分的联系

$$\int_l P\mathrm{d}x + Q\mathrm{d}y + R\mathrm{d}z = \int_L (P\cos\alpha + Q\cos\beta + R\cos\gamma)\mathrm{d}s$$

第一型曲面积分的计算法:化成投影域上的二重积分的计算.

二、第二型曲面积分的计算法

1.投影计算法(基本方法)

以 $\displaystyle\iint_\Sigma R(x,y,z)\mathrm{d}x\mathrm{d}y$ 为例

① 将 Σ 投影到 xOy 平面上去,要求 Σ 上任意两点在 xOy 面上的投影点不重合,若不是这样,则必须将 Σ 剖分成几片,使每片满足"投影点不重合"这一条件,每片分别计算,如果 Σ 垂直于 xOy 面,此时不论如何剖分,都不满足"投影点不重合"的条件,但此时 $\displaystyle\iint_\Sigma R(x,y,z)\mathrm{d}x\mathrm{d}y = 0$,以下设已满足"投影点不重合"这一条件.

② 求出 Σ 在 xOy 面上的投影区域 D_{xy},并写出 Σ 在 D_{xy} 上的显式方程 $z = z(x,y)$

③ 将 $\displaystyle\iint_\Sigma R(x,y,z)\mathrm{d}x\mathrm{d}y$ 化成二重积分:

$$\iint_\Sigma R(x,y,z)\mathrm{d}x\mathrm{d}y = \pm\iint_{D_{xy}} R(x,y,z(x,y))\mathrm{d}x\mathrm{d}y$$

当 Σ 的法向量与 Oz 正向夹角为锐角时,取"+"号;当 Σ 的法向量与 Oz 轴正向夹角为钝角时,取"-"号.

④ 计算二重积分

2.封闭曲面高斯公式法

3.加、减曲面高斯公式法

设 Σ 不是封闭曲面,而用投影法计算又太麻烦,采用加、减曲面用高斯公式,是一个常用的行之有效的方法。

4.转换投影法

例如 $\mathrm{d}y\mathrm{d}z = -z_x\mathrm{d}x\mathrm{d}y,\ \mathrm{d}z\mathrm{d}x = -z_y\mathrm{d}x\mathrm{d}y$

设 Σ 在 xOy 平面上的投影满足"投影点不重合"条件,并且 D_{xy} 容易求得可将

$$\iint\limits_{\Sigma} P\mathrm{d}y\mathrm{d}y + Q\mathrm{d}z\mathrm{d}x + R\mathrm{d}x\mathrm{d}y = \iint\limits_{\Sigma}(-z_xP - z_yQ + R)\mathrm{d}x\mathrm{d}y$$

三、三个重要公式

1.格林公式

$$\oint_L P\mathrm{d}x + Q\mathrm{d}y = \iint\limits_{D}\left(\frac{\partial Q}{\partial x} - \frac{\partial P}{\partial y}\right)\mathrm{d}x\mathrm{d}y \qquad (L \text{ 是 } D \text{ 的正向边界})$$

当 $\dfrac{\partial Q}{\partial x} - \dfrac{\partial P}{\partial y}$ 很简单,特别是 $\dfrac{\partial Q}{\partial x} - \dfrac{\partial P}{\partial y} \equiv 0$ 时,

格林公式十分好用

当 $\dfrac{\partial Q}{\partial x} = \dfrac{\partial P}{\partial y}$,曲线积分与路径无关,

此时 $P\mathrm{d}x + Q\mathrm{d}y$ 一定是某个函数的全微分.

2.高斯公式

$$\iint\limits_{\Sigma} P\mathrm{d}y\mathrm{d}z + Q\mathrm{d}z\mathrm{d}x + R\mathrm{d}x\mathrm{d}y = \iiint\limits_{\Omega}\left(\frac{\partial P}{\partial x} + \frac{\partial Q}{\partial y} + \frac{\partial R}{\partial z}\right)\mathrm{d}v$$

Σ 是 Ω 的外侧

当 $\dfrac{\partial P}{\partial x} + \dfrac{\partial Q}{\partial y} + \dfrac{\partial R}{\partial z}$ 很简单,特别是 $\dfrac{\partial P}{\partial x} + \dfrac{\partial Q}{\partial y} + \dfrac{\partial R}{\partial z} \equiv 0$ 时

高斯公式非常好用,在二维单连通区域 G 内有 $\dfrac{\partial P}{\partial x} + \dfrac{\partial Q}{\partial y} + \dfrac{\partial R}{\partial z} \equiv 0$,则沿 G 内任一闭曲面的曲面积都为 0,即

$$\iint\limits_{\Sigma} P\mathrm{d}y\mathrm{d}z + Q\mathrm{d}z\mathrm{d}x + R\mathrm{d}x\mathrm{d}y = 0$$

Σ 是 G 内任一封闭曲面

当 Σ 不封闭时,$\iint\limits_{\Sigma} P\mathrm{d}y\mathrm{d}z + Q\mathrm{d}z\mathrm{d}x + R\mathrm{d}x\mathrm{d}y$ 的值与 Σ 无关,而只取决于 Σ 的边界曲线.

3.斯托克斯公式

$$\oint_L P\mathrm{d}x + Q\mathrm{d}y + R\mathrm{d}z = \iint\limits_{\Sigma}\left(\frac{\partial R}{\partial y} - \frac{\partial Q}{\partial z}\right)\mathrm{d}y\mathrm{d}z + \left(\frac{\partial P}{\partial z} - \frac{\partial R}{\partial x}\right)\mathrm{d}z\mathrm{d}x + \left(\frac{\partial Q}{\partial x} - \frac{\partial P}{\partial y}\right)\mathrm{d}x\mathrm{d}y$$

L 的方向与 Σ 的侧符合右手规则,显然格林公式是斯托克斯公式的特例.

设空间区域 G 是一维单连通区域 P,Q,R 具有一阶连续质导数,则 $\int_L P\mathrm{d}x + Q\mathrm{d}y + R\mathrm{d}z$ 在 G 内与路径无关 $\Leftrightarrow \dfrac{\partial P}{\partial y} = \dfrac{\partial Q}{\partial x}, \dfrac{\partial Q}{\partial z} = \dfrac{\partial R}{\partial y}, \dfrac{\partial R}{\partial x} = \dfrac{\partial P}{\partial z}$,在 G 内恒成立 $\Leftrightarrow P\mathrm{d}x + Q\mathrm{d}y + R\mathrm{d}z$ 是某一函数的全微分.

复习题十二

1. 填空题

(1) $\oint_L \dfrac{\mathrm{d}s}{x^2 + y^2 + z^2} = $ _____. 其中 $L: \begin{cases} x^2 + y^2 + z^2 = 5 \\ z = 1 \end{cases}$

(2) 设曲线 L 的质量密度为 e^{x+y},则 L 的质量可表示为 _____; 又若 L 为 $y = x(0 \leqslant x \leqslant 1)$,则其质量为 _____.

(3) L 为圆锥螺线 $x = t\cos t, y = t\sin t, z = t\left(0 \leqslant t \leqslant \dfrac{\pi}{4}\right)$,则 $\int_L z\mathrm{d}s = $ _____.

(4) L 为曲线 $x = a\cos t, y = a\sin t, z = bt(0 \leqslant t \leqslant 2\pi)$,则 $\int_L y\mathrm{d}x + z\mathrm{d}y + x\mathrm{d}z = $ _____.

(5) L 为上半圆周 $x^2 + y^2 = 2x$,从点 $(0,0)$ 到点 $(1,1)$,把对坐标的曲线积分 $\int_L P\mathrm{d}x + Q\mathrm{d}y$ 化成对弧长的曲线积分 _____.

(6) L 为 $x^2 + y^2 = 4$ 正向,则 $\oint_L (2xye^x - y)\mathrm{d}x + 2(x - 1)e^x\mathrm{d}y = $ _____.

(7) Σ 为 $x^2 + y^2 + z^2 = R^2$ 的外侧,则 $I = \oiint_\Sigma \sqrt{x^2 + y^2 + z^2}(x\mathrm{d}y\mathrm{d}z + y\mathrm{d}z\mathrm{d}x + z\mathrm{d}x\mathrm{d}y) = $ _____.

2. 计算题

(1) L:正向半圆周:$x = a\cos\theta, y = a\sin\theta(0 \leqslant \theta \leqslant \pi)$,$\int_L \dfrac{y^2\mathrm{d}x - x^2\mathrm{d}y}{x^2 + y^2}$.

(2) 利用格林公式计算积分
$$\int_L (e^x\sin y - my)\mathrm{d}x + (e^x\cos y - m)\mathrm{d}y$$
L:由点 $(a,0)$ 到点 $(0,0)$ 的上半圆周 $x^2 + y^2 = ax$.

(3) Σ 为锥面 $z = \sqrt{x^2 + y^2}$ 被圆柱面 $x^2 + y^2 = 2ax$ 所截得的有限部分,计算 $\iint_\Sigma (xy + yz + zx)\mathrm{d}s$.

(4) $I = \iint_\Sigma zx^2\mathrm{d}x\mathrm{d}y$,其中 Σ 是柱体 $x^2 + y^2 \leqslant 1$ 及平面 $z = 0$,与旋转抛物面 $z = 2 - x^2 - y^2$ 所围立体的外表面.

(5) $\iint_\Sigma (6x + 4y + 3z)\mathrm{d}x\mathrm{d}z$,其中 Σ 是平面 $\dfrac{x}{2} + \dfrac{y}{3} + \dfrac{z}{4} = 1$ 在第一卦限部分取上侧.

(6) $\iint\limits_{\Sigma} xzdydz + z^2dzdx + xyzdxdy$,其中 Σ 是 $x^2 + z^2 = a^2$ 在 $x \geqslant 0$,被 $y = 0$ 和 $y = h(h > 0)$ 所截下部分的外侧.

(7) $I = \iint\limits_{\Sigma} ydydz - xdzdx + z^2dxdy$,其中 Σ 是锥面,$z = \sqrt{x^2 + y^2}$ 被 $z = 1, z = 2$ 所截部分的外侧.

(8) 设曲面 Σ 为以 $A(1,0,0)$, $B\left(0,\dfrac{1}{2},0\right)$, $C(0,0,1)$ 为顶点的三角形取上侧,计算 $\iint\limits_{\Sigma} xdydz + ydzdx + zdxdy$.

(9) 设 Σ 是锥面 $z = \sqrt{x^2 + y^2}$ 被平面 $z = 0, z = 1$ 所截部分的外侧,计算 $\iint\limits_{\Sigma} xdydz + ydzdx + (z^2 - 2z)dxdy$.

(10) Σ 为柱面 $x^2 + y^2 = 4(0 \leqslant z \leqslant 2)$ 的外侧,计算 $I = \iint\limits_{\Sigma} \dfrac{xy^2dydz + e^x\sin xdzdx + x^2zdxdy}{x^2 + y^2}$.

(11) Σ 是 $x^2 + y^2 + z^2 = 1(z \geqslant 0)$ 的外侧,计算 $I = \iint\limits_{\Sigma} (x^3 + e^{y^2})dydz + y^3dzdx + \left(z^3 + \dfrac{6}{5}\right)dxdy$.

(12) 求曲线积分 $I = \oint_L (x + y)dx + (3x + y)dy + zdz$,其中 L 为闭曲线 $x = a\sin^2 t, y = 2a\sin t\cos t, z = a\cos^2 t(0 \leqslant t \leqslant \pi)$ L 的方向由 $t = 0$ 到 π 的方向.

第 **13** 章

无穷级数

在中学时,已经学过级数 —— 等差级数和等比级数,但都属于项数为有限的特殊情形,这一章将讨论项数为无限的级数,称之为无穷级数.它是研究函数的性质以及进行数值计算的一种十分有用的工具.

13.1 常数项级数及性质

13.1.1 常数项级数的概念

定义 13.1 给定一个数列 $a_1, a_2, \cdots, a_n, \cdots$

称 $a_1 + a_2 + \cdots + a_n + \cdots$ 为无穷级数,简称级数,记作

$$\sum_{n=1}^{\infty} a_n$$

其中第 n 项 a_n 叫做级数的一般项.

定义 13.2 级数 $\sum\limits_{n=1}^{\infty} a_n$,称其前 n 项的和 $S_n = a_1 + a_2 + \cdots + a_n$ 为级数 $\sum\limits_{n=1}^{\infty} a_n$ 的第 n 次部分和,简称部分和.

定义 13.3 如果级数 $\sum\limits_{n=1}^{\infty} a_n$ 的部分和 $\{S_n\}$ 有极限 $\lim\limits_{n \to \infty} S_n = A$,称级数 $\sum\limits_{n=1}^{\infty} a_n$ 收敛,极限值 A 叫级数的和,写成 $A = \sum\limits_{n=1}^{\infty} a_n$.

如果 $\lim\limits_{n \to \infty} S_n$ 不存在,称级数 $\sum\limits_{n=1}^{\infty} a_n$ 发散.

定义 13.4 收敛级数 $\sum\limits_{n=1}^{\infty} a_n = A$,部分和为 S_n,称 $A - S_n = a_{n+1} + a_{n+2} + \cdots$ 为级数的余项,记作

$$r_n = a_{n+1} + a_{n+2} + \cdots$$

显然

$$\lim_{n \to \infty} r_n = 0$$

例1 讨论等比级数 $\sum_{n=1}^{\infty} aq^{n-1}$ 的敛散性 （$a \neq 0$）.

解 如果 $q \neq 1$

$$S_n = a + aq + aq^2 + \cdots + aq^{n-1} = \frac{a - aq^n}{1 - q} = \frac{a}{1 - q} - \frac{aq^n}{1 - q}$$

当 $|q| > 1$ 时，$\lim_{n \to \infty} S_n = \infty$，级数发散；

当 $|q| < 1$ 时，$\lim_{n \to \infty} S_n = \frac{a}{1 - q}$，因此级数收敛.

当 $q = 1$ 时，$S_n = na \to \infty$ 级数发散.

当 $q = -1$ 时，级数成为 $a - a + a - a + \cdots$

此时 $S_n = \begin{cases} a & n \text{ 为奇数} \\ 0 & n \text{ 为偶数} \end{cases}$，从而 $\lim_{n \to \infty} S_n$ 不存在

这时级数发散.

综上所述，我们得到 $\sum_{n=1}^{\infty} aq^{n-1} = \begin{cases} \dfrac{a}{1 - q} & |q| < 1 \quad 收敛 \\ 发散 & |q| \geq 1 \end{cases}$

例2 讨论 $\sum_{n=1}^{\infty} \dfrac{1}{n(n+1)}$ 的敛散性.

解
$$\frac{1}{n(n+1)} = \frac{1}{n} - \frac{1}{n+1}$$

$$S_n = \frac{1}{1 \cdot 2} + \frac{1}{2 \cdot 3} + \frac{1}{3 \cdot 4} + \cdots + \frac{1}{n(n+1)} =$$

$$\frac{1}{1} - \frac{1}{2} + \frac{1}{2} - \frac{1}{3} + \frac{1}{3} - \frac{1}{4} + \cdots + \frac{1}{n} - \frac{1}{n+1} =$$

$$1 - \frac{1}{n+1}$$

$$\lim_{n \to \infty} S_n = \lim_{n \to \infty}\left(1 - \frac{1}{n+1}\right) = 1$$

所以
$$\sum_{n=1}^{\infty} \frac{1}{n(n+1)} = 1$$

故 $\sum_{n=1}^{\infty} \dfrac{1}{n(n+1)}$ 收敛.

例3 讨论 $\sum_{n=1}^{\infty} \ln\left(1 + \dfrac{1}{n}\right)$ 的敛散性.

解
$$S_n = \ln\left(1 + \frac{1}{1}\right) + \ln\left(1 + \frac{1}{2}\right) + \cdots + \ln\left(1 + \frac{1}{n}\right) =$$

$$\ln\left(\frac{2}{1} \cdot \frac{3}{2} \cdot \frac{4}{3} \cdots \frac{n+1}{n}\right) = \ln(n+1)$$

所以
$$\lim_{n \to \infty} S_n = \lim_{n \to \infty}(n+1) = \infty$$

故 $\sum_{n=1}^{\infty} \ln\left(1 + \dfrac{1}{n}\right)$ 发散.

13.1.2　收敛级数的基本性质

性质 1　如果级数 $\sum\limits_{n=1}^{\infty} a_n$ 收敛于 A，则级数 $\sum\limits_{n=1}^{\infty} ka_n$ 也收敛，且其和为 kA.

证　设级数 $\sum\limits_{n=1}^{\infty} a_n$ 与级数 $\sum\limits_{n=1}^{\infty} ka_n$ 的部分和分别为 S_n 与 σ_n，则

$$\sigma_n = ka_1 + ka_2 + \cdots + ka_n = kS_n$$

于是

$$\lim_{n\to\infty}\sigma_n = \lim_{n\to\infty} kS_n = k\lim_{n\to\infty} S_n = kA$$

性质 2　如果级数 $\sum\limits_{n=1}^{\infty} a_n$，$\sum\limits_{n=1}^{\infty} b_n$ 分别收敛于和 A, B，则级数 $\sum\limits_{n=1}^{\infty}(a_n \pm b_n)$ 也收敛，且其和为 $A \pm B$.

证　设级数 $\sum\limits_{n=1}^{\infty} a_n$，$\sum\limits_{n=1}^{\infty} b_n$ 的部分和分别为 S_n, σ_n，则 $\sum\limits_{n=1}^{\infty}(a_n \pm b_n)$ 的部分和

$$I_n = (a_1 \pm b_1) + (a_2 \pm b_2) + \cdots + (a_n \pm b_n) =$$
$$(a_1 + a_2 + \cdots + a_n) \pm (b_1 + b_2 + \cdots + b_n) = S_n \pm \sigma_n$$

于是

$$\lim_{n\to\infty} I_n = \lim_{n\to\infty}(S_n \pm \sigma_n) = A \pm B$$

这表明，两个收敛级数可以逐项相加与逐项相减.

性质 3　一个级数去掉或加上有限项，不会改变级数的敛散性.

证　我们只需证明，加上有限项，不会改变级数的敛散性，级数 $\sum\limits_{n=1}^{\infty} a_n$，我们在前面加上有限项 $u_1 + u_2 + \cdots + u_k$，加项后的级数前 $k + n$ 项的部分和.

$$\sigma_{k+n} = u_1 + \cdots + u_k + a_1 + a_2 + \cdots + a_n = u_1 + \cdots + u_k + S_n$$
$$\lim_{n\to\infty}\sigma_{k+n} = \lim_{n\to\infty}[u_1 + \cdots + u_k + S_n] = u_1 + \cdots + u_k + \lim_{n\to\infty} S_n$$

所以 $u_1 + \cdots + u_k + \sum\limits_{n=1}^{\infty} a_n$ 的敛散性与 $\sum\limits_{n=1}^{\infty} a_n$ 敛散性相同.

注　此性质揭示这样一个事实：一个级数的敛散性与前面有限项无关.

性质 4　如果级数 $\sum\limits_{n=1}^{\infty} a_n$ 收敛，则对这级数的项任加括号后所成的级数仍收敛，且其和不变(反之未必).

证　(略)

例如 $(1 - 1) + (1 - 1) + \cdots$ 收敛于零，但级数 $1 - 1 + 1 - 1 + \cdots$ 却是发散的.

注　如果加括号后所成的级数发散，则原级数也发散.

性质 5　(级数收敛的必要条件) 如果级数 $\sum\limits_{n=1}^{\infty} a_n$ 收敛，则它的一般项 a_n 趋于零，即 $\lim\limits_{n\to\infty} a_n = 0$(反之未必).

证
$$a_n = S_n - S_{n-1}$$
$$\lim_{n\to\infty} a_n = \lim_{n\to\infty}(S_n - S_{n-1}) = A - A = 0$$

但是 $a_n \to 0$ 时, $\sum\limits_{n=1}^{\infty} a_n$ 未必收敛.

例如 $\sum\limits_{n=1}^{\infty} \ln\left(1 + \dfrac{1}{n}\right)$ 发散, 而 $\ln\left(1 + \dfrac{1}{n}\right) \to 0$.

注 若 $a_n \nrightarrow 0$, 则 $\sum\limits_{n=1}^{\infty} a_n$ 发散.

例 1 判定级数 $0.000\,01 + \sqrt{0.000\,01} + \sqrt[3]{0.000\,01} + \cdots$ 敛散性.

解 $$a_n = \sqrt[n]{0.000\,01} = (0.000\,01)^{\frac{1}{n}} \to 1$$

所以级数 $\sum\limits_{n=1}^{\infty} (0.000\,01)^{\frac{1}{n}}$ 发散.

例 2 $\sum\limits_{n=1}^{\infty} a_n$ 收敛, 判定下列级数的敛散性

(1) $\sum\limits_{n=1}^{\infty} 100 a_n$;

(2) $\sum\limits_{n=1}^{\infty} a_{n+100}$;

(3) $\sum\limits_{n=1}^{\infty} a_n + 100$;

(4) $\sum\limits_{n=1}^{\infty} (a_n + 100)$;

(5) $\sum\limits_{n=1}^{\infty} \dfrac{100}{a_n}$;

(6) $\sum\limits_{n=1}^{\infty} (a_n + a_{n+1})$.

解 (1) 由性质 1 可知 $\sum\limits_{n=1}^{\infty} 100 a_n$ 收敛;

(2) 由性质 3 可知 $\sum\limits_{n=1}^{\infty} a_{n+100} = a_{101} + a_{102} + \cdots$ 收敛;

(3) 由性质 3 可知 $\sum\limits_{n=1}^{\infty} a_n + 100$ 收敛;

(4) $\sum\limits_{n=1}^{\infty} (a_n + 100) = (a_1 + 100) + (a_2 + 100) + (a_3 + 100) + \cdots$

$a_n + 100 \to 100$

所以 $\sum\limits_{n-1}^{\infty} (a_n + 100)$ 发散;

(5) $\dfrac{100}{a_n} \to \infty$ 所以 $\sum\limits_{n=1}^{\infty} \dfrac{100}{a_n}$ 发散;

(6) $\sum\limits_{n=1}^{\infty} a_n$ 收敛, $\sum\limits_{n=1}^{\infty} a_{n+1}$ 收敛, 所以 $\sum\limits_{n=1}^{\infty} (a_n + a_{n+1})$ 收敛.

百 花 园

例 3　级数 $\sum_{n=1}^{\infty}(2a_n-3)$ 收敛，求 $\lim\limits_{n\to\infty}a_n$.

解　因为 $\sum_{n=1}^{\infty}(2a_n-3)$ 收敛

所以
$$\lim_{n\to\infty}(2a_n-3)=0$$

故
$$\lim_{n\to\infty}a_n=\frac{3}{2}$$

例 4　设 $\sum_{n=1}^{\infty}a_n$ 的部分和为 S_n，且满足 $\lim\limits_{n\to\infty}a_n=0$，$\lim\limits_{n\to\infty}S_{2n}=A$（或 $\lim\limits_{n\to\infty}S_{2n-1}=A$）求证：$\sum_{n=1}^{\infty}a_n$ 收敛，且和为 A.

证明　若 $\lim\limits_{n\to\infty}S_{2n}=A$

$$S_{2n+1}=S_{2n}+a_{2n+1}$$
$$\lim_{n\to\infty}S_{2n+1}=\lim_{n\to\infty}(S_{2n}+a_{2n+1})=A+0=A$$

所以 $\sum_{n=1}^{\infty}a_n$ 收敛，且和为 A.

例 5　设 $\sum_{n=1}^{\infty}a_n$ 满足 $\lim\limits_{n\to\infty}a_n=0$.

如果 $a_2+a_1+a_4+a_3+\cdots+a_{2n}+a_{2n-1}+\cdots$ 收敛

则 $\sum_{n=1}^{\infty}a_n$ 收敛且和不变.

证明　$\sum_{n=1}^{\infty}a_n$ 的前 $2n$ 项的部分和

$$S_{2n}=a_1+a_2+a_3+a_4+\cdots+a_{2n-1}+a_{2n}=a_2+a_1+a_4+a_3+\cdots+a_{2n}+a_{2n-1}$$

所以
$$\lim_{n\to\infty}S_{2n}=A$$

$$S_{2n+1}=S_{2n}+a_{2n+1}\qquad \text{由于 } a_n\to 0$$

所以 $\lim\limits_{n\to\infty}S_{2n+1}=\lim\limits_{n\to\infty}S_{2n}+0=A$

故 $\sum_{n=1}^{\infty}a_n$ 收敛，且和不变.

例 6　设 $\sum_{n=1}^{\infty}(-1)^{n-1}a_n=2$，$\sum_{n=1}^{\infty}a_{2n-1}=7$，求 $\sum_{n=1}^{\infty}a_n$.

解　因为
$$a_1-a_2+a_3-a_4+\cdots=2$$

于是
$$(a_1-a_2)+(a_3-a_4)+\cdots=b_1+b_2+\cdots=2$$

$$\sum_{n=1}^{\infty}a_{2n-1}=\sum_{n=1}^{\infty}c_n=7$$

两个收敛级数可以逐项相减

$$\sum_{n=1}^{\infty} c_n - \sum_{n=1}^{\infty} b_n = \sum_{n=1}^{\infty} (c_n - b_n) = \sum_{n=1}^{\infty} a_{2n} = 5$$

所以
$$\sum_{n=1}^{\infty} a_{2n-1} + \sum_{n=1}^{\infty} a_{2n} = \sum_{n=1}^{\infty} a_n = 5 + 7 = 12$$

例 7 已知 $\sum_{n=1}^{\infty} (2a_n - 1)$ 收敛,求 $\lim\limits_{n \to \infty} n \sin \dfrac{4a_n}{n}$.

解 因为 $\sum_{n=1}^{\infty} (2a_n - 1)$ 收敛

所以
$$\lim_{n \to \infty} (2a_n - 1) = 0$$

$$\lim_{n \to \infty} a_n = \frac{1}{2}$$

于是
$$\lim_{n \to \infty} n \sin \frac{4a_n}{n} = \lim_{n \to \infty} \left(n \cdot \frac{4a_n}{n} \right) = \lim_{n \to \infty} 4a_n = 2$$

例 8 (1) 两个级数的和收敛,问每一个是否收敛.

(2) 一级数收敛,另一级数发散,问其和的敛散性.

解 (1) 不一定

例如
$$\sum_{n=1}^{\infty} a_n = \sum_{n=1}^{\infty} \ln\left(1 + \frac{1}{n} \right) \qquad \sum_{n=1}^{\infty} b_n = \sum_{n=1}^{\infty} \left[-\ln\left(1 + \frac{1}{n} \right) \right]$$

每个级数都发散,而 $\sum_{n=1}^{\infty} (a_n + b_n) = 0$ 收敛

(2) 其和一定发散

已知 $\sum_{n=1}^{\infty} a_n$ 收敛,$\sum_{n=1}^{\infty} b_n$ 发散.

如果其和 $\sum_{n=1}^{\infty} C_n = \sum_{n=1}^{\infty} (a_n + b_n)$,若收敛

则 $\sum_{n=1}^{\infty} (c_n - a_n) = \sum_{n=1}^{\infty} b_n$ 也收敛.

这与 $\sum_{n=1}^{\infty} b_n$ 发散,矛盾,故其和一定发散.

习题 13.1

1.用部分和判定下列级数的敛散性

(1) $\sum_{n=1}^{\infty} n$;   (2) $\sum_{n=1}^{\infty} \dfrac{1}{(2n-1)(2n+1)}$;   (3) $\sum_{n=1}^{\infty} (\sqrt{n+1} - \sqrt{n})$.

2.判定下列级数的敛散性

(1) $\sum_{n=1}^{\infty} (-1)^n \left(\dfrac{8}{9} \right)^n$;   (2) $\sum_{n=1}^{\infty} \left(\dfrac{1}{2^n} + \dfrac{1}{3^n} \right)$;   (3) $\sum_{n=1}^{\infty} \dfrac{3^n}{2^n}$;   (4) $\sum_{n=1}^{\infty} \dfrac{1}{\sqrt[n]{3}}$.

13.2 常数项级数的审敛法

一个级数判定敛散性,依靠定义13.3,有时很困难,因此开始思考有没有更简便适用的方法,来判定级数的敛散性,我们先从最简单也是最重要的一类级数说起.

13.2.1 正项级数及其审敛法

定义 13.5 $\sum\limits_{n=1}^{\infty} a_n, a_n \geqslant 0 (n = 1, 2, \cdots)$ 称为正项级数

定理 13.1 正项级数 $\sum\limits_{n=1}^{\infty} a_n$,它收敛的充分必要条件是:它的部分和数列 $\{S_n\}$ 有界.

证 必要性 已知正项级数 $\sum\limits_{n=1}^{\infty} a_n$ 收敛,则它的部分和 S_n 有极限,因此 $\{S_n\}$ 有界.

充分性 已知正项级数的部分和 S_n 有界,显然正项级数部分和 S_n 单调增加,所以 $\lim\limits_{n \to \infty} S_n = A$,故 $\sum\limits_{n=1}^{\infty} a_n$ 收敛.

定理 13.2 (比较审敛法)设正项级数 $\sum\limits_{n=1}^{\infty} a_n$ 与 $\sum\limits_{n=1}^{\infty} b_n$,且 $a_n \leqslant b_n (n = 1, 2, \cdots)$

(1) 如果 $\sum\limits_{n=1}^{\infty} b_n$ 收敛,则 $\sum\limits_{n=1}^{\infty} a_n$ 收敛.

(2) 如果 $\sum\limits_{n=1}^{\infty} a_n$ 发散,则 $\sum\limits_{n=1}^{\infty} b_n$ 发散.

证 (1) 设 $\sum\limits_{n=1}^{\infty} a_n$ 部分和为 s_n,$\sum\limits_{n=1}^{\infty} b_n = \sigma$

显然 $s_n \leqslant \sigma$,即 $\{S_n\}$ 有界,由定理13.1知 $\sum\limits_{n=1}^{\infty} a_n$ 收敛.

(2) 反证:若 $\sum\limits_{n=1}^{\infty} b_n$ 收敛,则 $\sum\limits_{n=1}^{\infty} a_n$ 收敛,与已知矛盾

推论 设 $\sum\limits_{n=1}^{\infty} a_n$,$\sum\limits_{n=1}^{\infty} b_n$ 都是正项级数,如果级数 $\sum\limits_{n=1}^{\infty} b_n$ 收敛,且存在正整数 N,使当 $n \geqslant N$ 时,有

$a_n \leqslant k b_n (k > 0)$ 成立,则级数 $\sum\limits_{n=1}^{\infty} a_n$ 收敛;如果级数 $\sum\limits_{n=1}^{\infty} b_n$ 发散,且当 $n \geqslant N$ 时,有

$a_n \geqslant k b_n (k > 0)$ 成立,则级数 $\sum\limits_{n=1}^{\infty} a_n$ 发散.

例1 讨论 P 级数 $\sum\limits_{n=1}^{\infty} \dfrac{1}{n^p}$ 的敛散性.

解 (1) 设 $p > 1$,当 $k - 1 \leqslant x \leqslant k$,有 $\dfrac{1}{k^p} \leqslant \dfrac{1}{x^p}$ 所以

$$\frac{1}{k^p} = \int_{k-1}^{k} \frac{1}{k^p} dx \leqslant \int_{k-1}^{k} \frac{1}{x^p} dx \quad (k = 2, 3, \cdots)$$

$$S_n = 1 + \frac{1}{2^p} + \frac{1}{3^p} + \cdots + \frac{1}{n^p} \leqslant 1 + \sum_{k=2}^{n} \int_{k-1}^{k} \frac{1}{x^p} dx = 1 + \int_{1}^{n} \frac{1}{x^p} dx =$$

$$1 + \frac{1}{p-1}\left(1 - \frac{1}{n^{p-1}}\right) < 1 + \frac{1}{p-1} \quad (n = 2, 3, \cdots)$$

这表明 $\{S_n\}$ 有界, 因此 $\sum\limits_{n=1}^{\infty} \dfrac{1}{n^p}$ 收敛.

(2) $p = 1$ 时, $\sum\limits_{n=1}^{\infty} \dfrac{1}{n}$ 称为调和级数.

反证: 不妨设其收敛, 则由级数的性质 4 可知, 对其各项任加括号的级数也是收敛的.

$$1 + \frac{1}{2} + \frac{1}{3} + \frac{1}{4} + \frac{1}{5} + \cdots =$$

$$\left(1 + \frac{1}{2}\right) + \left(\frac{1}{3} + \frac{1}{4} + \frac{1}{5} + \frac{1}{6}\right) + \left(\frac{1}{7} + \cdots + \frac{1}{14}\right) + \cdots + \left(\frac{1}{n} + \cdots + \frac{1}{2n}\right) + \cdots$$

加括号的通项

$$b_n = \frac{1}{n} + \frac{1}{n+1} + \cdots + \frac{1}{2n} > \frac{1}{2n} + \frac{1}{2n} + \cdots + \frac{1}{2n} > \frac{1}{2}$$

$b_n \nrightarrow 0$, 于是 $\sum\limits_{n=1}^{\infty} b_n$ 发散, 与已知矛盾.

所以 $\sum\limits_{n=1}^{\infty} \dfrac{1}{n}$ 发散.

由比较法知 $P < 1$ 时, $\dfrac{1}{n^p} > \dfrac{1}{n} > 0$

$$\sum_{n=1}^{\infty} \frac{1}{n^p} \text{ 发散}$$

综上所述, 我们得到 $\sum\limits_{n=1}^{\infty} \dfrac{1}{n^p}$, 当 $P > 1$ 时收敛; 当 $P \leqslant 1$ 时发散, 必须记住这个结论.

定理 13.3 (比较审敛法的极限形式) 设 $\sum\limits_{n=1}^{\infty} a_n, \sum\limits_{n=1}^{\infty} b_n$ 都是正项级数

(1) 如果 $\lim\limits_{n \to +\infty} \dfrac{a_n}{b_n} = l \, (l \neq 0)$, 则 $\sum\limits_{n=1}^{\infty} a_n$ 与 $\sum\limits_{n=1}^{\infty} b_n$ 同时收敛或同时发散;

(2) 如果 $\lim\limits_{n \to +\infty} \dfrac{a_n}{b_n} = 0$, 则 $\sum\limits_{n=1}^{\infty} b_n$ 收敛 $\Rightarrow \sum\limits_{n=1}^{\infty} a_n$ 收敛;

(3) 如果 $\lim\limits_{n \to +\infty} \dfrac{a_n}{b_n} = +\infty$, 则 $\sum\limits_{n=1}^{\infty} b_n$ 发散 $\Rightarrow \sum\limits_{n=1}^{\infty} a_n$ 发散.

例 2 判定 $\sum\limits_{n=1}^{\infty} \ln\left(1 + \dfrac{1}{n^p}\right)$ 的敛散性 $(p > 0)$.

解 因为
$$\lim_{n \to \infty} \frac{\ln\left(1 + \dfrac{1}{n^p}\right)}{\dfrac{1}{n^p}} = 1$$

由定理 13.3 可知, $\sum\limits_{n=1}^{\infty} \ln\left(1 + \dfrac{1}{n^p}\right)$ 与 $\sum\limits_{n=1}^{\infty} \dfrac{1}{n^p}$ 同收或同发.

当 $P > 1$ 时,$\displaystyle\sum_{n=1}^{\infty} \frac{1}{n^p}$ 收敛,于是 $\displaystyle\sum_{n=1}^{\infty} \ln\left(1 + \frac{1}{n^p}\right)$ 收敛;

当 $P \leqslant 1$ 时,$\displaystyle\sum_{n=1}^{\infty} \frac{1}{n^p}$ 发散,于是 $\displaystyle\sum_{n=1}^{\infty} \ln\left(1 + \frac{1}{n^p}\right)$ 发散;

同理 $\displaystyle\sum_{n=1}^{\infty} \sin\frac{1}{n^p}$,当 $P > 1$ 时收敛;当 $P \leqslant 1$ 时发散.

用比较审敛法时,需要借助外力 —— 适当地选取一个已知敛散性的级数,作为比较的基准.

因此我们考虑有没有一种只靠自己力量的方法来判别级数敛散性,这就是下面的定理.

定理13.4 (比值审敛性,也叫达朗贝尔判别法)设正项级数 $\displaystyle\sum_{n=1}^{\infty} a_n$,如果 $\displaystyle\lim_{n\to\infty} \frac{a_{n+1}}{a_n} = l$

则(1) 当 $l < 1$ 时,$\displaystyle\sum_{n=1}^{\infty} a_n$ 收敛;

(2) 当 $l > 1$ 时,$\displaystyle\sum_{n=1}^{\infty} a_n$ 发散;

(3) 当 $l = 1$ 时,$\displaystyle\sum_{n=1}^{\infty} a_n$ 可能收敛也可能发散.

证　(1) 当 $l < 1$ 时,取一个适当小的正数 ε,使得 $l + \varepsilon = r < 1$,根据极限定义,存在正整数 m,当 $n \geqslant m$ 时,有不等式

$$\frac{a_{n+1}}{a_n} < l + \varepsilon = r$$

因此 $\qquad a_{m+1} < ra_m, a_{m+2} < ra_{m+1} < r^2 a_m, \cdots, a_{m+k} < r^k a_m, \cdots$

而级数 $\displaystyle\sum_{k=1}^{\infty} r^k a_m$ 收敛(公比 $r < 1$)

于是 $\displaystyle\sum_{n=1}^{\infty} a_n$ 收敛

(2) 当 $l > 1$,取一个适当小的正数 ε,使得 $l - \varepsilon > 1$,当 $n > m$ 时,有不等式 $\dfrac{a_{n+1}}{a_n} >$

$l - \varepsilon > 1$ 也就是 $a_{n+1} > a_n$,从而 $\displaystyle\lim_{n\to\infty} a_n \neq 0$,于是 $\displaystyle\sum_{n=1}^{\infty} a_n$ 发散.

(3) $l = 1$ 时,级数可能收敛,也可能发散

例如 P 级数,不论 P 为何值时,都有

$$\lim_{n\to\infty} \frac{\dfrac{1}{(n+1)^p}}{\dfrac{1}{n^p}} = 1$$

当 $P > 1$,$\displaystyle\sum_{n=1}^{\infty} \frac{1}{n^p}$ 收敛,当 $P \leqslant 1$ 时 $\displaystyle\sum_{n=1}^{\infty} \frac{1}{n^p}$ 发散.

例 3　判定级数 $\displaystyle\sum_{n=1}^{\infty} \frac{n}{2^n}$ 的敛散性

解 这是正项级数,由比值法

$$\lim_{n \to \infty} \frac{a_{n+1}}{a_n} = \lim_{n \to \infty} \frac{\dfrac{n+1}{2^{n+1}}}{\dfrac{n}{2^n}} = \frac{1}{2} < 1$$

所以 $\sum\limits_{n=1}^{\infty} \dfrac{n}{2^n}$ 收敛.

定理 13.5 (根值审敛法也叫柯西判别法) 正项级数 $\sum\limits_{n=1}^{\infty} a_n$,如果 $\lim\limits_{n \to \infty} \sqrt[n]{a_n} = l$

则 (1) 当 $l < 1$ 时,级数收敛;

(2) 当 $l > 1$ 时,级数发散;

(3) 当 $l = 1$ 时,级数可能收敛也可能发散.

定理证明与定理 13.4 相仿,这里从略.

例 4 判定 $\sum\limits_{n=1}^{\infty} \left(\dfrac{n}{2n+1} \right)^n$ 敛散性

解 $\dfrac{n}{2n+1} > 0$ $\lim\limits_{n \to \infty} \sqrt[n]{a_n} = \lim\limits_{n \to \infty} \sqrt[n]{\left(\dfrac{n}{2n+1} \right)^n} = \lim\limits_{n \to \infty} \dfrac{n}{2n+1} = \dfrac{1}{2} < 1$

所以 $$\sum\limits_{n=1}^{\infty} \left(\dfrac{n}{2n+1} \right)^n \text{ 收敛}$$

定理 13.6 (极限审敛法) 正项级数 $\sum\limits_{n=1}^{\infty} a_n$

(1) 如果 $p > 1, \lim\limits_{n \to \infty} n^p a_n = l$ $(0 \leqslant l < +\infty)$,则 $\sum\limits_{n=1}^{\infty} a_n$ 收敛;

(2) 如果 $\lim\limits_{n \to \infty} n a_n = l > 0$,则 $\sum\limits_{n=1}^{\infty} a_n$ 发散.

例 5 判定级数 $\sum\limits_{n=1}^{\infty} \sqrt{n} \sin \dfrac{1}{n^2}$ 的敛散性.

解 $$\lim_{n \to \infty} n^{\frac{3}{2}} a_n = \lim_{n \to \infty} n^{\frac{3}{2}} \sqrt{n} \sin \frac{1}{n^2} = 1$$

所以 $$\sum\limits_{n=1}^{\infty} \sqrt{n} \sin \frac{1}{n^2} \text{ 收敛}$$

13.2.2 交错级数及其审敛性

定义 13.6 $\sum\limits_{n=1}^{\infty} (-1)^{n-1} u_n = u_1 - u_2 + u_3 - u_4 + \cdots$ $(u_n > 0, n = 1, 2, \cdots)$
或 $-u_1 + u_2 - u_3 + \cdots$ 称为交错级数.

定理 13.7 (莱布尼茨定理) 如果交错级数 $\sum\limits_{n=1}^{\infty} (-1)^{n-1} u_n$

满足条件:(1) $u_n \to 0$ (2) $u_n \geqslant u_{n+1}$ $(n = 1, 2, \cdots)$

则级数 $\sum\limits_{n=1}^{\infty} (-1)^{n-1} u_n$ 收敛,且其和 $A \leqslant u_1$

其余项 r_n 的绝对值 $|r_n| \leqslant u_{n+1}$

证　先证前 $2n$ 项的和 S_{2n} 的极限存在,为此把 S_{2n} 写成两种形式:

$$S_{2n} = (u_1 - u_2) + (u_3 - u_4) + \cdots + (u_{2n-1} - u_{2n})$$

及　　$$S_{2n} = u_1 - (u_2 - u_3) - (u_4 - u_5) - \cdots - (u_{2n-2} - u_{2n-1}) - u_{2n}$$

由 $u_n \geqslant u_{n+1}$ 知 S_{2n} 单调增加的,且 $S_{2n} < u_1$,所以

$$\lim_{n \to \infty} S_{2n} = S \leqslant u_1$$

$$S_{2n+1} = S_{2n} + u_{2n+1}$$

由 $u_n \to 0$ 知

$$\lim_{n \to \infty} S_{2n+1} = \lim_{n \to \infty} S_{2n} + 0 = S$$

最后不难看出余项 $r_n = \pm (u_{n+1} - u_{n+2} + \cdots)$

$$|r_n| = u_{n+1} - u_{n+2} + \cdots$$

右边也是一个交错级数,其和小于级数的第一项 u_{n+1}

即　　　　　　　　$$|r_n| \leqslant u_{n+1}$$

例6　判定 $\sum\limits_{n=1}^{\infty} (-1)^n \dfrac{1}{n}$ 的敛散性.

解　这是一个交错级数,满足 $u_n = \dfrac{1}{n} \to 0$

$$u_n = \frac{1}{n} > u_{n+1} = \frac{1}{n+1} \quad (n = 1, 2, \cdots)$$

所以 $\sum\limits_{n=1}^{\infty} (-1)^{n-1} \dfrac{1}{n}$ 收敛,且其和 $S < 1$,$|r_n| \leqslant \dfrac{1}{n+1}$

13.2.3　任意项级数

现在我们讨论任意项级数 $\sum\limits_{n=1}^{\infty} u_n$,它的各项为任意实数.

定义 13.7　如果级数 $\sum\limits_{n=1}^{\infty} u_n$ 收敛,且 $\sum\limits_{n=1}^{\infty} |u_n|$ 也收敛.称 $\sum\limits_{n=1}^{\infty} u_n$ 为绝对收敛.

定义 13.8　如果 $\sum\limits_{n=1}^{\infty} u_n$ 收敛,而 $\sum\limits_{n=1}^{\infty} |u_n|$ 发散,称 $\sum\limits_{n=1}^{\infty} u_n$ 为条件收敛.

如 $\sum\limits_{n=1}^{\infty} (-1)^{n-1} \dfrac{1}{n^3}$ 是绝对收敛;

而 $\sum\limits_{n=1}^{\infty} (-1)^{n-1} \dfrac{1}{n}$ 是条件收敛.

级数绝对收敛与级数收敛有以下重要关系:

定理 13.8　如果级数 $\sum\limits_{n=1}^{\infty} |u_n|$ 收敛,则级数 $\sum\limits_{n=1}^{\infty} u_n$ 一定收敛.

证　令 $v_n = \dfrac{1}{2}(u_n + |u_n|), n = 1, 2, \cdots$

显然 $v_n \geqslant 0$,且 $v_n \leqslant |u_n|$

因 $\displaystyle\sum_{n=1}^{\infty} |u_n|$ 收敛,所以 $\displaystyle\sum_{n=1}^{\infty} v_n$ 收敛

从而 $\displaystyle\sum_{n=1}^{\infty} 2v_n = \sum_{n=1}^{\infty}(u_n + |u_n|)$ 也收敛

而 $$u_n = 2v_n - |u_n|$$

所以 $\displaystyle\sum_{n=1}^{\infty} u_n$ 收敛

注 若 $\displaystyle\lim_{n\to\infty}\left|\frac{u_{n+1}}{u_n}\right| = l > 1$ 时,或 $\displaystyle\lim \sqrt[n]{|u_n|} = l > 1$ 时,判定 $\displaystyle\sum_{n=1}^{\infty} |u_n|$ 发散,则我们可以判定 $\displaystyle\sum_{n=1}^{\infty} u_n$ 必定发散,这是因为从 $l > 1$,可推知 $|u_n| \not\to 0$,从而 $u_n \not\to 0$,因此 $\displaystyle\sum_{n=1}^{\infty} u_n$ 发散.

例7 证明级数 $\displaystyle\sum_{n=1}^{\infty} \frac{\sin nx}{n^\lambda}$ $(\lambda > 1)$ 绝对收敛.

证 $\left|\dfrac{\sin nx}{n^\lambda}\right| \leqslant \dfrac{1}{n^\lambda}$ $\quad \lambda > 1$ 时 $\displaystyle\sum_{n=1}^{\infty} \frac{1}{n^\lambda}$ 收敛

所以 $\displaystyle\sum_{n=1}^{\infty}\left|\frac{\sin nx}{n^\lambda}\right|$ 收敛

从而 $\displaystyle\sum_{n=1}^{\infty} \frac{\sin nx}{n^\lambda}$ 绝对收敛.

例8 讨论 $\displaystyle\sum_{n=1}^{\infty} \frac{(-1)^n}{n^p}$ 的敛散性.

解 $(1)P > 1$ 时,$\left|\dfrac{(-1)^n}{n^p}\right| \leqslant \dfrac{1}{n^p}$ 而 $\displaystyle\sum_{n=1}^{\infty} \frac{1}{n^p}$ 收敛

所以 $\displaystyle\sum_{n=1}^{\infty} \frac{(-1)^n}{n^p}$ 绝对收敛.

$(2)0 < P \leqslant 1,$ $\displaystyle\sum_{n=1}^{\infty}\left|\frac{(-1)^n}{n^p}\right| = \sum_{n=1}^{\infty} \frac{1}{n^p}$ 发散

而 $\displaystyle\sum_{n=1}^{\infty} \frac{(-1)^n}{n^p}$ 是交错级数,$u_n = \dfrac{1}{n^p} \to 0$ $(n \to \infty)$

$$u_n = \frac{1}{n^p} > \frac{1}{(n+1)^p} = u_{n+1}$$

所以 $\displaystyle\sum_{n=1}^{\infty} \frac{(-1)^n}{n^p}$ 条件收敛.

$(3)P \leqslant 0, \dfrac{1}{n^p} \not\to 0,$ 所以 $\displaystyle\sum_{n=1}^{\infty} \frac{(-1)^n}{n^p}$ 发散

级数 $\displaystyle\sum_{n=1}^{\infty} (-1)^n \ln\left(1 + \frac{1}{n^p}\right)$ 与 $\displaystyle\sum_{n=1}^{\infty} (-1)^n \sin\frac{1}{n^p}$ 都有类似的结论.

注 绝对收敛级数具有可交换性.

百 花 园

例 9 判定 $\sum_{n=1}^{\infty} \dfrac{a^n n!}{n^n}$ 的敛散性.

解 考虑 $\sum_{n=1}^{\infty} \left| \dfrac{a^n n!}{n^n} \right|$ 用比值法

$$\lim_{n \to \infty} \left| \frac{\dfrac{a^{n+1}(n+1)!}{(n+1)^{n+1}}}{\dfrac{a^n n!}{n^n}} \right| = \lim_{n \to \infty} \frac{|a| n^n}{(n+1)^n} = \lim_{n \to \infty} \frac{|a|}{\left(1 + \dfrac{1}{n}\right)^n} = \frac{|a|}{e}$$

(1) 当 $|a| < e$ 时,则该级数绝对收敛.

(2) 当 $|a| > e$ 时,$\dfrac{a^n n!}{n^n} \to 0$ $(n \to \infty)$ 所以原级数发散.

(3) 当 $|a| = e$ 时,由 $\left(1 + \dfrac{1}{n}\right)^n$ 是单调增加而趋于 e,所以 $\dfrac{|a|}{\left(1 + \dfrac{1}{n}\right)^n} > 1$,于是

$\dfrac{n! a^n}{n^n} \nrightarrow 0$,所以原级数发散.

例 10 判定 $\sum_{n=1}^{\infty} \dfrac{(-1)^n}{n - \ln n}$ 的敛散性

解 先讨论 $\sum_{n=1}^{\infty} \dfrac{1}{n - \ln n}$,这是正项级数

$$\lim_{n \to \infty} \frac{\dfrac{1}{n - \ln n}}{\dfrac{1}{n}} = \lim_{n \to \infty} \frac{n}{n - \ln n} = \lim_{n \to \infty} \frac{1}{1 - \dfrac{\ln n}{n}} = 1$$

由于 $\sum_{n=1}^{\infty} \dfrac{1}{n}$ 发散,所以 $\sum_{n=1}^{\infty} \dfrac{1}{n - \ln n}$ 发散;

再讨论交错级数 $\sum_{n=1}^{\infty} \dfrac{(-1)^n}{n - \ln n}$

显然 $\dfrac{1}{n - \ln n} = \dfrac{1}{n\left(1 - \dfrac{\ln n}{n}\right)} \to 0$ $(n \to \infty)$

设 $f(x) = \dfrac{1}{x - \ln x}$ $f'(x) = \dfrac{-\left(1 - \dfrac{1}{x}\right)}{(x - \ln x)^2} < 0$ $(x > 1)$

$x > 1$ 时,$f(x)$ 减函数

$$u_n = \frac{1}{n - \ln n} > \frac{1}{(n+1) - \ln(n+1)} = u_{n+1}$$

所以 $\sum_{n=1}^{\infty} \dfrac{(-1)^n}{n - \ln n}$ 是条件收敛.

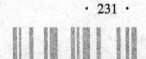

例 11　判别级数 $\sum\limits_{n=1}^{\infty}\left(\dfrac{1}{n^k}-\sin\dfrac{1}{n^k}\right)$ 的敛散性,其中常数 $k>0$.

解　当 $x>0$ 时, $x^k>\sin x^k$ 该级数为正项级数.

考察 $x^k-\sin x^k$ 为 x 的多少阶无穷小($x\to 0$)

$$\lim_{x\to 0}\frac{x^k-\sin x^k}{x^p}=\lim_{x\to 0}\frac{kx^{k-1}(1-\cos x^k)}{px^{p-1}}=\lim_{x\to 0}\frac{k}{2p}x^{3k-p}$$

取 $p=3k$,上述极限存在且不为 0,从而知

$$\frac{1}{n^k}-\sin\frac{1}{n^k}\ 与\left(\frac{1}{n}\right)^p=\left(\frac{1}{n}\right)^{3k}$$

为同阶无穷小,当 $p>1$ 时, $\sum\limits_{n=1}^{\infty}\left(\dfrac{1}{n}\right)^p$ 收敛,从而当 $3k>1$,即 $k>\dfrac{1}{3}$ 时,所给级数收敛,

当 $p\leqslant 1$ 时, $\sum\limits_{n=1}^{\infty}\left(\dfrac{1}{n}\right)^p$ 发散,从而当 $3k\leqslant 1$ 时,即 $k\leqslant\dfrac{1}{3}$ 时,原级数发散.

例 12　设 $b_n>0(n=1,2,\cdots)$,且 $\sum\limits_{n=1}^{\infty}b_n$ 收敛, $\sum\limits_{n=1}^{\infty}(a_n-a_{n+1})$ 收敛,试讨论 $\sum\limits_{n=1}^{\infty}a_nb_n$ 的敛散性.

解　考虑级数

$$\sum_{n=1}^{\infty}|a_nb_n|,\ \lim_{n\to\infty}\frac{|a_nb_n|}{b_n}=\lim_{n\to\infty}|a_n|$$

因为 $\sum\limits_{n=1}^{\infty}(a_n-a_{n+1})$ 收敛

其部分和

$$S_n=a_1-a_2+a_2-a_3+a_3-a_4+\cdots+a_n-a_{n+1}=a_1-a_{n+1}$$

$$\lim_{n\to\infty}S_n=\lim_{n\to\infty}(a_1-a_{n+1})\ 存在\Rightarrow\lim_{n\to\infty}a_n\ 存在\Rightarrow\lim_{n\to\infty}|a_n|\ 存在$$

所以 $\sum\limits_{n=1}^{\infty}|a_nb_n|$ 收敛,即 $\sum\limits_{n=1}^{\infty}a_nb_n$ 绝对收敛.

例 13　正项级数 $\sum\limits_{n=1}^{\infty}a_n$ 收敛,证明 $\sum\limits_{n=1}^{\infty}a_n^2$ 收敛(反之未必)

证　因为正项级数收敛,所以 $\lim\limits_{n\to\infty}a_n=0$

当 n 充分大时, $0\leqslant a_n<1$,此时 $0\leqslant a_n^2\leqslant a_n$

由比较法可知 $\sum\limits_{n=1}^{\infty}a_n^2$ 收敛.

反之,例如 $a_n=\dfrac{1}{n}$, $a_n^2=\dfrac{1}{n^2}$

$\sum\limits_{n=1}^{\infty}\dfrac{1}{n^2}$ 收敛,而 $\sum\limits_{n=1}^{\infty}\dfrac{1}{n}$ 发散.

例 14　已知 $\sum\limits_{n=1}^{\infty}a_n^2$ 与 $\sum\limits_{n=1}^{\infty}b_n^2$ 收敛,证明 $\sum\limits_{n=1}^{\infty}a_nb_n$ 绝对收敛.

证　显然 $0\leqslant|a_nb_n|\leqslant 2|a_nb_n|\leqslant a_n^2+b_n^2$

由于 $\sum\limits_{n=1}^{\infty} a_n^2$ 与 $\sum\limits_{n=1}^{\infty} b_n^2$ 收敛,所以 $\sum\limits_{n=1}^{\infty} (a_n^2 + b_n^2)$ 收敛

所以 $\sum\limits_{n=1}^{\infty} |a_n b_n|$ 收敛,即 $\sum\limits_{n=1}^{\infty} a_n b_n$ 绝对收敛.

习题 13.2

1.用比较审敛法(或极限形式)判定下列级数的敛散性

(1) $\sum\limits_{n=1}^{\infty} \dfrac{10n+1}{1+n^3}$;　　　(2) $\sum\limits_{n=1}^{\infty} \dfrac{1}{2n-1}$;　　　(3) $\sum\limits_{n=1}^{\infty} \sin \dfrac{\pi}{4^n}$;

(4) $\sum\limits_{n=1}^{\infty} \dfrac{n+1}{n^2+1}$;　　　(5) $\sum\limits_{n=1}^{\infty} \tan \dfrac{1}{n^2}$;　　　(6) $\sum\limits_{n=1}^{\infty} \sin \dfrac{1}{\sqrt{n}}$.

2.用比值法判定下列级数的敛散性

(1) $\sum\limits_{n=1}^{\infty} \dfrac{n^2}{2^n}$;　(2) $\sum\limits_{n=1}^{\infty} \dfrac{n!}{n^n}$;　(3) $\sum\limits_{n=1}^{\infty} n \sin \dfrac{\pi}{2^n}$;　(4) $\sum\limits_{n=1}^{\infty} \dfrac{1}{n} \left(\dfrac{4}{3}\right)^n$;　(5) $\sum\limits_{n=1}^{\infty} 2^n \sin \dfrac{\pi}{4^n}$.

3.用根值法判定下列级数的敛散性

(1) $\sum\limits_{n=1}^{\infty} \dfrac{n}{[\ln(n+1)]^n}$;　　　(2) $\sum\limits_{n=1}^{\infty} \left(\dfrac{2n+1}{3n+1}\right)^n$;　　　(3) $\sum\limits_{n=1}^{\infty} \left(\dfrac{n}{5n+1}\right)^{3n-1}$;

(4) $\sum\limits_{n=1}^{\infty} \left(\dfrac{b}{a_n}\right)^n$ 其中 $a_n \to a, a_n, b, a$ 均为正数.

4.判定下列级数的敛散性,如果收敛,是绝对收敛还是条件收敛

(1) $\sum\limits_{n=2}^{\infty} \dfrac{(-1)^n}{\ln n}$;　　　(2) $\sum\limits_{n=1}^{\infty} (-1)^n \dfrac{n}{2^n}$;　　　(3) $\sum\limits_{n=1}^{\infty} (-1)^n \tan \dfrac{1}{n^p}$;

(4) $\sum\limits_{n=1}^{\infty} (-1)^n \dfrac{2^{n^2}}{n!}$.

5.设 $a_n \leqslant c_n \leqslant b_n$ $n = 1, 2, \cdots$ 并设级数 $\sum\limits_{n=1}^{\infty} a_n$, $\sum\limits_{n=1}^{\infty} b_n$ 均收敛,试证明 $\sum\limits_{n=1}^{\infty} c_n$ 收敛.

6.证明 $\lim\limits_{n \to \infty} \dfrac{n^n}{(n!)^2} = 0$.

13.3　幂级数

如果级数 $\sum\limits_{n=1}^{\infty} a_n$ 中的每项 a_n 都是一个数,则称 $\sum\limits_{n=1}^{\infty} a_n$ 为数项级数,前面两节研究的是数项级数.

下面要研究每一项都是函数的无穷级数,即

$$\sum\limits_{n=1}^{\infty} u_n(x) \quad 称为函数项级数$$

函数项中最简单的函数是幂函数,这也是最重要的函数项级数.

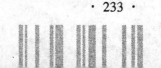

13.3.1　幂级数

定义 13.9　形如 $\sum\limits_{n=0}^{\infty} a_n x^n = a_0 + a_1 x + a_2 x^2 + \cdots + a_n x^n + \cdots$

称为 x 的幂级数,其中 $a_n(n = 0, 1, 2, \cdots)$ 叫幂级数的系数.

定义 13.10　形如 $\sum\limits_{n=0}^{\infty} b_n (x - x_0)^n = b_0 + b_1(x - x_0) + b_2 (x - x_0)^2 + \cdots + b_n (x - x_0)^n + \cdots$

称为 $(x - x_0)$ 的幂级数.

设 $x - x_0 = t$,则

$$\sum_{n=0}^{\infty} b_n (x - x_0)^n = \sum_{n=0}^{\infty} b_n t^n$$

因此我们下面都研究 x 的幂级数 $\sum\limits_{n=0}^{\infty} a_n x^n$.

定理 13.9　(阿贝尔定理) 如果级数 $\sum\limits_{n=0}^{\infty} a_n x^n$,当 $x = x_0 (x_0 \neq 0)$ 时收敛,则在 $(-|x_0|, |x_0|)$ 内,幂级数 $\sum\limits_{n=0}^{\infty} a_n x^n$ 都是绝对收敛的;反之,如果 $\sum\limits_{n=0}^{\infty} a_n x^n$,当 $x = x_0$ 时发散,则 $|x| > |x_0|$ 时,$\sum\limits_{n=0}^{\infty} a_n x^n$ 都发散.

证　$\sum\limits_{n=1}^{\infty} a_n x_0^n$ 收敛,有 $\lim\limits_{n \to \infty} a_n x_0^n = 0$ 于是存在一个常数 M,使得

$$|a_n x_0^n| \leqslant M \quad (n = 0, 1, 2, \cdots)$$

$$|a_n x^n| = \left| a_n x_0^n \cdot \frac{x^n}{x_0^n} \right| = |a_n x_0^n| \left| \frac{x}{x_0} \right|^n \leqslant M \left| \frac{x}{x_0} \right|^n$$

当 $|x| < |x_0|$ 时,等比级数 $\sum\limits_{n=0}^{\infty} M \left| \dfrac{x}{x_0} \right|^n$ 收敛.

所以 $\sum\limits_{n=0}^{\infty} |a_n x^n|$ 收敛,即绝对收敛.

定理的第二部分用反证法证明,假设 $x = x_0$ 时,$\sum\limits_{n=0}^{\infty} a_n x^n$ 发散,而有一点 x_1,适合 $|x_1| > |x_0|$,使级数收敛,则根据本定理的第一部分,有 $x = x_0$ 时应收敛,这与假设矛盾,定理得证.

根据这个定理可知,如果 $\sum\limits_{n=0}^{\infty} a_n x^n$ 在 x_0 收敛,则级数必在 $(-|x_0|, |x_0|)$ 内绝对收敛,现在我们设想点 $x = |x_0|$,沿 x 轴向右移动,它在遇到使级数发散的点以前,绝对收敛区间,随着 x 的右移,而关于原点对称地左右扩大,在不能无限延伸时,会遇到一点 $x = R$,使级数 $\sum\limits_{n=0}^{\infty} a_n x^n$ 在 $(-R, R)$ 内绝对收敛,当 $|x| > R$ 时,级数发散,称 R 为幂级数的收敛

半径.

定义 13.11　如果 $\sum\limits_{n=0}^{\infty} a_n x^n$ 在 $(-R, R)$ 内绝对收敛 $(R > 0)$，而在 $|x| > R$ 时发散，称 R 为 $\sum\limits_{n=0}^{\infty} a_n x^n$ 的收敛半径，对于两种极端情况：$\sum\limits_{n=0}^{\infty} a_n x^n$ 只在一点 $x = 0$ 收敛，或 $\sum\limits_{n=0}^{\infty} a_n x^n$ 在所有 x 值都收敛，我们分别规定 $R = 0$ 与 $R = \infty$.

定义 13.12　R 为 $\sum\limits_{n=0}^{\infty} a_n x^n$ 收敛半径，称区间 $(-R, R)$ 为 $\sum\limits_{n=0}^{\infty} a_n x^n$ 收敛区间.

定义 13.13　R 为 $\sum\limits_{n=0}^{\infty} a_n x^n$ 的收敛半径，由 $\sum\limits_{n=0}^{\infty} a_n R^n$ 及 $\sum\limits_{n=0}^{\infty} a_n (-R)^n$ 的敛散性，决定它的收敛区间，称为 $\sum\limits_{n=0}^{\infty} a_n x^n$ 收敛域.

幂级数 $\sum\limits_{n=0}^{\infty} a_n x^n$ 收敛半径 R 的求法.

定理 13.10　（最多缺有限项）$\sum\limits_{n=0}^{\infty} a_n x^n$，如果 $\lim\limits_{n \to \infty} \left| \dfrac{a_{n+1}}{a_n} \right| = \rho$，则

$$R = \lim_{n \to \infty} \left| \frac{a_n}{a_{n+1}} \right| = \begin{cases} \dfrac{1}{\rho} & \rho \neq 0 \\ +\infty & \rho = 0 \\ 0 & \rho = +\infty \end{cases}$$

证　考察 $\sum\limits_{n=0}^{\infty} |a_n x^n|$，这级数相邻两项之比为 $\dfrac{|a_{n+1} x^{n+1}|}{|a_n x^n|} = \left| \dfrac{a_{n+1}}{a_n} \right| |x|$

(1) $\lim\limits_{n \to \infty} \left| \dfrac{a_{n+1}}{a_n} \right| |x| = \rho |x|$　$(\rho \neq 0)$ 则当 $\rho |x| < 1$ 时

即 $|x| < \dfrac{1}{\rho}$　$\sum\limits_{n=0}^{\infty} a_n x^n$ 绝对收敛；当 $\rho |x| > 1$ 时，即 $|x| > \dfrac{1}{\rho}$，级数 $\sum\limits_{n=0}^{\infty} a_n x^n$ 发散

所以 $R = \dfrac{1}{\rho}$ 是 $\sum\limits_{n=0}^{\infty} a_n x^n$ 收敛半径

(2) $\rho = 0$. 则对任何 x，都有 $\rho |x| < 1$，于是 $R = +\infty$

(3) 如果 $\rho = +\infty$，则除 $x = 0$ 外的其他一切 x 值，$\rho |x| > 1$　$\sum\limits_{n=0}^{\infty} a_n x^n$ 发散，于是 $R = 0$

例 1　求 $\sum\limits_{n=1}^{\infty} (-1)^{n-1} \dfrac{x^n}{n^2}$ 收敛半径及收敛域.

解　$$R = \lim_{n \to \infty} \left| \frac{a_n}{a_{n+1}} \right| = \lim_{n \to \infty} \left| \frac{(-1)^{n-1} \dfrac{1}{n^2}}{(-1)^n \dfrac{1}{(n+1)^2}} \right| = 1$$

对于端点 $x = -1$，$\sum\limits_{n=1}^{\infty} (-1)^{n-1} \dfrac{(-1)^n}{n^2} = -\sum\limits_{n=1}^{\infty} \dfrac{1}{n^2}$　收敛

$$x = 1, \sum_{n=1}^{\infty} (-1)^{n-1} \frac{1}{n^2} \quad 收敛$$

因此,收敛域是$[-1,1]$.

例 2 求 $\sum_{n=1}^{\infty} \frac{(2x-1)^n}{2^n n}$ 的收敛域.

解 设 $2x - 1 = t$,级数 $\sum_{n=1}^{\infty} \frac{t^n}{2^n n}$ 收敛半径

$$R = \lim_{n \to \infty} \left| \frac{a_n}{a_{n+1}} \right| = \lim_{n \to \infty} \left| \frac{\frac{1}{2^n n}}{\frac{1}{2^{n+1}(n+1)}} \right| = 2$$

$$t = -2, \sum_{n=1}^{\infty} \frac{(-1)^n}{n} \quad 收敛$$

$$t = 2, \sum_{n=1}^{\infty} \frac{1}{n} \quad 发散$$

$-2 \leqslant t < 2$ 即 $-\frac{1}{2} \leqslant x < \frac{3}{2}$,为其收敛域.

例 3 求 $\sum_{n=0}^{\infty} \frac{x^n}{n!}$ 收敛域.

解 $$R = \lim_{n \to \infty} \left| \frac{a_n}{a_{n+1}} \right| = \lim_{n \to \infty} \left| \frac{\frac{1}{n!}}{\frac{1}{(n+1)!}} \right| = +\infty$$

从而收敛域是$(-\infty, +\infty)$.

当 $\sum_{n=0}^{\infty} a_n x^n$ 缺无限项时,如 $\sum_{n=0}^{\infty} a_n x^{2n+1}$ 的收敛半径,不能用定理13.10,这时设 $u_n(x) = a_n x^{2n+1}$,考察 $\lim_{n \to \infty} \left| \frac{u_{n+1}(x)}{u_n(x)} \right|$,如果 $\lim_{n \to \infty} \left| \frac{u_{n+1}(x)}{u_n(x)} \right| < 1$,则 $\sum_{n=0}^{\infty} |u_n(x)|$ 收敛,而

$$\lim_{n \to \infty} \left| \frac{u_{n+1}(x)}{u_n(x)} \right| > 1$$

则 $$\sum_{n=0}^{\infty} |u_n(x)| \, 发散$$

所以 $$\lim_{n \to \infty} \left| \frac{u_{n+1}(x)}{u_n(x)} \right| < 1 \Rightarrow |x| < R$$

例 4 求 $\sum_{n=0}^{\infty} \frac{(-1)^n}{2^n} x^{2n+1}$ 的收敛半径.

解 设 $u_n(x) = \frac{(-1)^n}{2^n} x^{2n+1}$

由 $$\lim_{n \to \infty} \left| \frac{u_{n+1}(x)}{u_n(x)} \right| = \lim_{n \to \infty} \left| \frac{\frac{(-1)^{n+1}}{2^{n+1}} x^{2n+3}}{\frac{(-1)^n}{2^n} x^{2n+1}} \right| = \frac{1}{2} |x|^2 < 1 \Rightarrow |x| < \sqrt{2} = R$$

所以收敛半径为 $R = \sqrt{2}$.

13.3.2 幂级数的性质

我们知道 $\sum_{n=0}^{\infty} x^n = \dfrac{1}{1-x}$ $|x| < 1$

称函数 $\dfrac{1}{1-x}$ 为 $\sum_{n=0}^{\infty} x^n$ 的和函数, 任何一个幂级数 $\sum_{n=0}^{\infty} a_n x^n$ 都对应着一个和函数 $S(x)$.

关于幂级数的和函数有下列重要性质:

性质1 幂级数的和函数 $S(x) = \sum_{n=0}^{\infty} a_n x^n$ 在其收敛域上连续.

性质2 幂级数的和函数 $S(x) = \sum_{n=0}^{\infty} a_n x^n$ 在其收敛区间内可导, 并且可以逐项求导, 求导后的级数的收敛半径不变, 其收敛域不会扩大.

性质3 幂级数的和函数在它的收敛域内可积, 并且可以逐项积分, 积分后的级数收敛半径不变, 收敛域不会缩小.

例5 求 $\sum_{n=1}^{\infty} \dfrac{x^n}{n}$ 的和函数, 并求 $\sum_{n=1}^{\infty} \dfrac{1}{n2^n}$ 的和.

解 设其和函数为 $S(x)$, $\sum_{n=1}^{\infty} \dfrac{x^n}{n}$ 收敛半径为 $R = 1$, 收敛域为 $[-1, 1)$

$$S(x) = \sum_{n=1}^{\infty} \frac{x^n}{n}$$

两边对 x 求导

$$S'(x) = \sum_{n=1}^{\infty} x^{n-1} = \frac{1}{1-x}$$

$$S(x) = \int_0^x \frac{1}{1-x} \mathrm{d}x + S(0) = -\ln(1-x)$$

所以

$$S\left(\frac{1}{2}\right) = -\ln\left(1 - \frac{1}{2}\right) = \ln 2 = \sum_{n=1}^{\infty} \frac{1}{n2^n}$$

即

$$\sum_{n=1}^{\infty} \frac{x^n}{n} = -\ln(1-x)$$

这个结果很重要, 要记住.

如求 $\sum_{n=1}^{\infty} \dfrac{x^{n+2}}{n}$ 和函数, 由上述结果

$$\sum_{n=1}^{\infty} \frac{x^{n+2}}{n} = x^2 \sum_{n=1}^{\infty} \frac{x^n}{n} = -x^2 \ln(1-x) \quad x \in [-1, 1)$$

例6 求 $\sum_{n=1}^{\infty} n x^{n-1}$ 的和函数, 并求 $\sum_{n=1}^{\infty} \dfrac{n}{2^n}$ 的和.

解 设其和函数为 $S(x)$, $\sum_{n=1}^{\infty} n x^{n-1}$ 收敛半径为 1, 收敛域 $(-1, 1)$, $S(x) = \sum_{n=1}^{\infty} n x^{n-1}$, 两边对 x 积分 $\int_0^x S(x)\mathrm{d}x = \sum_{n=1}^{\infty} \int_0^x n x^{n-1}\mathrm{d}x = \sum_{n=1}^{\infty} x^n = \dfrac{x}{1-x}$

所以
$$S(x) = \left(\frac{x}{1-x}\right)' = \frac{1}{(1-x)^2}$$

即
$$\sum_{n=1}^{\infty} nx^{n-1} = \frac{1}{(1-x)^2} \quad x \in (-1,1)$$

如
$$\sum_{n=1}^{\infty} nx^n = x\sum_{n=1}^{\infty} nx^{n-1} = \frac{x}{(1-x)^2} \quad x \in (-1,1)$$

令 $x = \frac{1}{2}$，得

$$\sum_{n=1}^{\infty} \frac{n}{2^n} = \frac{\frac{1}{2}}{\left(1-\frac{1}{2}\right)^2} = 2$$

百 花 园

例 7　求 $\sum_{n=1}^{\infty} \frac{[3+(-1)^n]^n}{n} x^n$ 的收敛区间.

解　因为 $\lim\limits_{n\to\infty}\left|\frac{a_{n+1}}{a_n}\right| = \lim\limits_{n\to\infty}\left|\frac{\frac{[3+(-1)^{n+1}]^{n+1}}{n+1}}{\frac{[3+(-1)^n]^n}{n}}\right|$ 不存在,不能直接求 R.

现在分别考虑 $n = 2k+1$ 和 $n = 2k$ 时的两个级数.

$n = 2k+1$ 时, $\sum_{k=0}^{\infty} \frac{2^{2k+1}}{2k+1} x^{2k+1}$,收敛半径为 $R_1 = \frac{1}{2}$

$n = 2k$ 时, $\sum_{k=0}^{\infty} \frac{4^{2k}}{2k} x^{2k}$,收敛半径为 $R_2 = \frac{1}{4}$

所以原级数的收敛半径为 $R = \min\{R_1 R_2\} = \frac{1}{4}$,收敛区间为 $\left(-\frac{1}{4}, \frac{1}{4}\right)$.

例 8　求幂级数 $\sum_{n=1}^{\infty} \frac{1}{3^n+(-2)^n} \cdot \frac{x^n}{n}$ 的收敛域.

解　收敛半径

$$R = \lim_{n\to\infty}\left|\frac{a_n}{a_{n+1}}\right| = \lim_{n\to\infty}\left|\frac{\frac{1}{n(3^n+(-2)^n)}}{\frac{1}{(n+1)(3^{n+1}+(-2)^{n+1})}}\right| = \lim_{n\to\infty}\frac{(n+1)[3^{n+1}+(-2)^{n+1}]}{n[3^n+(-2)^n]} = 3$$

当 $x = 3$ 时, $\frac{1}{3^n+(-2)^n} \cdot \frac{3^n}{n} > \frac{1}{2n}$,而 $\sum_{n=1}^{\infty} \frac{1}{2n}$ 发散

所以原级数在 $x = 3$ 处发散.

当 $x = -3$ 时, $\frac{(-3)^n}{3^n+(-2)^n} \cdot \frac{1}{n} = (-1)^n\frac{1}{n} - \frac{2^n}{3^n+(-2)^n} \cdot \frac{1}{n}$

由于 $\sum_{n=1}^{\infty} \frac{(-1)^n}{n}$ 收敛,且 $\sum_{n=1}^{\infty} \frac{2^n}{3^n+(-2)^n} \cdot \frac{1}{n}$ 也收敛（由比值法可知）

所以原级数在 $x = -3$ 处收敛,于是原级数的收敛域为 $[-3,3)$

例 9 已知 $\sum\limits_{n=0}^{\infty} a_n (x-1)^n$，在 $x = -9$ 时收敛，问 $x = 10$ 时，是否收敛？

解 设 $x - 1 = t$，$\sum\limits_{n=0}^{\infty} a_n t^n$，在 $t = -10$ 时收敛，由阿贝尔定理可知，它在 $(-10, 10)$ 内绝对收敛，当 $x = 10$ 时，相当于 $t = 9$，故原级数在 $x = 10$ 时是绝对收敛的.

例 10 求 $\sum\limits_{n=1}^{\infty} \frac{(-1)^n}{n} \left(\frac{x}{2x+1} \right)^n$ 的收敛域.

解 令 $\frac{x}{2x+1} = t$，则 $\sum\limits_{n=1}^{\infty} \frac{(-1)^n}{n} \left(\frac{x}{2x+1} \right)^n = \sum\limits_{n=1}^{\infty} \frac{(-1)^n}{n} t^n$

其收敛半径 $R = 1$，$t = 1$ 时 $\sum\limits_{n=1}^{\infty} \frac{(-1)^n}{n}$ 收敛

$t = -1$ 时，$\sum\limits_{n=1}^{\infty} \frac{1}{n}$ 发散，所以 $-1 < t \leqslant 1$ 即 $-1 < \frac{x}{2x+1} \leqslant 1$

得
$$x \leqslant -1 \text{ 或 } x > -\frac{1}{3}$$

习题 13.3

1.求下列幂级数的收敛区间

(1) $\sum\limits_{n=1}^{\infty} n x^n$； (2) $\sum\limits_{n=1}^{\infty} \frac{x^n}{n \cdot 3^n}$； (3) $\sum\limits_{n=1}^{\infty} \frac{2^n}{n^2+1} x^n$； (4) $\sum\limits_{n=0}^{\infty} (-1)^n \frac{x^{2n+1}}{2n+1}$；

(5) $\sum\limits_{n=1}^{\infty} \frac{(x-5)^n}{n}$.

2.求级数 $\sum\limits_{n=1}^{\infty} \frac{n(n-1)}{2^n} x^n$ 的收敛域.

3.求 $\sum\limits_{n=1}^{\infty} \frac{1}{2n-1} x^{2n-1}$ 收敛域及和函数.

13.4 函数展成幂级数

我们知道任意一个幂级数都对应着一个和函数 $S(x)$，现在我们研究其相反问题，即任给一个函数 $f(x)$，它满足什么条件时，能和一个幂级数相等？退一步，如果它和一个幂级数相等，即

$$f(x) = \sum_{n=0}^{\infty} a_n x^n, \text{则系数 } a_n = ? n = 0, 1, 2, \cdots, \text{或 } f(x) = \sum_{n=0}^{\infty} b_n (x-x_0)^n, \text{则系数}$$

$b_n = ? n = 0, 1, 2, \cdots$ 为解决此问题，我们先介绍一个预备知识：泰勒公式.

13.4.1 泰勒公式

定理 13.11 函数 $f(x)$ 在 x_0 的某邻域 $U(x_0)$ 内，具有 $n+1$ 阶导数，则任一 $x \in U(x_0)$，有

$$f(x) = f(x_0) + f'(x_0)(x - x_0) + \frac{f''(x_0)}{2!}(x - x_0)^2 + \cdots + \frac{f^{(n)}(x_0)}{n!}(x - x_0)^n + R_n(x)$$

其中 $R_n(x) = \frac{f^{(n+1)}(\xi)}{(n+1)!}(x - x_0)^{n+1}$ ξ 介于 x_0 与 x 之间的某个值.

(证明略)

这个公式称为 n 阶泰勒公式,最后一项 $R_n(x) = \frac{f^{(n+1)}(\xi)}{(n+1)!}(x - x_0)^{n+1}$ 称为拉格朗日型余项.

在不需要余项的精确表达式时,n 阶泰勒公式也可写成

$$f(x) = f(x_0) + f'(x_0)(x - x_0) + \frac{f''(x_0)}{2!}(x - x_0)^2 + \cdots + \frac{f^{(n)}(x_0)}{n!}(x - x_0)^n + 0[(x - x_0)^n]$$

$R_n(x) = 0[(x - x_0)^n]$ 称为佩亚诺型余项

在泰勒公式中,如果取 $x_0 = 0$,称为麦克劳林公式

$$f(x) = f(x_0) + f'(0)x + \frac{f''(0)}{2!}x^2 + \cdots + \frac{f^{(n)}(0)}{n!}x^n +$$

$$\frac{f^{(n+1)}(\theta x)}{(n+1)!}x^{n+1} \quad (0 < \theta < 1)$$

称为拉格朗日型余项的麦克劳林公式;

$$f(x) = f(0) + f'(0)x + \frac{f''(0)}{2!}x^2 + \cdots + \frac{f^{(n)}(0)}{n!}x^n + 0(x^n)$$

称为佩亚诺型余项的麦克劳林公式.

13.4.2 函数展成幂级数

定理 13.12 $f(x)$ 在 x_0 的某一邻域 $U(x_0)$ 内具有任意阶导数,且 $f(x)$ 的泰勒公式中

的余项 $\lim_{n \to \infty} R_n(x) = 0$,则 $f(x) = \sum_{n=0}^{\infty} b_n(x - x_0)^n$

其中 $b_n = \frac{f^{(n)}(x_0)}{n!}$ $n = 0, 1, 2 \cdots$

(证明略)

称 $f(x) = \sum_{n=0}^{\infty} \frac{f^{(n)}(x_0)}{n!}(x - x_0)^n$ 为 $f(x)$ 的泰勒级数;

当 $x_0 = 0$ 时,称 $f(x) = \sum_{n=0}^{\infty} \frac{f^{(n)}(0)}{n!}x^n$ 为 $f(x)$ 的麦克劳林级数.

以后着重讨论麦克劳林级数

要把函数 $f(x)$ 展开成 x 的幂级数,可以按照下列步骤进行:

第一步   求出 $f(x)$ 的各阶导数 $f'(x), f''(x), \cdots, f^{(n)}(x), \cdots$

第二步   求出函数及其各阶导数在 $x = 0$ 处的值:$f(0), f'(0), f''(0), \cdots,$
$f^{(n)}(0), \cdots$

第三步   考察余项 $R_n(x)$ 的极限是否为 0,如果 $\lim_{n \to \infty} R_n(x) = 0$,则

$$f(x) = \sum_{n=0}^{\infty} \frac{f^{(n)}(0)}{n!} x^n$$

例 1　将函数 $f(x) = e^x$ 展开成 x 的幂级数

解
$$f^{(n)}(x) = e^x \quad n = 1, 2, \cdots$$
$$f^{(n)}(0) = 1 = f(0)$$
$$|R_n(x)| = \left| \frac{e^{\xi}}{(n+1)!} x^{n+1} \right| < e^{|x|} \frac{|x|^{n+1}}{(n+1)!}$$

对任何有限的数 x，$\sum_{n=0}^{\infty} \frac{e^{|x|} |x|^{n+1}}{(n+1)!}$ 都是收敛的(用比值法)

所以 $\lim\limits_{n \to \infty} \frac{e^{|x|} |x|^{n+1}}{(n+1)!} = 0$，于是 $\lim\limits_{n \to \infty} R_n(x) = 0$

故
$$e^x = \sum_{n=0}^{\infty} \frac{1}{n!} x^n \quad (-\infty < x < +\infty) \tag{①}$$

例 2　将函数 $f(x) = \sin x$ 展开成 x 的幂级数.

解　$f^{(n)}(x) = \sin\left(x + \frac{n}{2}\pi\right) \quad (n = 1, 2, \cdots)$

$f^{(n)}(0)$ 顺序循环地取 $0, 1, 0, -1, \cdots \quad (n = 0, 1, 2, \cdots)$

$$|R_n(x)| = \left| \frac{\sin\left[\xi + \frac{(n+1)}{2}\pi\right]}{(n+1)!} x^{n+1} \right| \leqslant \frac{|x|^{n+1}}{(n+1)!} \to 0 \quad (n \to \infty)$$

因此得展开式

$$\sin x = x - \frac{x^3}{3!} + \frac{x^5}{5!} - \cdots + (-1)^n \frac{x^{2n+1}}{(2n+1)!} + \cdots \quad (-\infty < x < +\infty) \tag{②}$$

以上两个例子是直接计算 $f^{(n)}(0)$，最后考察余项 $R_n(x)$ 是否趋于 0，这种直接展开方法计算量很大，而且研究余项也不是一件容易的事情，下面介绍间接展开的方法，这就是利用一些已知的函数的展开式，通过幂级数的运算，以及变量代换等，将所给函数展成幂级数，这样做不但计算简单，而且可以避免研究余项.

我们知道

$$e^x = \sum_{n=0}^{\infty} \frac{x^n}{n!} \quad (-\infty < x < +\infty) \tag{①}$$

$$\sin x = \sum_{n=0}^{\infty} (-1)^n \frac{x^{2n+1}}{(2n+1)!} \quad (-\infty < x < +\infty) \tag{②}$$

$$\frac{1}{1+x} = \sum_{n=0}^{\infty} (-1)^n x^n \quad (-1 < x < 1) \tag{③}$$

利用这三个展开式，可以求出下列函数的幂级数展开式，对 ② 式两边求导.

即得
$$\cos x = \sum_{n=0}^{\infty} \frac{(-1)^n}{(2n)!} x^{2n} \quad (-\infty < x < +\infty) \tag{④}$$

对 ③ 式两边从 0 到 x 积分，得

$$\ln(1+x) = \sum_{n=0}^{\infty} \frac{(-1)^n}{n+1} x^{n+1} = \sum_{n=1}^{\infty} \frac{(-1)^{n-1}}{n} x^n \quad (-1 < x \leqslant 1) \tag{⑤}$$

例 3　将 $f(x) = a^x$ 展开成 x 的幂级数.

解 $f(x) = a^x = e^{x\ln a} = \sum\limits_{n=0}^{\infty} \dfrac{\ln^n a}{n!} x^n$ $(-\infty < x < +\infty)$

例 4 将 $f(x) = \dfrac{1}{2+x}$ 展成 x 的幂级数.

解 $f(x) = \dfrac{1}{2} \cdot \dfrac{1}{1+\dfrac{x}{2}} = \dfrac{1}{2}\sum\limits_{n=0}^{\infty}(-1)^n\left(\dfrac{x}{2}\right)^n = \sum\limits_{n=0}^{\infty}(-1)^n\dfrac{x^n}{2^{n+1}}$ $(-2 < x < 2)$

例 5 将 $f(x) = \ln(3+x)$ 展成 x 的幂级数.

解 $f(x) = \ln 3 + \ln\left(1+\dfrac{x}{3}\right) = \ln 3 + \sum\limits_{n=1}^{\infty}\dfrac{(-1)^{n-1}}{n}\cdot\dfrac{x^n}{3^n}$ $(3 < x \leqslant 3)$

例 6 将函数 $f(x) = (1+x)^m$ 展开成 x 的幂级数,其中 m 为任意实数.

解
$$f'(x) = m(1+x)^{m-1}$$
$$f''(x) = m(m-1)(1+x)^{m-2}$$
$$\cdots\cdots$$
$$f'''(x) = m(m-1)\cdots(m-n+1)(1+x)^{m-n}$$
$$\cdots\cdots$$

$f(0) = 1, f'(0) = m, f''(0) = m(m-1), \cdots, f^{(n)}(0) = m(m-1)\cdots(m-n+1)$
于是得级数

$$1 + mx + \dfrac{m(m-1)}{2!}x^2 + \cdots + \dfrac{m(m-1)\cdots(m-n+1)}{n!}x^n + \cdots$$

收敛半径 $R = \lim\limits_{n\to\infty}\left|\dfrac{a_n}{a_{n+1}}\right| = \lim\limits_{n\to\infty}\left|\dfrac{n+1}{m-n}\right| = 1$,该级数收敛区间为 $(-1,1)$

为了避免直接研究余项,设该级数在 $(-1,1)$ 内收敛到函数 $F(x)$

$$F(x) = 1 + mx + \dfrac{m(m-1)}{2!}x^2 + \cdots + \dfrac{m(m-1)\cdots(m-n+1)}{n!}x^n + \cdots \quad -1 < x < 1$$

下面证明
$$F(x) = (1+x)^m$$

两边求导,得

$$F'(x) = m\left[1 + \dfrac{m-1}{1}x + \cdots + \dfrac{(m-1)\cdots(m-n+1)}{(n-1)!}x^{n-1} + \cdots\right]$$

两边各乘以 $(1+x)$,并把含有 $x^n(n=1,2,\cdots)$ 的两项合并起来
根据恒等式

$$\dfrac{(m-1)\cdots(m-n+1)}{(n-1)!} + \dfrac{(m-1)\cdots(m-n+1)}{n!} = \dfrac{m(m-1)\cdots(m-n+1)}{n!}$$

$(n = 1,2\cdots)$

可得
$$(1+x)F'(x) =$$
$$m\left[1 + mx + \dfrac{m(m-1)}{2!}x^2 + \cdots + \dfrac{m(m-1)\cdots(m-n)}{n!}x^n + \cdots\right] = mF(x)$$

令 $\varphi(x) = \dfrac{F(x)}{(1+x)^m}$ $\varphi(0) = F(0) = 1$

$$\varphi'(x) = \frac{(1+x)^m F'(x) - m(1+x)^{m-1} F(x)}{(1+x)^{2m}} = \frac{(1+x)^{m-1}[(1+x)F'(x) - mF(x)]}{(1+x)^{2m}} = 0$$

所以 $\varphi(x) = c$，由 $\varphi(0) = 1$，从而 $\varphi(x) = 1$ 即

$$F(x) = (1+x)^m$$

$$(1+x)^m = 1 + mx + \frac{m(m-1)}{2!}x^2 + \cdots + \frac{m(m-1)\cdots(m-n+1)}{n!}x^n + \cdots \quad -1 < x < 1$$

⑥

公式 ①②③④⑤⑥ 是最常用的必须记住.

13.4.3　函数的幂级数展开式的应用

1.近似计算

有了函数的幂级数展开式,就可用它来进行近似计算.

例 7　计算 $\sqrt[5]{246}$ 的近似值(精确到 0.000 1).

解　因为
$$\sqrt[5]{246} = \sqrt[5]{3^5 + 3} = 3\left(1 + \frac{1}{3^4}\right)^{\frac{1}{5}}$$

由公式 ⑥
$$m = \frac{1}{5}, \ x = \frac{1}{3^4}$$

$$\sqrt[5]{246} = 3\left[1 + \frac{1}{5}\frac{1}{3^4} + \frac{\frac{1}{5}\left(\frac{1}{5}-1\right)}{2!}\left(\frac{1}{3^4}\right)^2 + \frac{\frac{1}{5}\left(\frac{1}{5}-1\right)\left(\frac{1}{5}-2\right)}{3!}\left(\frac{1}{3^4}\right)^3 + \frac{\frac{1}{5}\left(\frac{1}{5}-1\right)\left(\frac{1}{5}-2\right)\left(\frac{1}{5}-3\right)}{4!}\left(\frac{1}{3^4}\right)^4 + \cdots\right] =$$

$$3\left[1 + \frac{1}{5}\frac{1}{3^4} - \frac{1\cdot4}{5^2\cdot2!}\frac{1}{3^8} + \frac{1\cdot4\cdot9}{5^3\cdot3!}\frac{1}{3^{12}} - \frac{1\cdot4\cdot9\cdot14}{5^4\cdot4!}\frac{1}{3^{16}} + \cdots\right]$$

为了达到精确度,首先我们应该有个判断,取几项,使舍弃的误差不超过 0.000 1(也叫截断误差)

如我们取前 2 项,截断误差

$$|r_2| \leqslant \frac{1\cdot4}{5^2\cdot2!}\frac{1}{3^8} < \frac{1}{20\ 000} = 0.000\ 05$$

所以
$$\sqrt[5]{246} \approx 3\left(1 + \frac{1}{5}\frac{1}{3^4}\right)$$

为使"四舍五入"引起的误差(叫舍入误差)与截断误差之和不超过 10^{-4},计算时应取 5 位小数,然后再四舍五入,因此最后得 $\sqrt[5]{246} \approx 3.007\ 4$.

例 8　计算 $\ln 3$ 的近似值(精确 0.000 1).

解
$$\ln(1+x) = x - \frac{x^2}{2} + \frac{x^3}{3} - \frac{x^4}{4} + \cdots \quad (-1 < x \leqslant 1)$$
$$\ln(1-x) = -x - \frac{x^2}{2} - \frac{x^3}{3} - \frac{x^4}{4} + \cdots \quad (-1 \leqslant x < 1)$$

两式相减

$$\ln \frac{1+x}{1-x} = 2\left(x + \frac{1}{3}x^3 + \frac{1}{5}x^5 + \cdots\right) \quad (-1 < x < 1)$$

令 $\frac{1+x}{1-x} = 3$,可得 $x = \frac{1}{2}$,从而

$$\ln 3 = 2\left(\frac{1}{2} + \frac{1}{3 \cdot 2^3} + \frac{1}{5 \cdot 2^5} + \cdots + \frac{1}{(2n-1)2^{2n-1}} + \cdots\right)$$

$$|r_n| = 2\left(\frac{1}{(2n+1)2^{2n+1}} + \frac{1}{(2n+3)2^{2n+3}} + \cdots\right) =$$

$$\frac{2}{(2n+1)2^{2n+1}}\left(1 + \frac{2n+1}{2n+3}\frac{1}{2^2} + \frac{2n+1}{2n+5}\frac{1}{2^4} + \cdots\right) <$$

$$\frac{2}{(2n+1)2^{2n+1}}\left(1 + \frac{1}{2^2} + \frac{1}{2^4} + \cdots\right) =$$

$$\frac{2}{(2n+1)2^{2n+1}}\frac{1}{1 - \frac{1}{4}} = \frac{1}{3(2n+1)2^{2n-2}}$$

$$|r_5| < \frac{1}{3 \cdot 11 \cdot 2^8} \approx 0.000\,12$$

$$|r_6| < \frac{1}{3 \cdot 13 \cdot 2^{10}} \approx 0.000\,03$$

故取 $n = 6$,则

$$\ln 3 \approx 2\left(\frac{1}{2} + \frac{1}{3 \cdot 2^3} + \cdots + \frac{1}{11 \cdot 2^{11}}\right)$$

考虑到舍入误差,计算时应取 5 位小数,从而得

$$\ln 3 \approx 1.098\,6$$

例 9　计算 $\cos 2°$ (精确到 $0.000\,1$).

解
$$\cos 2° = \cos\frac{\pi}{90} = 1 - \frac{1}{2!}\left(\frac{\pi}{90}\right)^2 + \frac{1}{4!}\left(\frac{\pi}{90}\right)^4 - \cdots$$

$$|r_2| \leqslant u_3 = \frac{1}{4!}\left(\frac{\pi}{90}\right)^4 \approx 10^{-8}$$

故取两项,并在计算时取 5 位小数

$$\cos 2° \approx 1 - \frac{1}{2!}\left(\frac{\pi}{90}\right)^2 \approx 0.999\,4$$

2. 欧拉公式

设有复数项级数为

$$(u_1 + iv_1) + (u_2 + iv_2) + \cdots + (u_n + iv_n) + \cdots \qquad ⑦$$

其中 $u_n, v_n (n = 1, 2, \cdots)$ 为实常数或实函数,如果实部所成的级数

$$u_1 + u_2 + \cdots + u_n + \cdots \quad 收敛于 u$$

并且虚部所成的级数

$$v_1 + v_2 + \cdots + v_n + \cdots \quad 收敛于 v$$

就说级数 $(u_1 + iv_1) + (u_2 + iv_2) + \cdots + (u_n + iv_n) + \cdots$ 收敛且其和为 $u + iv$

如果 $\sum\limits_{n=1}^{\infty}\sqrt{u_n^2+v_n^2}$ 也收敛

称级数 ⑦ 绝对收敛

考察复数项级数

$$1 + z + \frac{1}{2!}z^2 + \cdots + \frac{1}{n!}z^n + \cdots \quad (z = x + iy) \qquad ⑧$$

可以证明级数 ⑧ 在整个复平面上是绝对收敛的

在 x 轴上，$e^x = \sum\limits_{n=0}^{\infty}\dfrac{x^n}{n!}$

于是我们将 e^z 定义为

$$\sum_{n=0}^{\infty}\frac{z^n}{n!} \quad (|z| < \infty)$$

当 $z = iy$，有

$$e^{iy} = 1 + iy + \frac{1}{2!}(iy)^2 + \frac{1}{3!}(iy)^3 + \cdots + \frac{1}{n!}(iy)^n + \cdots =$$

$$1 + iy - \frac{1}{2!}y^2 - i\frac{1}{3!}y^3 + \frac{1}{4!}y^4 + i\frac{1}{5!}y^5 - \cdots =$$

$$\left(1 - \frac{1}{2!}y^2 + \frac{1}{4!}y^4 - \cdots\right) + i\left(y - \frac{1}{3!}y^3 + \frac{1}{5!}y^5 - \cdots\right) = \cos y + i\sin y$$

这就是欧拉公式,通常写成

$$e^{ix} = \cos x + i\sin x$$

或者写成

$$\begin{cases} \cos x = \dfrac{e^{ix} + e^{-ix}}{2} \\[2mm] \sin x = \dfrac{e^{ix} - e^{-ix}}{2i} \end{cases}$$

这两个式子也叫欧拉公式,欧拉公式在复变函数和积分变换中有十分重要的应用.

百 花 园

例 10 将函数 $f(x) = \dfrac{12 - 5x}{6 - 5x - x^2}$ 展成 x 的幂级数.

解 $f(x) = \dfrac{6}{x+6} - \dfrac{1}{x-1} = \dfrac{1}{1+\dfrac{x}{6}} + \dfrac{1}{1-x} =$

$$\sum_{n=0}^{\infty}(-1)^n\left(\frac{x}{6}\right)^n + \sum_{n=0}^{\infty}x^n = \sum_{n=0}^{\infty}\left(\frac{(-1)^n}{6^n} + 1\right)x^n \quad |x| < 1$$

例 11 将 $f(x) = \ln(1 + x + x^2)$ 展成 x 的幂级数.

解 $f(x) = \ln\dfrac{1-x^3}{1-x} = \ln(1-x^3) - \ln(1-x) =$

$$\sum_{n=1}^{\infty}\frac{(-1)^{n-1}}{n}(-x^3)^n - \sum_{n=1}^{\infty}\frac{(-1)^{n-1}}{n}(-x)^n =$$

$$- \sum_{n=1}^{\infty} \frac{x^{3n}}{n} + \sum_{n=1}^{\infty} \frac{x^n}{n} \quad (-1 \leqslant x < 1)$$

例 12　将函数 $f(x) = \dfrac{1}{(x-1)^2}$ 展成 $x - 3$ 的幂级数.

解　分析　将 $f(x)$ 写成

$$f(x) = (x-1)^{-2} = [2 + (x-3)]^{-2} = 2^{-2}\left(1 + \frac{x-3}{2}\right)^{-2}$$

再用公式⑥,但这样较麻烦.

可以这样思考

$$f(x) = -\left(\frac{1}{x-1}\right)'$$

将 $\dfrac{1}{x-1}$ 展成 $x - 3$ 的幂级数,然后逐项求导

$$\frac{1}{x-1} = \frac{1}{2 + (x-3)} = \frac{1}{2} \frac{1}{1 + \dfrac{x-3}{2}} = \frac{1}{2} \sum_{n=0}^{\infty} (-1)^n \left(\frac{x-3}{2}\right)^n, \left|\frac{x-3}{2}\right| < 1$$

$$f(x) = -\left(\frac{1}{x-1}\right)' = -\frac{1}{2} \sum_{n=1}^{\infty} (-1)^n \frac{n}{2^n} (x-3)^{n-1} =$$

$$\sum_{n=0}^{\infty} \frac{(-1)^n (n+1)}{2^{n+2}} (x-3)^n, \left|\frac{x-3}{2}\right| < 1$$

即
$$1 < x < 5$$

例 13　将函数 $f(x) = \arctan \dfrac{1-2x}{1+2x}$ 展成 x 的幂级数,并求级数 $\displaystyle\sum_{n=0}^{\infty} \frac{(-1)^n}{2n+1}$ 的和.

解　没有现成公式可套

$$f'(x) = -\frac{2}{1+4x^2} = -2 \sum_{n=0}^{\infty} (-1)^n (4x^2)^n = -2 \sum_{n=0}^{\infty} (-1)^n 4^n x^{2n}, |4x^2| < 1$$

$$f(x) = \int_0^x f'(x)\,\mathrm{d}x + f(0) = \frac{\pi}{4} + 2 \sum_{n=0}^{\infty} (-1)^{n+1} 4^n \frac{x^{2n+1}}{2n+1}, -\frac{1}{2} < x < \frac{1}{2}$$

$x = \dfrac{1}{2}$ 时,右边为

$$\frac{\pi}{4} + \sum_{n=0}^{\infty} (-1)^{n+1} \frac{1}{2n+1}$$

左边
$$f\left(\frac{1}{2}\right) = \arctan 0 = 0$$

所以
$$\sum_{n=0}^{\infty} (-1)^n \frac{1}{2n+1} = \frac{\pi}{4}$$

故
$$\arctan \frac{1-2x}{1+2x} = \frac{\pi}{4} + 2 \sum_{n=0}^{\infty} (-1)^{n+1} 4^n \frac{x^{2n+1}}{2n+1}, -\frac{1}{2} < x \leqslant \frac{1}{2}$$

例 14　设 $f(x) = \begin{cases} \dfrac{1+x^2}{x} \arctan x & x \neq 0 \\ 1 & x = 0 \end{cases}$

(1) 将 $f(x)$ 展成 x 的幂级数;

(2) 求 $f^{(2n)}(0)$ 的值；

(3) 求级数 $\sum\limits_{n=1}^{\infty} \dfrac{(-1)^n}{1-4n^2}$ 的和.

解　(1) 记 $h(x)=\arctan x$

$$h'(x)=\frac{1}{1+x^2}=\sum_{n=0}^{\infty}(-1)^n x^{2n} \quad -1<x<1$$

$$h(x)=h(0)+\int_0^x h'(x)\,\mathrm{d}x=0+\sum_{n=0}^{\infty}\frac{(-1)^n}{2n+1}x^{2n+1} \quad -1\le x\le 1$$

$$\frac{\arctan x}{x}=\sum_{n=0}^{\infty}\frac{(-1)^n}{2n+1}x^{2n} \quad -1\le x\le 1 \quad x\ne 0$$

$$f(x)=\frac{1+x^2}{x}\arctan x=(1+x^2)\sum_{n=0}^{\infty}\frac{(-1)^n}{2n+1}x^{2n}=$$

$$1+\sum_{n=1}^{\infty}\frac{(-1)^n}{2n+1}x^{2n}+\sum_{n=0}^{\infty}\frac{(-1)^n}{2n+1}x^{2n+2}=$$

$$1+\sum_{n=1}^{\infty}(-1)^n\left(\frac{1}{2n+1}-\frac{1}{2n-1}\right)x^{2n}=$$

$$1+\sum_{n=1}^{\infty}\frac{2(-1)^{n+1}}{4n^2-1}x^{2n} \quad -1\le x\le 1 \quad x\ne 0$$

而按 $f(x)$ 定义，$f(0)=1$，故上式在 $x=0$ 处也成立，即有

$$f(x)=1+\sum_{n=1}^{\infty}\frac{(-1)^{n+1}\cdot 2}{4n^2-1}x^{2n} \quad -1\le x\le 1$$

(2) $f^{(2n)}(0)=(2n)!\,a_{2n}=\frac{(2n)!(-1)^{n+1}2}{4n^2-1} \quad n=1,2,\cdots$

(3) $f(1)=1+\sum\limits_{n=1}^{\infty}\frac{2\cdot(-1)^{n+1}}{4n^2-1}$

所以 $\sum\limits_{n=1}^{\infty}\dfrac{(-1)^n}{1-4n^2}=\dfrac{1}{2}[f(1)-1]=\dfrac{1}{2}(2\arctan 1-1)=\dfrac{1}{2}\left(\dfrac{\pi}{2}-1\right)$

例 15　求幂级数 $\sum\limits_{n=0}^{\infty}\dfrac{n+1}{n!2^n}x^n$ 的收敛域及和函数.

解　$R=\lim\limits_{n\to\infty}\left|\dfrac{a_n}{a_{n+1}}\right|=+\infty$，所以收敛域为 $(-\infty,+\infty)$

设和函数为

$$S(x)=\sum_{n=0}^{\infty}\frac{n+1}{n!2^n}x^n=\sum_{n=1}^{\infty}\frac{n}{n!2^n}x^n+\sum_{n=0}^{\infty}\frac{1}{n!}\left(\frac{x}{2}\right)^n=$$

$$\frac{x}{2}\sum_{n=1}^{\infty}\frac{1}{(n-1)!}\left(\frac{x}{2}\right)^{n-1}+\sum_{n=0}^{\infty}\frac{1}{n!}\left(\frac{x}{2}\right)^n=$$

$$\frac{x}{2}\mathrm{e}^{\frac{x}{2}}+\mathrm{e}^{\frac{x}{2}}=\left(\frac{x}{2}+1\right)\mathrm{e}^{\frac{x}{2}} \quad -\infty<x+\infty$$

注　也可以先积分，后求导.

例 16　(1) 求幂级数 $\dfrac{x^4}{2\cdot 4}+\dfrac{x^6}{2\cdot 4\cdot 6}+\cdots+\dfrac{x^{2n}}{2\cdot 4\cdots(2n)}+\cdots$ 的收敛域，记其和函数

为 $S(x)$.

(2) 验证该幂级数在收敛域内满足微分方程

$$S'(x) - xS(x) = \frac{x^3}{2} \quad S(0) = 0$$

(3) 由(2)求和函数 $S(x)$ 的表达式.

解 (1) 这是一个缺无穷项的幂级数

$$\lim_{n \to \infty} \left| \frac{\dfrac{x^{2n+2}}{2 \cdot 4 \cdots (2n)(2n+2)}}{\dfrac{x^{2n}}{2 \cdot 4 \cdots (2n)}} \right| = \lim_{n \to \infty} \frac{1}{2n+2} |x|^2 = 0$$

所以收敛区间为 $(-\infty, +\infty)$

记 $\quad S(x) = \dfrac{x^4}{2 \cdot 4} + \dfrac{x^6}{2 \cdot 4 \cdot 6} + \dfrac{x^8}{2 \cdot 4 \cdot 6 \cdot 8} + \cdots + \dfrac{x^{2n}}{2 \cdot 4 \cdot 6 \cdots (2n)} + \cdots$

(2) $\quad S'(x) = \dfrac{x^3}{2} + \dfrac{x^5}{2 \cdot 4} + \dfrac{x^7}{2 \cdot 4 \cdot 6} + \cdots + \dfrac{x^{2n-1}}{2 \cdot 4 \cdots (2n-2)} + \cdots =$

$$x \left(\frac{x^2}{2} + S(x) \right)$$

可见 $S(x)$ 是微分方程

$$S'(x) - xS(x) = \frac{x^3}{2}$$

满足初始条件 $S(0) = 0$ 的解

(3) 该方程的解由公式

$$S(x) = e^{\int x \mathrm{d}x} \left(\int \frac{x^3}{2} e^{-\int x \mathrm{d}x} \mathrm{d}x + c \right) = -\frac{x^2}{2} - 1 + c e^{\frac{x^2}{2}}$$

由 $S(0) = 0$,所以 $c = 1$

所求函数 $S(x) = -\dfrac{x^2}{2} - 1 + e^{\frac{x^2}{2}}$, $-\infty < x + \infty$

注 本题也可直接求和.

$$S(x) = \sum_{n=2}^{\infty} \frac{x^{2n}}{2^n n!} = \sum_{n=2}^{\infty} \frac{1}{n!} \left(\frac{x^2}{2} \right)^n =$$

$$-1 - \frac{x^2}{2} + \sum_{n=0}^{\infty} \frac{1}{n!} \left(\frac{x^2}{2} \right)^n = -1 - \frac{x^2}{2} + e^{\frac{x^2}{2}} \quad -\infty < x < +\infty$$

例17 求 $\displaystyle\sum_{n=1}^{\infty} \frac{1}{(4n^2-1)4^n}$ 的和.

解 $\displaystyle\sum_{n=1}^{\infty} \frac{1}{(4n^2-1)4^n} = \sum_{n=1}^{\infty} \frac{1}{2} \left(\frac{1}{2n-1} - \frac{1}{2n+1} \right) \left(\frac{1}{4} \right)^n =$

$$\sum_{n=1}^{\infty} \left(\frac{1}{2n-1} - \frac{1}{2n+1} \right) \left(\frac{1}{2} \right)^{2n+1}$$

令 $\quad S_1(x) = \dfrac{1}{4} \displaystyle\sum_{n=1}^{\infty} \frac{1}{2n-1} x^{2n-1}$

$$S_2(x) = \sum_{n=1}^{\infty} \frac{1}{2n+1} x^{2n+1}$$

两个幂级数的收敛半径都是 1

$$S'_1(x) = \frac{1}{4}\sum_{n=1}^{\infty} x^{2n-2} = \frac{1}{4}\frac{1}{1-x^2}$$

$$S_1(x) = S_1(0) + \int_0^x S'_1(x)\mathrm{d}x = 0 + \frac{1}{4}\int_0^x \frac{1}{1-x^2}\mathrm{d}x = \frac{1}{8}\ln\frac{1+x}{1-x}$$

$$S_2(x) = S_2(0) + \int_0^x \frac{x^2}{1-x^2}\mathrm{d}x = -x + \frac{1}{2}\ln\frac{1+x}{1-x}$$

将 $x = \frac{1}{2}$ 代入

$$\sum_{n=1}^{\infty} \frac{1}{(4n^2-1)4^n} = S_1\left(\frac{1}{2}\right) - S_2\left(\frac{1}{2}\right) = \frac{1}{8}\ln\frac{1+\frac{1}{2}}{1-\frac{1}{2}} + \frac{1}{2} - \frac{1}{2}\ln\frac{1+\frac{1}{2}}{1-\frac{1}{2}} = \frac{1}{2} - \frac{3}{8}\ln 3$$

习题 13.4

1. 将函数 $f(x) = \dfrac{1}{x^2+3x+2}$ 在展成 $x-1$ 的幂级数.

2. 将函数 $f(x) = \ln(2+x-3x^2)$ 展成 x 的幂级数.

3. 将函数 $f(x) = \dfrac{x}{(1-x)(1-2x)}$ 展成 x 的幂级数.

4. 将 $f(x) = \arcsin x$ 展成 x 的幂级数.

5. 将 $f(x) = \ln(x+\sqrt{1+x^2})$ 展成 x 的幂级数.

6. 将 $f(x) = \dfrac{1}{(x+2)^2}$ 在展成 $x+1$ 的幂级数.

7. 将 $f(x) = \cos x$ 在展成 $x+\dfrac{\pi}{3}$ 的幂级数.

8. 将 $f(x) = \dfrac{1}{x}$ 在展成 $x-3$ 的幂级数.

9. 将 $f(x) = \dfrac{1}{x^2+3x+2}$ 在展成 $x+4$ 的幂级数.

10. 将 $f(x) = (x+1)\ln(1+x)$ 展成 x 的幂级数.

11. 计算 $\sqrt{e}$ 的近似值(0.001).

12. 计算 $\displaystyle\int_0^{0.5} \frac{\arctan x}{x}\mathrm{d}x$(0.001).

13.5　傅里叶级数

除了幂级数,在科学技术中经常用到的另一种级数就是三角级数,它是研究周期运动的重要工具.

13.5.1　预备知识

定义 13.14　$1, \cos x, \sin x, \cos 2x, \sin 2x, \cdots, \cos nx, \sin nx, \cdots$ 称为三角函数系

三角函数系中任何不同的两个函数的乘积在区间$[-\pi,\pi]$上的积分等于零,称为三角函数系的正交性,即

$$\int_{-\pi}^{\pi}\cos nx\mathrm{d}x = 0 \quad (n = 1,2,\cdots)$$

$$\int_{-\pi}^{\pi}\sin nx\mathrm{d}x = 0 \quad (n = 1,2,\cdots)$$

$$\int_{-\pi}^{\pi}\cos nx\sin kx\mathrm{d}x = 0 \quad (n,k = 1,2,\cdots)$$

$$\int_{-\pi}^{\pi}\cos kx\cos nx\mathrm{d}x = 0 \quad (k,n = 1,2,3,\cdots,k \neq n)$$

$$\int_{-\pi}^{\pi}\sin kx\sin nx\mathrm{d}x = 0 \quad (k,n = 1,2,3,\cdots,k \neq n)$$

而三角函数系中,两个相同函数的乘积在$[-\pi,\pi]$上的积分不等于零,即

$$\int_{-\pi}^{\pi}1^2\mathrm{d}x = 2\pi$$

$$\int_{-\pi}^{\pi}\sin^2 nx\mathrm{d}x = \pi, \quad \int_{-\pi}^{\pi}\cos^2 nx\mathrm{d}x = \pi \quad (n = 1,2,\cdots)$$

13.5.2 函数展成傅里叶级数

上节我们讨论了把函数$f(x)$展成幂级数的条件及$f(x) = \sum_{n=0}^{\infty}a_n x^n$时,有

$$a_n = \frac{f^{(n)}(0)}{n!}, \quad n = 0,1,2,\cdots$$

现在我们要讨论的是以2π为周期的函数$f(x)$,能否展成三角级数

$$\frac{a_0}{2} + \sum_{n=1}^{\infty}(a_n\cos nx + b_n\sin nx) \qquad ①$$

如果能展成三角级数①,那么系数 $a_0,a_1,b_1,a_2,b_2,\cdots$ 如何计算?

我们先假设

$$f(x) = \frac{a_0}{2} + \sum_{n=1}^{\infty}(a_n\cos nx + b_n\sin nx) \qquad ②$$

而且进一步假设右边的级数可以逐项积分,先求a_0,根据三角函数系的正交性:对②两边从$-\pi$到π积分,有

$$\int_{-\pi}^{\pi}f(x)\mathrm{d}x = \frac{1}{2}\int_{-\pi}^{\pi}a_0\mathrm{d}x + 0$$

$$a_0 = \frac{1}{\pi}\int_{-\pi}^{\pi}f(x)\mathrm{d}x$$

为了求a_n,用$\cos nx$乘以②式两边,再从$-\pi$到π积分,得

$$\int_{-\pi}^{\pi}f(x)\cos nx\mathrm{d}x = \frac{a_0}{2}\int_{-\pi}^{\pi}\cos nx\mathrm{d}x + \sum_{k=1}^{\infty}\left(a_k\int_{-\pi}^{\pi}\cos kx\cos nx\mathrm{d}x + b_k\int_{-\pi}^{\pi}\sin kx\cos nx\mathrm{d}x\right)$$

由三角函数系的正交性,等式右端除$k = n$的一项外,其余各项都为零,所以

$$\int_{-\pi}^{\pi} f(x)\cos nx\,dx = a_n \int_{-\pi}^{\pi} \cos^2 nx\,dx = a_n\pi$$

于是

$$a_n = \frac{1}{\pi}\int_{-\pi}^{\pi} f(x)\cos nx\,dx \quad (n = 1,2,\cdots)$$

类似地,用 $\sin nx$ 乘(2)式的两边,再从 $-\pi$ 到 π 积分,得

$$b_n = \frac{1}{\pi}\int_{-\pi}^{\pi} f(x)\sin nx\,dx \quad (n = 1,2,\cdots)$$

由于 $n = 0$ 时, a_n 的表达式正是 a_0,因此

定义 13.15 $\qquad \begin{cases} a_n = \dfrac{1}{\pi}\displaystyle\int_{-\pi}^{\pi} f(x)\cos nx\,dx \quad (n = 0,1,2\cdots) \\[3mm] b_n = \dfrac{1}{\pi}\displaystyle\int_{-\pi}^{\pi} f(x)\sin nx\,dx \quad (n = 1,2,\cdots) \end{cases}$ ③

称为函数 $f(x)$ 的傅里叶系数,将这些系数代入 ② 的右端所得的三角级数

定义 13.16 $\quad \dfrac{a_0}{2} + \displaystyle\sum_{n=1}^{\infty}(a_n\cos nx + b_n\sin nx) \qquad a_n,b_n$ 由 ③ 式确定

叫函数 $f(x)$ 的傅里叶级数.

一个定义在 $(-\infty, +\infty)$ 上的以 2π 为周期的可积函数 $f(x)$,一定可以作出 $f(x)$ 的傅里叶级数,然而 $f(x)$ 的傅里叶级数是否一定收敛?如果收敛,它是否一定收敛于 $f(x)$?

下面我们不加证明的给出一个收敛定理:

定理 13.13 (收敛定理,狄利克雷充分条件) 设 $f(x)$ 在区间 $[-\pi,\pi]$ 上满足条件:

(1) 连续或只有有限个第一类间断点.

(2) 只有有限个极值点.

则 $f(x)$ 的傅里叶级数收敛,且当 x 是 $f(x)$ 的连续点时,级数收敛于 $f(x)$;

当 x 是 $f(x)$ 的间断点时,级数收敛于 $\dfrac{1}{2}[f(x-0) + f(x+0)]$.

在端点时,级数收敛于

$$\frac{1}{2}[f(-\pi+0) + f(\pi-0)]$$

记作

$$f(x) \sim \frac{a_0}{2} + \sum_{n=1}^{\infty}(a_n\cos nx + b_n\sin nx) =$$

$$\begin{cases} f(x) & x \text{ 连续点} \\[2mm] \dfrac{1}{2}[f(x-0) + f(x+0)] & x \text{ 间断点} \\[2mm] \dfrac{1}{2}[f(-\pi+0) + f(\pi-0) & x = \pm\pi \end{cases}$$

这个定理表明,函数展成三角级数,要求的条件很低了,即便具有间断点的函数也可以展成三角级数.

例 1 设 $f(x)$ 是以 2π 为周期的函数(如图 13.1),它在 $[-\pi,\pi)$ 上表达式为

$$f(x) = \begin{cases} x & -\pi \leq x < 0 \\ 0 & 0 \leq x < \pi \end{cases}$$

将 $f(x)$ 展成傅里叶级数.

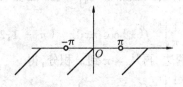

图 13.1

解 $f(x)$ 满足收敛定理的条件,它在点 $x = (2k+1)\pi$ ($k = 0, \pm 1, \pm 2, \cdots$)处不连续,$f(x)$ 的傅里叶级数在 $x = (2k+1)\pi$ 处收敛于

$$\frac{f(\pi - 0) + f(-\pi + 0)}{2} = \frac{0 - \pi}{2} = -\frac{\pi}{2}$$

在连续点 $x(x \neq (2k+1)\pi)$ 收敛于 $f(x)$

$$a_n = \frac{1}{\pi} \int_{-\pi}^{\pi} f(x) \cos nx \, dx = \frac{1}{\pi} \int_{-\pi}^{0} x \cos nx \, dx = \frac{1}{\pi} \left(\frac{x \sin nx}{n} \Big|_{-\pi}^{0} + \frac{\cos nx}{n^2} \Big|_{-\pi}^{0} \right) =$$

$$\frac{1}{n^2 \pi} (1 - \cos n\pi) = \begin{cases} \dfrac{2}{n^2 \pi} & n = 1,3,5,\cdots \\ 0 & n = 2,4,6,\cdots \end{cases}$$

$$a_0 = \frac{1}{\pi} \int_{-\pi}^{\pi} f(x) \, dx = \frac{1}{\pi} \int_{-\pi}^{0} x \, dx = -\frac{\pi}{2}$$

$$b_n = \frac{1}{\pi} \int_{-\pi}^{\pi} f(x) \sin nx \, dx = \frac{1}{\pi} \int_{-\pi}^{0} x \sin nx \, dx = \frac{1}{\pi} \left(-\frac{x \cos nx}{n} + \frac{\sin nx}{n^2} \right) \Big|_{-\pi}^{0} =$$

$$\frac{(-1)^{n+1}}{n}$$

$$f(x) = -\frac{\pi}{4} + \frac{2}{\pi} \sum_{k=1}^{\infty} \frac{1}{(2k-1)^2} \cos(2k-1)x + \sum_{k=1}^{\infty} \frac{(-1)^{n-1}}{n} \sin nx$$

$$(-\infty < x < +\infty; x \neq \pm\pi, \pm 3\pi, \cdots)$$

令 $x = 0$,则得出几个重要的结果

$$0 = -\frac{\pi}{4} + \frac{2}{\pi} \sum_{n=1}^{\infty} \frac{1}{(2k-1)^2}$$

于是

$$\sum_{n=1}^{\infty} \frac{1}{(2k-1)^2} = \frac{\pi^2}{8}$$

记

$$\sigma = \sum_{n=1}^{\infty} \frac{1}{n^2}$$

$$\sigma_1 = \sum_{k=1}^{\infty} \frac{1}{(2k-1)^2} = \frac{\pi^2}{8}$$

$$\sigma_2 = \frac{1}{2^2} + \frac{1}{4^2} + \frac{1}{6^2} + \cdots = \frac{1}{4} \left(1 + \frac{1}{2^2} + \frac{1}{3^2} + \cdots \right)$$

$$\sigma_3 = 1 - \frac{1}{2^2} + \frac{1}{3^2} - \frac{1}{4^2} + \cdots$$

$$\sigma = \sigma_1 + \sigma_2 = \sigma_1 + \frac{1}{4} \sigma$$

所以
$$\sigma = \frac{4}{3}\sigma_1 = \frac{\pi^2}{6}$$

$$\sigma_2 = \frac{\pi^2}{24}, \sigma_3 = \sigma_1 - \sigma_2 = \frac{\pi^2}{12}$$

13.5.3　奇或偶函数的傅里叶级数

设 $f(x)$ 是奇函数

则
$$a_n = \frac{1}{\pi}\int_{-\pi}^{\pi} f(x)\cos nx\,\mathrm{d}x = 0 \quad (n = 0,1,2\cdots)$$

$$b_n = \frac{2}{\pi}\int_{0}^{\pi} f(x)\sin nx\,\mathrm{d}x$$

于是奇函数 $f(x)$ 的傅里叶级数只含正弦项,因此叫正弦级数

$$f(x) \sim \sum_{n=1}^{\infty} b_n \sin nx$$

如果 $f(x)$ 是偶函数,则

$$a_n = \frac{2}{\pi}\int_{0}^{\pi} f(x)\cos nx\,\mathrm{d}x \quad (n = 0,1,2\cdots)$$

$$b_n = \frac{1}{\pi}\int_{-\pi}^{\pi} f(x)\sin x\,\mathrm{d}x = 0$$

于是偶函数 $f(x)$ 的傅里叶级数只含余弦项,因此叫余弦级数

$$f(x) \sim \frac{a_0}{2} + \sum_{n=1}^{\infty} a_n \cos nx$$

例 2　将 $f(x) = \begin{cases} -1 & -\pi < x < 0 \\ 1 & 0 < x < \pi \\ 0 & x = 0, \pm\pi \end{cases}$ （如图 13.2）,

展成傅里叶级数.

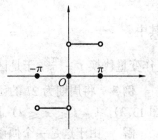

图 13.2

解　此题有两种解释方法:

第一种:这是一个以 2π 为周期的函数,它在 $[-\pi,\pi]$ 上的表达式为 $f(x)$

第二种:我们只在 $[-\pi,\pi]$ 上将 $f(x)$ 展成傅里叶级数

这是一个奇函数,因此 $a_n = 0,(n = 0,1,2,\cdots)$

$$b_n = \frac{2}{\pi}\int_{0}^{\pi} f(x)\sin nx\,\mathrm{d}x = \frac{2}{\pi}\int_{0}^{\pi}\sin nx\,\mathrm{d}x = \frac{2}{n\pi}(1 - \cos n\pi) = \begin{cases} 0 & n\ 偶 \\ \dfrac{4}{n\pi} & n\ 奇 \end{cases}$$

于是在 $[-\pi,\pi]$ 有

$$f(x) = \frac{4}{\pi}\left(\frac{\sin x}{1} + \frac{\sin 3x}{3} + \frac{\sin 5x}{5} + \cdots\right) \quad x \in [-\pi,\pi]$$

令 $x = \dfrac{\pi}{2}$,则

$$1 = \frac{4}{\pi}\left(1 - \frac{1}{3} + \frac{1}{5} - \frac{1}{7} + \cdots\right)$$

即

$$1 - \frac{1}{3} + \frac{1}{5} - \frac{1}{7} + \cdots = \frac{\pi}{4}$$

$$\pi = 4\left(1 - \frac{1}{3} + \frac{1}{5} - \frac{1}{7} + \cdots\right)$$

13.5.4 任意区间上的傅里叶级数

不论 $f(x)$ 是以 $2l$ 为周期的函数,还是 $f(x)$ 仅给在 $[-l, l]$ 上,总有以下定理

定理 13.14 $f(x)$ 在 $[-l, l]$ 上满足收敛定理的条件,则它的傅里叶级数为

$$\frac{a_0}{2} + \sum_{n=1}^{\infty}\left(a_n\cos\frac{n\pi x}{l} + b_n\sin\frac{n\pi x}{l}\right) = \begin{cases} f(x) & x \text{ 连续点} \\ \dfrac{f(x-0) + f(x+0)}{2} & x \text{ 间断点} \end{cases}$$

其中

$$a_n = \frac{1}{l}\int_{-l}^{l} f(x)\cos\frac{n\pi x}{l}\mathrm{d}x, (n = 0,1,2,\cdots)$$

$$b_n = \frac{1}{l}\int_{-l}^{l} f(x)\sin\frac{n\pi x}{l}\mathrm{d}x, (n = 0,1,2,\cdots)$$

当 $f(x)$ 为奇函数时

$$f(x) \sim \sum_{n=1}^{\infty} b_n\sin\frac{n\pi x}{l}, b_n = \frac{2}{l}\int_0^l f(x)\sin\frac{n\pi x}{l}\mathrm{d}x \quad (n = 1,2,3\cdots)$$

当 $f(x)$ 为偶函数时

$$f(x) \sim \frac{a_0}{2} + \sum_{n=1}^{\infty} a_n\cos\frac{n\pi x}{l}$$

其中

$$a_n = \frac{2}{l}\int_0^l f(x)\cos\frac{n\pi x}{l}\mathrm{d}x \quad (n = 0,1,2,\cdots)$$

(作变量代换 $t = \frac{\pi x}{l}$,于是区间 $-l \leqslant x \leqslant l$ 就变成 $-\pi \leqslant t \leqslant \pi$)

例 3 将周期为 $2l$ 的函数 $f(x) = |x|$ (如图 13.3) $(-l \leqslant x \leqslant l)$,展成傅里叶级数.

解 由于这是一个偶函数,我们有 $b_n = 0$

$$a_0 = \frac{2}{l}\int_0^l x\mathrm{d}x = l$$

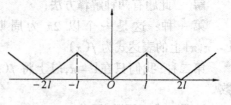

图 13.3

$$a_n = \frac{2}{l}\int_0^l x\cos\frac{n\pi x}{l}\mathrm{d}x = \frac{2l}{\pi^2}\int_0^\pi x\cos nx\mathrm{d}x =$$

$$\begin{cases} 0 & n \text{ 偶} \\ -\dfrac{4l}{\pi^2 n^2} & n \text{ 奇} \end{cases}$$

所以在 $(-\infty, +\infty)$ 有

$$f(x) = \frac{l}{2} - \frac{4l}{\pi^2}\left(\cos\frac{\pi x}{l} + \frac{1}{3^2}\cos\frac{3\pi x}{l} + \cdots\right)$$

13.5.5　函数的奇延拓或偶延拓

如果 $f(x)$ 在区间 $[0, l]$ 给出，那么可以把 $f(x)$ 延拓到区间 $[-l, 0]$，也就是给 $f(x)$ 在 $[-l, 0)$ 加以补充定义，这就得到一个确定在区间 $[-l, l]$ 的函数 $F(x)$，它在区间 $[0, l]$ 上与 $f(x)$ 重合，如果 $F(x)$ 已经在区间 $[-l, l]$ 上展成傅里叶级数，那么 $f(x)$ 也就在区间 $[0, l]$ 被展成傅里叶级数.

为了方便，我们往往需要把 $f(x)$ 展成为正弦级数或余弦级数，这就是函数的奇延拓或函数的偶延拓.

例 4　设 $f(x) = \dfrac{\pi}{4} - \dfrac{1}{2}x$，其中 $0 \leqslant x \leqslant \pi$（如图 13.4）

(1) 试将 $f(x)$ 展成正弦级数；

(2) 试将 $f(x)$ 展成余弦级数；

(3) 试求 $\displaystyle\sum_{k=1}^{\infty} \dfrac{(-1)^{k+1}}{2k-1}$ 的值.

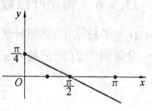

图 13.4

解　(1) 将 $f(x)$ 进行奇延拓，则 $a_n = 0$（$n = 0, 1, 2, \cdots$）

$$b_n = \frac{2}{\pi}\int_0^{\pi} f(x)\sin nx\, dx = \frac{2}{\pi}\int_0^{\pi}\left(\frac{\pi}{4} - \frac{1}{2}x\right)\sin nx\, dx =$$

$$\frac{2}{n\pi}\left[\left(\frac{1}{2}x - \frac{\pi}{4}\right)\cos nx\,\Big|_0^{\pi} - \int_0^{\pi}\cos nx\, d\,\frac{1}{2}x\right] = \frac{1 + (-1)^n}{2n} = \begin{cases} 0 & n\ \text{奇} \\[2mm] \dfrac{1}{n} & n\ \text{偶} \end{cases}$$

所以
$$f(x) \sim \sum_{n=1}^{\infty} \frac{1}{2n}\sin 2nx \quad x \in [0, \pi]$$

因为 $f(x)$ 在 $[0, \pi]$ 上连续

所以
$$f(x) = \sum_{n=1}^{\infty} \frac{1}{2n}\sin 2nx$$

(2) 将 $f(x)$ 进行偶延拓

$$b_n = 0$$

$$a_0 = \frac{2}{\pi}\int_0^{\pi} f(x)\, dx = \frac{2}{\pi}\int_0^{\pi}\left(\frac{\pi}{4} - \frac{1}{2}x\right)dx = 0$$

$$a_n = \frac{2}{\pi}\int_0^{\pi}\left(\frac{\pi}{4} - \frac{x}{2}\right)\cos nx\, dx = \frac{1}{n^2\pi}[1 - (-1)^n] = \begin{cases} \dfrac{2}{n^2\pi} & n\ \text{奇} \\[2mm] 0 & n\ \text{偶} \end{cases}$$

所以
$$f(x) = \frac{2}{\pi}\sum_{k=1}^{\infty} \frac{1}{(2k-1)^2}\cos(2k-1)x \quad x \in [0, \pi]$$

(3) 由 (1) 知，对于任意 $x \in [0, \pi]$ 有
$$f(x) = \sum_{n=1}^{\infty} \frac{1}{2n}\sin 2nx$$

即
$$\frac{\pi}{4} - \frac{1}{2}x = \sum_{n=1}^{\infty} \frac{1}{2n}\sin 2nx$$

令 $x = \dfrac{\pi}{4}$,则

$$\frac{\pi}{4} - \frac{1}{2} \cdot \frac{\pi}{4} = \sum_{n=1}^{\infty} \frac{1}{2n} \sin \frac{n\pi}{2}$$

所以　　　　　$$\frac{\pi}{8} = \frac{1}{2}\left(1 - \frac{1}{3} + \frac{1}{5} - \frac{1}{7} + \cdots\right)$$

故　　　　　$$\sum_{k=1}^{\infty} \frac{(-1)^{k+1}}{2k-1} = \frac{\pi}{4}$$

13.5.6　傅里叶级数的复数形式

在电子技术中,傅里叶级数经常用复数形式表示.

设周期为 $2l$ 的函数 $f(x)$ 的傅里叶级数为

$$\frac{a_0}{2} + \sum_{n=1}^{\infty}\left(a_n\cos\frac{n\pi x}{l} + b_n\sin\frac{n\pi x}{l}\right) \qquad ④$$

其中

$$\left. \begin{aligned} a_n &= \frac{1}{l}\int_{-l}^{l} f(x)\cos\frac{n\pi x}{l}\mathrm{d}x \quad n = 0,1,2,\cdots \\ b_n &= \frac{1}{l}\int_{-l}^{l} f(x)\sin\frac{n\pi x}{l}\mathrm{d}x \quad n = 0,1,2,\cdots \end{aligned} \right\} \qquad ⑤$$

利用欧拉公式

$$\cos t = \frac{\mathrm{e}^{\mathrm{i}t} + \mathrm{e}^{-\mathrm{i}t}}{2}, \sin t = \frac{\mathrm{e}^{\mathrm{i}t} - \mathrm{e}^{-\mathrm{i}t}}{2\mathrm{i}}$$

将式 ④ 化成

$$\frac{a_0}{2} + \sum_{n=1}^{\infty}\left[\frac{a_n}{2}(\mathrm{e}^{\mathrm{i}\frac{n\pi x}{l}} + \mathrm{e}^{-\mathrm{i}\frac{n\pi x}{l}}) - \frac{\mathrm{i}b_n}{2}(\mathrm{e}^{\mathrm{i}\frac{n\pi x}{l}} - \mathrm{e}^{-\mathrm{i}\frac{n\pi x}{l}})\right] =$$

$$\frac{a_0}{2} + \sum_{n=1}^{\infty}\left(\frac{a_n - \mathrm{i}b_n}{2}\mathrm{e}^{\mathrm{i}\frac{n\pi x}{l}} + \frac{a_n + \mathrm{i}b_n}{2}\mathrm{e}^{-\mathrm{i}\frac{n\pi x}{l}}\right) \qquad ⑥$$

记　　　$$\frac{a_0}{2} = c_0, \frac{a_n - \mathrm{i}b_n}{2} = c_n, \frac{a_n + \mathrm{i}b_n}{2} = c_{-n} \quad (n = 1,2,3,\cdots) \qquad ⑦$$

则式 ⑥ 表示为

$$c_0 + \sum_{n=1}^{\infty}\left(c_n\mathrm{e}^{\mathrm{i}\frac{n\pi x}{l}} + c_{-n}\mathrm{e}^{-\mathrm{i}\frac{n\pi x}{l}}\right) = \left(c_n\mathrm{e}^{\mathrm{i}\frac{n\pi x}{l}}\right)_{n=0} + \sum_{n=1}^{\infty}\left(c_n\mathrm{e}^{\mathrm{i}\frac{n\pi x}{l}} + c_{-n}\mathrm{e}^{-\mathrm{i}\frac{n\pi x}{l}}\right)$$

即得傅里叶级数的复数形式为

$$\sum_{n=-\infty}^{\infty} c_n\mathrm{e}^{\mathrm{i}\frac{n\pi x}{l}} \qquad ⑧$$

为得出系数 c_n 的表达式,将式 ⑤ 代入式 ⑦ 得

$$c_0 = \frac{a_0}{2} = \frac{1}{2l}\int_{-l}^{l} f(x)\mathrm{d}x$$

$$c_n = \frac{a_n - \mathrm{i}b_n}{2} = \frac{1}{2}\left[\frac{1}{l}\int_{-l}^{l} f(x)\cos\frac{n\pi x}{l}\mathrm{d}x - \frac{\mathrm{i}}{l}\int_{-l}^{l} f(x)\sin\frac{n\pi x}{l}\mathrm{d}x\right] =$$

$$\frac{1}{2l}\int_{-l}^{l} f(x)\left(\cos\frac{n\pi x}{l} - \mathrm{i}\sin\frac{n\pi x}{l}\right)\mathrm{d}x = \frac{1}{2l}\int_{-l}^{l} f(x)\mathrm{e}^{-\mathrm{i}\frac{n\pi x}{l}}\mathrm{d}x \quad (n = 1,2,\cdots)$$

$$c_{-n} = \frac{a_n + \mathrm{i}b_n}{2} = \frac{1}{2l}\int_{-l}^{l} f(x)\,\mathrm{e}^{\mathrm{i}\frac{n\pi x}{l}}\,\mathrm{d}x \quad (n = 1,2,3\cdots)$$

将已得的结果合并写成

$$c_n = \frac{1}{2l}\int_{-l}^{l} f(x)\,\mathrm{e}^{-\mathrm{i}\frac{n\pi x}{l}}\,\mathrm{d}x \quad (n = 0, \pm 1, \pm 2, \cdots)$$

这就是傅里叶系数的复数形式.

百 花 园

例 5　设 $f(x) = x^2 - 1\,(1 \leqslant x < 3)$ 以 2 为周期的傅里叶级数的和函数为 $S(x)$,求 $S(-5)$.

解　$S(-5) = S(-5 + 2 \times 3) = S(1) = \frac{1}{2}[f(3-0) + f(1+0)] = \frac{1}{2}[8 + 0] = 4$

例 6　设 $f(x) = \begin{cases} x & 0 \leqslant x \leqslant \dfrac{1}{2} \\ 2 - 2x & \dfrac{1}{2} < x < 1 \end{cases}$,而

$$S(x) = \sum_{n=1}^{\infty} b_n \sin n\pi x \quad (-\infty < x < +\infty)$$

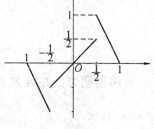

图 13.5

其中 $b_n = 2\int_0^1 f(x)\sin n\pi x\,\mathrm{d}x \quad (n = 1,2,\cdots)$(如图 13.5),求 $S\left(-\dfrac{1}{2}\right)$.

解　由于 $S(x)$ 是周期为 2 的奇函数

$$S\left(-\frac{5}{2}\right) = S\left(-\frac{1}{2}\right) = -S\left(\frac{1}{2}\right) =$$
$$-\frac{1}{2}\left[f\left(\frac{1}{2}-0\right) + f\left(\frac{1}{2}+0\right)\right] = -\frac{1}{2}\left(\frac{1}{2}+1\right) = -\frac{3}{4}$$

例 7　设 $f(x) = \begin{cases} \mathrm{e}^x & 0 \leqslant x \leqslant \pi \\ 0 & -\pi < x < 0 \end{cases}$,又设 $S(x) = \dfrac{a_0}{2} + \sum_{n=1}^{\infty}(a_n\cos nx + b_n\sin nx)$ 为 $f(x)$ 的以 2π 为周期的傅里叶级数,求级数 $\sum_{n=1}^{\infty} a_n$.

解　将 $x = 0$ 代入有

$$S(0) = \frac{a_0}{2} + \sum_{n=1}^{\infty} a_n$$

所以
$$\sum_{n=1}^{\infty} a_n = S(0) - \frac{a_0}{2}$$

由狄利克雷定理

$$S(0) = \frac{1}{2}[f(0-0) + f(0+0)] = \frac{1}{2}(0 + \mathrm{e}^0) = \frac{1}{2}$$

$$a_0 = \frac{1}{\pi}\int_{-\pi}^{\pi} f(x)\,\mathrm{d}x = \frac{1}{\pi}\int_0^{\pi} \mathrm{e}^x\,\mathrm{d}x = \frac{1}{\pi}(\mathrm{e}^\pi - 1)$$

所以
$$\sum_{n=1}^{\infty} a_n = \frac{1}{2} - \frac{1}{\pi}(e^\pi - 1)$$

例8 设 $f(x)$ 在 $[-\pi,\pi]$ 上可积的以 2π 为周期的函数,其傅里叶系数为 $a_n(n=0,1,2,\cdots)$,$b_n(n=1,2,\cdots)$,求 $f(x+a)$ ($a>0$常数)的傅里叶系数 A_n,B_n.

解
$$A_0 = \frac{1}{\pi}\int_{-\pi}^{\pi} f(x+a)\,dx = \frac{1}{\pi}\int_{-\pi+a}^{\pi+a} f(x)\,dx = \frac{1}{\pi}\int_{-\pi}^{\pi} f(x)\,dx = a_0$$

$$A_n = \frac{1}{\pi}\int_{-\pi}^{\pi} f(x+a)\cos nx\,dx = \frac{1}{\pi}\int_{-\pi+a}^{\pi+a} f(t)\cos n(t-a)\,dt =$$

$$\frac{1}{\pi}\int_{-\pi+a}^{\pi+a} [f(t)\cos nt\cos na + f(t)\sin nt\sin na]\,dt =$$

$$a_n\cos na + b_n\sin na \quad (n=0,1,2\cdots)$$

$$B_n = \frac{1}{\pi}\int_{-\pi}^{\pi} f(x+a)\sin nx\,dx = \frac{1}{\pi}\int_{-\pi+a}^{\pi+a} f(t)\sin n(t-a)\,dt =$$

$$b_n\cos na - a_n\sin na \quad (n=1,2,\cdots)$$

习题 13.5

1.将周期为 2π 的函数 $f(x) = x^2(-\pi \leq x \leq \pi)$ 展成傅里叶级数,并求 $1 - \frac{1}{2^2} + \frac{1}{3^2} - \frac{1}{4^2} + \cdots$ 的和.

2.将函数 $f(x) = e^x$ $[-\pi,\pi]$ 展成傅里叶级数.

3.将函数 $f(x) \begin{cases} \dfrac{2}{l}x & 0 \leq x \leq \dfrac{l}{2} \\ \dfrac{2}{l}(l-x) & \dfrac{l}{2} < x \leq l \end{cases}$ 展成傅里叶正弦级数.

4.将函数 $f(x) = x^2 - x$ ($-2 \leq x \leq 2$)展成傅里叶级数.

5.将函数 $f(x) = \dfrac{\pi}{4} - \dfrac{x}{2}$ ($0 < x < \pi$)展成

(1)傅里叶正弦级数;(2)傅里叶余弦级数.

6.将周期为 2π 的函数 $f(x)$ 展成傅里叶级数,如果 $f(x)$ 在 $[-\pi,\pi)$ 上的表达式为 $3x^2 + 1$.

7.将函数 $f(x) = \cos\dfrac{x}{2}(-\pi \leq x \leq \pi)$ 展成傅里叶级数.

8.函数 $f(x)$ 是周期为 4 的周期函数,它在 $[-2,2)$ 上的表达式为

$$f(x) = \begin{cases} 0 & -2 \leq x < 0 \\ h & 0 \leq x < 2 \end{cases}$$ (常数 $h \neq 0$) 将 $f(x)$ 展成傅里叶级数.

9.将 $f(x) = x^2(0 < x \leq 2\pi)$ 展成傅里叶级数,并求积分 $\int_0^1 \dfrac{\ln(1+x)}{x}\,dx$ 的值.

本　章　小　结

本章内容共分三部分:常数项级数,幂级数与傅里叶级数.

其中常数项级数是探讨其他两部分的基础.

1.常数项级数

$\sum\limits_{n=1}^{\infty} a_n$ 主要是判定其敛散性,从理论上讲级数的敛散性取决于其部分和 S_n,当 $n \to \infty$ 时是否有极限.一般说来,简化部分和是件十分困难的事,因此早期研究级数的数学家,研究出了很多简单而且实用的判别法.

这些判别法多数都是充分条件

$$\text{数项级数}\sum_{n=1}^{\infty} a_n\text{敛散性}\begin{cases}\text{一 } a_n \nrightarrow 0,\text{则}\sum_{n=1}^{\infty} a_n\text{发散} \\ \\ \text{二 } a_n \to 0\begin{cases}1\text{ 等比级数}\sum_{n=1}^{\infty} aq^{n-1}=\begin{cases}\dfrac{\text{首项}}{1-\text{公比}} & |q|<1 & \text{收敛} \\ \text{发散} & |q| \geqslant 1 \end{cases} \\ 2.P\text{ 级数}\sum_{n=1}^{\infty}\dfrac{1}{n^p}=\begin{cases}\text{收} & P>1 \\ \text{发} & P \leqslant 1\end{cases} \\ 3.\text{正项级数有 6 个判别法} \\ 4.\text{交错级数}\sum_{n=1}^{\infty}(-1)^{n-1}u_n\text{ 有莱布尼兹判别法} \\ 5.\text{任意项级数}\sum_{n=1}^{\infty} a_n,\text{当}\sum_{n=1}^{\infty}|a_n|\text{收敛}\Rightarrow\sum_{n=1}^{\infty} a_n\text{绝对收敛}\end{cases}\end{cases}$$

有时遇到一判别法用不上的情况,就应根据具体情况想其他办法解决,例如:交错级数

$$\frac{1}{\sqrt{2}-1}-\frac{1}{\sqrt{2}+1}+\frac{1}{\sqrt{3}-1}-\frac{1}{\sqrt{3}+1}+\cdots+\frac{1}{\sqrt{n}-1}-\frac{1}{\sqrt{n}+1}+\cdots$$

不满足莱布尼兹判别法中的条件,如何判别其敛散呢?

根据其特点,考虑级数

$$\left(\frac{1}{\sqrt{2}-1}-\frac{1}{\sqrt{2}+1}\right)+\left(\frac{1}{\sqrt{3}-1}-\frac{1}{\sqrt{3}+1}\right)+\cdots+\left(\frac{1}{\sqrt{n}-1}-\frac{1}{\sqrt{n}+1}\right)+\cdots=$$

$$\frac{2}{1}+\frac{2}{2}+\frac{2}{3}+\cdots+\frac{2}{n}+\cdots$$

这个级数是发散的,加括号后的发散,故原级数发散.

有的同学在研究 $\sum\limits_{n=1}^{\infty}\dfrac{1}{n^{1+\frac{1}{n}}}$ 的敛散性时,认为 P 级数 $\sum\limits_{n=1}^{\infty}\dfrac{1}{n^p}$,$(p>1)$ 时收敛,所以 $\sum\limits_{n=1}^{\infty}\dfrac{1}{n^{1+\frac{1}{n}}}$ 收敛.

这个结论是错误的,原因是 P 级数的 P 是常数.

此题 $p = 1 + \dfrac{1}{n}$ 不是常数,所以不能用 P 级数的结论.

此题用比较法的极限形式

$$\lim_{n \to \infty} \frac{\dfrac{1}{n^{1+\frac{1}{n}}}}{\dfrac{1}{n}} = \lim_{n \to \infty} \frac{1}{\sqrt[n]{n}} = 1$$

而 $\displaystyle\sum_{n=1}^{\infty} \dfrac{1}{n}$ 发散,所以级数 $\displaystyle\sum_{n=1}^{\infty} \dfrac{1}{n^{1+\frac{1}{n}}}$ 发散.

2. 幂级数

在函数项级数中,最简单也是最重要的一类级数就是幂级数,如果一个幂级数收敛,那么由于它的部分和是多项式,就可以用部分和多项式去逼近这个级数的和函数,而且只要适当选取多项式的项数,这种逼近可以达到任意的精确度,基于这个原因,我们常把函数展成幂级数,为计算函数值提供了方便.

研究幂级数时,首先要求其收敛半径,然后再定两个端点的敛散性,得到其收敛域.

求收敛半径分两种情况:(1)最多缺有限项 (2)缺无限项

它们所用的公式不一样,尤其是最多缺有限项时, $\lim\limits_{n \to \infty} \left| \dfrac{a_n}{a_{n+}} \right|$ 不存在,要分情况处理.

见 13.3 例 7.

幂级数要注意以下几点.

(1)逐项求导,收敛半径不变,收敛域可能缩小.

(2)逐项积分,收敛半径不变,收敛域可能扩大.

(3)提出或乘以因子 $(x - a)^k$,则收敛域不变.

(4)平移,则收敛域也仅是平移.

例如 设幂级数 $\displaystyle\sum_{n=0}^{\infty} a_n (x - 1)^n$ 的收敛半径为 3,则幂级数 $\displaystyle\sum_{n=1}^{\infty} n a_n (x + 2)^{n+1}$ 的收敛区间为(   )

解 由 $\displaystyle\sum_{n=0}^{\infty} a_n (x - 1)^n$ 到 $\displaystyle\sum_{n=1}^{\infty} n a_n (x + 2)^{n+1}$ 经过平移,逐项求导,再乘以因子 $(x + 2)^2$ 这些都不改变收敛半径.

$\displaystyle\sum_{n=0}^{\infty} a_n (x - 1)^n$ 经平移 $\displaystyle\sum_{n=0}^{\infty} a_n (x + 3 - 1)^n = \displaystyle\sum_{n=0}^{\infty} a_n (x + 2)^n$

$\displaystyle\sum_{n=0}^{\infty} a_n (x + 2)^n$ 经逐项求导得到 $\displaystyle\sum_{n=1}^{\infty} n a_n (x + 2)^{n-1}$

$\displaystyle\sum_{n=1}^{\infty} n a_n (x + 2)^{n-1}$ 经逐项乘因子 $(x + 2)^2$,得到 $\displaystyle\sum_{n=1}^{\infty} n a_n (x + 2)^{n+1}$

经上述过程,幂级数的收敛半径不变

于是最后的幂级数收敛区间为 $-3 < x + 2 < 3$

即 $(-5, 1)$

函数展成幂级数,要记住公式 ① ~ ⑥

与这 6 个公式不符的,或用求导法,或用积分法.

要记住,函数 $f(x)$ 展成幂级数 $f(x) = \sum\limits_{n=0}^{\infty} a_n x^n$,则

$$a_n = \frac{f^{(n)}(0)}{n!}$$

或 $f(x) = \sum\limits_{n=0}^{\infty} b_n (x - x_0)^n$,则

$$b_n = \frac{f^{(n)}(x_0)}{n!}$$

例如 $f(x) = \arctan\dfrac{1-2x}{1+2x}$,求 $f^{(100)}(0)$,$f^{(101)}(0)$.

将 $f(x)$ 展成 x 的幂级数

$$f'(x) = -\frac{2}{1+4x^2} = -2\sum_{n=0}^{\infty} (-1)^n 4^n x^{2n} \quad |4x^2| < 1$$

逐项积分

$$\arctan\frac{1-2x}{1+2x} = f(0) + \int_0^x f'(x)\,\mathrm{d}x =$$

$$\frac{\pi}{4} + 2\sum_{n=0}^{\infty} (-1)^{n+1} 4^n \frac{x^{2n+1}}{2n+1} \quad \left(-\frac{1}{2} < x < \frac{1}{2}\right) =$$

$$\frac{\pi}{4} + \sum_{n=0}^{\infty} (-1)^{n+1} 2^{2n+1} \frac{x^{2n+1}}{2n+1} \quad \left(-\frac{1}{2} < x < \frac{1}{2}\right)$$

$$a_{2n} = \frac{f^{(2n)}(0)}{(2n)!} = 0$$

所以 $\qquad\qquad\qquad f^{(2n)}(0) = 0 \quad f^{(100)}(0) = 0$

$$a_{2n+1} = \frac{f^{(2n+1)}(0)}{(2n+1)!},\ f^{(101)}(0) = a_{101}(101)! = -\frac{2^{101}}{101} \times 101! = -2^{101} \cdot 100!$$

3. 傅里叶级数

将一个函数展成傅里叶级数的关键在于确定系数 $a_0, a_n, b_n (n = 1, 2, \cdots)$,在计算系数时,要注意函数 $f(x)$ 的奇偶性,如果是奇函数,则 $a_n = 0$,如果是偶函数,则 $b_n = 0$

此外,注意以下几点,有助于解题.

(1) $f(x)$ 以 $2l$ 为周期的可积函数,总有

$$\int_{-l}^{l} f(x)\,\mathrm{d}x = \int_a^{a+2l} f(x)\,\mathrm{d}x$$

因此　$a_n = \dfrac{1}{l}\displaystyle\int_{-l}^{l} f(x)\cos\frac{n\pi x}{l}\mathrm{d}x = \dfrac{1}{l}\displaystyle\int_a^{a+2l} f(x)\cos\frac{n\pi x}{l}\mathrm{d}x \quad (n = 0, 1, 2, \cdots)$

$$b_n = \frac{1}{l}\int_{-l}^{l} f(x)\sin\frac{n\pi x}{l}\mathrm{d}x = \frac{1}{l}\int_a^{a+2l} f(x)\sin\frac{n\pi x}{l}\mathrm{d}x \quad (n = 0, 1, 2, \cdots)$$

例如,要将周期 2π 的函数 $f(x)$(图 13.6)展成傅里叶级数,它在一个周期中的定义为

$$f(x) = \begin{cases} x + 2\pi & -\pi \leqslant x < 0 \\ \pi & x = 0 \\ x & 0 < x < \pi \end{cases}$$

这个函数在$[-\pi,\pi]$中的表达式比在$[0,2\pi]$中的表达式

$$f(x) = \begin{cases} x & 0 < x < 2\pi \\ \pi & x = 0,2\pi \end{cases}$$ 复杂,因为用这一表达式与上面的公式计算 a_n, b_n,显然比

较简单.

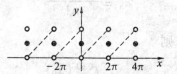

(2)当一个函数$f(x)$只在$(0,l)$展成傅里叶级数时,此时对$(0,l)$之外的函数是什么并不重要,这时可用奇延拓或偶适拓,展成傅里叶级数在区间$(0,l)$必然表示$f(x)$.

复习题十三

1.填空题

(1) $\sum_{n=1}^{\infty} \dfrac{1}{1+2+\cdots+n}$ 的敛散性是_____.

(2) $\lim\limits_{n\to\infty} \dfrac{n^n}{3^n n!} = $ _____.

(3) $\sum_{n=1}^{\infty} \left(\dfrac{1}{n^2+1}\right)^{\frac{1}{n}}$ 的敛散性是_____.

(4) $\sum_{n=1}^{\infty} \left(\dfrac{n}{2n+1}\right)^n$ 的敛散性是_____.

(5) $\sum_{n=1}^{\infty} \dfrac{2^n}{3^{\ln n}}$ 的敛散性是_____.

(6) 若 $\sum_{n=1}^{\infty} 2^{-k\ln n}$ 收敛,则 $k = $ _____.

(7) 若幂级数 $\sum_{n=0}^{\infty} a_n x^n$ 在 $x = -4$ 处为条件收敛,则其收敛半径 $R = $ _____.

(8) 幂级数 $\sum_{n=1}^{\infty} \dfrac{n}{2^n + (-3)^n} x^{2n-1}$ 的收敛半径 $R = $ _____.

(9) 设幂级数 $\sum_{n=0}^{\infty} a_n x^n$ 的收敛半径为3,则幂级数 $\sum_{n=2}^{\infty} na_n (x-1)^{n+1}$ 的收敛区间为

_____.

(10) 设 $f(x) = \begin{cases} -1 & -\pi < x \leqslant 0 \\ 1 + x^2 & 0 < x \leqslant \pi \end{cases}$,则其以 2π 为周期的傅里叶级数在 $x = \pi$ 处收

敛于_____.

(11) 设函数 $f(x) = \pi x + x^2 (-\pi < x < \pi)$ 的傅里叶级数展开式为 $\dfrac{a_0}{2} + $

$\sum_{n=1}^{\infty} (a_n\cos nx + b_n\sin nx)$ 则其中系数 b_3 的值为_____.

2.单项选择题

(1) 设级数 $\sum\limits_{n=1}^{\infty} u_n$ 收敛,则必收敛的级数为(　　)

A. $\sum\limits_{n=1}^{\infty} (-1)^n \dfrac{u_n}{n}$ 　　　　　　B. $\sum\limits_{n=1}^{\infty} u_n^2$

C. $\sum\limits_{n=1}^{\infty} (u_{2n-1} - u_{2n})$ 　　　　D. $\sum\limits_{n=1}^{\infty} (u_n + u_{n+1})$

(2) 设 $u_n = (-1)^n \ln\left(1 + \dfrac{1}{\sqrt{n}}\right)$,则级数(　　)正确

A. $\sum\limits_{n=1}^{\infty} u_n$ 与 $\sum\limits_{n=1}^{\infty} u_n^2$ 均收敛　　　　B. $\sum\limits_{n=1}^{\infty} u_n$ 与 $\sum\limits_{n=1}^{\infty} u_n^2$ 均发散

C. $\sum\limits_{n=1}^{\infty} u_n$ 收敛而 $\sum\limits_{n=1}^{\infty} u_n^2$ 发散　　D. $\sum\limits_{n=1}^{\infty} u_n$ 发散而 $\sum\limits_{n=1}^{\infty} u_n^2$ 收敛

(3) 设常数 $p > 0$,则级数 $1 - \dfrac{1}{2^p} + \dfrac{1}{3} - \dfrac{1}{4^p} + \cdots + \dfrac{1}{2n-1} - \dfrac{1}{(2n)^p} + \cdots$

A.发散　　　　　B.条件收敛　　　　　C.绝对收敛　　　　　D.敛散性与 P 有关

(4) 设级数 $\sum\limits_{n=1}^{\infty} a_n$ 收敛,则必收敛的是

A. $\sum\limits_{n=1}^{\infty} \dfrac{(-1)^n a_n}{n}$　　B. $\sum\limits_{n=1}^{\infty} (a_{n+1}^2 - a_n^2)$　　C. $\sum\limits_{n=1}^{\infty} (a_{2n-1} - a_{2n})$　　D. $\sum\limits_{n=1}^{\infty} a_n^2$

(5) 若 $\sum\limits_{n=1}^{\infty} a_n$ 与 $\sum\limits_{n=1}^{\infty} b_n$ 都发散,则(　　)正确

A. $\sum\limits_{n=1}^{\infty} (|a_n| + |b_n|)$ 必发散　　　　B. $\sum\limits_{n=1}^{\infty} a_n b_n$ 必发散

C. $\sum\limits_{n=1}^{\infty} (a_n + b_n)$ 必发散　　　　D. $\sum\limits_{n=1}^{\infty} (a_n^2 + b_n^2)$ 必发散

(6) 设 $u_n \neq 0\ (n = 1,2,3\cdots)$,且 $\lim\limits_{n\to\infty} \dfrac{n}{u_n} = 1$,则 $\sum\limits_{n=1}^{\infty} (-1)^{n+1}\left(\dfrac{1}{u_n} + \dfrac{1}{u_{n+1}}\right)$

A.发散　　　　　B.绝对收敛　　　　　C.条件收敛　　　　　D.敛散性不能判定

(7) 设由 $\sum\limits_{n=1}^{\infty} a_n$ 发散,推出 $\sum\limits_{n=1}^{\infty} b_n$ 发散,则 a_n 与 b_n 满足(　　)条件

A. $a_n \leqslant b_n$　　　B. $a_n \leqslant |b_n|$　　　　C. $|a_n| \leqslant |b_n|$　　　　D. $|a_n| \leqslant b_n$

(8) 设幂级数 $\sum\limits_{n=0}^{\infty} a_n x^n$ 与 $\sum\limits_{n=0}^{\infty} b_n x^n$ 的收敛半径分别为 $\dfrac{\sqrt{5}}{3}$ 与 $\dfrac{1}{3}$.并设 $\lim\limits_{n\to\infty}\left|\dfrac{a_{n+1}}{a_n}\right|$ 与 $\lim\limits_{n\to\infty}\left|\dfrac{b_{n+1}}{b_n}\right|$ 都存在,则幂级数 $\sum\limits_{n=1}^{\infty} \dfrac{a_n^2}{b_n^2} x^n$ 的收敛半径为

A.5　　　　　　B. $\dfrac{\sqrt{5}}{3}$　　　　　　C. $\dfrac{1}{3}$　　　　　　D. $\dfrac{1}{5}$

(9) 幂级数 $\sum\limits_{n=1}^{\infty} \dfrac{\ln n}{n} x^n$ 的收敛域是(　　)

A. $(-1,1)$　　　　B. $[-1,1)$　　　　C. $(-1,1]$　　　　D. $[-1,1]$

(10) 函数项级数 $\sum\limits_{n=1}^{\infty} \dfrac{\sqrt{n}}{(x-2)^n}$ 的收敛域是(　　)

A. $x > 1$　　　　B. $x < 1$　　　　C. $x < 1$ 及 $x > 3$　　D. $1 < x < 3$

(11) 设函数 $f(x) = \begin{cases} 3x+1 & -2 \leqslant x \leqslant 0 \\ x & 0 < x < 2 \end{cases}$ 的傅里叶级数的和函数为 $S(x)$，则 $S(6) = ($　　$)$

A. $\dfrac{1}{2}$　　　　B. $-\dfrac{1}{2}$　　　　C. $-\dfrac{3}{2}$　　　　D. $\dfrac{3}{2}$

3. 解答题

(1) 判定级数 $\sum\limits_{n=1}^{\infty} \dfrac{a^n}{1+a^{2n}}, (a>0)$ 敛散性；

(2) 判定级数 $\sum\limits_{n=1}^{\infty} \dfrac{n^2}{\left(2+\dfrac{1}{n}\right)^n}$ 敛散性；

(3) 判定级数 $\sum\limits_{n=1}^{\infty} \dfrac{n\cos^2 \dfrac{n\pi}{3}}{2^n}$ 敛散性；

(4) 判定级数 $\sum\limits_{n=1}^{\infty} \dfrac{(n!)^3}{(3n)!}$ 敛散性；

(5) 设正项数列 $\{a_n\}$ 单调减少，且 $\sum\limits_{n=1}^{\infty}(-1)^n a_n$ 发散，试问 $\sum\limits_{n=1}^{\infty}\left(\dfrac{1}{a_n+1}\right)^n$ 是否收敛？并说明理由；

(6) 求级数 $\sum\limits_{n=1}^{\infty} \dfrac{1}{n(n+1)}(x^2+x+1)^n$ 的收敛域；

(7) 求幂级数 $\sum\limits_{n=1}^{\infty} \dfrac{3^n+(-2)^n}{n}(x+1)^n$ 的收敛半径，收敛域及和函数；

(8) 将 $f(x) = \ln \dfrac{x}{1+x}$ 展成 $(x-1)$ 的幂级数；

(9) 求 $\sum\limits_{n=1}^{\infty} \dfrac{2n-1}{2^n}$ 的和；

(10) 求幂级数 $\sum\limits_{n=0}^{\infty} \dfrac{x^{3n}}{(3n)!}$ 收敛域，并验证在收敛域内，其和函数 $y(x)$ 满足微分方程 $y'' + y' + y = e^x$ 及初始条件 $y(0)=1, y'(0)=0$

利用上述结果求 $y(x)$ 的表达式；

(11) 设 $f(x) = x, -1 < x < 1$ 试将 $f(x)$ 展成以 2 为周期的傅里叶级数.

4. 证明题

(1) 设 $f(x)$ 在 $x=0$ 的邻域内存在连续导数，且 $\lim\limits_{x\to 0} \dfrac{f(x)}{x} = A > 0$，证明级数 $\sum\limits_{n=1}^{\infty}(-1)^n f\left(\dfrac{1}{n}\right)$ 条件收敛；

(2) 设 $f(x)$ 在区间 $(0,1)$ 内可导且导函数有界，证明级数

$\sum\limits_{n=1}^{\infty}\left[f\left(\sin\dfrac{1}{n+1}\right) - f\left(\sin\dfrac{1}{n}\right)\right]$ 绝对收敛;

(3) 设级数 $\sum\limits_{n=1}^{\infty} a_n^2$ 收敛,证明级数 $\sum\limits_{n=1}^{\infty} \dfrac{|a_n|}{n}$ 与 $\sum\limits_{n=1}^{\infty}|a_n a_{n+1}|$ 都收敛;

(4) 设 $a_n \neq 0, n = 1,2,\cdots, \lim\limits_{n\to\infty} a_n = A(\neq 0)$,证明:级数

$$\sum_{n=1}^{\infty}|a_{n+1} - a_n| \ \text{与} \ \sum_{n=1}^{\infty}\left|\dfrac{1}{a_{n+1}} - \dfrac{1}{a_n}\right| \ \text{同敛散}.$$

高等数学自测题

自测题(一)

一、填空题

1. 求 $y' - e^{x-y} + e^x = 0$ 的通解 _____.

2. 求 $\begin{cases} \dfrac{dy}{dx} = (1 - y^2)\tan x \\ y(0) = 2 \end{cases}$ 的解 _____.

3. 化简 $(\boldsymbol{a} + \boldsymbol{b} + \boldsymbol{c}) \times \boldsymbol{c} + (\boldsymbol{a} + \boldsymbol{b} + \boldsymbol{c}) \times \boldsymbol{b} - (\boldsymbol{b} - \boldsymbol{c}) \times \boldsymbol{a} = $ _____.

4. 设 f, g 连续可微函数, $u = f(x, xy)$, $v = g(x + xy)$, 则 $\dfrac{\partial u}{\partial x} \cdot \dfrac{\partial v}{\partial x} = $ _____.

5. 设 $x^2 + z^2 = y\varphi\left(\dfrac{z}{y}\right)$, 其中 φ 可微函数, 则 $\dfrac{\partial z}{\partial y} = $ _____.

6. 换序 $\displaystyle\int_0^a dx \int_{\frac{a^2 - x^2}{2a}}^{\sqrt{a^2 - x^2}} f(x, y) \, dy = $ _____.

7. $I = \displaystyle\int_0^1 dx \int_0^{\sqrt{x}} e^{-\frac{y^2}{2}} \, dy = $ _____.

8. 设空间曲线 L 的方程为 $x = \dfrac{a}{\sqrt{2}}\cos t, y = \dfrac{a}{\sqrt{2}}\cos t, z = a\sin t, 0 \leqslant t \leqslant 2\pi$, 则

$I = \displaystyle\int_L x^2 \, ds = $ _____.

9. 设 $D = \{(x, y) \mid |x| \leqslant 1, |y| \leqslant 1\}$, L 为 D 的边界正向一周, 则

$\displaystyle\oint_L \sqrt{x^2 + y^2 + 1} \, dx + y\left[xy + \ln\left(x + \sqrt{x^2 + y^2 + 1}\right)\right] \, dy = $ _____.

10. $\displaystyle\lim_{n \to \infty} \dfrac{(n!)^2}{(2n)!} = $ _____.

11. 设幂级数 $\displaystyle\sum_{n=0}^{\infty} a_n x^n$ 的收敛半径为 3, 则幂级数 $\displaystyle\sum_{n=1}^{\infty} n a_n (x - 1)^{n+1}$ 的收敛区间为

_____.

二、单项选择题

12.微分方程 $y'' - y' = \mathrm{e}^x \sin^2 x$ 具有特解形式(式中 A, B, C 均为常数)(　　)

A.$\mathrm{e}^x \sin^2 x$　　　　　　　　　　B.$A\mathrm{e}^x \cos^2 x$

C.$A\mathrm{e}^x + B\mathrm{e}^x \cos 2x + C\mathrm{e}^x \sin 2x$　　D.$Ax\mathrm{e}^x + B\mathrm{e}^x \cos 2x + C\mathrm{e}^x \sin 2x$

13. 设 $p(x), q(x), f(x)$ 均是 x 的已知连续函数,$y_1(x), y_2(x), y_3(x)$ 是 $y'' + p(x)y' + q(x)y = f(x)$ 的3个线性无关的解,c_1, c_2 是两个任意常数,则该非齐次线性微分方程的通解是(　　)

A.$(c_1 + c_2)y_1 + (c_2 - c_1)y_2 + (1 - c_2)y_3$

B.$(c_1 + c_2)y_1 + (c_2 - c_1)y_2 + (c_1 - c_2)y_3$

C.$c_1 y_1 + (c_2 - c_1)y_2 + (1 - c_2)y_3$

D.$c_1 y_1 + (c_2 - c_1)y_2 + (c_1 - c_2)y_3$

14.直线 $\dfrac{x-1}{1} = \dfrac{y-5}{-2} = \dfrac{z+5}{1}$ 与直线 $\begin{cases} x - y = 6 \\ 2y + z = 3 \end{cases}$ 的夹角为(　　)

A.$\dfrac{\pi}{6}$　　　　　　　　　　　　B.$\dfrac{\pi}{4}$

C.$\dfrac{\pi}{3}$　　　　　　　　　　　　D.$\dfrac{\pi}{2}$

15.设 $f(x,y) = \begin{cases} (x+y) \sin \dfrac{1}{\sqrt{x^2 + y^2}} & (x,y) \neq (0,0) \\ 0 & (x,y) = (0,0) \end{cases}$ 在点 $(0,0)$(　　)

A.函数连续,且偏导数存在　　　　B.函数连续,但偏导数不存在

C.函数不连续,但偏导数存在　　　　D.函数不连续,偏导数也不存在

16.空间曲线 $\begin{cases} x^2 + y^2 + z^2 = 6 \\ x + y + z = 0 \end{cases}$ 在点 $(-1, 2, -1)$ 处的切线必垂直于(　　)

A.平面 $x - z = 9$　　　B.xOy 平面　　　C.yOz 平面　　　D.xOz 平面

17.设 $f(u)$ 为 u 的连续奇函数,D 是由 $y = x^3, x = -1, y = 1$ 围成的平面闭区域,则 $\iint\limits_{D} [y^2 + f(xy)] \mathrm{d}\sigma = (\quad)$

A.0　　　　　　B.$\dfrac{2}{3}$　　　　　　C.$\left(-\dfrac{2}{3}\right)$　　　　　　D.$2\iint\limits_{D} f(xy) \mathrm{d}\sigma$

18.设 $D = \{(x,y) \mid x^2 + y^2 \leqslant 1\}$,$f(x,y)$ 在 D 上连续,D_1 是 D 在第一象限的部分,$\iint\limits_{D} f(x,y) \mathrm{d}\sigma = 4 \iint\limits_{D_1} f(x,y) \mathrm{d}\sigma$ 成立的充分条件是(　　)

A.$f(-x, -y) = f(x,y)$　　　　　　　　　B.$f(-x, -y) = -f(x,y)$

C.$f(-x, y) = f(x, -y) = f(x,y)$　　　　　D.$f(-x, y) = f(x, -y) = -f(x,y)$

19.设空间曲线 L 的方程为 $\begin{cases} x^2 + y^2 + z^2 = a^2 \\ x + y + z = 0 \end{cases}$ 则 $I = \displaystyle\int_L x^2 \mathrm{d}s = (\quad)$

A.$\dfrac{2}{3}\pi a^3$　　　　　　B.$\dfrac{3}{2}\pi a^3$　　　　　　C.$3\pi a^3$　　　　　　D.$2\pi a^3$

20.设曲面 $\Sigma = \{(x,y,z) \mid x^2 + y^2 + z^2 = R^2, z \geqslant 0\}$ 方向向上,则下述第二型曲面

积分不等于零的是( )

A. $\iint\limits_{\Sigma} x^2 \mathrm{d}y\mathrm{d}z$ B. $\iint\limits_{\Sigma} x\mathrm{d}y\mathrm{d}z$ C. $\iint\limits_{\Sigma} x^2 \mathrm{d}z\mathrm{d}x$ D. $\iint\limits_{\Sigma} x\mathrm{d}x\mathrm{d}y$

21.设 $a_n \neq 0, n = 0,1,\cdots,$ 且幂级数 $\sum\limits_{n=0}^{\infty} a_{2n}x^{2n+1}$ 的收敛半径为4,则( )

A. $\lim\limits_{n\to\infty}\left|\dfrac{a_{n+1}}{a_n}\right| = \dfrac{1}{2}$

B. $\lim\left|\dfrac{a_{n+1}}{a_n}\right| = \dfrac{1}{16}$

C. $\lim\left|\dfrac{a_{n+1}}{a_n}\right| = \dfrac{1}{4}$

D. $\lim\left|\dfrac{a_{n+1}}{a_n}\right|$ 不一定存在

22.设 $\sum\limits_{n=0}^{\infty} a_n (-2)^n$ 收敛,则 $\sum\limits_{n=0}^{\infty} a_n ($)

A.绝对收敛   B.条件收敛

C.发散   D.敛散性要看具体的 $\{a_n\}$

三、计算题

23.求解微分方程 $y\mathrm{d}x + (y-x)\mathrm{d}y = 0, y(0) = 1.$

24.求解微分方程 $y'' + 4y' + 4y = e^x$ 的通解.

25.求通过下列两平面 $\Pi_1:2x+y-z-2=0$ 和 $\Pi_2:3x-2y-2z+1=0$ 的交线,且与平面 $\Pi_3:3x+2y+3z-6=0$ 垂直的平面方程.

26.设 $z = z(x,y)$ 由方程 $F(x-y,y-z,z-x)=0$ 确定,并设 F 对其变量具有连续的一阶偏导数,$F_2' \neq F_3'$,求 $\dfrac{\partial z}{\partial y} + \dfrac{\partial z}{\partial x}.$

27.设 $f(x)$ 连续且恒不为零,求 $I = \iint\limits_{x^2+y^2\leq R^2} \dfrac{af(x)+bf(y)}{f(x)+f(y)}\mathrm{d}\sigma.$

28.求 $I = \oint_L y\mathrm{d}x + |y-x^2|\mathrm{d}y,$ 其中 L 为圆周 $x^2+y^2=2$ 正向.

29.求级数 $\sum\limits_{n=1}^{\infty} \dfrac{n!+1}{2^n(n-1)!}$ 的和.

四、证明题

30.设 $f(t)$ 是半径为 t 的圆的周长,试证 $\dfrac{1}{2\pi}\iint\limits_{x^2+y^2\leq a^2} e^{-\frac{x^2+y^2}{2}}\mathrm{d}x\mathrm{d}y = \dfrac{1}{2\pi}\int_0^a f(t)e^{-\frac{t^2}{2}}\mathrm{d}t$

自测题(二)

一、填空题

1.设 $f(x)$ 连续且 $f(x) \neq 0,$ 并设 $f(x) = \int_0^x f(t)\mathrm{d}t + 2\int_0^1 tf^2(t)\mathrm{d}t,$ 则 $f(x) = $ _____.

2.微分方程 $y'' - 2y' - 3y = 0$ 的通解为 $y = $ _____.

3.直线 $L:\dfrac{x-1}{1} = \dfrac{y}{1} = \dfrac{z-1}{-1}$ 在平面 $\Pi:x-y+2z-1=0$ 上的投影直线 L_0 的方程

为_____.

4.设 u 是由方程 $e^{x+u} - xy - yz - zu = 0$ 确定的 x, y, z 的隐函数,则 $u = u(x, y, z)$ 在点 $P(1, 1, 0)$ 处的方向导数的最小值为_____.

5.二元函数 $u = x + y$ 沿圆周 $x^2 + y^2 = 1$ 上点 $P_0(x_0, y_0)$ 的外法线方向的方向导数为零时,则点 P_0 的坐标为_____.

6.设 $I = \int_0^{\frac{R}{\sqrt{2}}} e^{-y^2} dy \int_0^y e^{-x^2} dx + \int_{\frac{R}{\sqrt{2}}}^R e^{-y^2} dy \int_0^{\sqrt{R^2-y^2}} e^{-x^2} dx$,则 $\lim\limits_{R \to 0} \dfrac{I}{R^2} = $ _____.

7.设 Σ 为曲面 $z = \sqrt{x^2 + y^2}$ 介于 $z = 1$ 与 $z = 4$ 之间部分,则第一型曲面积分 $\iint\limits_{\Sigma} (x + y + z) ds = $ _____.

8.$\Omega = \left\{ (x, y, z) \,\middle|\, \sqrt{x^2 + y^2} \leqslant z \leqslant \sqrt{2 - x^2 - y^2} \right\}$,则 $\iiint\limits_{\Omega} (x + z) dv = $ _____.

9.计算曲面积分 $\iint\limits_{\Sigma} (2x + z) dydz + z dxdy = $ _____,其中 Σ 为有向曲面 $z = x^2 + y^2 (0 \leqslant z \leqslant 1)$,其法向量与 z 轴正向夹角为锐角.

10. 设 $f(x) = \pi x + x^2 (-\pi \leqslant x \leqslant \pi)$,它的傅里叶级数为 $\dfrac{a_0}{2} + \sum\limits_{n=1}^{\infty} (a_n \cos nx + b_n \sin nx)$,则 $b_3 = $ _____.

11.数项级数 $\sum\limits_{n=1}^{\infty} \left(\dfrac{1}{2n} - \dfrac{1}{2n+1} \right)$ 的和为_____.

二、单项选择题

12.设 $y = e^x(c_1 \cos x + c_2 \sin x)$ 是首项系数为 1 的某二阶常系数线性齐次方程的通解,则该微分方程为(　　)

A. $y'' - 2y' + 2y = 0$　　　　　　　　　B. $y'' - 2y' - 2y = 0$

C. $y'' + 2y' + 2y = 0$　　　　　　　　　D. $y'' + 2y' - 2y = 0$

13.设 c 是任意常数,以 $y = cx^3$ 为通解的微分方程是(　　)

A. $y' = 3cx^2$　　　B. $y' = 3x^2$　　　C. $xy' = 3y$　　　D. $y' = 3xy$

14.已知直线 $L_1: x + 1 = y - 3 = \dfrac{z}{2}$,$L_2: \dfrac{x+1}{16} = \dfrac{y}{19} = \dfrac{z-4}{28}$ 则(　　)

A. L_1 与 L_2 既相交又垂直　　　　　　B. L_1 与 L_2 垂直但不相交

C. L_1 与 L_2 相交但不垂直　　　　　　D. L_1 与 L_2 既不相交又不垂直

15.考虑二元函数 $f(x, y)$ 的下面 4 条性质:

① $f(x, y)$ 在点 (x_0, y_0) 处连续;② $f(x, y)$ 在点 (x_0, y_0) 处两个偏导数连续;③ $f(x, y)$ 在点 (x_0, y_0) 处可微;④ $f(x, y)$ 在点 (x_0, y_0) 处两个偏导数存在.

若用 "$P \Rightarrow Q$" 表示可由性质 P 推出性质 Q,则有(　　)

A. ③⇒②⇒①　　　B. ②⇒③⇒①　　　C. ③⇒④⇒①　　　D. ③⇒①⇒④

16.设 $f(x, y) = \begin{cases} \dfrac{xy}{\sqrt{x^2 + y^2}} & (x, y) \neq (0, 0) \\ 0 & (x, y) = (0, 0) \end{cases}$,则 $f(x, y)$ 在点 $(0, 0)$ 处(　　)

A.偏导数不存在　　　　　　　　　　　　　B.偏导数连续

C.可微,但偏导数不连续　　　　　　　　　D.偏导数存在但不可微

17.设 $f(x)$ 为连续函数,$F(t) = \int_1^t dy \int_y^t f(x) dx$,则 $F'(2) = ($　　$)$

A.$2f(2)$　　　　　　B.$f(2)$　　　　　　C.$-f(2)$　　　　　　D.0

18.设 $f(x,y)$ 为连续函数,交换积分次序 $\int_0^1 dx \int_0^{x^2-2x} f(x,y) dy = ($　　$)$

A.$\int_{-1}^0 dy \int_1^{1-\sqrt{1+y}} f(x,y) dx$　　　　　　B.$\int_{-1}^0 dy \int_1^{1+\sqrt{1+y}} f(x,y) dx$

C.$\int_0^{-1} dy \int_1^{1+\sqrt{1+y}} f(x,y) dx$　　　　　　D.$\int_0^{-1} dy \int_1^{1-\sqrt{1+y}} f(x,y) dx$

19.设 $D = \{(x,y) \mid x^2 + y^2 > 0\}$,$L$ 是 D 内的任意逐段光滑的简单封闭曲线,则必有($\quad$)

A.$\oint_L \dfrac{(x-y)dx + (x+y)dy}{x^2 + y^2} = 0$　　　　　　B.$\oint_L \dfrac{(x-y)dx + (x+y)dy}{x^2 + y^2} \neq 0$

C.$\oint_L \dfrac{xy(xdy - ydx)}{x^4 + y^4} = 0$　　　　　　D.$\oint_L \dfrac{xy(xdy - ydx)}{x^4 + y^4} \neq 0$

20.设 D 为平面区域,点 A 与点 B 为 D 内任意两点,L 为联结 A、B 从 A 到 B 的任意一条逐段光滑的全在 D 内的曲线,h 为 D 内任意一条逐段光滑的简单封闭曲线,并设函数 $P(x,y)$ 与 $Q(x,y)$ 在 D 内连续,下述命题中正确的个数为($\quad$)

① $\int_L P(x,y)dx + Q(x,y)dy$ 与路径无关 $\Rightarrow \oint_h P(x,y)dx + Q(x,y)dy = 0$.

② $\oint_h P(x,y)dx + Q(x,y)dy = 0 \Rightarrow \int_L P(x,y)dx + Q(x,y)dy$ 与路径无关.

③ 存在二元函数 $u(x,y)$,使 $du(x,y) = P(x,y)dx + Q(x,y)dy \Rightarrow \int_L P(x,y)dx + Q(x,y)dy$ 与路径无关.

④ $\int_L P(x,y)dx + Q(x,y)dy$ 与路径无关 $\Rightarrow$ 存在二元函数 $u(x,y)$,使 $du(x,y) = P(x,y)dx + Q(x,y)dy$.

A.1个　　　　　　B.2个　　　　　　C.3个　　　　　　D.4个

21.设常数 $\lambda > 0$,且级数 $\sum\limits_{n=1}^{\infty} a_n^2$ 收敛,则级数 $\sum\limits_{n=1}^{\infty} \dfrac{(-1)^n a_n}{\sqrt{n^2 + \lambda}}($　　$)$

A.条件收敛　　B.绝对收敛　　C.发散　　D.敛散性与 λ 有关

22.设正项数列 $\{a_n\}$ 单调减少.并且 $\sum\limits_{n=1}^{\infty} (-1)^n a_n$ 发散,则级数 $\sum\limits_{n=1}^{\infty} (-1)^n \left(1 - \dfrac{a_{n+1}}{a_n}\right)($　　$)$

A.绝对收敛　　　　　　B.条件收敛　　　　　　C.发散　　　　　　D.敛散性要看具体的 $\{a_n\}$

三、计算题

23.设函数 $f(x)$ 在 $[0, +\infty)$ 上可导,$f(0) = 0$,且其反函数为 $g(x)$,若 $\int_0^{f(x)} g(t)dt +$

$\int_0^x f(t)\,\mathrm{d}t = x\mathrm{e}^x - \mathrm{e}^x + 1$，求 $f(x)$.

24. 求过点 $(-1,0,4)$，平行于平面 $3x - 4y + z = 10$，且与直线 $x + 1 = y - 3 = \dfrac{z}{2}$ 相交的直线方程.

25. 求曲面 $z - \mathrm{e}^z + 2xy = 3$ 在点 $(1,2,0)$ 处的切平面方程和法线方程.

26. 求函数 $f(x,y) = x^2 + 4y^2 + 9$ 在 $D = \{(x,y)\mid x^2 + y^2 \leqslant 4\}$ 上的最大值与最小值.

27. 设 $D = \{(x,y)\mid y \leqslant x \leqslant \sqrt{y}, 0 \leqslant y \leqslant 1\}$，计算 $\iint\limits_D \mathrm{e}^{\frac{x}{y}}\,\mathrm{d}\sigma$.

28. 计算曲线积分 $I = \oint_L \dfrac{y\,\mathrm{d}x - (x-1)\,\mathrm{d}y}{(x-1)^2 + y^2}$，其中

(1) L 为圆周 $x^2 + y^2 - 2y = 0$ 的正向；

(2) L 为椭圆 $4x^2 + y^2 - 8x = 0$ 的正向.

29. 求级数 $\displaystyle\sum_{n=0}^{\infty} \dfrac{(-1)^n}{3n+1}$ 的和.

四、证明题

30. 设 $f(x)$ 在 $[0,a]$ $(a > 0)$ 上连续，试证：$2\displaystyle\int_0^a f(x)\,\mathrm{d}x \int_x^a f(y)\,\mathrm{d}y = \left[\displaystyle\int_0^a f(x)\,\mathrm{d}x\right]^2$.

自测题（三）

一、填空题

1. 微分方程 $y' + y\tan x = \cos x$ 的通解为 $y = $ _____.

2. $(x+y)\dfrac{\mathrm{d}y}{\mathrm{d}x} + y + 1 = 0$ 的通解为 $y = $ _____.

3. 已知 $\boldsymbol{a} \perp \boldsymbol{b}$，且 $|\boldsymbol{a}| = 2$，$|\boldsymbol{b}| = 3$，则 $|(\boldsymbol{a} + \boldsymbol{b} + \boldsymbol{c}) \times (\boldsymbol{b} + \boldsymbol{c}) - (\boldsymbol{b} - \boldsymbol{c}) \times \boldsymbol{a}| = $ _____.

4. 设 $z = x^2 \mathrm{e}^y + (x-1)\arctan\dfrac{y}{x}$，则 $z'_x(1,0) = $ _____.

5. 函数 $u = 3x^2 y - 2yz + z^3$，$v = 4xy - z^3$，点 $P(1, -1, 1)$，u 在点 P 处沿该处 $\mathrm{grad}\, v$ 方向的方向导数为 _____.

6. $\displaystyle\int_0^1 \mathrm{d}y \int_y^1 \dfrac{\sin x}{x}\,\mathrm{d}x = $ _____.

7. 设 $\Omega = \{(x,y,z)\mid x^2 + y^2 + z^2 \leqslant R^2\}$，则 $\iiint\limits_\Omega \left(\dfrac{x^2}{a^2} + \dfrac{y^2}{b^2} + \dfrac{z^2}{c^2}\right)\mathrm{d}v = $ _____.

8. 设 L 为右半圆周 $x^2 + y^2 = R^2$，$x \geqslant 0$，则 $\displaystyle\int_L |y|\,\mathrm{d}s = $ _____.

9. 设 S 为椭球面 $\dfrac{x^2}{9} + \dfrac{y^2}{4} + z^2 = 1$ 的上半部分，已知 S 的面积为 A，则第一型曲面积分 $\iint\limits_S (4x^2 + 9y^2 + 36z^2 + xyz)\,\mathrm{d}s = $ _____.

10.已知幂级数 $\sum\limits_{n=0}^{\infty} a_n (x + 2)^n$ 在 $x = 0$ 处收敛,在 $x = -4$ 处发散,则幂级数 $\sum\limits_{n=0}^{\infty} a_n (x - 3)^n$ 的收敛域为_____.

11.数项级数 $\sum\limits_{n=0}^{\infty} \dfrac{1}{(n + 1)(n + 2)}$ 的和等于_____.

二、单项选择题

12.设 $f(x) \neq 0$,$y_1(x)$ 是 $y' + p(x)y = f(x)$ 的一个非零解,$y_2(x)$ 是对应的齐次方程的一个非零解,c 是任意常数,则 $y' + p(x)y = f(x)$ 的通解为(　　)

A.$cy_1(x) + y_2(x)$

B.$cy_1(x) - y_2(x)$

C.$y_1(x) - cy_2(x)$

D.$y_1(x) + y_2(x) + c$

13.微分方程 $y'' + 3y' + 2y = 3x - 2e^{-x}$ 有特解形式(其中 a, b, c, d 均为常数)(　　)

A.$ax + be^{-x}$
B.$(ax + b) + ce^{-x}$

C.$ax + bxe^{-x}$
D.$(ax + b) + (cx + d)e^{-x}$

14.设有直线 $L: \begin{cases} x + 3y + 2z + 1 = 0 \\ 2x - y - 10z + 9 = 0 \end{cases}$ 及平面 $\Pi: x - 2y - 8z + 6 = 0$,则直线 L(　　)

A.平行于 Π 但不在 Π 上
B.在 Π 上

C.垂直于 Π
D.与 Π 斜交

15.已知函数 $f(x, y)$ 在点 $(0,0)$ 的某邻域内连续,且 $\lim\limits_{\substack{x \to 0 \\ y \to 0}} \dfrac{f(x, y) - xy}{(x^2 + y^2)^2} = 1$,则(　　)

A.点 $(0,0)$ 不是 $f(x, y)$ 的极值点

B.点 $(0,0)$ 是 $f(x, y)$ 的极大值点

C.点 $(0,0)$ 是 $f(x, y)$ 的极小值点

D.无法判定,点 $(0,0)$ 是否为 $f(x, y)$ 的极值点

16.设函数 $f(x, y)$ 在有界闭域 D 上具有二阶连续偏导数,且满足 $\dfrac{\partial^2 f}{\partial x^2} + \dfrac{\partial^2 f}{\partial y^2} = 0$ 及 $\dfrac{\partial^2 f}{\partial x \partial y} \neq 0$,则(　　)

A.$f(x, y)$ 在区域 D 内部取得最值

B.$f(x, y)$ 必定在 D 的边界取得最大值与最小值

C.$f(x, y)$ 在 D 的内部取得最大值,在 D 的边界取得最小值

D.$f(x, y)$ 在 D 的内部取得最小值,在 D 的边界取得最大值

17.设 $f(x, y)$ 为连续函数,则 $\int_{\frac{\pi}{4}}^{\frac{\pi}{2}} d\theta \int_0^1 f(r\cos\theta, r\sin\theta) r dr = $(　　)

A. $\int_0^{\frac{\sqrt{2}}{2}} dx \int_x^{\sqrt{1-x^2}} f(x,y) dy$ 　　　　B. $\int_0^{\frac{\sqrt{2}}{2}} dx \int_0^{\sqrt{1-x^2}} f(x,y) dy$

C. $\int_0^{\frac{\sqrt{2}}{2}} dy \int_y^{\sqrt{1-y^2}} f(x,y) dx$ 　　　　D. $\int_0^{\frac{\sqrt{2}}{2}} dy \int_0^{\sqrt{1-y^2}} f(x,y) dx$

18. 下列不等式正确的是( )

A. $\iint\limits_{|x|\leq 1 \atop |y|\leq 1} (x-1) d\sigma > 0$ 　　　　B. $\iint\limits_{x^2+y^2\leq 1} (-x^2-y^2) d\sigma > 0$

C. $\iint\limits_{|x|\leq 1 \atop |y|\leq 1} (y-1) d\sigma > 0$ 　　　　D. $\iint\limits_{|x|\leq 1 \atop |y|\leq 1} (x+1) d\sigma > 0$

19. 设 L 为 $D=\{(x,y)\,|\,x^2+y^2>0\}$ 内的任意一条逐段光滑的简单封闭曲线,则下述结论正确的是( )

A. $\oint_L \dfrac{y dx - x dy}{x^2+y^2} \neq 0$ 　　　　B. $\oint_L \dfrac{y dx - x dy}{x^2+y^2} = 0$

C. $\oint_L \dfrac{x dx + y dy}{x^2+y^2} \neq 0$ 　　　　D. $\oint_L \dfrac{x dx + y dy}{x^2+y^2} = 0$

20. 设 s 为上半球面 $x^2+y^2+z^2=R^2, z\geq 0,(R>0)$,下列第一型或第二型曲面积分不为零的是( )

A. 第二型曲面积分 $\iint\limits_{s上} x^2 dy dz$ 　　　　B. 第二型曲面积分 $\iint\limits_{s上} x dy dz$

C. 第一型曲面积分 $\iint\limits_{s} x ds$ 　　　　D. 第一型曲面积分 $\iint\limits_{s} xyz ds$

21. 设 $\sum\limits_{n=1}^{\infty} (-1)^n a_n$ 条件收敛,则必定( )

A. $\sum\limits_{n=1}^{\infty} a_n^2$ 收敛 　　　　B. $\sum\limits_{n=1}^{\infty} a_n$ 发散

C. $\sum\limits_{n=1}^{\infty} (a_n^2 - a_{n+1}^2)$ 收敛 　　　　D. $\sum\limits_{n=1}^{\infty} a_{2n}$ 与 $\sum\limits_{n=1}^{\infty} a_{2n-1}$ 都收敛

22. 若级数 $\sum\limits_{n=1}^{\infty} a_n^2$ 收敛,则级数 $\sum\limits_{n=1}^{\infty} (-1)^n a_n$ ( )

A. 必绝对收敛 　　　B. 必条件收敛 　　　C. 必发散 　　　D. 可收也可能发散

三、计算题

23. 解微分方程 $(3x^2+2xe^{-y}) dx + (3y^2-x^2 e^{-y}) dy = 0$.

24. 直线 L 过点 $P(-3,5,-9)$ 且与直线 $L_1: \begin{cases} y=4x-7 \\ z=5x+10 \end{cases}$ 及 $L_2: x=\dfrac{y-5}{3}=\dfrac{z+3}{2}$ 都相交,求直线 L 的方程.

25. 设 $z=f(2x-y, y\sin x)$,其中 f 具有连续的二阶偏导数,求 $\dfrac{\partial^2 z}{\partial x \partial y}$.

26. 求过直线 $L: \begin{cases} 3x-2y-z=5 \\ x+y+z=0 \end{cases}$ 且与曲面 $2x^2-2y^2+2z=\dfrac{5}{8}$ 相切之平面方程.

27. 计算 $I = \iint\limits_{D} x^2 e^{-y^2} dx dy$，$D$ 是以 $(0,0)$，$(1,1)$，$(0,1)$ 为顶点的三角形.

28. 计算曲面积分 $I = \oiint\limits_{\Sigma} 2xz dy dz + yz dz dx - z^2 dx dy$，其中 Σ 是由曲面 $z = \sqrt{x^2 + y^2}$ 与 $z = \sqrt{2 - x^2 - y^2}$ 所围立体表面外侧.

29. 将 $f(x) = \dfrac{2x+1}{x^2+x-2}$ 展开成 $(x-3)$ 的幂级数.

四、证明题

30. 设物体在高空中垂直下落，初速度为 0，下落过程中所受空气阻力与下落速度平方成正比，阻尼系数 $k > 0$，试证明下落速度不超过 $\sqrt{\dfrac{mg}{k}}$.

习题答案

习题8.1

1.(1) 是; (2) 是; (3) 是; (4) 是; (5) 不是; (6) 是.

2.(1) 一阶; (2)3 阶; (3)2 阶; (4) 一阶.

3.(1) 是; (2) 是 ; (3) 不是; (4) 是.

习题8.2

1.(1)$y = \tan(x^3 + C)$; (2)$y^2 = 1 + C(x^2 + 1)$;

(3)$y = ce^{y-x^2} - 1$; (4)$e^y(y - 1) = C - e^{-x}$; (5)$y = \dfrac{x - C(x + 1)}{1 + C(x + 1)}$.

2.(1)$\cos x - \sqrt{2}\cos y = 0$; (2)$y = 2(1 + x^2)$;

(3)$y = e^{\tan\frac{x}{2}}$; (4)$y = 100e^{-2x}$.

3.$y = x$; 4 $y = 1 - 2x - \ln|c - x|$;

习题8.3

1.(1)$y = cx^2(x + y)$; (2)$xe^{\cos\frac{y}{x}} = c$; (3)$y + \sqrt{y^2 - x^2} = cx^2$;

(4)$y^2 = x^2(2\ln|x| + C)$.

2.(1)$y^2 = 2x^2(\ln x + 2)$; (2)$\dfrac{3}{8}y^3 = y^2 - x^2$.

习题8.4

1.(1)$e^{-\sin x}(x + C)$; (2)$C\cos x - 2\cos^2 x$; (3) $y = \dfrac{\sin x + C}{x^2 - 1}$; (4)$y = 2 + Ce^{-x^2}$.

2.(1)$y = \dfrac{1}{x}(\pi - 1 - \cos x)$; (2)$y = \dfrac{1}{2}e^x + \dfrac{3}{2}e^{-x}$; (3) $y = x - \sqrt{\dfrac{1 + x^2}{2}}$.

3.$xy^3 - \dfrac{4}{5}y^5 = C$; 4.$f(x) = e^{x^2}(x^2 + 1)$.

5.略   6.略

习题 8.5

1. $(1) y = \frac{1}{6} x^3 - \cos x + C_1 x + C_2; (2) y = x \arctan x - \frac{1}{2} \ln(1 + x^2) + C_1 x + C_2;$

$\quad (3) y = C_1 e^x - \frac{1}{2} x^2 - x + C_2; (4) y = C_1 \ln|x| + C_2; (5) y^3 = C_1 x + C_2;$

$\quad (6) C_1 y^2 - 1 = (C_1 x + C_2)^2; (7) y + C_1 \ln(y - C_1) = x + C_2.$

2. $(1) 3y + x^3 = 3; (2) 2y^{\frac{1}{4}} = x + 2.$

习题 8.6

1. $(1)(3)(4).$

2. $C_1 e^{x^2} + C_2 x e^{x^2}.$

习题 8.7

1. $(1) y = c_1 e^{-x} + c_2 e^{2x}; (2) y = c_1 e^{-x} + c_2 e^x; (3) y = c_1 + c_2 e^{-2x};$

$\quad (4) y = (c_1 + c_2 x) e^{2x}; (5) y = e^{2x}(c_1 \cos x + c_2 \sin x);$

$\quad (6) y = c_1 e^{2x} + c_2 e^{-\frac{4}{3} x}; (7) y = e^x \left(c_1 \cos \frac{x}{2} + c_2 \sin \frac{x}{2} \right).$

2. $(1) y = e^x + e^{3x}; (2) y = x e^{3x}; (3) y = -\cos 2x + \sin 2x;$

$\quad (4) y = e^x(-2\cos x + \sin x)];$

习题 8.8

1. $(1) y = (c_1 \cos x + c_2 \sin x) e^x + (1 + x)^2; (2) y = c_1 e^{\frac{x}{2}} + c_2 e^{-x} + e^x;$

$\quad (3) y = c_1 e^{-x} + c_2 e^{-2x} + \left(\frac{3}{2} x^2 - 3x \right) e^{-x};$

$\quad (4) y = e^x(c_1 \cos 2x + c_2 \sin 2x) - \frac{1}{4} x e^x \cos 2x.$

2. $(1) y = e^x + e^{3x} + e^{5x}; (2) y = \left(x + \frac{1}{2} x^2 \right) e^{4x}; (3) y = \frac{5}{8} \cos x + 4 \sin x - \frac{1}{8} \cos 3x;$

$\quad (4) y = -5 e^x + \frac{7}{2} e^{2x} + \frac{5}{2}.$

复习题八

1. $(1) y = e^{\frac{3}{2} x} \left(c_1 \sin \frac{1}{2} x + c_2 \cos \frac{1}{2} x \right); (2) y = 1 + x^2; (3) y = 2x;$

$\quad (4) y = c_1 \cos x + c_2 \sin x; (5) \cot(x - y) + \frac{1}{\sin(x - y)} = c - x; (6) x^2 + y^2 = c;$

$\quad (7) y = c_1 e^{-\frac{3}{2} x} + c_2 e^{-\frac{1}{2} x}; (8) y = 1 - c e^{-x}; (9) y = e^{2x}.$

2. $(1)B; (2)A; (3)A; (4)B; (5)D; (6)B; (7)C; (8)D.$

3. $x = y(c - e^y) \quad$ 4. $x = -e^{-y^2} + c e^{y^2} \quad$ 5. $f(x) = \frac{1}{2}(1 + e^{2x}).$

6. $y = 3 - \dfrac{3}{x}$ 7. $f(x) = (x+1)\mathrm{e}^x$ 8. $y = \dfrac{1}{2}x^2\mathrm{e}^{2x} + (c_1 + c_2 x)\mathrm{e}^{2x}$.

9. $y = \mathrm{e}^{-x}(x + c)$ 10. $y = \dfrac{1-x^2}{2x}$ 11. $y = \dfrac{x-1}{x}\mathrm{e}^x + \dfrac{1}{x}$ 12 $x = 2\mathrm{e}y - y\mathrm{e}^y$.

习题 9.1

1. 略. 2. $(-6,6,-1)$; $|a| = 9$; $\cos\alpha = \dfrac{7}{9}$; $\cos\beta = -\dfrac{4}{9}$; $\cos\gamma = \dfrac{4}{9}$.

3. $11i - 3j + 20k$;

4. A. IV   B. V   C. VIII   D. III.

5. A 在 xOy 面上, B 在 yOz 面上, C 在 x 轴上, D 在 y 轴上.

6. (1) $(a, b, -c), (-a, b, c), (a, -b, c)$;
   (2) $(a, -b, -c), (-a, b, -c), (-a, -b, c)$;
   (3) $(-a, -b, -c)$.

7. 到 x 轴距离为 5, 到 y 轴距离为 $\sqrt{34}$, 到 z 轴距离为 $\sqrt{41}$.

8. $(0, 1, -2)$.

9. $|\overrightarrow{P_1P_2}| = 5, \cos\alpha = 0, \cos\beta = -\dfrac{3}{5}, \cos\gamma = \dfrac{4}{5}$;

方向角: $\alpha = \dfrac{\pi}{2}, \beta = \arccos\left(-\dfrac{3}{5}\right), \gamma = \arccos\dfrac{4}{5}$.

10. $Pr_{j_u}r = 3$ 11. $A(0, -6, 9)$ 12. $a_x = 11, 33j$.

习题 9.2

1. (1) $Pr_{j_u}a = a \cdot u_0 = \sqrt{3}$;

   (2) $\cos\theta = \dfrac{Pr_{j_u}a}{|a|} = \sqrt{\dfrac{3}{29}}$ $\theta = \arccos\sqrt{\dfrac{3}{29}}$.

2. 2   3. (1) 1; (2) $-3i - j + 5k$; (3) $\cos\theta = \dfrac{1}{6}$.

4. $\lambda = 2\mu$ 5. (1) $-8j - 24k$; (2) $-j - k$; (3) 2   6. $\dfrac{1}{2}\sqrt{19}$.

7. 设 $a = \{a_1, a_2, a_3\}$ $b = \{b_1, b_2, b_3\}$.

$a \cdot b = |a||b|\cos(\overset{\wedge}{a, b})$

于是 $|a \cdot b| = |a||b||\cos(\overset{\wedge}{a, b})| \leqslant |a||b|$

即 $\sqrt{a_1^2 + a_2^2 + a_3^2}\sqrt{b_1^2 + b_2^2 + b_3^2} \geqslant |a_1b_1 + a_2b_2 + a_3b_3|$

等号成立的条件是 $|\cos(\overset{\wedge}{a, b})| = 1$

即 a, b 平行或重合

习题 9.3

1. $x + 2y + z - 6 = 0$ 2. $x + 5y - 4z + 1 = 0$ 3. $3x - 7y + 5z - 4 = 0$

4. $\cos \alpha = \dfrac{1}{3}\cos \beta = \dfrac{2}{3}\cos \gamma = \dfrac{2}{3}$ 5. $x - 5y + 3z - 12 = 0$ 6. $(1, -1, 3)$.

习题 9.4

1. $\dfrac{x-2}{5} = \dfrac{y}{7} = \dfrac{z-1}{11}$ 2. $x - 2y - z + 2 = 0$ 3. $\dfrac{x-2}{-7} = \dfrac{y}{-2} = \dfrac{z+1}{8}$;

4. $13x - 23y - 2z - 1 = 0$ 5. $8x - 7y - z + 3 = 0$ 6. $\varphi = \arcsin\dfrac{8}{21}$, 交点

$\left(-\dfrac{33}{10}, -\dfrac{69}{20}, -\dfrac{39}{10}\right)$.

7. $\dfrac{x-4}{2} = \dfrac{y+1}{1} = \dfrac{z-3}{5}$ 8. $16x - 14y - 11z - 65 = 0$ 9. $\cos\theta = 0$.

10. $(-1, 0, -1)$ 11. $x - y + z = 0$ 12. $\dfrac{x}{-2} = \dfrac{y-2}{3} = \dfrac{z-4}{1}$.

习题 9.5

1. $\left(x + \dfrac{2}{3}\right)^2 + (y + 1)^2 + \left(2 + \dfrac{4}{3}\right)^2 = \dfrac{116}{9}$ 球面.

2. $(x+3)^2 + (y+3)^2 + (z+3)^2 = 3^2$ 或 $(x+5)^2 + (y+5)^2 + (z+5)^2 = 5^2$.

3. $4\left(\pm\sqrt{x^2+z^2}\right)^2 + 9y^2 = 36$ 或 $4x^2 + 4z^2 + 9y^2 = 36$.

4. $\pm\sqrt{y^2+z^2} = kx$ 或 $y^2 + z^2 = k^2x^2$;   5. $\begin{cases}\left(x + \dfrac{1}{2}\right)^2 + \left(y + \dfrac{1}{2}\right)^2 = \dfrac{3}{2} \\ z = 2\end{cases}$.

6. $\begin{cases} x^2 + 2y^2 - 2y = 0 \\ z = 0 \end{cases}$ 7. $y^2 + z^2 = e^{2x}$.

复习题九

1. (1) $(-x_0, -y_0, -z_0)$; $(x_0, -y_0, -z_0)$; $(x_0, y_0, -z_0)$; (2) $|\boldsymbol{a} + \boldsymbol{b}| = 24$;

(3) 2; (4) $\cos(\overset{\wedge}{\boldsymbol{a}, \boldsymbol{b}}) = \cos\alpha_1\cos\alpha_2 + \cos\beta_1\cos\beta_2 + \cos\gamma_1\cos\gamma_2$; (5) $\lambda = 2\mu$;

(6) $2x + 2y - 3z = 0$; (7) $\dfrac{x + \dfrac{7}{3}}{5} = \dfrac{y}{1} = \dfrac{z - \dfrac{1}{3}}{-2}$;

(8) 投影点 $\left(-\dfrac{5}{3}, \dfrac{2}{3}, \dfrac{2}{3}\right)$; 对称点 $\left(-\dfrac{7}{3}, -\dfrac{2}{3}, \dfrac{4}{3}\right)$; (9) $5\sqrt{2}$; (10) 2 ; (11) $\arccos\dfrac{1}{6}$;

(12) $x - 3y - z + 4 = 0$; (13) $x - y - 3z + 16 = 0$; (14) $6x + 2y + 3z \pm 42 = 0$;

(15) $\dfrac{x}{10} = \dfrac{y+3}{-7} = \dfrac{z+2}{-16}$; (16) $d = 1$;

(17) 投影柱面方程是 $x^2 + y^2 = 1$; 投影曲线方程 $\begin{cases} x^2 + y^2 = 1 \\ z = 0 \end{cases}$

2. (1)D; (2)C; (3)C; (4)A; (5)A; (6)B; (7)B; (8)D; (9)B; (10)C; (11)A.

3. (1) $\sqrt{17 + 6\sqrt{3}}$; (2) $\gamma = \{14, 10, 2\}$; (3) $\dfrac{7}{3}\sqrt{3}$.

4.(1)$x - y - z + 4 = 0$;(2)$\dfrac{x}{-3} = \dfrac{y-1}{1} = \dfrac{z-2}{2}$;

(3)$2x - 25y - 11z + 270 = 0$ 与 $23x - 25y + 61z + 255 = 0$;

(4)$17x - 9y - 11z + 3 = 0$;(5)$\dfrac{x}{-2} = \dfrac{y}{1} = \dfrac{z-1}{-2}$.

习题 10.1

1.(1)$\dfrac{\partial z}{\partial x} = y^2(1+xy)^{y-1}, \dfrac{\partial z}{\partial y} = (1+xy)^y\left[\ln(1+xy) + \dfrac{xy}{1+xy}\right]$;

(2)$\dfrac{\partial z}{\partial x} = \dfrac{y^2}{(x^2+y^2)^{\frac{3}{2}}}$ $\dfrac{\partial z}{\partial y} = -\dfrac{xy}{(x^2+y^2)^{\frac{3}{2}}}$;(3)$\dfrac{\partial z}{\partial x} = y + \dfrac{1}{y}$ $\dfrac{\partial z}{\partial y} = x - \dfrac{x}{y^2}$;

(4)$\dfrac{\partial z}{\partial x} = \dfrac{1}{1+x^2}, \dfrac{\partial z}{\partial y} = \dfrac{1}{1+y^2}$.

2.(1)$z_{xx} = 2a^2\cos 2(ax+by), z_{yy} = 2b^2\cos 2(ax+by)$,

$z_{xy} = z_{yx} = 2ab\cos 2(ax+by)$;

(2)$z_{xx} = \dfrac{2xy}{(x^2+y^2)^2}$ $z_{yy} = \dfrac{-2xy}{(x^2+y^2)^2} z_{xy} = z_{yx} = \dfrac{y^2-x^2}{(x^2+y^2)^2}$.

3.$f_y(1,y) = 4y$.

4.略

5.(1)$f(x,y) = xy$;(2)$f_x(x,y) = y, f_y(x,y) = x$;(3)$f_{xy}(x,y) = 1$.

习题 10.2

1.$\dfrac{\partial z}{\partial x} = 4x$ $\dfrac{\partial z}{\partial y} = 4y$;2.$\dfrac{\partial z}{\partial u} + \dfrac{\partial z}{\partial v} = \dfrac{u-v}{u^2+v^2}$ 3.$\dfrac{dz}{dx} = \dfrac{e^x(1+x)}{1+x^2e^{2x}}$.

4.$\dfrac{\partial z}{\partial x} = 6x(4x+2y)(3x^2+y^2)^{4x+2y-1} + 4(3x^2+y^2)^{4x+2y}\ln(3x^2+y^2)$.

5.$\dfrac{\partial z}{\partial x} = \dfrac{2x}{y^2}\ln(3x-2y) + \dfrac{3x^2}{(3x-2y)y^2}, \dfrac{\partial z}{\partial y} = -\dfrac{2x^2}{y^3}\ln(3x-2y) - \dfrac{2x^2}{(3x-2y)y^2}$.

6.$\dfrac{\partial u}{\partial x} = f'_1 + yf'_2 + yzf'_3, \dfrac{\partial u}{\partial y} = xf'_2 + xzf'_3, \dfrac{\partial u}{\partial z} = xyf'_3$.

7.略 8.略

9.$\dfrac{\partial^2 z}{\partial x^2} = y^2f''_{11}, \dfrac{\partial^2 z}{\partial x\partial y} = f'_1 + y(xf''_{11} + f''_{12}), \dfrac{\partial^2 z}{\partial y^2} = x^2f''_{11} + 2xf''_{12} + f''_{22}$.

习题 10.3

1.$\dfrac{\partial z}{\partial x} = -\dfrac{F'_x}{F'_z} = \dfrac{z}{x(z-1)}, \dfrac{\partial z}{\partial y} = -\dfrac{F'_y}{F'_z} = \dfrac{z}{y(z-1)}, \dfrac{\partial^2 z}{\partial x^2} = -\dfrac{z(z^2-2z+2)}{x^2(z-1)^3}$.

2.$\dfrac{\partial z}{\partial x} + \dfrac{\partial z}{\partial y} = 1$.3.$-1$.4.$\dfrac{\partial z}{\partial x} = \dfrac{1+(x-1)e^{z-y-x}}{1+xe^{z-y-x}}, \dfrac{\partial z}{\partial y} = 1$.

5.$\dfrac{dy}{dx} = \dfrac{y+x}{y-x}, \dfrac{d^2y}{dx^2} = \dfrac{2(y^2-2xy-x^2)}{(y-x)^3}$.

6.$\dfrac{\partial z}{\partial x}\bigg|_{(1,2,-1)} = -\dfrac{1}{5}, \dfrac{\partial z}{\partial y}\bigg|_{(1,2,-1)} = -\dfrac{11}{5}$.7.$\dfrac{\partial z}{\partial x} = \dfrac{z}{x+z}, \dfrac{\partial z}{\partial y} = \dfrac{z^2}{y(x+z)}$.

习题 10.4

1.(1) $\mathrm{d}z = \dfrac{x}{\sqrt{x^2 + y^2}}\mathrm{d}x + \dfrac{y}{\sqrt{x^2 + y^2}}\mathrm{d}y$;(2) $\mathrm{d}z = \mathrm{e}^x\cos y\mathrm{d}x - \mathrm{e}^x\sin y\mathrm{d}y$;

(3) $\mathrm{d}z = \dfrac{y\mathrm{d}x - x\mathrm{d}y}{y\sqrt{y^2 - x^2}}$;(4) $\mathrm{d}u = \dfrac{2}{x^2 + y^2 + z^2}(x\mathrm{d}x + y\mathrm{d}y + z\mathrm{d}z)$;

(5) $\mathrm{d}u = (xy)^z\left[\dfrac{z}{x}\mathrm{d}x + \dfrac{z}{y}\mathrm{d}y + \ln(xy)\mathrm{d}z\right]$.

2.$0.25\mathrm{e}$ 3.$\mathrm{d}z = \dfrac{(x - F'_1)\mathrm{d}x + (y - F_2')\mathrm{d}y}{F'_1 + F'_2 - z}$.

4.$\mathrm{d}u = z^{y^x}\ln z(y^x)\ln y\mathrm{d}x + z^{y^x}\ln z(xy^{x-1})\mathrm{d}y + y^x z^{y^x-1}\mathrm{d}z$.

习题 10.5

1.(1) 切平面方程 $3x + 4y - 5z = 0$,法线方程 $\dfrac{x - 3}{3} = \dfrac{y - 4}{4} = \dfrac{z - 5}{-5}$;

  (2) 切线方程 $x + 11y + 5z - 18 = 0$,法线方程 $x - 1 = \dfrac{y - 2}{11} = \dfrac{z + 1}{5}$;

  (3) 切平面方程 $x + 2y - 4 = 0$,法线方程 $\begin{cases} \dfrac{x - 2}{1} = \dfrac{y - 1}{2} \\ z = 0 \end{cases}$.

2.(1) 切线方程 $\dfrac{x - 1}{1} = \dfrac{y - 2}{4} = \dfrac{z - 1}{2}$,法平面方程 $x + 4y + 2z - 11 = 0$;

  (2) 切线方程 $\dfrac{x - 1}{0} = \dfrac{y}{1} = \dfrac{z - 1}{0}$,法平面方程 $y = 0$;

  (3) 切线方程 $\dfrac{x - \dfrac{3}{\sqrt{2}}}{-\dfrac{3}{\sqrt{2}}} = \dfrac{y - \dfrac{3}{\sqrt{2}}}{\dfrac{3}{\sqrt{2}}} = \dfrac{z - \pi}{4}$,法平面方程 $-\sqrt{2}x + \sqrt{2}y + \dfrac{8}{3}z = \dfrac{8}{3}\pi$.

3.$(-1,1,-1)$,$\left(-\dfrac{1}{3},\dfrac{1}{9},-\dfrac{1}{27}\right)$.   4.$x - y + 2z = \pm\sqrt{\dfrac{11}{2}}$.

5.略

习题 10.6

1.$\nabla f(0,0,0) = 3\boldsymbol{i} - 2\boldsymbol{j} - 6\boldsymbol{k}$,$\nabla f(1,1,1) = 6\boldsymbol{i} + 3\boldsymbol{j}$.   2.$\dfrac{33}{\sqrt{26}}$.

3.增加最快的方向为 $\boldsymbol{n} = \dfrac{1}{\sqrt{21}}\{2\boldsymbol{i} - 4\boldsymbol{j} + \boldsymbol{k}\}$,方向导数为 $\sqrt{21}$,减少最快的方向为

$-\boldsymbol{n} = -\dfrac{1}{\sqrt{21}}\{2\boldsymbol{i} - 4\boldsymbol{j} + \boldsymbol{k}\}$,方向导数为 $-\sqrt{21}$.

4.$\dfrac{\partial u}{\partial l} = \dfrac{22}{\sqrt{14}}$.   5.$8\boldsymbol{i} + 5\boldsymbol{j} + 6\boldsymbol{k}$.   6.$2\sqrt{2}$ 7.$6\sqrt{2}$.

习题 10.7

1.极大值 $f(3,2) = 36$ 2.极小值 $f\left(\dfrac{1}{2}, -1\right) = -\dfrac{e}{2}$.

3.在点 $(1, -1, 6)$ 的某邻域内取得极大值 $f(1, -1) = 6$,在点 $(1, -1, -2)$ 的某邻域内 $z = f(xy)$ 取得极小值 $f(1, -1) = -2$.

4.最大值 $f\left(\dfrac{1}{2}, 1\right) = \dfrac{1}{4}$,最小值为 $f(1,0) = -1$. 5.极大值 $\dfrac{2\sqrt{3}}{3}$,极小值 $-\dfrac{2\sqrt{3}}{3}$.

6.极小值 $z\left(-\dfrac{1}{2}, \dfrac{1}{2}\right) = -\dfrac{5}{2}$. 7.长,宽,高分别取 $\dfrac{2\sqrt{3}}{3}a, \dfrac{2\sqrt{3}}{3}a, \dfrac{\sqrt{3}}{3}a$.

8.长,宽,高分别取 $\dfrac{2\sqrt{2}}{3}r, \dfrac{2\sqrt{2}}{3}r, \dfrac{1}{3}h$. 9.长为 $2\sqrt{10}$ 米,宽为 $3\sqrt{10}$ 米.

复习题十

1.(1) $\dfrac{|x_0 F'_x + y_0 F'_y + z_0 F'_z|}{\sqrt{F'^2_x + F'^2_y + F'^2_z}}$;(2) $\dfrac{\left|\overrightarrow{op_0} \times \{x'(t_0)\ y'(t_0)\ z'(t_0)\}\right|}{\sqrt{x'^2(t_0) + y'^2(t_0) + z'^2(t_0)}}$;

(3) $\dfrac{a - x}{F'_x} = \dfrac{b - y}{F'_y} = \dfrac{c - z}{F'_z}$;(4) $\arccos \dfrac{|x'(t_0)|}{\sqrt{x'^2(t_0) + y'^2(t_0) + z'^2(t_0)}}$;

(5) 切线方程 $\dfrac{x + 2}{27} = \dfrac{y - 1}{28} = \dfrac{z - 6}{4}$,法平面方程 $27(x + 2) + 28(y - 1) + 4(z - 6) = 0$;

(6) $\dfrac{9}{2}a^3$;(7) $\dfrac{\pi}{4}$;(8) $\lambda = \dfrac{5}{4}$;(9) $x + 4y + 6z = \pm 21$;(10) $\dfrac{1}{\sqrt{\dfrac{x_0^2}{a^4} + \dfrac{y_0^2}{b^4} + \dfrac{z_0^2}{c^4}}}$.

2.(1)C;(2)A;(3)B;(4)D;(5)A;(6)C;(7)B;(8)C;(9)C;(10)C;(11)C;(12)D;(13)A;(14)A;(15)D.

3.Z. 4.$xf_{12} + f_2 + xyf_{22}$. 5.$f\left(0, \dfrac{1}{e}\right) = -\dfrac{1}{e}$ 为极小值. 6.$\nabla f|_{(0,1)} = i$.

7.最大值 $f(0,2) = 8$.最小值 0. 8.略.

习题 11.1

1.$\displaystyle\iint\limits_{D} \ln(x + y)\,\mathrm{d}\sigma < \iint\limits_{D} \ln^2(x + y)\,\mathrm{d}\sigma$. 2.(1) $0 \leqslant I \leqslant 2$;(2) $36\pi \leqslant I \leqslant 100\pi$.

3.(1) $\displaystyle\iint\limits_{D}(3x + 2y)\,\mathrm{d}\sigma = \dfrac{20}{3}$;(2) $-\dfrac{a^5}{30}$;(3) $-\dfrac{\pi}{16}$.

4.(1) $\dfrac{3}{4}\sqrt{3} - \dfrac{\pi}{6}$;(2) -2;(3) $\dfrac{1}{3}(1 - \cos 1)$;(4) $\dfrac{1}{3}(\sqrt{2} - 1)$（提示用 y 型）;

(5) $\dfrac{2}{3}$;(6) $I = \dfrac{4(\pi + 2)}{\pi^3}$;(7) $1 - \sin 1$;(8) $\dfrac{1}{6} - \dfrac{1}{3e}$.

5.(1) $\pi(e^4 - 1)$;(2) $\dfrac{\pi}{4}(2\ln 2 - 1)$;(3) $\dfrac{3}{64}\pi^2$;(4) $2 - \dfrac{\pi}{2}$.

6. $(1)\int_0^1 \mathrm{d}x \int_x^1 f(x,y)\,\mathrm{d}y$; $(2)\int_0^4 \mathrm{d}x \int_{\frac{x}{2}}^{\sqrt{x}} f(x,y)\,\mathrm{d}y$; $(3)\int_0^1 \mathrm{d}y \int_{2-y}^{1+\sqrt{1-y^2}} f(x,y)\,\mathrm{d}x$.

7. $(1)\ \dfrac{1}{6}a^3\left[\sqrt{2}+\ln(1+\sqrt{2})\right]$; $(2)\ \dfrac{1}{8}\pi a^4$. 8. 6π . 9. $\dfrac{4}{3}$;

习题 11.2

1. $(1)\ 0$; $(2)\ \dfrac{1}{48}$; $(3)\ \dfrac{1}{2}\left(\ln 2-\dfrac{5}{8}\right)$; $(4)\ \dfrac{1}{4}\pi R^2 h^2$; $(5)\ \dfrac{1}{48}$; $(6)\ \dfrac{4}{15}\pi abc^3$.

2. $(1)\ \dfrac{16}{3}\pi$ $(2)\ \dfrac{7}{12}\pi$. 3. $(1)\ \dfrac{4}{15}\pi$; $(2)\ \dfrac{32}{15}\pi a^5$. 4. $\dfrac{\pi}{6}$.

习题 11.3

1. $V=\dfrac{5}{6}\pi a^3$,表面积 $S=\pi a^2\left[\sqrt{2}+\dfrac{1}{6}(5\sqrt{5}-1)\right]$.   2. $2a^2(\pi-2)$.   3. $\sqrt{2}\pi$.

4. $\left(0,\dfrac{4b}{3\pi}\right)$.   5. $\left(0,0,\dfrac{3}{8}c\right)$.   6. $\left(\dfrac{35}{48},\dfrac{35}{54}\right)$.   7. $\dfrac{1}{30}\mu$ μ 体密度.

8. $\dfrac{1}{3}m(a^2+b^2)$ 其中 m 为长方体的质量, a,b 为不作为旋转轴的两条棱.

复习题十一

1. 填空题

$(1)\displaystyle\int_{-1}^0 \mathrm{d}y \int_{-\sqrt{1-y^2}}^{\sqrt{1-y^2}} f(x,y)\,\mathrm{d}x+\int_0^1 \mathrm{d}y\int_{-\sqrt{1-y}}^{\sqrt{1-y}} f(x,y)\,\mathrm{d}x$; $(2)\ 4$; $(3)\ \dfrac{1}{2}$; $(4)\ 0$;

$(5)\ \pi$; $(6)\ 0$; $(7)\ 0$;

(8) 直角坐标下 $I=\displaystyle\int_0^1 \mathrm{d}y \int_{-\sqrt{y-y^2}}^{\sqrt{y-y^2}} \mathrm{d}x \int_0^{\sqrt{3(x^2+y^2)}} f\left(\sqrt{x^2+y^2+z^2}\right)\mathrm{d}z$

柱面坐标下 $I=\displaystyle\int_0^\pi \mathrm{d}\theta \int_0^{\sin\theta} r\,\mathrm{d}r \int_0^{\sqrt{3}r} f\left(\sqrt{r^2+z^2}\right)\mathrm{d}z$; $(9)\ \dfrac{8}{3}\pi$

2. 单项选择

$(1)\mathrm{A}$; $(2)\mathrm{D}$; $(3)\mathrm{C}$; $(4)\mathrm{B}$; $(5)\mathrm{D}$; $(6)\mathrm{A}$; $(7)\mathrm{B}$; $(8)\mathrm{C}$; $(9)\mathrm{A}$; $(10)\mathrm{B}$.

3. $(1)\ 2$; $(2)\ \dfrac{2}{\pi}\left(\dfrac{4}{\pi}-\dfrac{4}{\pi^2}-\dfrac{3}{2}\right)$; $(3)\ \dfrac{R^4}{4}\left(\dfrac{1}{a^2}+\dfrac{1}{b^2}\right)\pi$; $(4)\ 0$;

$(5)\ \dfrac{1}{6}\left(1-\dfrac{2}{e}\right)$; $(6)\ a^2\left(\dfrac{\pi^2}{16}-\dfrac{1}{2}\right)$.

$(7)\ \dfrac{\pi}{6}$; $(8)\ \dfrac{1\,024}{3}\pi$. 4. $\dfrac{\pi}{6}$. 5. $\dfrac{\sqrt{3}}{12}\pi-\dfrac{1}{2}\ln 2$.

习题 12.1

1. $8\sqrt{21}$.   2. $2\pi^2 a^3(1+2\pi^2)$.   3. $\dfrac{ab(a^2+ab+b^2)}{3(a+b)}$.   4. 0 .

5. $-\dfrac{1}{2}\pi ka^2\sqrt{a^2+k^2}$.   6. $\dfrac{1}{12}(5\sqrt{5}+6\sqrt{2}-1)$.   7. $e^a\left(2+\dfrac{\pi}{4}a\right)-2$.   8 $\dfrac{256}{15}a^3$.

习题 12.2

1.0. 2. $-2\pi a^2$. 3. $\dfrac{4}{3}$. 4. (1)6;(2)16. 5. $\dfrac{4}{3}ab^2$. 6. -2π. 7.13. 8. $-\dfrac{14}{15}$.

习题 12.3

1.0. 2. $-2\pi ab$. 3. $\dfrac{1}{2}$. 4.0. 5.12. 6.0. 7.(1)0;(2) -2π. 8. $\dfrac{\sin 2}{4} - \dfrac{7}{6}$;

9. $u = x^3 y + 4x^2 y^2 - 12e^y + 12ye^y$.

10.是,通解为 $x^3 + 3x^2 y^2 + \dfrac{4}{3}y^3 = c$.

习题 12.4

1. $\dfrac{\sqrt{3}}{120}$. 2. $4\sqrt{61}$. 3. $\dfrac{1+\sqrt{2}}{2}\pi$. 4. $2\pi a\ln\dfrac{a}{h}$. 5. $\pi a(a^2 - h^2)$;

6. $-\dfrac{27}{4}$. 7. $\dfrac{64}{15}\sqrt{2}a^4$. 8. $\dfrac{2\pi}{15}(6\sqrt{3} + 1)$.

习题 12.5

1. $\dfrac{2}{105}\pi R^7$. 2. $\pi R^2\left(1 + \dfrac{R^2}{4}\right)$. 3.1. 4. $\dfrac{4}{3}\pi abc$. 5. $HR^2\left(\dfrac{2}{3}R + \dfrac{\pi H}{8}\right)$. 6. $\dfrac{1}{3}$.

7. 4π. 8. $\dfrac{3}{2}\pi$.

习题 12.6

1. $-\dfrac{9}{2}\pi$. 2.3. 3. 81π. 4. $\dfrac{3}{2}$. 5. $\dfrac{12}{5}\pi a^5$. 6. $\dfrac{2}{5}\pi a^5$. 7. $\dfrac{4}{3}\pi a^3$.

8. $I = \dfrac{\pi}{8} - \dfrac{2}{15}$;

习题 12.7

1.(1) $I = -2a^3$; (2) $-\sqrt{3}\pi a^2$; (3) $-2\pi a(a + b)$; (4) -20π; (5)9π; (6)πa^3.

2.是, $u(x,y,z) = x^2 z + xy + yz + c$.

复习题十二

1.(1) $\dfrac{4}{5}\pi$; (2) $\displaystyle\int_L e^{x+y}ds; \dfrac{\sqrt{2}}{2}(e^2 - 1)$; (3) $\dfrac{1}{3}\left[\left(2 + \dfrac{\pi^2}{16}\right)^{\frac{3}{2}} - 2\sqrt{2}\right]$;

   (4) $-\pi a^2$;(5) $\displaystyle\int_L \left[P\sqrt{2x - x^2} + Q(1 - x)\right]ds$; (6) 4π;(7)$4\pi R^4$.

2.(1) $-\dfrac{4}{3}a$; (2) $\dfrac{m}{8}\pi a^2$;(3) $\dfrac{64}{15}a^4$; (4) $\dfrac{\pi}{3}$; (5) 48;(6) $\dfrac{1}{3}h^2 a^3$;

   (7) $-\dfrac{15}{2}\pi$;(8) $\dfrac{1}{4}$;(9) $\dfrac{3}{2}\pi$;(10) 2π; (11) $\dfrac{12}{5}\pi$; (12) $-\pi a^2$.

习题 13.1

1.(1) 发散;(2) 收敛;(3) 发散.

2.(1) 收敛;(2) 收敛;(3) 发散;(4) 发散.

习题 13.2

1.(1) 收敛;(2) 发散;(3) 收敛;(4) 发散;(5) 收敛;(6) 发散.

2.(1) 收敛;(2) 收敛;(3) 收敛;(4) 发散;(5) 收敛.

3.(1) 收敛;(2) 收敛 ;(3) 收敛 ;(4) 当 $b < a$ 时,收敛,当 $b > a$ 时,发散;当 $b = a$

时,级数的敛散性不能确定.例如 $b = 2, a_n = 2, \sum\limits_{n=1}^{\infty} \left(\dfrac{b}{a_n} \right)^n = \sum\limits_{n=1}^{\infty} 1$ 发散,又如 $b = $

$1, a_n = n^{\frac{2}{n}} \to 1, \sum\limits_{n=1}^{\infty} \left(\dfrac{b}{a_n} \right)^n = \sum\limits_{n=1}^{\infty} \dfrac{1}{n^2}$ 收敛.

4.(1) 条件收敛;(2) 绝对收敛;

(3)$P > 1$ 绝对收敛;$0 < P \leqslant 1$ 条件收敛;$p \leqslant 0$ 发散;(4) 发散.

5.略. 6.略.

习题 13.3

1.(1)$(-1,1)$;(2)$(-3,3)$;(3)$\left(-\dfrac{1}{2}, \dfrac{1}{2} \right)$;(4)$(-1,1)$;(5)$(4,6)$.

2.$(-2,2)$. 3.$(-1,1)$,和函数 $\dfrac{1}{2} \ln \dfrac{1+x}{1-x}$.

习题 13.4

1.$\sum\limits_{n=0}^{\infty} \left[\dfrac{(-1)^n}{2^{n+1}} - \dfrac{(-1)^n}{3^{n+1}} \right] (x-1)^n \quad (-1 < x < 3).$

2.$f(x) = \ln 2 - \sum\limits_{n=1}^{\infty} \dfrac{x^{n+1}}{n+1} + \sum\limits_{n=0}^{\infty} (-1)^n \dfrac{1}{n+1} \left(\dfrac{3}{2} x \right)^{n+1} \quad \left(-\dfrac{2}{3} < x < \dfrac{2}{3} \right).$

3.$f(x) = x + (2^2 - 1)x^2 + \cdots + (2^n - 1)x^n + \cdots \quad \left(|x| < \dfrac{1}{2} \right).$

4.$f(x) = x + \dfrac{1}{2} \cdot \dfrac{x^3}{3} + \dfrac{1 \cdot 3}{2! 2^2} \cdot \dfrac{x^5}{5} + \dfrac{1 \cdot 3 \cdot 5}{3! 2^2} \cdot \dfrac{x^7}{7} + \cdots \quad (|x| < 1).$

5.$f(x) = x - \dfrac{1}{2} \cdot \dfrac{x^3}{3} + \dfrac{1 \cdot 3}{2 \cdot 4} \cdot \dfrac{x^5}{5} - \dfrac{1 \cdot 3 \cdot 5}{2 \cdot 4 \cdot 6} \cdot \dfrac{x^7}{7} + \cdots \quad (|x| < 1).$

6.$f(x) = \sum\limits_{n=0}^{\infty} (-1)^n (n+1)(x+1)^n \quad -2 < x < 0.$

7.$\cos x = \dfrac{1}{2} \sum\limits_{n=0}^{\infty} (-1)^n \left[\dfrac{\left(x + \dfrac{\pi}{3} \right)^{2n}}{(2n)!} + \sqrt{3} \dfrac{\left(x + \dfrac{\pi}{3} \right)^{2n+1}}{(2n+1)!} \right] \quad (-\infty, +\infty).$

8.$\dfrac{1}{x} = \dfrac{1}{3} \sum\limits_{n=0}^{\infty} (-1)^n \dfrac{(x-3)^n}{3^n} \quad x \in (0,6).$

9.$\dfrac{1}{x^2 + 3x + 2} = \sum\limits_{n=0}^{\infty} \left(\dfrac{1}{2^{n+1}} - \dfrac{1}{3^{n+1}} \right)(x + 4)^n \quad x \in (-6, -2).$

10.$(x + 1)\ln(1 + x) = x + \sum\limits_{n=2}^{\infty} \dfrac{(-1)^n}{n(n - 1)} x^n \quad x \in (-1, 1].$

11.$1.648.$ 12.$0.487.$

习题 13.5

1.$f(x) = \dfrac{\pi^2}{3} - 4 \left(\dfrac{\cos x}{1^2} - \dfrac{\cos 2x}{2^2} + \dfrac{\cos 3x}{3^2} - \cdots \right) \quad (-\infty < x < +\infty);$

令 $x = 0$ 得 $1 - \dfrac{1}{2^2} + \dfrac{1}{3^2} - \dfrac{1}{4^2} + \cdots = \dfrac{\pi^2}{12}.$

2.$e^x = \dfrac{e^\pi - e^{-\pi}}{\pi} \left[\dfrac{1}{2} + \sum\limits_{n=1}^{\infty} \dfrac{(-1)^n}{n^2 + 1} (\cos nx - n \sin nx) \right] \quad (-\pi < x < \pi).$

3.$f(x) = \dfrac{8}{\pi^2} \left(\dfrac{1}{1^2} \sin \dfrac{\pi x}{l} - \dfrac{1}{3^2} \sin \dfrac{3\pi x}{l} + \dfrac{1}{5^2} \sin \dfrac{5\pi x}{l} - \cdots \right) \quad (0 \leqslant x \leqslant l).$

4.$f(x) = x^2 - x = \dfrac{4}{3} + \sum\limits_{n=1}^{\infty} (-1)^n \left(\dfrac{16}{n^2 \pi^2} \cos \dfrac{n\pi x}{2} + \dfrac{4}{n\pi} \sin \dfrac{n\pi x}{2} \right) \quad (-2 < x < 2).$

5.$(1) f(x) = \sum\limits_{n=1}^{\infty} \dfrac{\sin 2nx}{2n}; (2) f(x) = \dfrac{2}{\pi} \sum\limits_{n=1}^{\infty} \dfrac{\cos(2n - 1)x}{(2n - 1)^2}.$

6.$f(x) = \pi^2 + 1 + 12 \sum\limits_{n=1}^{\infty} \dfrac{(-1)^n}{n^2} \cos nx \quad (-\infty < x < +\infty);$

7.$\cos \dfrac{x}{2} = \dfrac{2}{\pi} + \dfrac{4}{\pi} \sum\limits_{n=1}^{\infty} \dfrac{(-1)^{n-1}}{4n^2 - 1} \cos nx [-\pi, \pi].$

8.$f(x) = \dfrac{h}{2} + \dfrac{2h}{\pi} \left(\sin \dfrac{\pi x}{2} + \dfrac{1}{3} \sin \dfrac{3\pi x}{2} + \dfrac{1}{5} \sin \dfrac{5\pi x}{2} + \cdots \right)$
$(-\infty < x < +\infty; x \neq 0, \pm 2, \pm 4 \cdots).$

9.$f(x) = x^2 = \dfrac{4}{3} \pi^2 + 4 \sum\limits_{n=1}^{\infty} \left[\dfrac{1}{n^2} \cos nx - \dfrac{4}{n} \sin nx \right] 0 < x < 2\pi$

$x = \pi$ 处连续，$\pi^2 = \dfrac{4}{3} \pi^2 + 4 \sum\limits_{n=0}^{\infty} \dfrac{1}{n^2} \cos n\pi$

化简 $\sum\limits_{n=1}^{\infty} \dfrac{(-1)^{n+1}}{n^2} = \dfrac{\pi^2}{12}$

$\displaystyle\int_0^1 \dfrac{\ln(1 + x)}{x} dx = \lim_{\varepsilon \to 0^+} \int_\varepsilon^1 \left[\dfrac{1}{x} \sum\limits_{n=1}^{\infty} \dfrac{(-1)^{n-1}}{n} x^n \right] dx =$

$\displaystyle\lim_{\varepsilon \to 0^+} \left[x - \dfrac{x^2}{2^2} + \dfrac{x^3}{3^2} - \dfrac{x^4}{4^2} + \cdots + \dfrac{(-1)^{n-1}}{n^2} x^n + \cdots \right] \Big|_\varepsilon^1 =$

$\sum\limits_{n=1}^{\infty} \dfrac{(-1)^{n-1}}{n^2} = \dfrac{\pi^2}{12}.$

复习题十三

1.(1) 收敛；(2) 0；(3) 发散；(4) 收敛；(5) 发散；$(6) k > \dfrac{1}{\ln 2}$（提示：$2^{\ln b} = b^{\ln 2}$）；

(7) $R = 4$;(8) $R = \sqrt{3}$;(9)$(-2,4)$;(10)$\dfrac{\pi^2}{2}$;(11)$\dfrac{2}{3}\pi$.

2.(1)D;(2)C;(3)D;(4)B;(5)A;(6)C;(7)D;(8)A;(9)B;(10)C;(11)C.

3.(1)$0 < a < 1$时收敛;$a > 1$时收敛;$a = 1$时发散;(2) 收敛;(3) 收敛;

(4) 收敛;(5) 收敛;(6)$[-1,0]$;

(7)$R = \dfrac{1}{3}$;收敛域$\left[-\dfrac{4}{3}, -\dfrac{2}{3}\right)$;和函数为 $-\ln(-6x^2 - 13x - 6)$;

(8)$f(x) = -\ln 2 + \displaystyle\sum_{n=1}^{\infty} \dfrac{(-1)^{n-1}}{n}\left(1 - \dfrac{1}{2^n}\right)(x - 1)^n \quad (0 < x \leqslant 2)$;(9) 3;

(10) 收敛域$(-\infty, +\infty)$,和函数 $y(x) = \dfrac{2}{3}e^{-\frac{x}{2}}\cos\dfrac{\sqrt{3}}{2}x + \dfrac{1}{3}e^x$;

(11)$\displaystyle\sum_{n=1}^{\infty} \dfrac{2(-1)^{n+1}}{n\pi}\sin n\pi x = \begin{cases} x & \text{当} -1 < x < 1 \\ 0 & \text{当} x = \pm 1 \text{时} \end{cases}$.

4.略.

自测题(一)

一、填空题

1. $y = \ln(1 - ce^{-e^x})$.   2. $y = \dfrac{3 + \cos^2 x}{3 - \cos^2 x}$.   3. $2(a \times b)$.

4. $\dfrac{\partial u}{\partial x} \cdot \dfrac{\partial v}{\partial x} = (1 + y)g' \cdot (f_1' + f_2'y)$.   5. $\dfrac{\partial z}{\partial y} = \dfrac{y\varphi\left(\dfrac{z}{y}\right) - z\varphi'\left(\dfrac{z}{y}\right)}{2yz - y\varphi'\left(\dfrac{z}{y}\right)}$.

6. $\displaystyle\int_0^{\frac{a}{2}}\mathrm{d}y\int_{\sqrt{a^2 - 2ay}}^{\sqrt{a^2 - y^2}} f(x,y)\,\mathrm{d}x + \int_{\frac{a}{2}}^{a}\mathrm{d}y\int_0^{\sqrt{a^2 - y^2}} f(x,y)\,\mathrm{d}x$.

7. $\dfrac{1}{\sqrt{e}}$.   8. $\dfrac{a^3}{2}\pi$.   9. $\dfrac{4}{3}$.   10. 0.   11. $(-2,4)$.

二、选择题

   12. D. 13. C. 14. C. 15. B. 16. A. 17. B. 18. C. 19. A. 20. B. 21. D. 22. A.

三、计算题

23.**解** 原方程变形为 $\begin{cases} \dfrac{\mathrm{d}x}{\mathrm{d}y} - \dfrac{x}{y} = -1 \\ x(1) = 0 \end{cases}$,这是以 y 为自变量的一阶线性方程

解得 $x = y(c - \ln y)$

$x(1) = 0 \Rightarrow c = 0$,所以解得 $x = -y\ln y$.

24.**解** 特征方程 $\lambda^2 + 4\lambda + 4 = 0 \Rightarrow \lambda_{1,2} = -2$

齐通 $\overline{y} = (c_1 + c_2 x)e^{-2x}$

非齐特 $y^* = \dfrac{1}{9}e^x$

所以非齐通

               $y = \overline{y} + y^* = (c_1 + c_2 x)e^{-2x} + \dfrac{1}{9}e^x$;

25.解   设所求平面为 $\lambda(2x + y - z - 2) + \mu(3x - 2y - 2z + 1) = 0$,即

$$(2\lambda + 3\mu)x + (\lambda - 2\mu)y + (-\lambda - 2\mu)z + (-2\lambda + \mu) = 0$$

由于该平面 $\perp$ 平面 π_3,所以它们的法向量一定互相垂直,于是

$$3(2\lambda + 3\mu) + 2(\lambda - 2\mu) + 3(-\lambda - 2\mu) = 0 \Rightarrow 5\lambda - \mu = 0$$

取 $\lambda = 1, \mu = 5$

即所求平面为 $17x - 9y - 11z + 3 = 0$.

26.解   由公式 $\dfrac{\partial z}{\partial x} = -\dfrac{F_x'}{F_z'} = -\dfrac{F_1' \times 1 + F_2' \times 0 + F_3' \times (-1)}{F_1' \times 0 + F_2' \times (-1) + F_3' \times 1} = \dfrac{F_3' - F_1'}{F_3' - F_2'}$

$$\frac{\partial z}{\partial y} = -\frac{F_y'}{F_z'} = -\frac{F_1' \times (-1) + F_2' \times 1 + F_3' \times 0}{F_1' \times 0 + F_2' \times (-1) + F_3' \times 1} = \frac{F_1' - F_2'}{F_3' - F_2'}$$

所以 $\dfrac{\partial z}{\partial y} + \dfrac{\partial z}{\partial x} = 1$.

27.分析:$f(x)$ 表达式不知道,所以直接积分是不可能的,能否用技巧避开具体的 $f(x)$?

解   由于区域 $D = \{(x,y) \mid x^2 + y^2 \leqslant R^2\}$ 中将 x 与 y 互换,D 不变.

所以
$$I = \iint\limits_{x^2+y^2 \leqslant R^2} \frac{af(x) + bf(y)}{f(x) + f(y)} d\sigma = \iint\limits_{x^2+y^2 \leqslant R^2} \frac{af(y) + bf(x)}{f(y) + f(x)} d\sigma$$

从而 $2I = \iint\limits_{x^2+y^2 \leqslant R^2} \dfrac{(a+b)[f(x) + f(y)]}{f(x) + f(y)} d\sigma = \iint\limits_{x^2+y^2 \leqslant R^2} (a+b) d\sigma = (a+b)\pi R^2$

所以
$$I = \frac{1}{2}(a+b)\pi R^2$$

28.解   求出曲线 $L: x^2 + y^2 = z$ 与 $y = x^2$ 的交点 $A(1,1)$ 与 $B(-1,1)$,见图

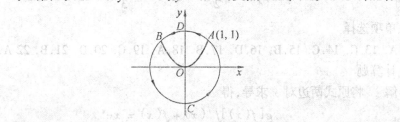

从而有

$I = \displaystyle\int_L y\mathrm{d}x + |y - x^2|\mathrm{d}x = \int_{\overset{\frown}{ADB}} y\mathrm{d}x + |y - x^2|\mathrm{d}y + \int_{\overset{\frown}{BCA}} y\mathrm{d}x + |y - x^2|\mathrm{d}y =$

$\displaystyle\int_{\overset{\frown}{ADB}} y\mathrm{d}x + (y - x^2)\mathrm{d}y + \int_{\overset{\frown}{BCA}} y\mathrm{d}x + (x^2 - y)\mathrm{d}y =$

$\displaystyle\oint_L y\mathrm{d}x + \int_{\overset{\frown}{ADB}} (y - x^2)\mathrm{d}y + \int_{\overset{\frown}{BCA}} (x^2 - y)\mathrm{d}y \ (x = \sqrt{2}\cos t, y = \sqrt{2}\sin t) =$

$-2\displaystyle\int_0^{2\pi} \sin^2 t\,\mathrm{d}t + \int_{\frac{\pi}{4}}^{\frac{3\pi}{4}} (2\sin t\cos t - 2\sqrt{2}\cos^3 t)\mathrm{d}t + \int_{\frac{3\pi}{4}}^{\frac{9}{4}\pi} (2\sqrt{2}\cos^3 t - 2\sin t\cos t)\mathrm{d}t =$

-2π

29.解 $\displaystyle\sum_{n=1}^{\infty} \frac{n! + 1}{2^n(n-1)!} = \sum_{n=1}^{\infty} \frac{n}{2^n} + \sum_{n=1}^{\infty} \frac{1}{2^n(n-1)!}$

令
$$S_1(x) = \sum_{n=1}^{\infty} nx^n = x \sum_{n=1}^{\infty} nx^{n-1} = \frac{x}{(1-x)^2}, S_1\left(\frac{1}{2}\right) = 2$$

令
$$S_2(x) = \sum_{n=1}^{\infty} \frac{x^n}{(n-1)!} = xe^x, S_2\left(\frac{1}{2}\right) = \frac{1}{2}e^{\frac{1}{2}}$$

所以
$$\sum_{n=1}^{\infty} \frac{n!+1}{2^n(n-1)!} = 2 + \frac{1}{2}e^{\frac{1}{2}}$$

四、证明题

30. 证明 左 $= \frac{1}{2\pi} \iint\limits_{x^2+y^2 \leqslant a^2} e^{-\frac{x^2+y^2}{2}}dxdy = \frac{1}{2\pi}\int_0^{2\pi}d\theta\int_0^a e^{-\frac{\rho^2}{2}}\rho d\rho =$

$$\frac{1}{2\pi}\int_0^a 2\pi\rho e^{-\frac{\rho^2}{2}}d\rho = \frac{1}{2\pi}\int_0^a f(\rho)e^{-\frac{\rho^2}{2}}d\rho = 右$$

自测题(二)

一、填空题

1. $f(x) = \frac{2}{e^2+1}e^x$. 2. $y = c_1e^{-x} + c_2e^{3x}$. 3. $L_0: \begin{cases} x - y + 2z - 1 = 0 \\ x - 3y - 2z + 1 = 0 \end{cases}$.

4. 最小值为 $-|\text{grad } u|_p = -1$. 5. P_0 的坐标应为 $\pm\left(\frac{1}{\sqrt{2}}, -\frac{1}{\sqrt{2}}\right)$.

6. $\lim\limits_{R \to 0} \frac{I}{R^2} = \frac{\pi}{8}$. 7. $\iint\limits_{\Sigma}(x+y+z)ds = 42\sqrt{2}\pi$. 8. $\iiint\limits_{\Omega}(x+z)dv = \frac{\pi}{2}$.

9. $\iint\limits_{\Sigma}(2x+z)dydz + zdxdy = -\frac{1}{2}\pi$. 10. $b_3 = \frac{2}{3}\pi$. 11. $1 - \ln 2$

二、单项选择

12. A. 13. C. 14. C. 15. B. 16. D. 17. B. 18. A. 19. C. 20. D. 21. B. 22. A.

三、计算题

23. 解 将原式两边对 x 求导,得
$$g[f(x)]f'(x) + f(x) = xe^x$$

由于 $g[f(x)] = x$,于是当 $x > 0$ 时
$$f'(x) + \frac{1}{x}f(x) = e^x$$

解之得
$$f(x) = e^{-\int\frac{1}{x}dx}\left[\int e^x e^{\int\frac{1}{x}dx}dx + c\right] = \frac{1}{x}\left[\int xe^x dx + c\right] =$$

$$e^x + \frac{c - e^x}{x} \quad x > 0$$

又因 $f(x)$ 在 $x = 0$ 处(右)连续,$f(0) = 0$,所以
$$0 = \lim\limits_{x \to 0^+}f(x) = 1 + \lim\limits_{x \to 0^+}\frac{c - e^x}{x}$$

所以 $c = 1$

从而
$$f(x) = \begin{cases} e^x + \dfrac{1 - e^x}{x} & x > 0 \\ 0 & x = 0 \end{cases}$$

24.解 设所求的直线方程为

$$\begin{cases} x = -1 + lt \\ y = mt \\ z = 4 + nt \end{cases}$$ 其方向为 $\{l, m, n\} = \boldsymbol{s}$,平面的法向量 $\boldsymbol{n} = \{3, -4, 1\}$,由直线与平面

平行,所以

$$\boldsymbol{n} \perp \boldsymbol{s} \Leftrightarrow 3l - 4m + n = 0 \qquad ①$$

因为两直线相交,故有

$$lt = -3 + mt = \frac{4 + nt}{2} \Rightarrow \begin{cases} (m - l)t = 3 \\ (2l - n)t = 4 \end{cases} \Rightarrow 4m + 3n - 10l = 0 \qquad ②$$

解 ①② 得 $l = \dfrac{4}{7}n, m = \dfrac{19}{28}n$,令 $n = 28$ 得 $l = 16, m = 19$,故所求直线为

$$\begin{cases} x = -1 + 16t \\ y = 19t \\ z = 4 + 28t \end{cases}$$

25.解 令
$$F(x, y, z) = z - e^z + 2xy - 3$$
$$F_x'\big|_{(1,2,0)} = 2y\big|_{(1,2,0)} = 4$$
$$F_y'\big|_{(1,2,0)} = 2x\big|_{(1,2,0)} = 2$$
$$F_z'\big|_{(1,2,0)} = (1 - e^z)\big|_{(1,2,0)} = 0$$

故切平面方程为

$$4(x - 1) + 2(y - 2) + 0(z - 0) = 0$$

即
$$2x + y - 4 = 0$$

法线方程为

$$\frac{x - 1}{4} = \frac{y - 2}{2} = \frac{z - 0}{0}$$

即
$$\frac{x - 1}{2} = \frac{y - 2}{1} = \frac{z - 0}{0}$$

26.解 先求 $f(x, y)$ 在 D 内的驻点,由

$$\begin{cases} f_x'(x, y) = 2x = 0 \\ f_y'(x, y) = 8y = 0 \end{cases}$$ 得驻点 $(0, 0)$,对应的函数值为 $f(0, 0) = 9$,再考虑 $f(x, y)$ 在 D

的边界 $x^2 + y^2 = 4$ 上的情形,即 $f(x, y) = x^2 + 4y^2 + 9$ 在约束条件 $x^2 + y^2 = 4$ 下的条件极值,由拉格朗日乘数法:

$$F(x, y, \lambda) = x^2 + 4y^2 + 9 + \lambda(x^2 + y^2 - 4)$$

$$\begin{cases} F_x' = 2x + 2\lambda x = 0 \\ F_y' = 8y + 2\lambda y = 0 \\ F_\lambda' = x^2 + y^2 - 4 = 0 \end{cases}$$

解得 $\qquad x = 0, y = \pm 2, \lambda = -4; x = \pm 2, y = 0, \lambda = -1$

$f(0,2) = 25, f(0,-2) = 25, f(2,0) = 13, f(-2,0) = 13$,所以 $f(x,y)$ 在闭区域 D 上的最大值为 25,最小值为 9.

27. **解** D 如图

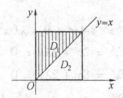

$$\iint_D e^{\frac{y}{x}} d\sigma = \int_0^1 dx \int_{x^2}^x e^{\frac{y}{x}} dy = \int_0^1 \left[x e^{\frac{y}{x}} \Big|_{x^2}^x \right] dx =$$

$$\int_0^1 (ex - xe^x) dx = \frac{e}{2} - 1$$

28. **解** $\qquad \dfrac{\partial P}{\partial y} = \dfrac{(x-1)^2 - y^2}{[(x-1)^2 + y^2]^2}$

$\qquad \dfrac{\partial Q}{\partial x} = \dfrac{(x-1)^2 - y^2}{[(x-1)^2 + y^2]^2}$

(1) 在圆 $x^2 + (y-1)^2 \leqslant 1$ 中,$\dfrac{\partial P}{\partial y} \equiv \dfrac{\partial Q}{\partial x}$,故 $I = \oint_L P dx + Q dy = 0$;

(2) 在椭圆 $\dfrac{(x-1)^2}{1} + \dfrac{y^2}{2^2} = 1$ 中除椭圆中心 $(1,0)$ 外,恒有 $\dfrac{\partial P}{\partial y} = \dfrac{\partial Q}{\partial x}$,取 L_* 为 $(x-1)^2 + y^2 = 1$ 的正向,则

$$I = \oint_L P dx + Q dy = \oint_{L_*} P dx + Q dy$$

令 $\qquad x - 1 = \cos\theta, y = \sin\theta$

则 $\qquad I = \int_0^{2\pi} \dfrac{\sin\theta(-\sin\theta) - \cos\theta\cos\theta}{\cos^2\theta + \sin^2\theta} d\theta = -\int_0^{2\pi} d\theta = -2\pi$

29. **解** $\quad s(x) = \displaystyle\sum_{n=0}^{\infty} \dfrac{(-1)^n}{3n+1} x^{3n+1}$,则收敛域为 $(-1,1]$

$$s(x) = \int_0^x \left[\sum_{n=0}^{\infty} \dfrac{(-1)^n}{3n+1} x^{3n+1} \right]' dx = \int_0^x \left[\sum_{n=0}^{\infty} (-1)^n x^{3n} \right] dx =$$

$$\int_0^x \dfrac{1}{1+x^3} dx = \dfrac{1}{3}\ln(1+x) - \dfrac{1}{6}\ln(1-x+x^2) + \dfrac{1}{\sqrt{3}}\arctan\dfrac{2x-1}{\sqrt{3}}$$

故 $\qquad \displaystyle\sum_{n=0}^{\infty} \dfrac{(-1)^n}{3n+1} = \lim_{x \to 1^-} s(x) = \dfrac{1}{3}\ln 2 + \dfrac{\pi}{6\sqrt{3}}$

四、证明题

证明
$$I = \left[\int_0^a f(x)\,dx\right]^2$$

$$I_1 = \int_0^a f(x)\,dx \int_x^a f(y)\,dy = \iint\limits_{D_1} f(x)f(y)\,dx\,dy$$

$$I_2 = \iint\limits_{D_2} f(x)f(y)\,dx\,dy$$

则
$$I = \int_0^a f(x)\,dx \int_0^a f(y)\,dy = \iint\limits_{D_1+D_2} f(x)f(y)\,dx\,dy =$$

$$\iint\limits_{D_1} f(x)f(y)\,dx\,dy + \iint\limits_{D_2} f(x)f(y)\,dx\,dy = I_1 + I_2$$

但
$$I_2 = \int_0^a f(y)\,dy \int_y^a f(x)\,dx = \int_0^a \left[f(y)\int_y^a f(x)\,dx\right]dy =$$

$$\int_0^a \left[f(t)\int_t^a f(y)\,dy\right]dt = \int_0^a f(t)\,dt\int_t^a f(y)\,dy =$$

$$\int_0^a f(x)\,dx \int_x^a f(y)\,dy = I_1$$

故 $I = 2I_1$ 即

$$2\int_0^a f(x)\,dx \int_x^a f(y)\,dy = \left[\int_0^a f(x)\,dx\right]^2$$

自测题(三)

一、填空题

1. $y = (x+c)\cos x$.　2. $x = \dfrac{1}{1+y}\left(c - \dfrac{1}{2}y^2\right)$.　3. 12.　4. 2.　5. $\dfrac{13}{\sqrt{41}}$.

6. $1 - \cos 1$　7. $\dfrac{4}{15}\pi R^5\left(\dfrac{1}{a^2} + \dfrac{1}{b^2} + \dfrac{1}{c^2}\right)$.　8. $2R^2$.　9. $36A$.　10. $(1,5]$.　11. 1.

二、单项选择

12. C.　13. D.　14. B.　15. A.　16. B.　17. A.　18. D.　19. D.　20. B.　21. C.

22. D.

三、计算题

23. **解**　因为 $\dfrac{\partial}{\partial y}(3x^2 + 2x e^{-y}) = \dfrac{\partial}{\partial x}(3y^2 - x^2 e^{-y}) = -2x e^{-y}$

所以方程为全微分方程,于是有 $\displaystyle\int_0^x (3x^2 + 2x)\,dx + \int_0^y (3y^2 - x^2 e^{-y})\,dy = c$

即
$$x^3 + x^2 + y^3 + x^2 e^{-y} - x^2 = c$$

即原方程的通解为 $x^3 + y^3 + x^2 e^{-y} = c$;

24. **解**　过点 P 及直线 L_1 作平面 Π_1,显然直线 L 在平面 Π_1 上;再过点 P 和直线 L_2 作平面 Π_2,直线 L 同样也在平面 Π_2 上,所以平面 Π_1 和 Π_2 的交线即为直线 L.

L_1 的方程可写成

$$x = \dfrac{y+7}{4} = \dfrac{z-10}{5}$$

即知 L_1 的方向向量 $s_1 = \{1,4,5\}$，且 L_1 过点 $P_1(0,-7,10)$，故 $\overrightarrow{P_1P} = \{-3,12,-19\}$

平面 Π_1 的法向量即垂直于 s_1，又垂直于 $\overrightarrow{P_1P}$，故可取其法向量为

$$n_1 = s_1 \times \overrightarrow{P_1P} = \begin{vmatrix} i & j & k \\ 1 & 4 & 5 \\ -3 & 12 & -19 \end{vmatrix} = \{-136,4,24\}$$

从而平面 Π_1 的方程可写成

$$-136x + 4(y+7) + 24(z-10) = 0$$

即为

$$34x - y - 6z + 53 = 0$$

同理可知 L_2 的方向向量为 $\{1,3,2\}$，且 L_2 过点 $P_2(0,5,-3)$，所以平面 Π_2 的法向量可取为

$$n_2 = s_2 \times \overrightarrow{P_2P} = \begin{vmatrix} i & j & k \\ 1 & 3 & 2 \\ -3 & 0 & -6 \end{vmatrix} = \{-18,0,9\} = -9\{2,0,-1\}$$

故直线 Π_2 的方程可写为

$$2x - z - 3 = 0$$

从而所求直线 L 的方程为

$$\begin{cases} 34x - y - 6z + 53 = 0 \\ 2x - z - 3 = 0 \end{cases}$$

25.**解** 令 $u = 2x - y, v = y\sin x$，则 $z = f(u,v)$

$$\frac{\partial z}{\partial x} = \frac{\partial f}{\partial u} \cdot \frac{\partial u}{\partial x} + \frac{\partial f}{\partial v} \cdot \frac{\partial v}{\partial x} = 2\frac{\partial f}{\partial u} + y\cos x \frac{\partial f}{\partial v}$$

$$\frac{\partial^2 z}{\partial x \partial y} = \frac{\partial}{\partial y}\left(2\frac{\partial f}{\partial u} + y\cos x \frac{\partial f}{\partial v}\right) =$$

$$2\left(\frac{\partial^2 f}{\partial u^2} \cdot \frac{\partial u}{\partial y} + \frac{\partial^2 f}{\partial u \partial v} \cdot \frac{\partial v}{\partial y}\right) + \cos x \frac{\partial f}{\partial v} +$$

$$y\cos x\left(\frac{\partial^2 f}{\partial v \partial u} \cdot \frac{\partial u}{\partial y} + \frac{\partial^2 f}{\partial v^2} \cdot \frac{\partial v}{\partial y}\right) =$$

$$2\left(-\frac{\partial^2 f}{\partial u^2} + \sin x \frac{\partial^2 f}{\partial u \partial v}\right) + \cos x \frac{\partial f}{\partial v} +$$

$$y\cos x\left(-\frac{\partial^2 f}{\partial v \partial u} + \sin x \cdot \frac{\partial^2 f}{\partial v^2}\right) =$$

$$-2\frac{\partial^2 f}{\partial u^2} + (2\sin x - y\cos x)\frac{\partial^2 f}{\partial u \partial v} +$$

$$\frac{1}{2}y\sin 2x \frac{\partial^2 f}{\partial v^2} + \cos x \cdot \frac{\partial f}{\partial v}$$

26.**解** 令 $F(x,y,z) = 2x^2 - 2y^2 + 2z - \frac{5}{8}$ 则

$$F'_x = 4x \quad F'_y = -4y \quad F'_z = 2$$

过直线 L 的平面束方程为

$$3x - 2y - z - 5 + \lambda(x + y + z) = 0$$

即
$$(3 + \lambda)x + (\lambda - 2)y + (\lambda - 1)z - 5 = 0$$

其法向量为
$$\{3 + \lambda, \lambda - 2, \lambda - 1\}$$

设曲面与切平面的切点为(x_0, y_0, z_0),则

$$\begin{cases} \dfrac{3 + \lambda}{4x_0} = \dfrac{\lambda - 2}{-4y_0} = \dfrac{\lambda - 1}{2} = t & ① \\[2mm] (3 + \lambda)x_0 + (\lambda - 2)y_0 + (\lambda - 1)z_0 - 5 = 0 & ② \\[2mm] 2x_0^2 - 2y_0^2 + 2z_0 = \dfrac{5}{8} & ③ \end{cases}$$

由①,② 联立解之,有

$$x_0 = \frac{2 + t}{2t}, \quad y_0 = -\frac{2t - 1}{4t}, \quad z_0 = -\frac{15}{8t^2}$$

把这些代入 ③ 得
$$t^2 - 4t + 3 = 0$$

解之,$t_1 = 1, t_2 = 3$,因而 $\lambda_1 = 3, \lambda_2 = 7$

故所求切平面方程为
$$3x - 2y - z - 5 + 3(x + y + z) = 0$$
$$3x - 2y - z - 5 + 7(x + y + z) = 0$$

或
即
$$6x + y + 2z = 5$$

或
$$10x + 5y + 6z = 5$$

27.**解** D 如图

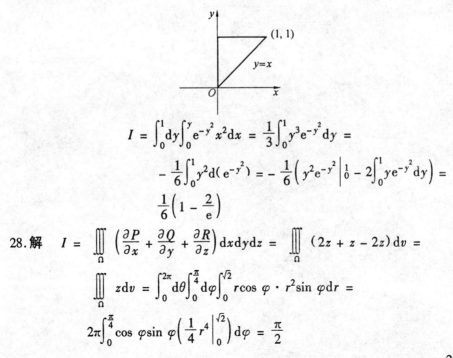

$$I = \int_0^1 \mathrm{d}y \int_0^y e^{-y^2} x^2 \mathrm{d}x = \frac{1}{3} \int_0^1 y^3 e^{-y^2} \mathrm{d}y =$$

$$-\frac{1}{6} \int_0^1 y^2 \mathrm{d}(e^{-y^2}) = -\frac{1}{6}\left(y^2 e^{-y^2} \Big|_0^1 - 2\int_0^1 y e^{-y^2} \mathrm{d}y \right) =$$

$$\frac{1}{6}\left(1 - \frac{2}{e}\right)$$

28.**解** $I = \iiint\limits_{\Omega} \left(\frac{\partial P}{\partial x} + \frac{\partial Q}{\partial y} + \frac{\partial R}{\partial z}\right) \mathrm{d}x\mathrm{d}y\mathrm{d}z = \iiint\limits_{\Omega} (2z + z - 2z) \mathrm{d}v =$

$$\iiint\limits_{\Omega} z\mathrm{d}v = \int_0^{2\pi} \mathrm{d}\theta \int_0^{\frac{\pi}{4}} \mathrm{d}\varphi \int_0^{\sqrt{2}} r\cos\varphi \cdot r^2 \sin\varphi \mathrm{d}r =$$

$$2\pi \int_0^{\frac{\pi}{4}} \cos\varphi \sin\varphi \left(\frac{1}{4}r^4 \Big|_0^{\sqrt{2}}\right) \mathrm{d}\varphi = \frac{\pi}{2}$$

29. 解 $f(x) = \dfrac{1}{x-1} + \dfrac{1}{x+2} = \dfrac{1}{2+(x-3)} + \dfrac{1}{5+(x-3)} =$

$$\dfrac{1}{2} \cdot \dfrac{1}{1 + \dfrac{x-3}{2}} + \dfrac{1}{5} \cdot \dfrac{1}{1 + \dfrac{x-3}{5}} =$$

$$\dfrac{1}{2} \sum_{n=0}^{\infty} (-1)^n \left(\dfrac{x-3}{2} \right)^n + \dfrac{1}{5} \sum_{n=0}^{\infty} (-1)^n \left(\dfrac{x-3}{5} \right)^n =$$

$$\sum_{n=0}^{\infty} (-1)^n \left(\dfrac{1}{2^{n+1}} + \dfrac{1}{5^{n+1}} \right) (x-3)^n \quad |x-3| < 2$$

四、证明题

30. 证明 设物体质量为 m, 始发点为坐标原点, 向下为 x 轴正向, 始发点离地面高为 x_0, 由牛顿第二定律有 $m \dfrac{d^2 x}{dt^2} = mg - k \left(\dfrac{dx}{dt} \right)^2$, $x(0) = 0$, $x'(0) = 0$, 按题意, 并不需求 $x(t)$, 而只要求 x 与 $v = \dfrac{dx}{dt}$ 的关系, 为此引入

$$v = \dfrac{dx}{dt}, \text{有} \dfrac{d^2 x}{dt^2} = \dfrac{dv}{dt} = \dfrac{dv}{dx} \cdot \dfrac{dx}{dt} = v \dfrac{dv}{dx}$$

于是原微分方程化为

$$mv \dfrac{dv}{dx} = mg - kv^2, \quad v \big|_{x=0} = 0$$

分离变量, 积分有

$$-\dfrac{m}{2k} \ln |mg - kv^2| = x + c$$

再以 $v \big|_{x=0} = 0$, 代入得出 c 并化简得

$$v = \sqrt{\dfrac{mg}{k} \left(1 - e^{-\frac{2k}{m}x} \right)} < \sqrt{\dfrac{mg}{k}}$$

证毕.